Blender
三维设计实战教程

王靖 —————— 编著

新 印象

NEW
IMPRESSION

人民邮电出版社
北京

图书在版编目（CIP）数据

新印象：Blender三维设计实战教程 / 王靖编著
. —— 北京：人民邮电出版社，2024.7
ISBN 978-7-115-64171-7

Ⅰ．①新… Ⅱ．①王… Ⅲ．①三维动画软件－教材
Ⅳ．①TP391.414

中国国家版本馆CIP数据核字（2024）第076397号

内 容 提 要

本书是讲解Blender三维设计与制作全流程的实战教程。

全书共10章，从Blender的基础操作入手，用3个基础案例、2个进阶案例、3个产品设计的综合案例和1个角色设计的综合案例来讲解Blender的基本使用技巧，以及Blender的建模、材质、灯光、渲染和骨骼等内容。随书提供书中所有案例的工程文件及配套教学视频，方便读者边学边练。

本书适合产品设计、角色设计等行业的相关从业者以及想学习Blender的设计师阅读，同时适合作为相关培训机构及院校相关专业的教材。

◆ 编　著　王　靖
　　责任编辑　杨　璐
　　责任印制　陈　犇

◆ 人民邮电出版社出版发行　　北京市丰台区成寿寺路11号
　　邮编　100164　电子邮件　315@ptpress.com.cn
　　网址　https://www.ptpress.com.cn
　　廊坊市印艺阁数字科技有限公司印刷

◆ 开本：787×1092　1/16
　　印张：16.75　　　　　　　　　2024年7月第1版
　　字数：505千字　　　　　　　2025年7月河北第4次印刷

定价：119.00元

读者服务热线：(010)81055410　印装质量热线：(010)81055316
反盗版热线：(010)81055315

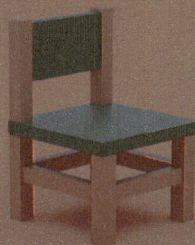

前言

在三维建模、动画和渲染的世界中，Blender是一款功能强大且极其灵活的工具。Blender具有广泛的应用领域，包括电影制作、游戏开发和产品设计等。

为了让读者能够熟练地使用Blender进行商业案例的制作，本书从常用、实用的功能入手，结合具有针对性和实用性的案例，从易到难，全面、深入地讲解Blender的功能及应用技巧。

本书主要内容

本书共10章，主要内容如下。

第1章： 从Blender的基础知识入手，介绍Blender的常用工具及应用技巧，力求帮助零基础读者轻松入门。

第2~4章： 通过3个基础实战案例，讲解Blender的使用方法和案例制作流程。读者通过学习，能制作出简单的单体模型场景。

第5章和第6章： 讲解两个进阶实战案例，场景较为复杂，并与写实类场景相结合。这两章是后面商业案例制作的过渡章。

第7~9章： 讲解3个产品设计案例，制作写实类产品模型，并与场景结合渲染出写实风格的产品展示图。这一部分较为复杂，是提升读者制作能力的部分。

第10章： 通过一个角色设计案例，讲解角色建模、创建骨骼、绑定模型，并修改骨骼权重以完善角色模型的完整制作过程。该案例相对于全书其他案例是最难的，也是对全书所讲内容的总结。

希望读者通过学习本书，不仅能掌握Blender的基础知识和技能，还能对该软件的应用有更加深入的了解和掌握。

王靖

2023年12月

资源与支持

本书由"数艺设"出品，"数艺设"社区平台（www.shuyishe.com）为您提供后续服务。

配套资源

本书所有案例的资源文件和教学视频

资源获取请扫码

（提示：微信扫描二维码关注公众号后，输入51页左下角的5位数字，获得资源获取帮助。）

"数艺设"社区平台，为艺术设计从业者提供专业的教育产品。

与我们联系

我们的联系邮箱是 szys@ptpress.com.cn。如果您对本书有任何疑问或建议，请您发邮件给我们，并请在邮件标题中注明本书书名及ISBN，以便我们更高效地做出反馈。

如果您有兴趣出版图书、录制教学课程，或者参与技术审校等工作，可以发邮件给我们。如果学校、培训机构或企业想批量购买本书或"数艺设"出版的其他图书，也可以发邮件联系我们。

关于"数艺设"

人民邮电出版社有限公司旗下品牌"数艺设"，专注于专业艺术设计类图书出版，为艺术设计从业者提供专业的图书、视频电子书、课程等教育产品。出版领域涉及平面、三维、影视、摄影与后期等数字艺术门类，字体设计、品牌设计、色彩设计等设计理论与应用门类，UI设计、电商设计、新媒体设计、游戏设计、交互设计、原型设计等互联网设计门类，环艺设计手绘、插画设计手绘、工业设计手绘等设计手绘门类。更多服务请访问"数艺设"社区平台www.shuyishe.com。我们将提供及时、准确、专业的学习服务。

目录

目录

第 1 章

Blender的界面与常用工具

在学习本书的案例之前，需要了解软件的应用领域，掌握软件的基础功能。有了这些知识做铺垫，在后续的案例学习中才能做到得心应手。

1.1 初识Blender

Blender作为一款三维软件，与同类型的软件相比有哪些优势？又有哪些特点？本节将为读者进行介绍。

1.1.1 Blender介绍

Blender是一款免费的开源三维图形软件，它提供了全面的功能和工具，可用于创建动画和模型、渲染、编辑视频和开发游戏。Blender具有以下7个特点。

多平台支持： Blender可在Windows、macOS、Linux、Android和iOS等多个平台上运行。

免费且开源： Blender是一款免费的软件，用户可以免费下载和使用，同时其源代码也是开放的，任何人都可以修改和改进。

强大的建模工具： Blender提供了强大的建模工具，如网格编辑、边缘环调整、多边形建模等，可以轻松创建各种形状的物体。

精确的渲染功能： Blender具有先进的渲染引擎，可以生成高质量的图像和动画。

动画和视频编辑： Blender支持关键帧动画、物理模拟、路径动画等多种动画技术，同时还具备基本的视频编辑功能。

Python编程接口： Blender提供了Python编程接口，用户可以使用Python脚本使工作流程自动化或开发自定义功能。

大型社区支持： Blender拥有数量庞大的用户和开发者社区，用户可以在论坛、教程和GitHub上找到大量资源和帮助。

与其他三维软件相比，Blender最大的优势是可以免费使用。可扩展性也是Blender的一大优势，软件提供了丰富的插件和脚本接口可以用来扩展Blender的功能，从而满足不同的需求。图1-1所示为用Blender制作的效果图。

图1-1

1.1.2 Blender的软件界面

在计算机桌面上双击Blender的快捷图标，就可以快速启动软件。在进入软件界面的时候，会出现起始页，如图1-2所示。

图1-2

在软件的任意位置单击，就能关闭起始页。软件界面分为7部分，分别是菜单栏、工具栏、视图窗口、"时间线"面板、状态栏、"大纲视图"面板和"属性"面板，如图1-3所示。

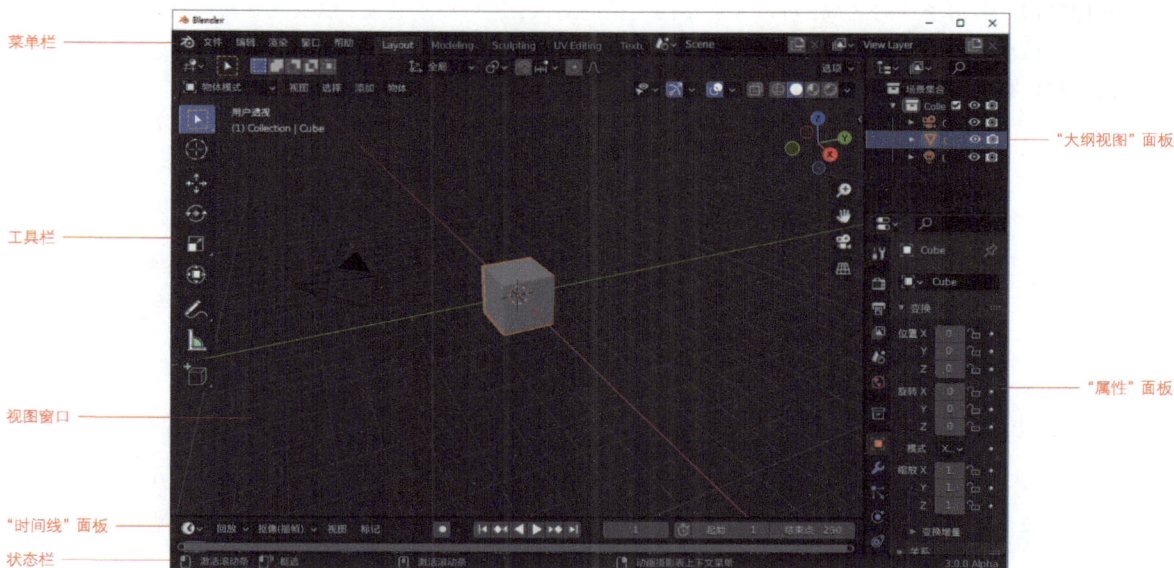

图1-3

技巧提示 单击左上角的▣按钮，在弹出的面板列表中即可快速切换需要的面板和窗口，如图1-4所示。

图1-4

默认情况下，软件界面为深色，为了印刷需要，本书采用浅色的界面。执行"编辑>偏好设置"菜单命令，在弹出的窗口中选择"主题"选项卡，在右侧顶部的下拉列表中选择Blender Light选项，即可快速切换为浅色界面，如图1-5和图1-6所示。界面的颜色并不影响学习，读者也可以不修改，或选择其他的界面预设。

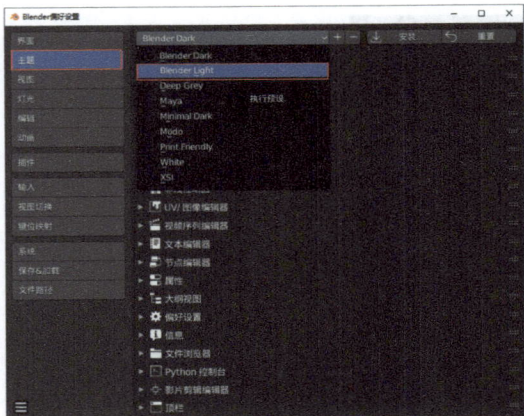
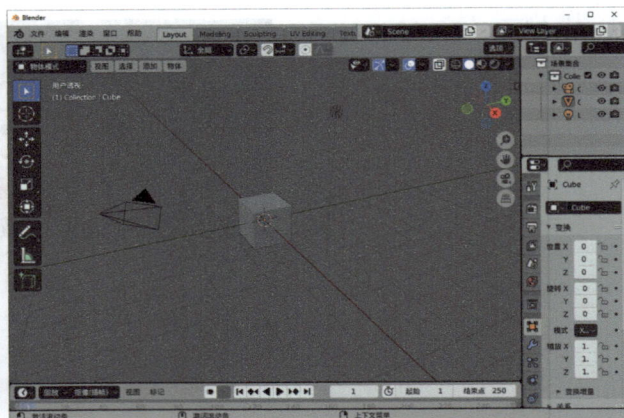

图1-5　　　　　　　　　　　　　　　　　　图1-6

下面分别介绍软件界面中7个部分的作用。

菜单栏：和其他三维软件类似，菜单中的命令可以完成很多操作。

视图窗口：编辑场景的区域，可以添加不同类型的对象，进行场景建模，以及观察材质效果和渲染效果。它是软件中最重要的部分之一。

工具栏：罗列了常用的工具，可以操控视图中的对象，如图1-7所示。

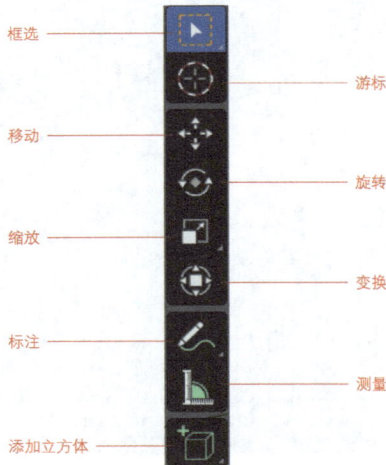

图1-7

"时间线"面板：是控制动画效果的面板，如图1-8所示。该面板具有播放动画、添加关键帧和控制动画速率等功能。其用法与其他三维软件中"时间线"面板的用法基本一致。

图1-8

状态栏：显示当前选择的工具名称及相关的操作方式。图1-9所示为选择"框选"工具时所显示的内容。

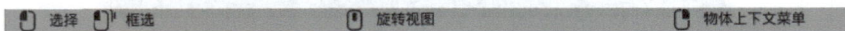

图1-9

　　"大纲视图"面板：也称为"对象"面板，罗列了场景中的所有对象。利用该面板，可以快速选择对象，还可以对对象进行层级管理，如图1-10所示。

　　"属性"面板：该面板包含很多种属性，既可以调整所选对象的属性，也可以调节整个场景的属性，如图1-11所示。

图1-10

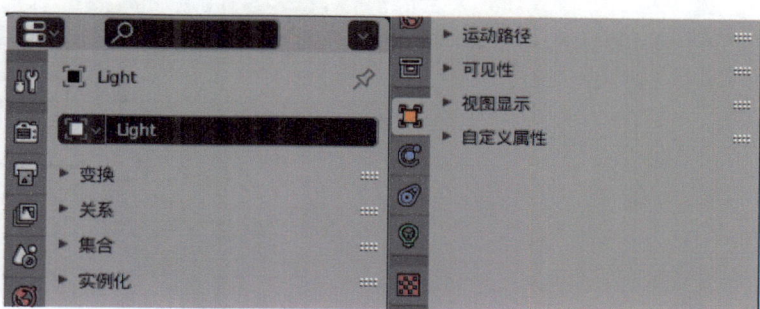

图1-11

1.2 Blender的常用工具与操作

本节介绍Blender的常用工具及操作，为后面案例的学习做准备。

1.2.1 移动/旋转/缩放视图

　　移动、旋转和缩放视图能很好地观察视图中的对象，以便进行后续的制作。Blender的操作与其他三维软件有所区别，下面逐一进行介绍。

　　移动视图：按住Shift键，然后按住鼠标中键并拖曳，即可平移视图，如图1-12所示。

　　旋转视图：按住鼠标中键并拖曳，即可围绕选定的对象旋转视图，如图1-13所示。

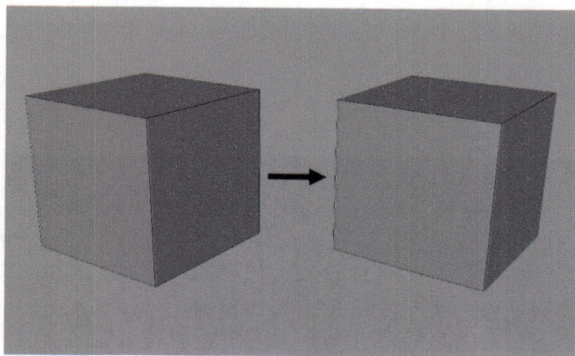

图1-12

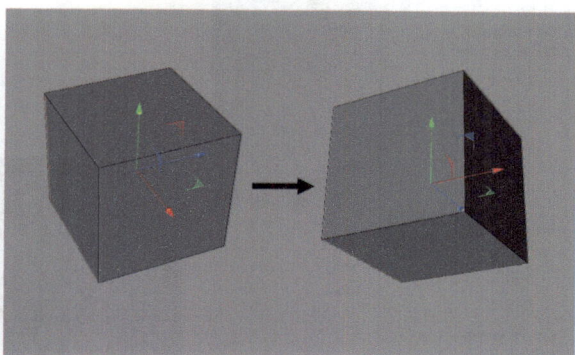

图1-13

技巧提示 视图的右上角有一个界面坐标，按住鼠标左键并在坐标上拖曳，可快速旋转视图，如图1-14所示。

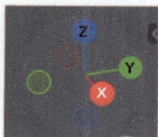

图1-14

缩放视图： 滚动鼠标滚轮，可放大或缩小视图，如图1-15所示。

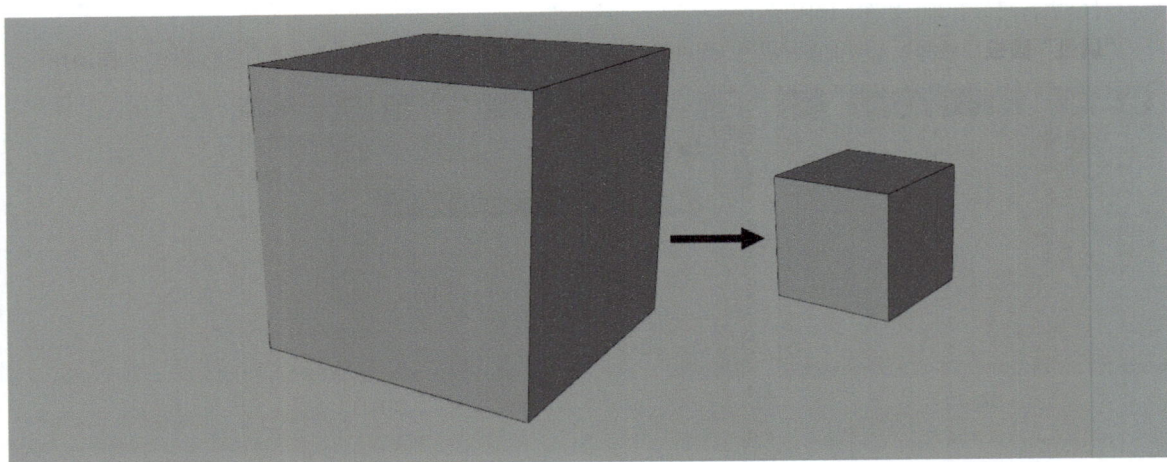

图1-15

1.2.2 切换不同的视图

切换不同的视图可以在制作场景时更加准确且快速地观察对象的位置，切换不同视图的方法有两种。

第1种： 单击视图上方的"视图"按钮，在弹出的下拉菜单中选择"视图切换"命令，在弹出的子菜单中选择需要的视图，如图1-16所示。

第2种： 按数字键盘（也叫小键盘）上的1、3、5和7键可以快速在正视图、侧视图、透视图和顶视图之间切换。如果想最大化显示选中的对象，可按数字键盘上的.键。如果想孤立显示选中的对象，可按主键盘上的/键，如图1-17所示。

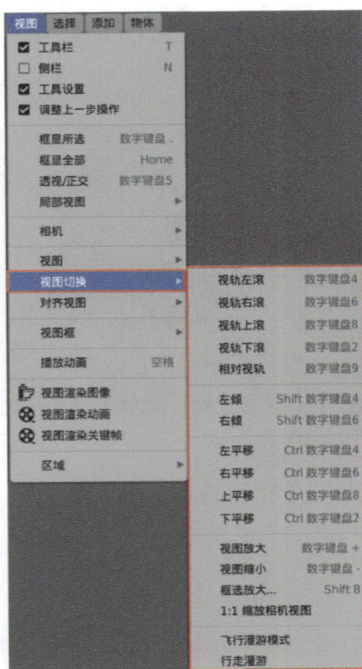

图1-16

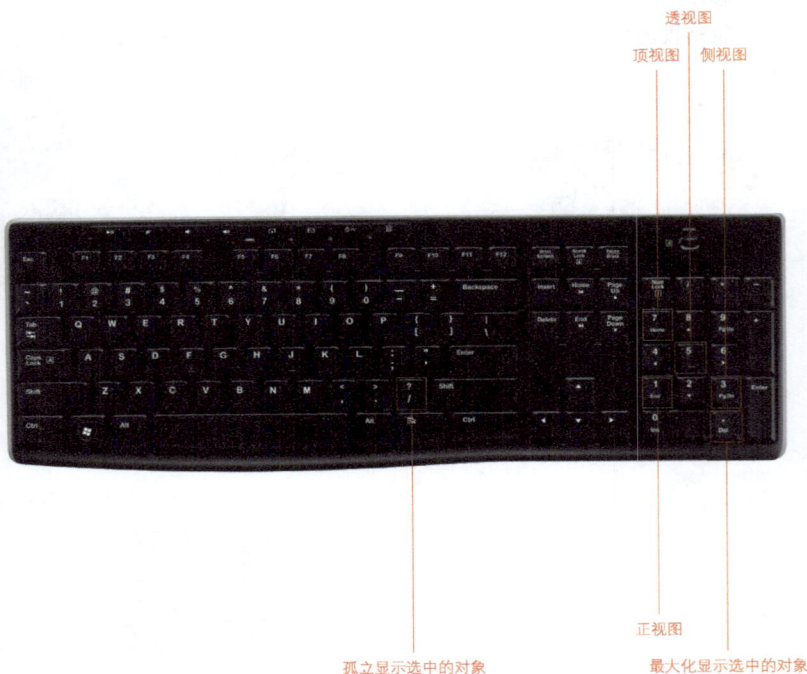

图1-17

技巧提示 如果所使用的键盘没有数字键盘区域，可以在"Blender偏好设置"窗口中切换到"输入"选项卡，然后勾选"模拟数字键盘"复选框，如图1-18所示。这样就可以使用主键盘中的数字键进行编辑控制了，如图1-19所示。但是，不建议这样设置，因为在之后编辑点、线、面的时候，这些键会和点、线、面工具的快捷键冲突。

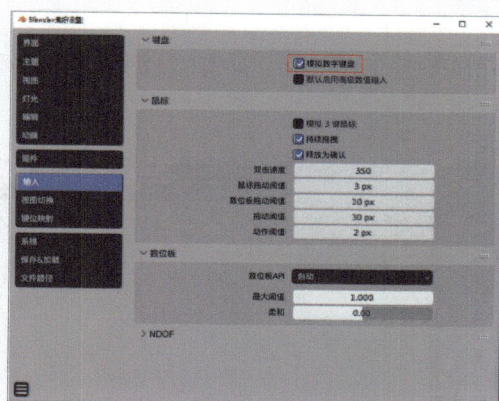

图1-18

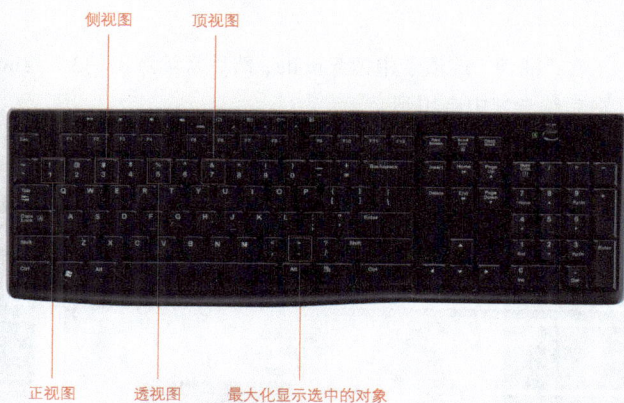

图1-19

1.2.3 移动/旋转/缩放对象

使用工具栏中的"移动" ⊕、"旋转" ◉ 和"缩放" ◱ 这3个工具能移动、旋转和缩放所选中的对象。

选中视图中的对象，然后在工具栏中单击"移动"按钮 ⊕（G键），对象上会出现一个坐标轴，如图1-20所示，其中红色代表*x*轴，绿色代表*y*轴，蓝色代表*z*轴。拖曳相应的轴，就能移动对象。

在工具栏中单击"旋转"按钮 ◉（R键），对象上会出现球形坐标轴，如图1-21所示。拖曳相应的轴，就能旋转对象。

在工具栏中单击"缩放"按钮 ◱（S键），对象上会出现坐标轴，如图1-22所示。拖曳相应的轴，就能缩放对象。如果不指定轴向进行拖曳，则会等比例缩放对象。

除了使用这3个工具，还可以通过"框选"工具实现对象的移动、旋转和缩放。使用"框选"工具选中对象后，对象上还没有出现任何坐标轴，在视图右上角单击"显示Gizmo"下拉按钮，在弹出的面板（见图1-23）中勾选"移动""旋转""缩放"复选框，就能在对象上快速显示坐标轴，从而实现对象的移动、旋转和缩放。

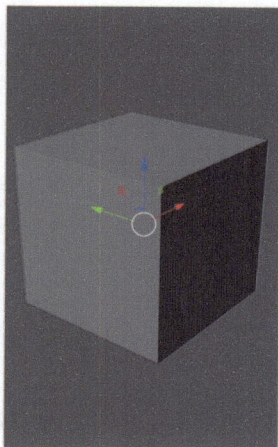

图1-20

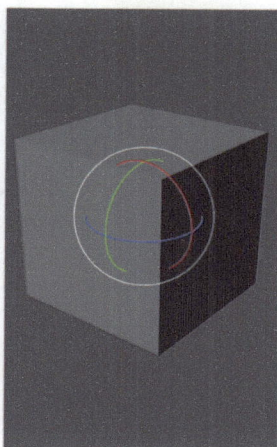

图1-21

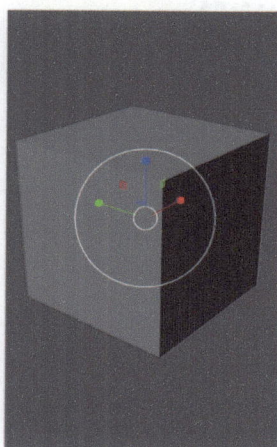

图1-22

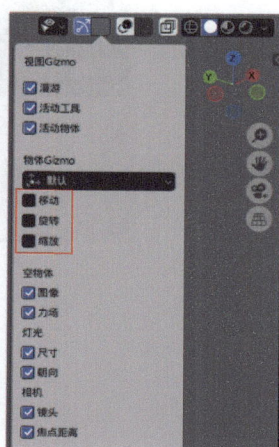

图1-23

1.2.4 偏好设置

"Blender偏好设置"窗口在之前讲解的内容中有所涉及，该窗口用于设置软件的一些基本属性，如图1-24所示。

在"插件"选项卡中搜索node，然后将筛选出的3个与node相关的插件都勾选上，如图1-25所示。这3个插件在后续学习中会用到。

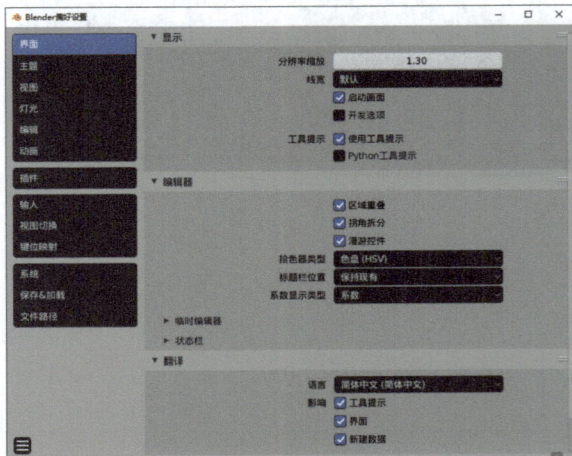

图1-24

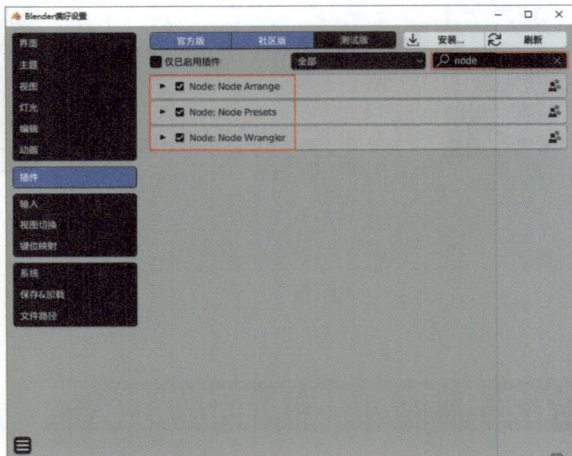

图1-25

在"键位映射"选项卡中可以设置工具和命令的快捷键，如图1-26所示。除了可以在"键位映射"选项卡中设置快捷键，还可以在软件界面中需要添加或修改快捷键的工具和命令上单击鼠标右键，在弹出的快捷菜单中选择"指定快捷键"命令，如图1-27所示，然后按想要设置的快捷键快速设定。

图1-26

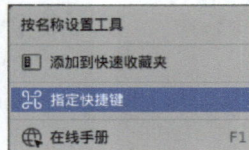

图1-27

第 2 章

基础实战案例：柜子.

案例文件	案例文件>CH02>基础实战案例：柜子
视频名称	基础实战案例：柜子.mp4
学习目标	掌握单体物品的制作流程，熟悉Blender的操作

　　通过柜子的制作，读者可以熟悉Blender的建模、添加背景和摄像机、创建材质、添加灯光、渲染场景的流程，以练代学，逐步领悟Blender的操作技法和制作思路。

2.1 柜子建模

柜子模型的结构很简单，可以拆分成7个部分并分别进行制作。仔细观察模型，会发现每部分都是由立方体变形得到的。下面详细讲解创建过程。

01 在视图的左上角单击"添加"按钮，在弹出的下拉菜单中选择"网格>立方体"命令，视图中就会出现一个立方体模型，如图2-1和图2-2所示。该模型将作为柜面。

图2-1   图2-2

> **技巧提示** 按快捷键Shift+A会快速弹出"添加"下拉菜单。

02 在视图窗口的左上角打开"物体模式"下拉菜单，选择"编辑模式"命令，如图2-3所示，这样就能通过点、线或面来调整模型的形态。

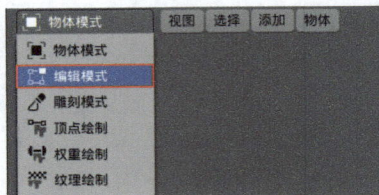

图2-3

03 选中图2-4所示的点，向上随意移动便可以观察到模型背后的点没有被选中，只能选中可见的点。

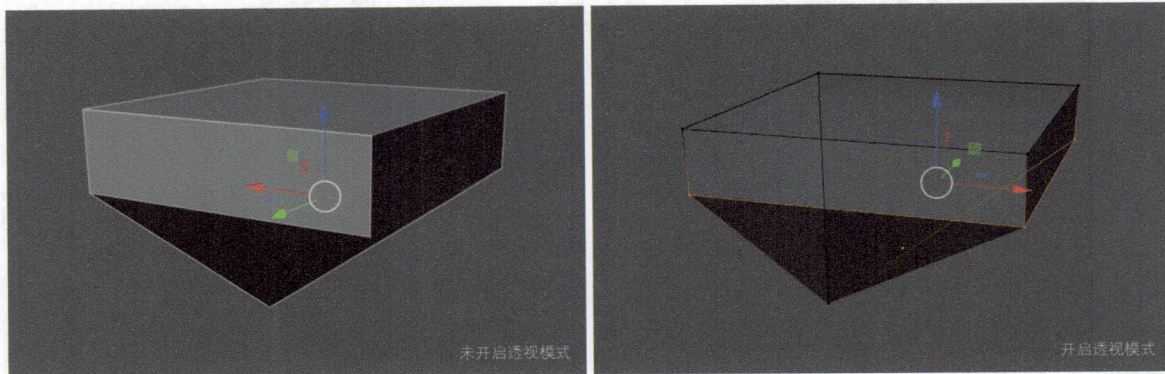

图2-4

> **技巧提示** 在边和面的模式中也存在相同的问题，需要打开透视模式进行选择。

04 单击视图窗口右上角的"切换透视模式"按钮，将模型转换为半透明模式，如图2-5和图2-6所示。

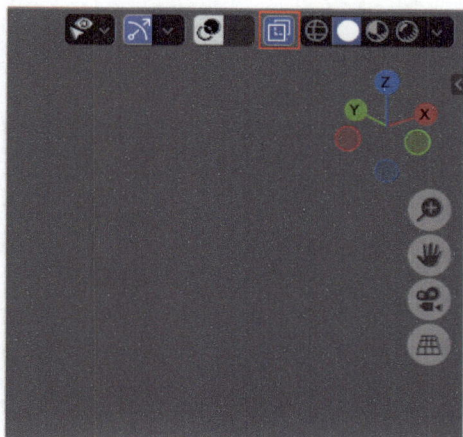

图2-5

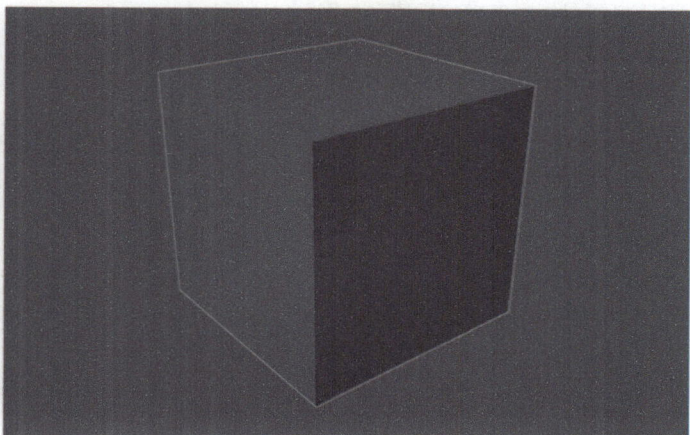

图2-6

05 使用"框选"工具选中下方的4个点并沿着z轴向上移动，将柜面模型的厚度减小，如图2-7所示。

06 调整点的位置，将柜面模型拉长一些，如图2-8所示。

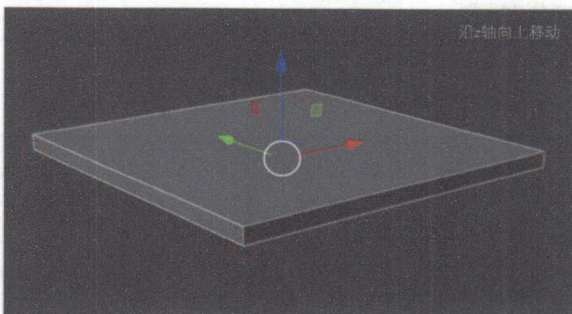

图2-7

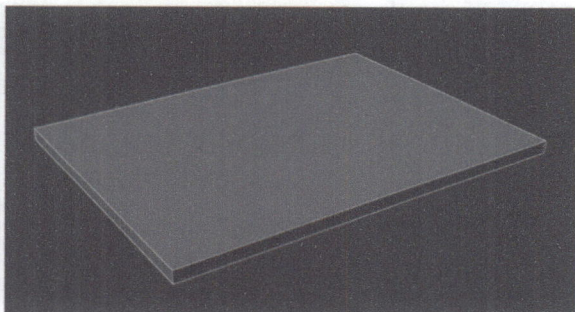

图2-8

07 切换到"物体模式"并选中模型，会看到模型的轴心没有处于模型的中心位置，如图2-9所示。在视图窗口上方单击"物体"按钮，在弹出的下拉菜单中选择"设置原点>原点->几何中心"命令，就可以将原点快速移动到模型的中心位置，如图2-10和图2-11所示。

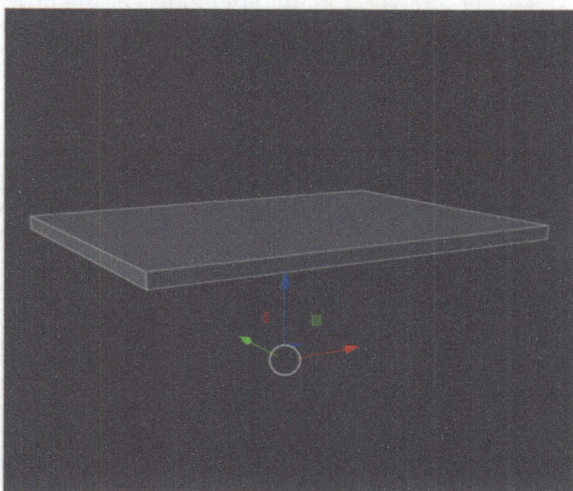

图2-9

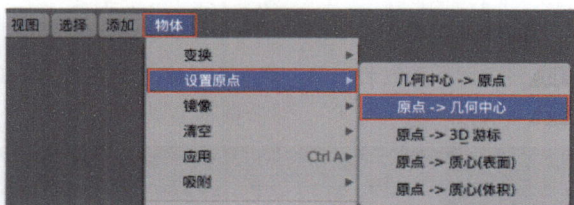

图2-10

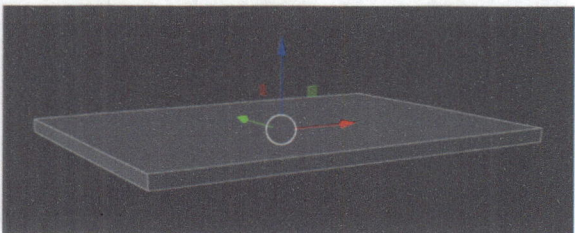

图2-11

08 保持柜面模型处于选中状态，按快捷键Ctrl+C复制模型，然后按快捷键Ctrl+V粘贴模型，接着移动模型就能观察到复制得到的模型，如图2-12所示。

09 按R键激活旋转功能，将复制得到的模型旋转90°，并移动到柜面模型的下方，作为柜腿模型，效果如图2-13所示。

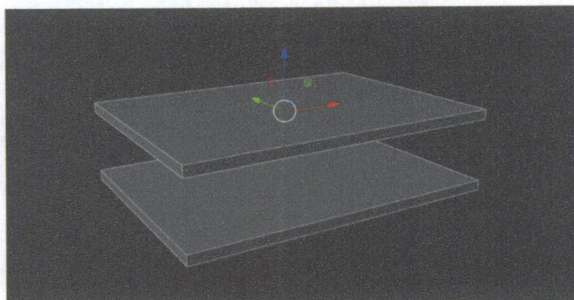
图2-12

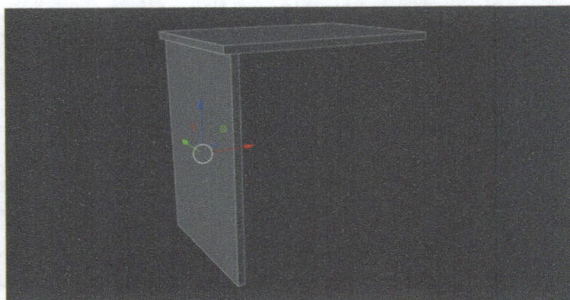
图2-13

技巧提示 在视图窗口左下角的"旋转"面板中，设置"角度"为90°，能精确旋转模型，如图2-14所示。

图2-14

10 按快捷键Ctrl+C和快捷键Ctrl+V，将步骤09旋转后的模型复制一份，然后将复制得到的模型向右移动到另一侧，效果如图2-15所示。

技巧提示 在移动复制得到的模型时，按1键切换到正视图更便于观察。

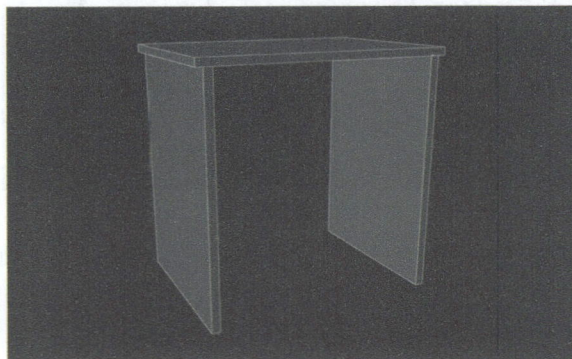
图2-15

11 将柜面模型复制一份，然后旋转90°作为抽屉的面板，效果如图2-16所示。

12 切换到"编辑模式"，然后调整模型到合适的大小，效果如图2-17所示。

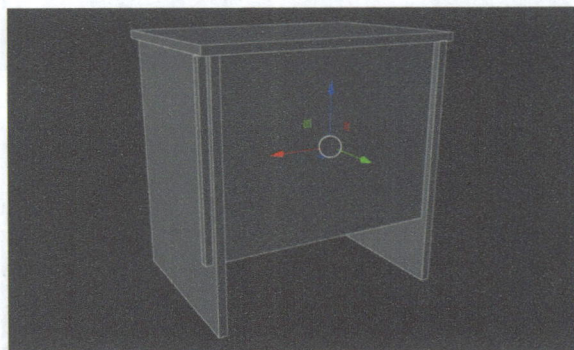
图2-16

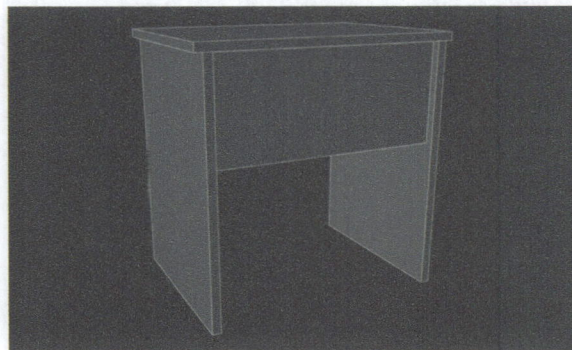
图2-17

13 将步骤12调整好的抽屉面板模型向下复制一个，效果如图2-18所示。

14 观察模型的形态，发现柜腿有些长。按1键切换到正视图，然后在"编辑模式"中选中柜腿模型下方的点并向上移动一小段距离，效果如图2-19所示。

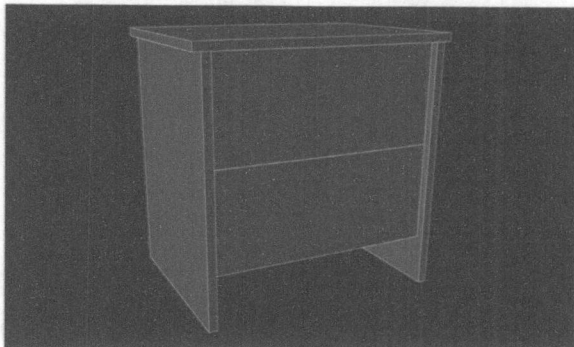

图2-18

图2-19

技巧提示 如果读者在制作这一步时，感觉柜腿的长度合适，就不需要调整。

15 将柜面模型向下复制一份，在"编辑模式"中调整模型的大小，然后将其移动到抽屉面板模型正面，作为把手模型，如图2-20所示。

16 将步骤15调整好的把手模型向下复制一份，如图2-21所示。至此，本案例模型制作完成。

图2-20

图2-21

2.2 柜子渲染

　　渲染场景需要为场景添加背景、摄像机、材质和灯光等元素。

2.2.1 添加背景和摄像机

01 在进行渲染之前，需要给场景添加一个背景。单击视图窗口上方的"添加"按钮，在弹出的下拉菜单中选择"网格>平面"命令，创建一个平面模型，如图2-22和图2-23所示。

02 按S键切换到"缩放"工具，将平面模型放大，如图2-24所示。

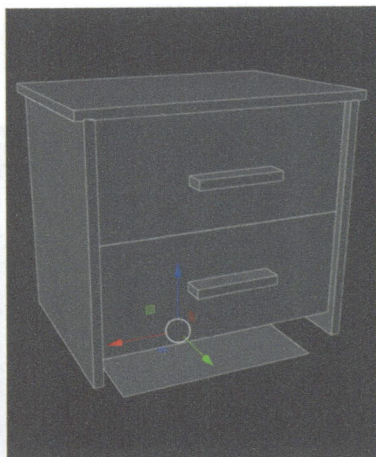

图2-22　　　　　　　　　　　　图2-23　　　　　　　　　　　　图2-24

03 下面需要将视图窗口调整为3个，一个为实时的场景编辑窗口，一个为渲染画面的窗口，还有一个为材质编辑窗口。移动鼠标指针到视图窗口的左上角，当鼠标指针变为╋形状时，向右拖曳就可以将现有的窗口变为两个，如图2-25和图2-26所示。

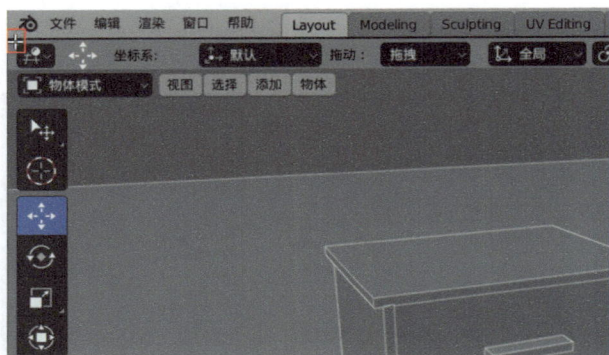

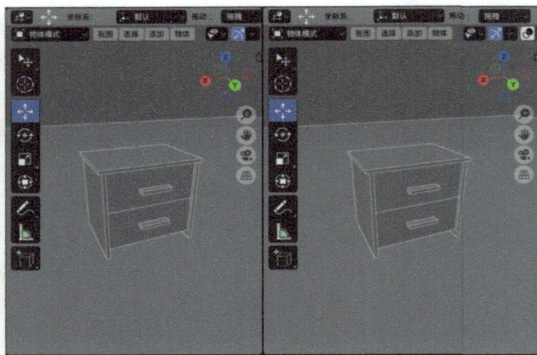

图2-25　　　　　　　　　　　　　　　　　　　　　　图2-26

04 将鼠标指针移动到右侧窗口的左上角，然后向下拖曳，拉出第3个窗口，效果如图2-27所示。

05 单击右上方窗口的"编辑器类型"图标╋，在打开的面板中选择"着色器编辑器"选项，该窗口就会切换为"着色器编辑器"窗口，如图2-28和图2-29所示。

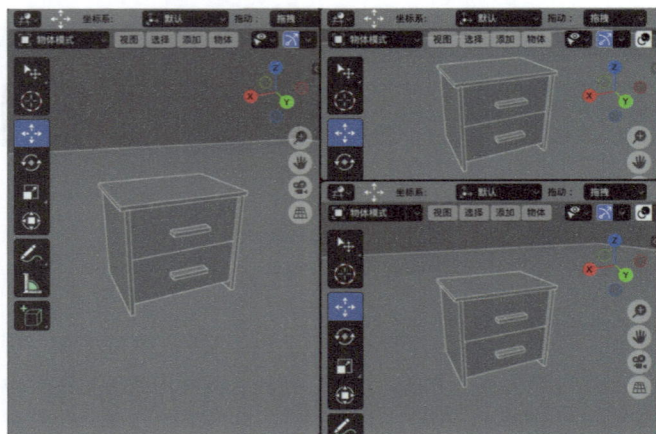

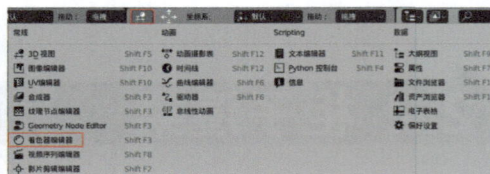

图2-28

图2-27　　　　　　　　　　　　　　　　　　　　　　图2-29

06 在切换渲染视图之前，需要在场景中创建一台摄像机。选中右下方的窗口，单击"添加"按钮，在弹出的下拉菜单中选择"摄像机"命令，可以观察到窗口中出现了摄像机的图标，如图2-30所示。

07 选中左侧的窗口，按0键切换到摄像机视图，亮色区域就是摄像机的视图范围，如图2-31所示。

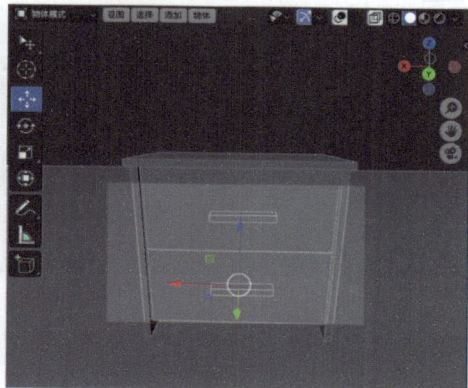

图2-30　　　　　　　　　　　　　　　　　图2-31

08 默认情况下摄像机视图处于锁定状态，无法调整其位置。在视图右侧展开侧边栏（或按N键），打开"视图"选项卡，然后勾选"锁定相机到视图"复选框，如图2-32所示。这样就能在摄像机视图中调整视图的位置和角度。图2-33所示为调整后的摄像机视图效果。

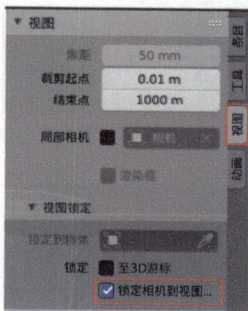
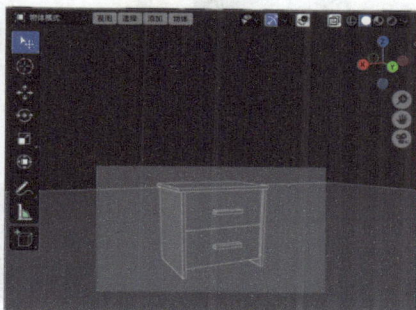

技巧提示 窗口右上角坐标轴的旁边有一个小箭头，如图2-34所示，单击它即可展开侧边栏。如果要关闭侧边栏，只需要向右拖曳侧边栏左侧边缘即可。

图2-32　　　　　　　　图2-33　　　　　　　　　　　　　　图2-34

09 调整摄像机视图的角度后，再来调整摄像机本身的属性。选中摄像机，在界面右侧的"属性"面板的"物体数据属性"选项卡中，调整"焦距"为135mm，并调整镜头的距离，如图2-35所示。

图2-35

2.2.2 创建材质

01 选中地面模型，然后在右上方的"着色器编辑器"窗口中单击"新建"按钮，创建一个材质节点，如图2-36所示。

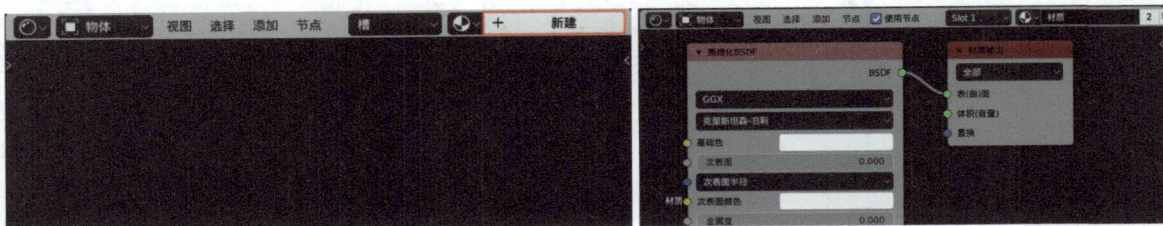

图2-36

02 单击"基础色"右侧的色块，在弹出的面板中设置颜色为黄色，如图2-37所示。此时右下方窗口中的地面模型也显示为黄色，如图2-38所示。

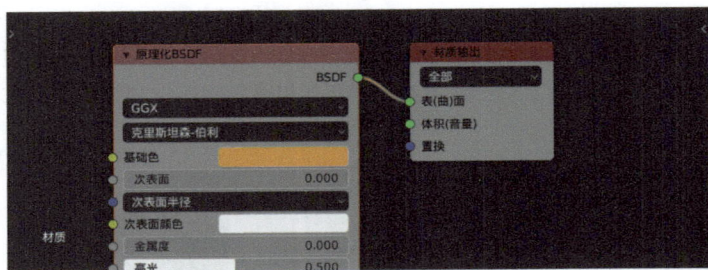

图2-37

图2-38

技巧提示 如果读者在设置完材质颜色后，观察不到颜色的改变，则需要切换视图的显示模式为"材质预览"，如图2-39所示。按Z键，在弹出的菜单中也可以快速选择显示模式，如图2-40所示。

图2-39

图2-40

03 把手的颜色与地面的颜色相同。选中把手模型，新建一个材质，然后将地面材质的颜色复制到把手材质的"基础色"通道中，效果如图2-41所示。

04 柜体部分都为白色材质，只需要选择柜体模型，分别添加一个默认的材质即可，效果如图2-42所示。

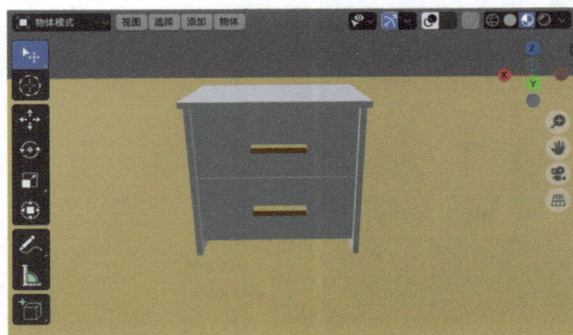

图2-41

图2-42

2.2.3 添加灯光

01 在"着色器编辑器"窗口中将"物体"模式切换为"世界环境"模式,如图2-43所示。此时窗口中会出现新的材质节点,如图2-44所示。

图2-43

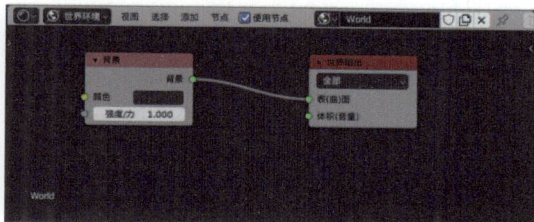

图2-44

02 从案例文件夹中选择.hdr文件并拖曳到场景中,它会自动出现在"着色器编辑器"窗口中,如图2-45所示。

图2-45

> **技巧提示** 读者也可以选择自己喜欢的.hdr文件作为场景的灯光。

03 拖曳.hdr文件的节点的"颜色",然后连接到"背景"节点的"颜色"上,如图2-46所示。

04 在左侧的窗口中切换视图的显示模式为"渲染",就可以快速地观察到场景渲染效果,如图2-47所示。

图2-46

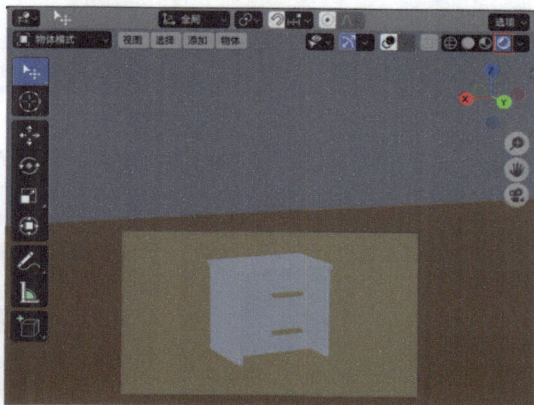

图2-47

05 观察渲染效果,发现不太真实。在"属性"面板中打开"渲染属性"选项卡,设置"渲染引擎"为Cycles,如图2-48所示。实时渲染效果如图2-49所示。

图2-48

图2-49

技巧提示 在测试渲染效果时，为了更快地显示渲染效果，可以在"渲染属性"和"输出属性"两个选项卡中修改一些参数。

在"渲染属性"选项卡中设置"视图"下的"最大采样"为32比较合适，如图2-50所示。

在"输出属性"选项卡中设置"%"为50%比较合适，如图2-51所示。

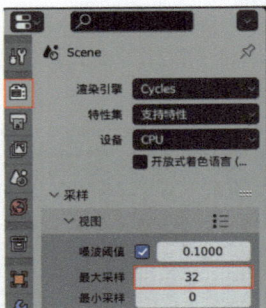
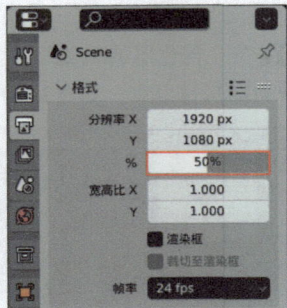

图2-50　　　　　　　　　　　图2-51

06 观察渲染效果，会发现地面材质的反射效果有些强。在"着色器编辑器"窗口中将"世界环境"模式切换为"物体"模式，然后选中地面模型的材质，设置"高光"为0，就可以去掉材质的反射效果，如图2-52和图2-53所示。

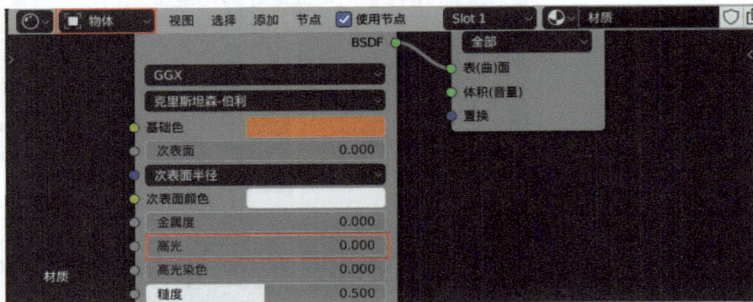

图2-52　　　　　　　　　　　　　　　　　　图2-53

07 单击"添加"按钮，在弹出的下拉菜单中选择"灯光>日光"命令，如图2-54所示。这样场景中就会添加一盏日光灯，如图2-55所示。

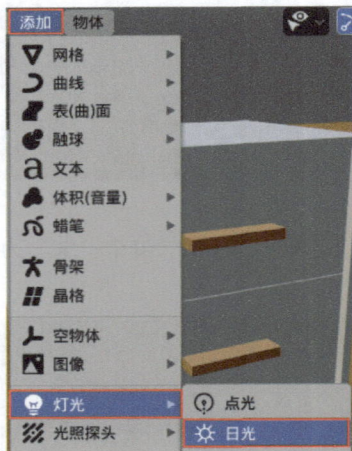
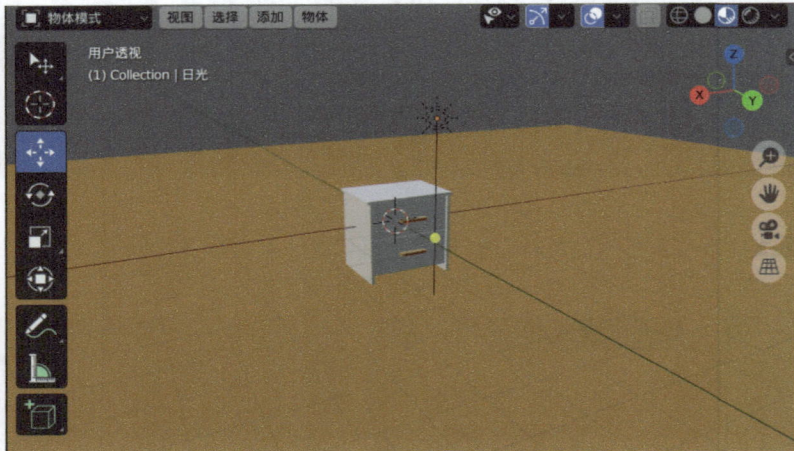

图2-54　　　　　　　　　　　　　　　　图2-55

技巧提示 日光灯分为两部分，上方球形部分为发光点，下方的直线部分代表灯光照射的方向。

08 移动并旋转日光灯，同时观察实时渲染效果，如图2-56所示。

09 仔细观察测试渲染的画面，会发现阴影的边缘很锐利。选中灯光，在"属性"面板的"物体数据属性"选项卡的"灯光"下设置"角度"为20°，此时测试渲染画面中阴影的边缘变得柔和，如图2-57所示。

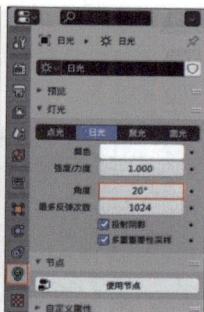

图2-56   图2-57

2.2.4 渲染场景

01 场景部分制作全部完成，下面需要将制作好的场景输出为一张图片。切换到Compositing（合成）工作区，然后勾选"使用节点"复选框，如图2-58所示。

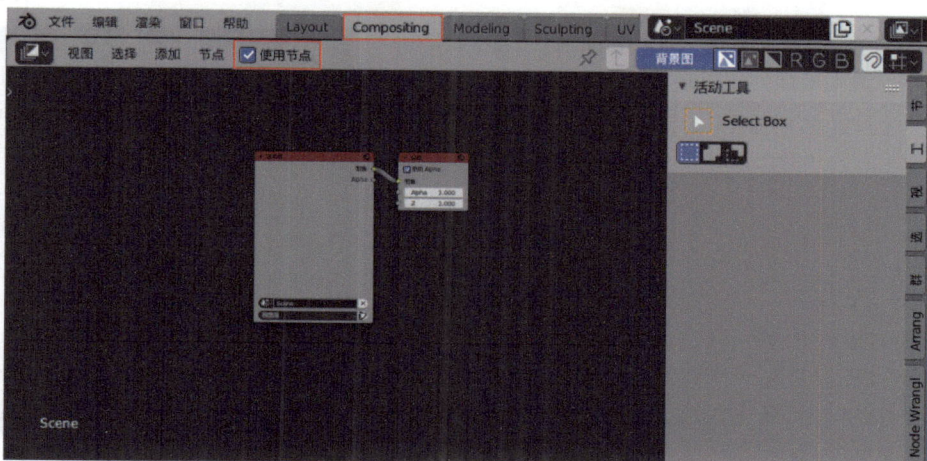

图2-58

技巧提示 Compositing工作区的标签位于所有标签的后方，在标签上单击鼠标右键，可以对标签进行排序。

02 单击"添加"按钮，在弹出的面板中搜索"文件"，单击下方显示的"文件输出"选项，窗口中出现"文件输出"节点，如图2-59和图2-60所示。

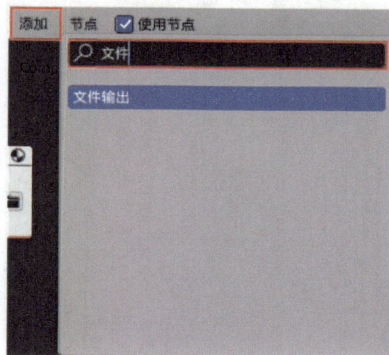
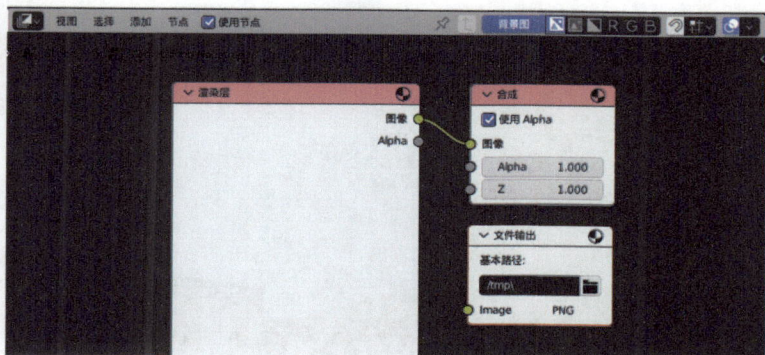

图2-59   图2-60

03 拖曳"渲染层"节点的"图像"，将其连接到"文件输出"节点的Image上，如图2-61所示。

04 在"文件输出"节点中单击路径后的 ▄ 按钮，在弹出的对话框中设置渲染图片的保存路径以及名称，如图2-62所示。

图2-61

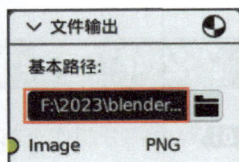

图2-62

05 返回Layout（布局）工作区，在"渲染属性"选项卡中设置"渲染"的"最大采样"为256，如图2-63所示。

06 切换到"输出属性"选项卡，设置"分辨率X"为1920px，Y为1080px，"％"为100％，如图2-64所示。

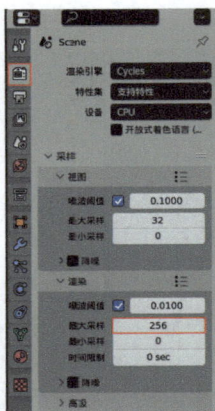

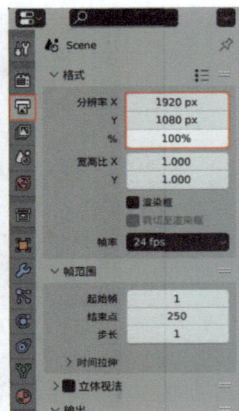

技巧提示 "最大采样"的数值越大，渲染的图像质量越高，但渲染所消耗的时间也会越长。为了达到时间与质量的平衡，建议将"最大采样"设置为256。读者也可以测试不同的数值，选取适合自己计算机的参数。

图2-63   图2-64

07 执行"渲染>渲染图像"菜单命令（或按F12键），就可以进行场景的渲染，等待一段时间后就能完成渲染，案例最终效果如图2-65所示。

图2-65

第 **3** 章　基础实战案例：小凳子

案例文件	案例文件>CH03>基础实战案例：小凳子
视频名称	基础实战案例：小凳子.mp4
学习目标	掌握制作复杂单体的流程和方法

　　在第2章案例的制作基础上，我们再来练习小凳子场景的制作。通过建模、添加摄像机、添加灯光和材质、渲染图片这些步骤，继续巩固Blender的制作流程，掌握软件的使用方法。

3.1 小凳子建模

观察小凳子模型，可以看到其大致分为凳面、凳腿、支撑横梁和靠背4个部分。每一个部分都能用立方体改变造型实现。创建一个凳腿和一个支撑横梁后，可以通过复制得到剩余的其他模型。下面逐一进行制作。

01 新建一个立方体模型，然后切换到"编辑模式"，将原有的立方体模型的高度减小，如图3-1所示。该模型将作为凳面。

02 新建一个立方体模型，切换到"编辑模式"，并按7键切换到顶视图，然后使用"缩放"工具选中立方体上的点，在xy平面上将其缩小，并移动到右下角合适的位置，如图3-2所示。

> **技巧提示** 读者在调整立方体点的位置时，一定要开启透视模式，否则背面的点将无法被选中。

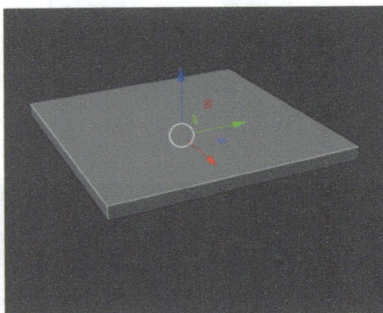

图3-1

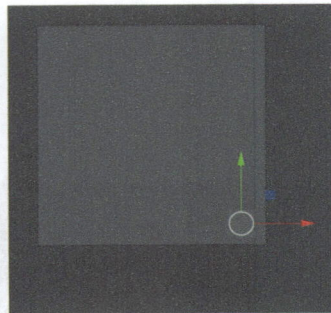

图3-2

03 按3键切换到侧视图，然后使用"移动"工具调整模型的高度，如图3-3所示。

04 返回"物体模式"，选中凳腿模型，会发现原点没有处于凳腿模型上。执行"物体>设置原点>原点->几何中心"命令，就能将原点自动移动到模型上，如图3-4和图3-5所示。

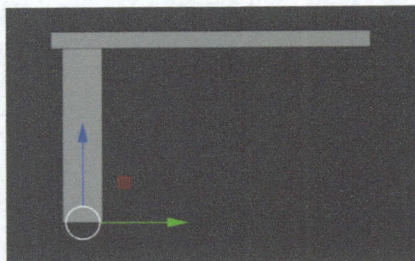

图3-3

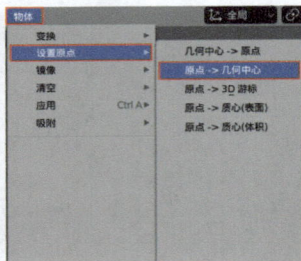

图3-4

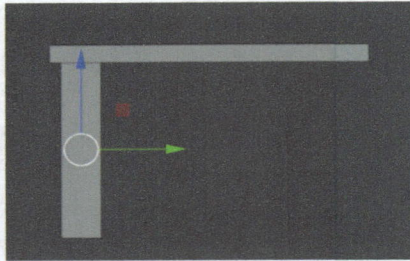

图3-5

> **技巧提示** 将原点移动到模型上，后面复制和移动模型时的操作会更加简便。

05 按快捷键Ctrl+C和快捷键Ctrl+V将凳腿模型复制一份，然后向右移动，如图3-6所示。

06 选中两个凳腿模型，按1键切换到正视图，然后将它们复制后向左移动，如图3-7所示。

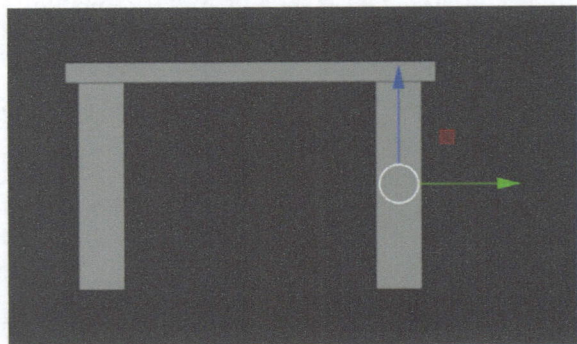

图3-6

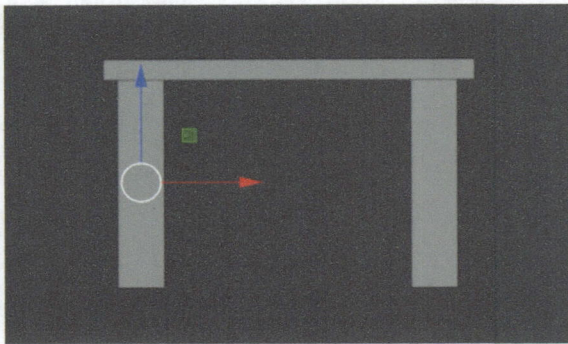

图3-7

07 观察凳子模型，发现后方靠背处的凳腿会长一些。选中图3-8所示的两个凳腿模型，切换到"编辑模式"，增加其高度，如图3-9所示。

图3-8

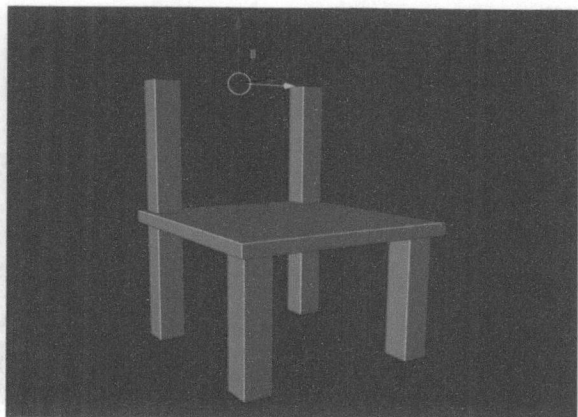

图3-9

> **技巧提示** 在完成模型的编辑后要切换回"物体模式"，这一点读者不要忘记。

08 支撑横梁与凳腿类似，可以在凳腿的基础上进行修改。将短的凳腿模型复制一份，然后旋转90°，放在两个凳腿模型之间，如图3-10所示。

09 在"编辑模式"中调整支撑横梁模型的长度，并将其宽度和高度减小，效果如图3-11所示。

图3-10

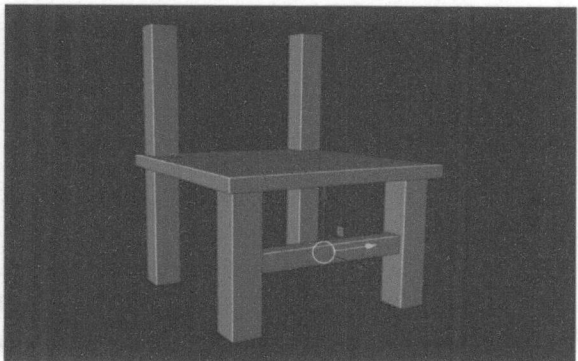

图3-11

10 将支撑横梁模型复制两份，旋转90°后移动到两侧的凳腿模型之间，效果如图3-12所示。

11 将前方的支撑横梁模型复制一份并向后移动，效果如图3-13所示。

图3-12

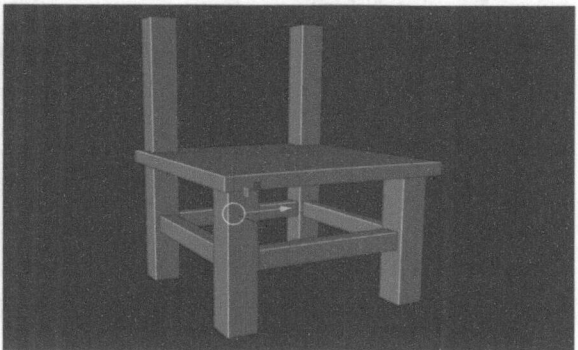

图3-13

12 将凳面模型复制一份，旋转90°后移动到后方作为靠背，如图3-14所示。

13 在"编辑模式"中调整模型的大小，使其达到预想的效果，如图3-15所示。

14 新建一个平面模型放在小凳子模型的下方作为背景，如图3-16所示。至此，模型部分制作完成。

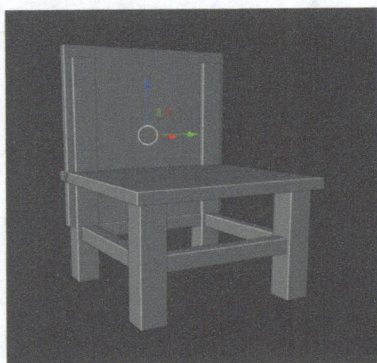 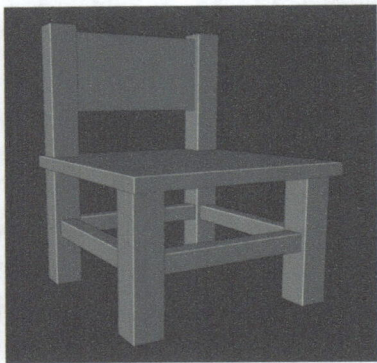 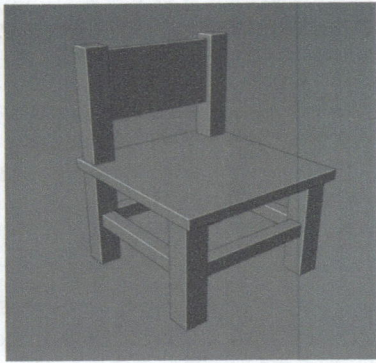

图3-14   图3-15   图3-16

3.2 小凳子渲染

　　本场景中添加摄像机、材质和灯光的方法与第2章的案例类似。在进行接下来的学习之前，读者需要将界面调整为操作视图、渲染视图和着色器视图3个区域。

3.2.1 添加摄像机

01 按1键在正视图中创建一台摄像机，然后在渲染视图中按0键切换到摄像机视图，取消锁定摄像机后，调整摄像机的角度，如图3-17所示。

02 现有的摄像机因为焦距会产生一定的模型畸变。在"属性"面板的"物体数据属性"选项卡中设置"焦距"为135mm，如图3-18所示。修改后的镜头效果如图3-19所示。

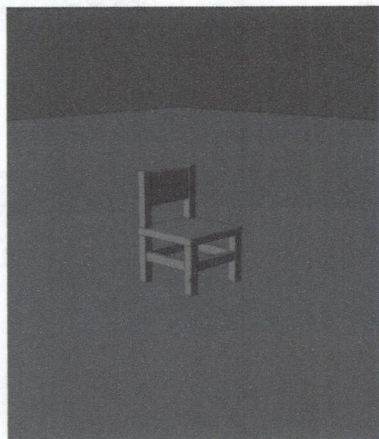 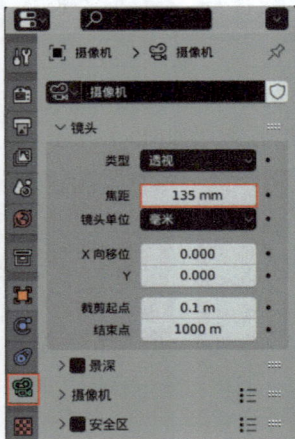 

图3-17   图3-18   图3-19

技巧提示 镜头调整完成后，一定要再次将摄像机锁定，防止后面误操作移动了摄像机。

3.2.2 添加灯光和材质

01 在"着色器编辑器"窗口中切换到"世界环境"模式，并勾选"使用节点"复选框，如图3-20所示。

02 将学习资源中的.hdr文件拖入软件，此时会自动生成节点，然后将.hdr文件的节点的"颜色"与"背景"节点的"颜色"连接在一起，如图3-21所示。

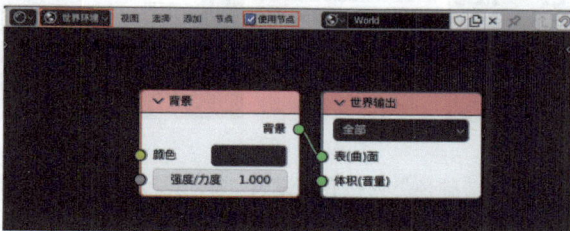

图3-20

图3-21

03 在摄像机视图中切换到"渲染"显示模式，就会实时渲染摄像机视图中的画面，如图3-22所示。

04 此时画面中的模型不是很明显，打开"属性"面板的"渲染属性"选项卡，设置"渲染引擎"为Cycles，"最大采样"为32，如图3-23所示。

图3-22

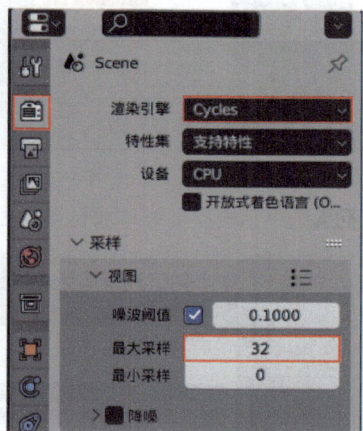

图3-23

05 在"输出属性"选项卡中设置"%"为50%，如图3-24所示。这样就会尽可能快地实时渲染场景，效果如图3-25所示。

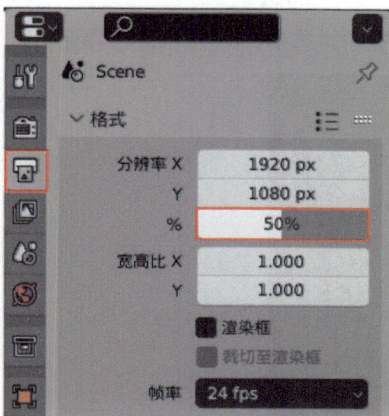

图3-24

图3-25

06 在"着色器编辑器"窗口中切换到"物体"模式，然后选中地面模型并单击"新建"按钮，如图3-26所示。这样就能为地面模型添加一个材质，如图3-27所示。

图3-26

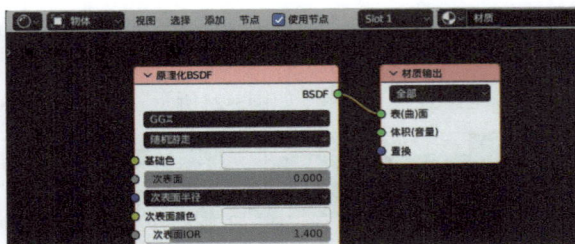

图3-27

07 单击"基础色"右侧的色块，在弹出的面板中设置地面的"基础色"为橙色，设置"高光"为0，如图3-28所示。实时渲染效果如图3-29所示。

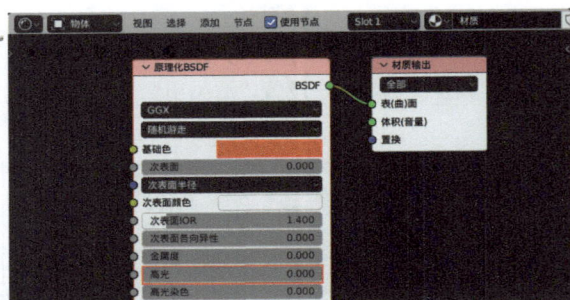

图3-28

图3-29

08 选中凳面模型并添加材质，设置"基础色"为深绿色，如图3-30所示。实时渲染效果如图3-31所示。

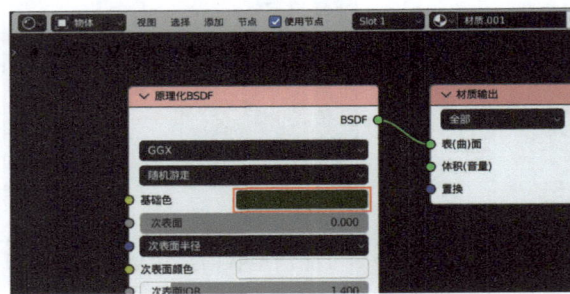

图3-30

图3-31

09 选中靠背模型并新建一个材质，然后将凳面材质的颜色复制到靠背模型的材质中，效果如图3-32所示。

图3-32

10 选中凳腿模型并新建一个材质，设置"基础色"为褐色，如图3-33所示。实时渲染效果如图3-34所示。

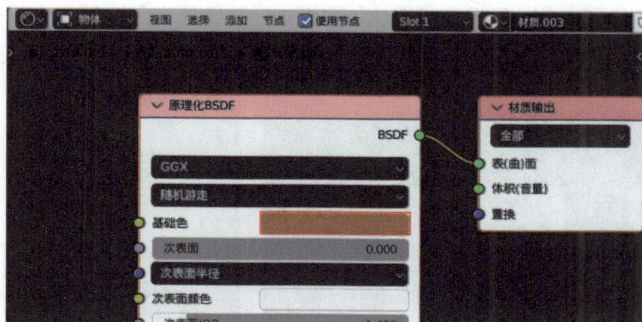

图3-33

图3-34

11 其余凳腿模型的材质与步骤10设置的材质相同，如果逐一修改颜色会比较麻烦，下面介绍一个快速添加相同材质的方法。选中所有未添加材质的凳腿模型，然后加选添加了材质的凳腿模型，按快捷键Ctrl+L，在弹出的菜单中选择"关联材质"命令，如图3-35所示。相同的材质就会快速添加到其他没有添加材质的模型上，效果如图3-36所示。

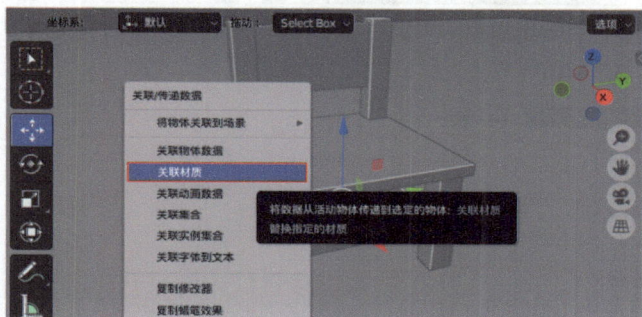

图3-35

图3-36

3.2.3 渲染图片

01 切换到Compositing（合成）工作区，勾选"使用节点"复选框，就会出现渲染所需要的节点，如图3-37所示。

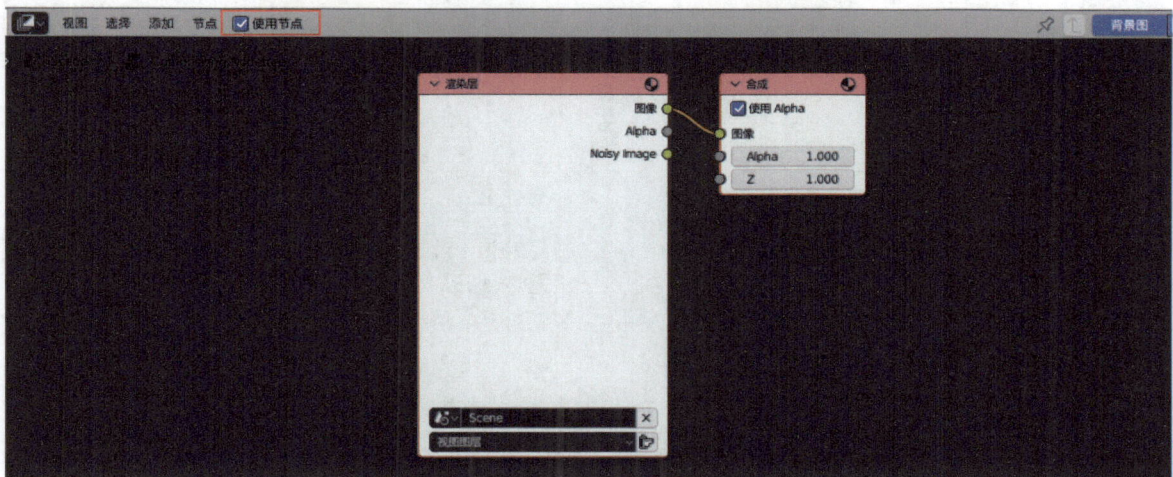

图3-37

02 添加"文件输出"节点，然后将其Image与"渲染层"节点的"图像"进行连接，如图3-38所示。

03 在"文件输出"节点中设置渲染图片的保存路径和名称，然后在"属性"面板的"渲染属性"选项卡中设置"渲染"下的"最大采样"为256，如图3-39所示。

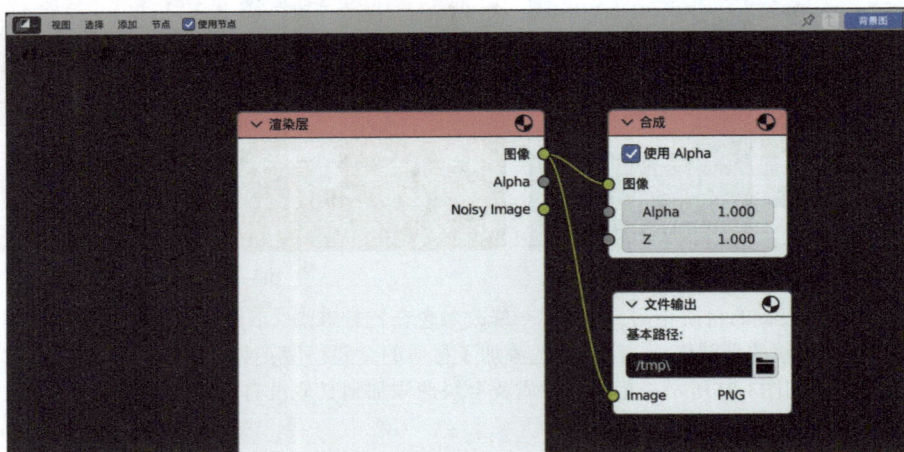

图3-38

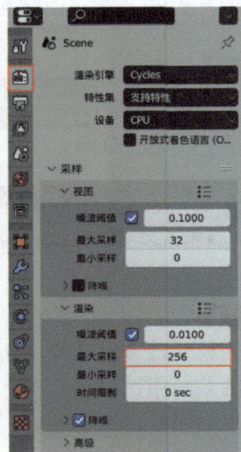

图3-39

04 在"输出属性"选项卡中设置"%"为100%，如图3-40所示。

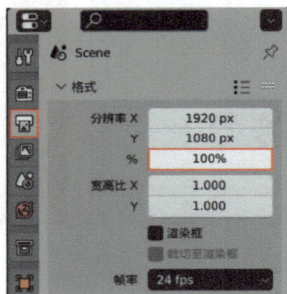

图3-40

05 按F12键渲染场景，案例最终效果如图3-41所示。

图3-41

第4章 基础实战案例：沙发

案例文件	案例文件>CH04>基础实战案例：沙发
视频名称	基础实战案例：沙发.mp4
学习目标	掌握简单场景的制作方法

　　在第2章和第3章的案例中，我们学习了相对简单的单体模型场景的制作流程，本章的案例会稍微增加难度，制作一个沙发场景。除了制作沙发模型，还要制作茶几模型和落地灯模型。

4.1 沙发场景建模

整个场景的模型由沙发、茶几和落地灯3部分组成，其中茶几还包含图书和杯子这些配件。下面逐一讲解制作过程。

4.1.1 沙发模型

01 新建一个立方体模型，然后切换到"编辑模式"，将原有的立方体模型的高度减小，如图4-1所示。该模型将作为坐垫。

02 模型的边缘需要进行倒角操作。在"边"模式中全选所有的边，如图4-2所示。

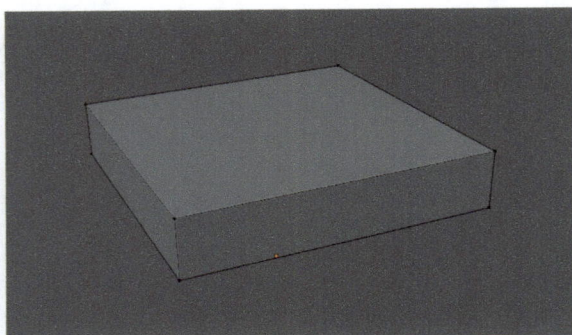

图4-1

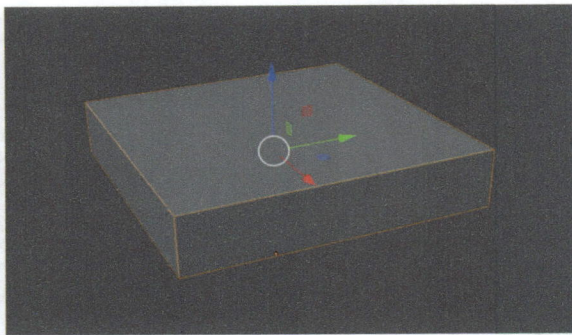

图4-2

03 保持选中的边不变，单击鼠标右键，在弹出的快捷菜单中选择"边线倒角"命令，然后在左下角的"倒角"面板中设置"宽度"为0.06m，"段数"为4，如图4-3和图4-4所示。案例中提供的参数仅为参考，读者可按照自己的想法进行设置。

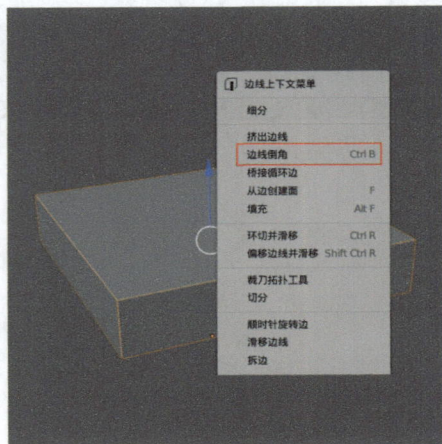

图4-3

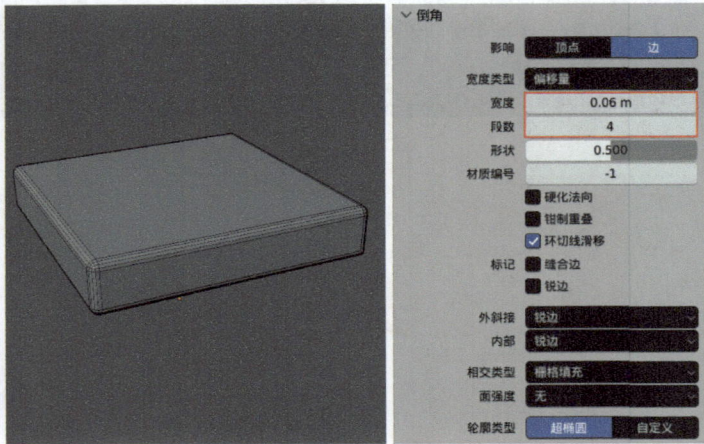

图4-4

技巧提示 除了可以单击鼠标右键，在弹出的快捷菜单中选择"边线倒角"命令，还可以按快捷键Ctrl+B激活该命令。在视图左侧的工具栏中单击"倒角"按钮 也可以激活该命令。读者只要选择自己习惯的方式即可。

04 返回"物体模式"，将倒角后的立方体向下复制一份，如图4-5所示。

05 继续复制一份倒角立方体，旋转90°后移动到左侧成为沙发的扶手，如图4-6所示。

图4-5

图4-6

06 将左侧的扶手模型复制一份并移动到右侧，如图4-7所示。

07 现有的两个扶手模型有些偏高。选中两个扶手模型，切换到"编辑模式"，然后选中上方的点向下移动，如图4-8所示。

图4-7

图4-8

08 将横向的坐垫模型复制一份，旋转90°作为靠背模型，如图4-9所示。

09 靠背模型将呈现上小下大的造型。选中靠背模型并切换到"编辑模式"，然后选中顶部的点，将模式上方变窄一些，如图4-10所示。

图4-9

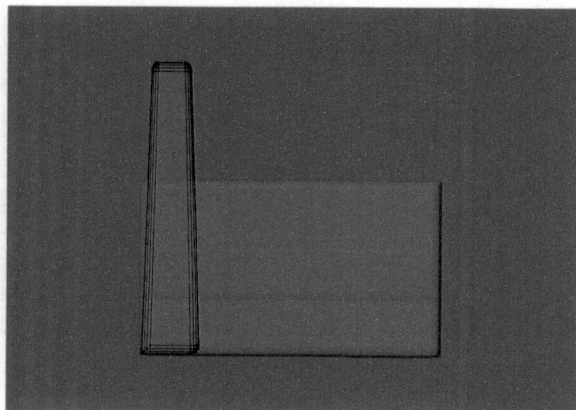

图4-10

10 返回"物体模式"，然后将靠背模型旋转5°左右，效果如图4-11所示。

11 靠垫模型也是一个倒角立方体，只需要将坐垫模型复制一份并缩小即可，效果如图4-12所示。

图4-11

图4-12

12 添加一个柱体模型作为沙发的垫脚，将其放在扶手的下方，如图4-13所示。

13 将柱体模型复制3个，放在沙发的另外3个角上，效果如图4-14所示。沙发模型制作完成。

图4-13

图4-14

4.1.2 茶几模型

01 新建一个立方体模型，将其缩小后放置于沙发模型的左侧，如图4-15所示。

02 按/键孤立显示茶几立方体模型，然后切换到"编辑模式"，使用"环切"工具在立方体上添加两条边，如图4-16所示。

图4-15

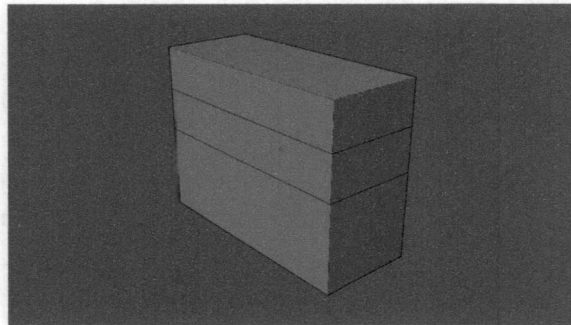

图4-16

技巧提示 "环切"工具的快捷键为Ctrl+R。

03 在"点"模式中调整新加的两条边的位置，如图4-17所示。

04 继续使用"环切"工具在模型上竖向添加一条边，如图4-18所示。

05 向左移动步骤04添加的边，使模型的布线与茶几的形状大致相似，如图4-19所示。

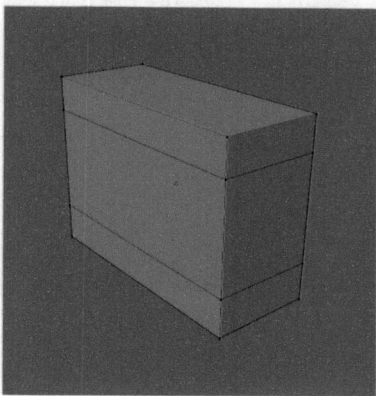

图4-17

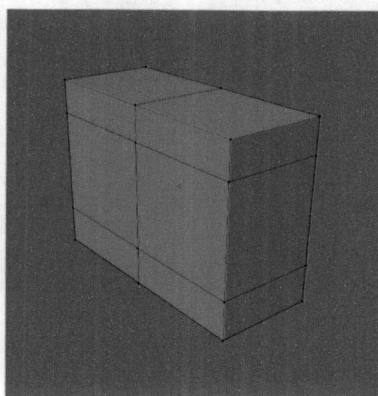

图4-18

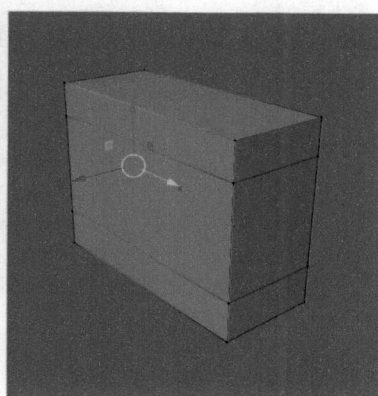

图4-19

06 在"面"模式中删除相应的面，如图4-20所示，然后在"边"模式中选中图4-21所示的边。

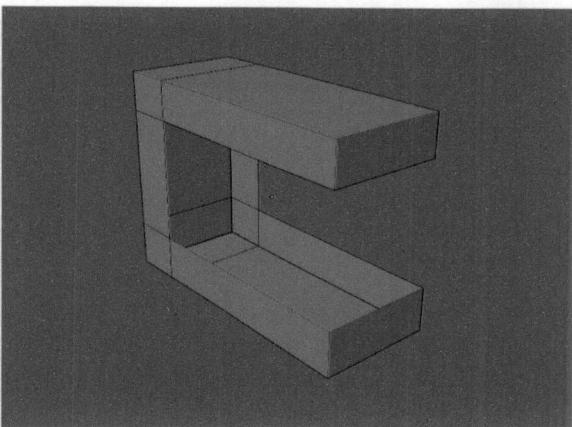

图4-20

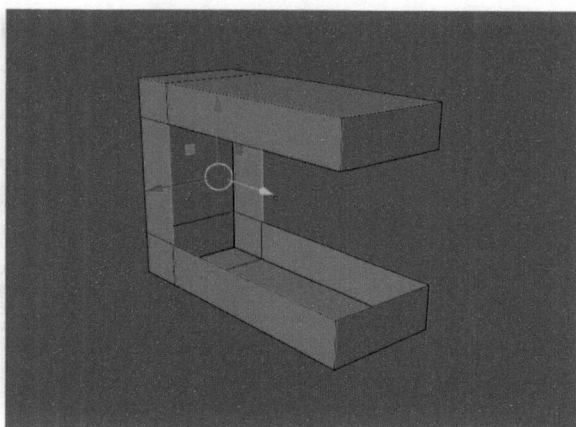

图4-21

07 保持选中的边不变，单击鼠标右键，在弹出的快捷菜单中选择"从边创建面"命令，就可以将选中的两条边连接起来生成一个新的面，如图4-22和图4-23所示。

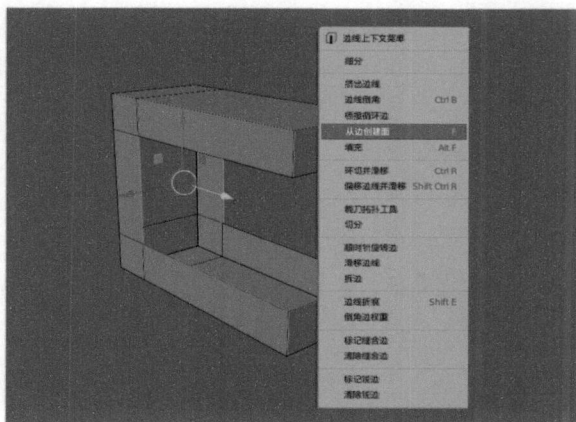

图4-22

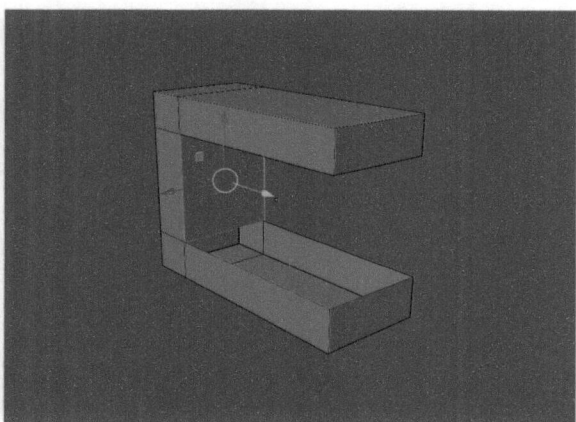

图4-23

08 按照步骤06、07的方法，连接剩下的两条边，如图4-24所示。

09 按/键退出孤立显示模式，然后将沙发模型下方的柱体模型复制4份，放在茶几模型的下方，如图4-25所示。

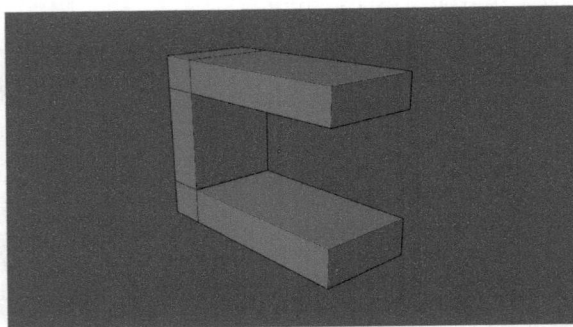

图4-24

图4-25

技巧提示 复制的柱体模型需要根据茶几的大小进行缩小。

10 添加一个新的立方体模型，然后将其缩小，放置于茶几的空隙处，作为书本模型，如图4-26所示。

11 将书本模型复制多个，并排放置于茶几空隙处，如图4-27所示。

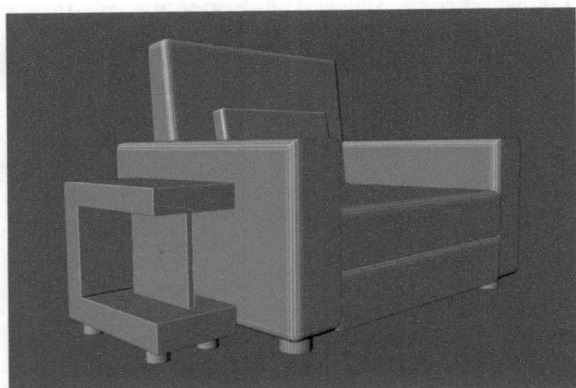

图4-26

图4-27

技巧提示 根据创建的书本模型的大小，灵活调整茶几模型的大小。

12 添加一个柱体模型作为杯子，将其缩小后放置于茶几上方，如图4-28所示。

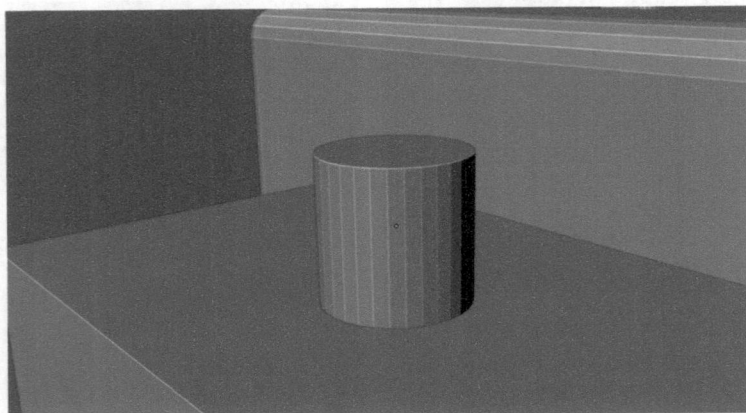

图4-28

13 切换到"编辑模式"并选中柱体模型顶部的面，使用"内插面"命令向内插入一个面，如图4-29和图4-30所示。

图4-29

图4-30

技巧提示 选中面后单击鼠标右键，在弹出的快捷菜单中就可以找到"内插面"命令，如图4-31所示。"内插面"命令的快捷键为I键。

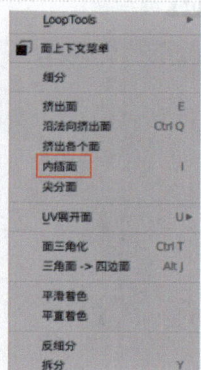

图4-31

14 保持选中的面不变，使用"挤出面"工具向下挤压，形成杯子的形状，如图4-32所示。

15 返回"物体模式"，然后将杯子模型复制一份并缩小，如图4-33所示。至此，茶几模型制作完成。

技巧提示 "挤出面"工具的快捷键为E键。

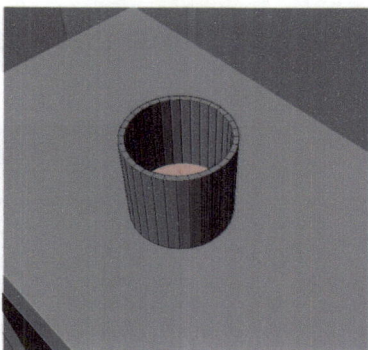

图4-32

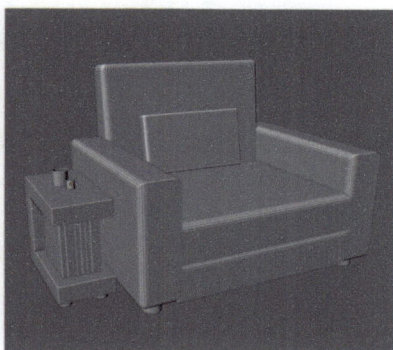

图4-33

4.1.3 落地灯模型

01 落地灯模型整体呈现圆柱形态，可以分为灯罩、灯杆和底座3个部分。新建一个柱体作为灯罩，切换到"编辑模式"后，将其调整为上小下大的形态，如图4-34所示。

02 选中上下两个面，然后将其删除，灯罩部分制作完成，如图4-35所示。

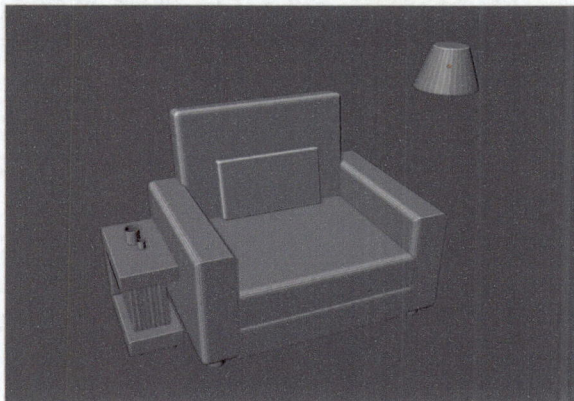

图4-34

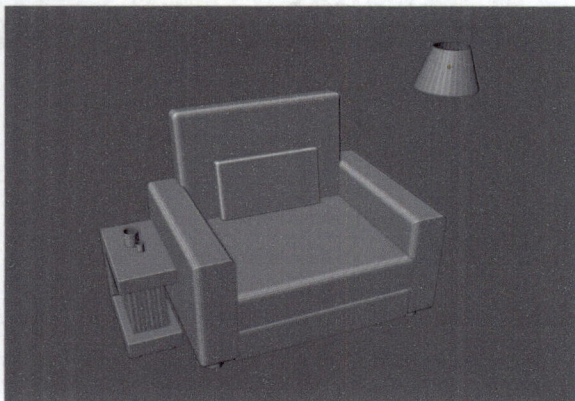

图4-35

03 新建一个柱体模型并将其缩小、拉长，放置于灯罩模型的中心处作为灯杆，如图4-36所示。

04 继续新建一个柱体模型并将其缩小、压扁，放置于灯杆模型的底部作为底座，如图4-37所示。

图4-36

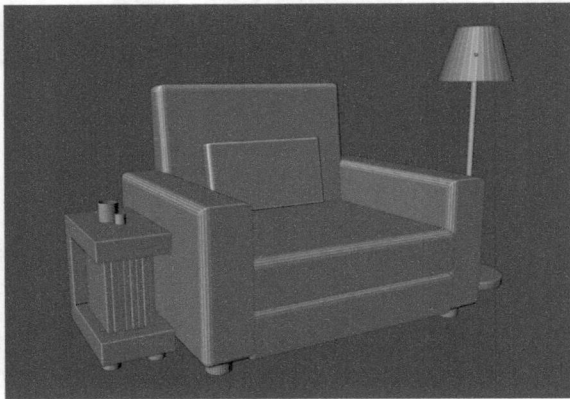

图4-37

> **技巧提示** 底座模型也可以通过复制灯杆模型并缩放得到。在建模的过程中随时灵活调整之前模型的尺寸和位置，这样可以更快地得到想要的模型效果。

05 添加一个平面并放大，将其作为背景地面，如图4-38所示。至此，本案例的模型制作完成。

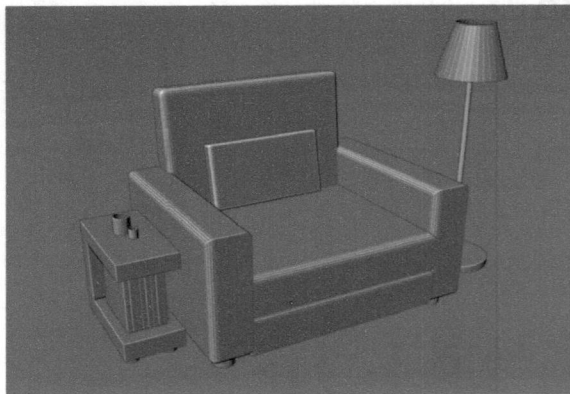

图4-38

4.2 沙发场景渲染

在场景中添加摄像机、材质和灯光的方法与之前的案例类似。在进行接下来的学习之前，读者需要将界面调整为操作视图、渲染视图和着色器视图3个区域。

4.2.1 添加摄像机

01 按1键在正视图中创建一台摄像机，然后在渲染视图中按0键切换到摄像机视图，取消锁定摄像机后，调整摄像机的角度，如图4-39所示。

02 在"属性"面板的"物体数据属性"选项卡中设置"焦距"为135mm，如图4-40所示。修改后的镜头效果如图4-41所示。

图4-39

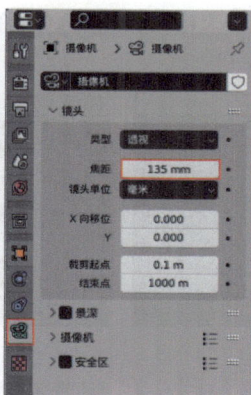
图4-40

图4-41

技巧提示 前面讲过，镜头调整完成后一定要再次将镜头锁定，防止后面误操作移动了镜头位置。

4.2.2 添加材质

01 在"着色器编辑器"窗口中切换到"世界环境"模式，并勾选"使用节点"复选框，如图4-42所示。

02 将学习资源中的.hdr文件拖入软件，会自动生成节点，然后将.hdr文件的节点的"颜色"与"背景"节点的"颜色"连接在一起，如图4-43所示。

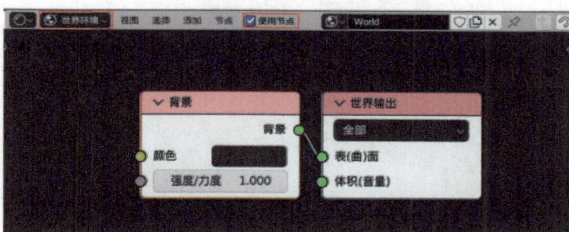
图4-42

图4-43

03 在摄像机视图中切换到"渲染"显示模式，就会实时渲染摄像机视图中的画面，如图4-44所示。

04 此时画面中的模型不是很明显，打开"属性"面板的"渲染属性"选项卡，设置"渲染引擎"为Cycles，"最大采样"为32，如图4-45所示。

05 在"输出属性"选项卡中设置"%"为50%，如图4-46所示。这样就会尽可能快地实时渲染场景。

图4-44

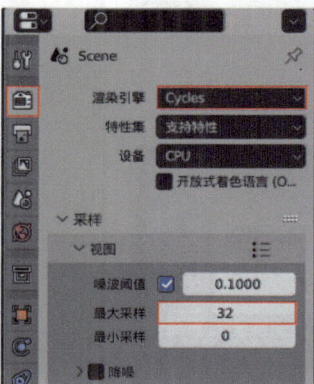
图4-45

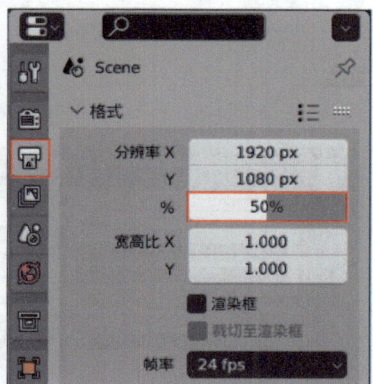
图4-46

06 在"着色器编辑器"窗口中切换到"物体"模式，然后选中地面模型并单击"新建"按钮，如图4-47所示。这样就能为地面模型添加一个材质，如图4-48所示。

图4-47

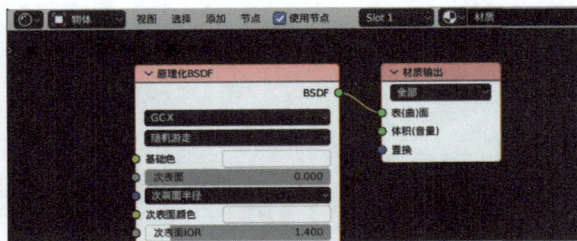

图4-48

07 单击"基础色"右侧的色块，在弹出的面板中设置地面的"基础色"为橙色，设置"高光"为0，如图4-49所示。实时渲染效果如图4-50所示。

图4-49

图4-50

08 选中茶几模型并添加材质，设置"基础色"为橙色，注意该橙色需要与地面的颜色有一定的区别，如图4-51所示。实时渲染效果如图4-52所示。

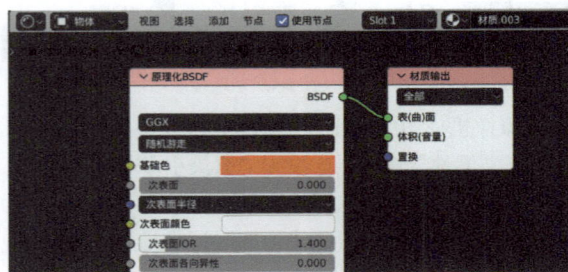

图4-51

图4-52

09 选中靠垫模型并新建一个材质，设置"基础色"为浅黄色，如图4-53所示。实时渲染效果如图4-54所示。

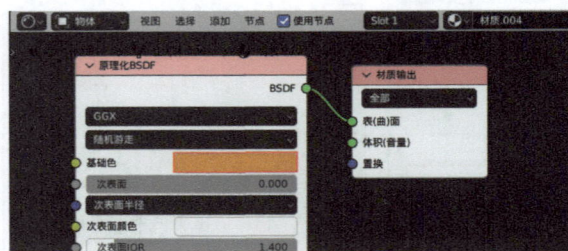

图4-53

图4-54

10 选中沙发靠背模型，然后添加一个默认的白色材质，如图4-55所示，效果如图4-56所示。

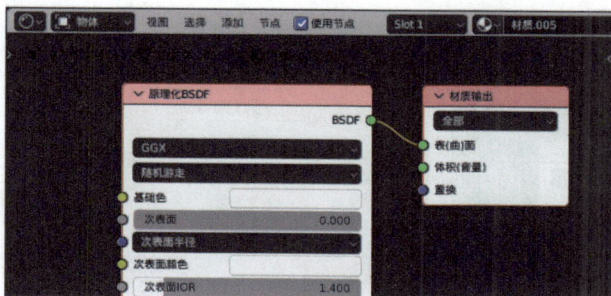
图4-55

图4-56

11 沙发扶手、坐垫和垫脚模型的材质添加方法与靠背模型的一样，按照步骤10的方法添加材质，效果如图4-57所示。

图4-57

12 给茶几脚添加材质，复制茶几材质的"基础色"，并设置"高光"为0，如图4-58所示，效果如图4-59所示。

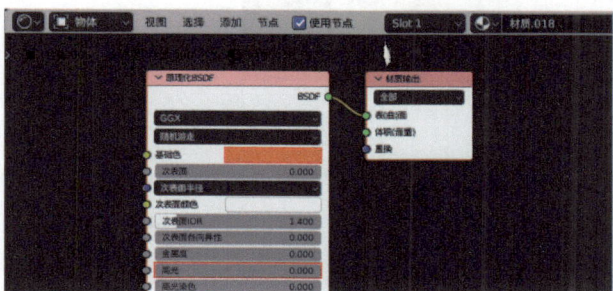
图4-58

图4-59

13 其他3个茶几脚模型的材质添加方法与步骤12的添加方法相同，效果如图4-60所示。

14 两个杯子的材质均为默认的白色材质，效果如图4-61所示。

图4-60

图4-61

15 落地灯灯罩采用默认的白色材质，然后给灯杆模型添加材质，设置"基础色"为褐色，如图4-62所示，效果如图4-63所示。

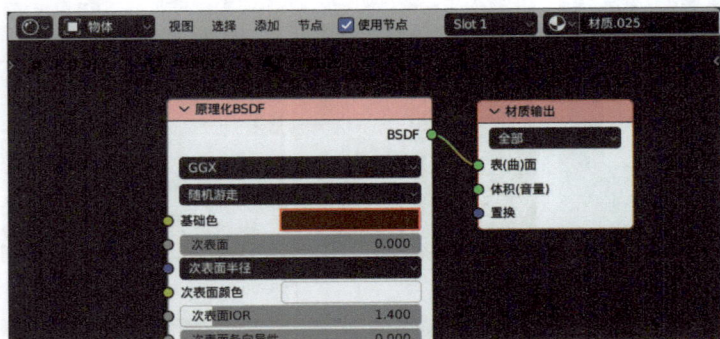

图4-62

图4-63

16 落地灯的底座的颜色与灯杆颜色相同，效果如图4-64所示。

图4-64

4.2.3 添加灯光

01 添加一盏"日光"灯光，然后调整灯光的位置和角度，如图4-65所示。实时渲染效果如图4-66所示。

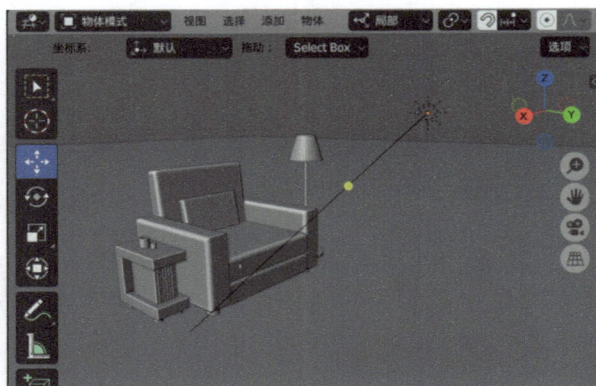

图4-65

图4-66

02 选中灯光，在"属性"面板的"物体数据属性"选项卡的"灯光"下设置"角度"为25°，如图4-67所示。调整后画面中的阴影边缘会变得模糊，如图4-68所示。

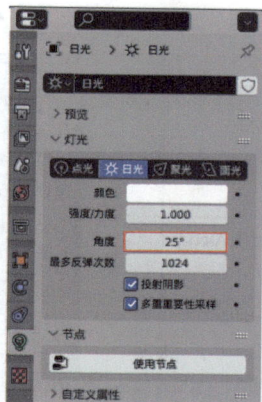

图4-67

图4-68

03 画面中的阴影不是很明显，这里将灯光的"强度/力度"设置为2，如图4-69所示。效果如图4-70所示。

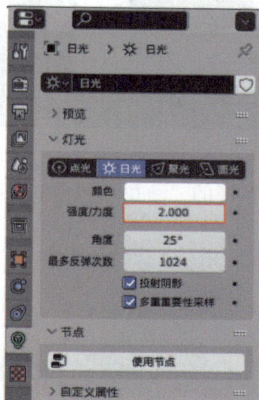

图4-69

图4-70

4.2.4 渲染图片

01 切换到Compositing（合成）工作区，勾选"使用节点"复选框，就会出现渲染所需的节点，如图4-71所示。

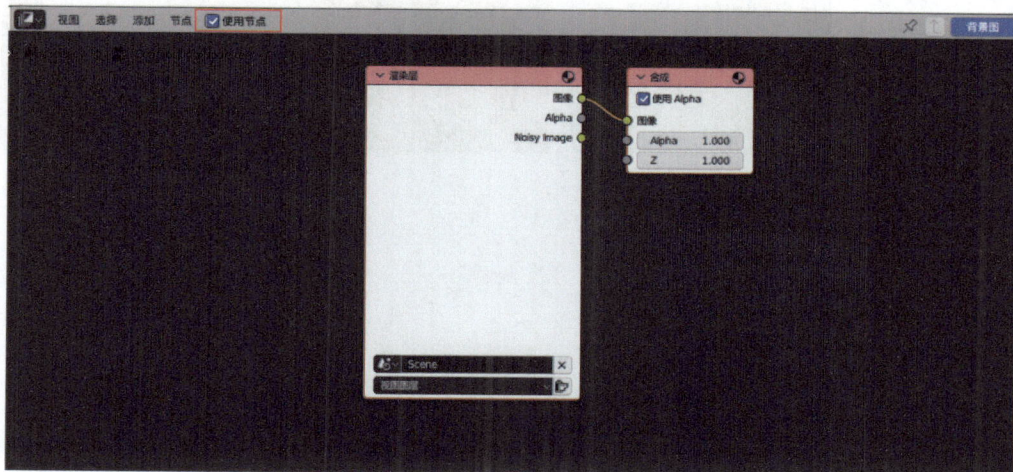

图4-71

02 添加"文件输出"节点，然后将其Image与"渲染层"节点的"图像"进行连接，如图4-72所示。

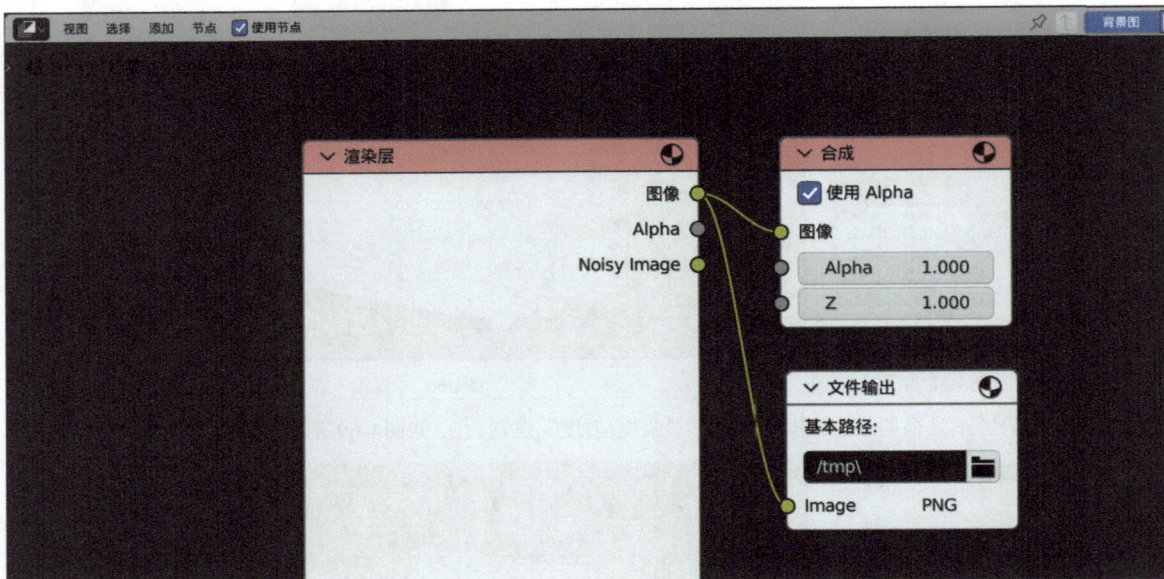

图4-72

03 在"文件输出"节点中设置渲染图片的保存路径和名称，然后在"属性"面板的"渲染属性"选项卡中设置"渲染"下的"最大采样"为256，如图4-73所示。

04 在"输出属性"选项卡中设置"%"为100%，如图4-74所示。

05 按F12键渲染场景，案例最终效果如图4-75所示。

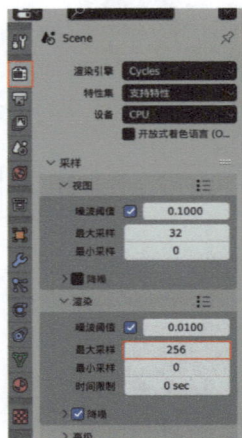

图4-73

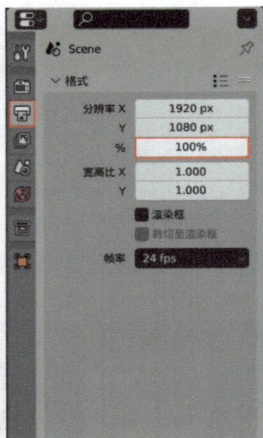

图4-74

图4-75

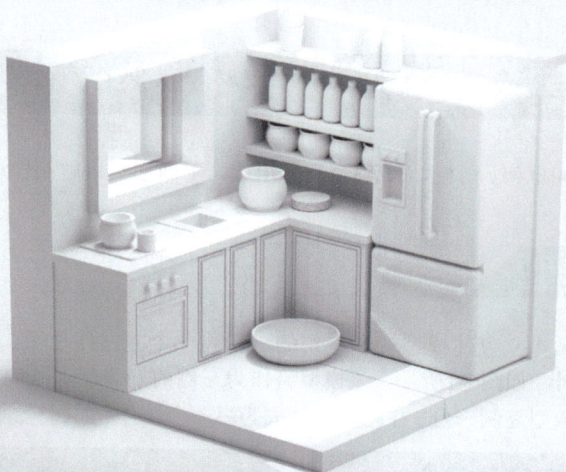

第5章
进阶实战案例：卡通厨房

案例文件	案例文件>CH05>进阶实战案例：卡通厨房
视频名称	进阶实战案例：卡通厨房.mp4
学习目标	掌握综合场景的制作思路和方法

本案例是一个综合实战，需要制作卡通厨房。相比之前几章的案例，本章案例的难度会有所增加，需要新建更多的模型，模型的造型也更加复杂。

5.1 场景建模

整个场景的模型大致由房间框架、橱柜、冰箱3个部分组成。下面逐一讲解制作过程。

5.1.1 房间框架模型

01 无论是墙体还是地面，都是由立方体模型变形得到的。新建一个立方体模型，然后切换到"编辑模式"，将原有的立方体模型的宽度减小，如图5-1所示。该模型将作为左侧的墙体。

02 将步骤01调整好的立方体模型复制一份，并旋转90°成为另一个墙体，如图5-2所示。

技巧提示 调整完成后一定要切换到"物体模式"，并将原点移动到模型上。

图5-1

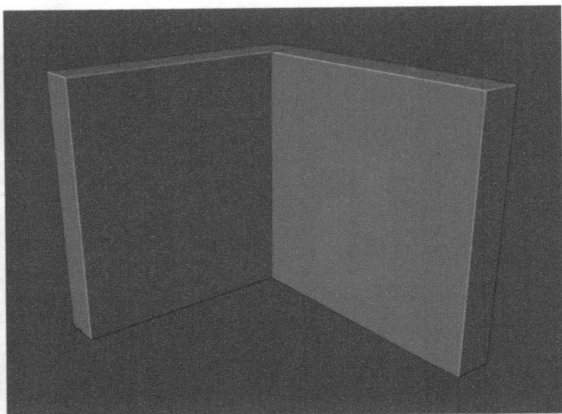

图5-2

03 切换到"编辑模式"，然后将右侧墙体的厚度减小，如图5-3所示。

04 观察画面会发现左侧墙体的长度略短于右侧。在"编辑模式"中将左侧墙体的长度加长，如图5-4所示。

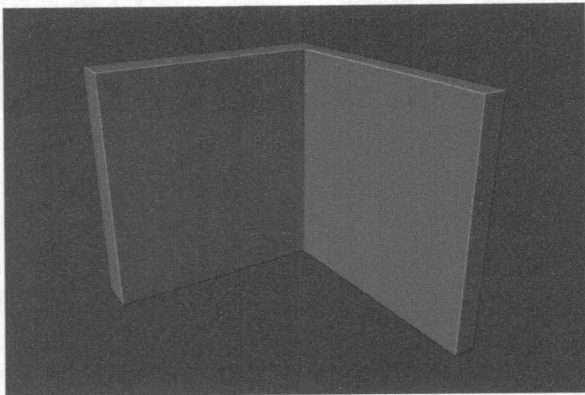

图5-3

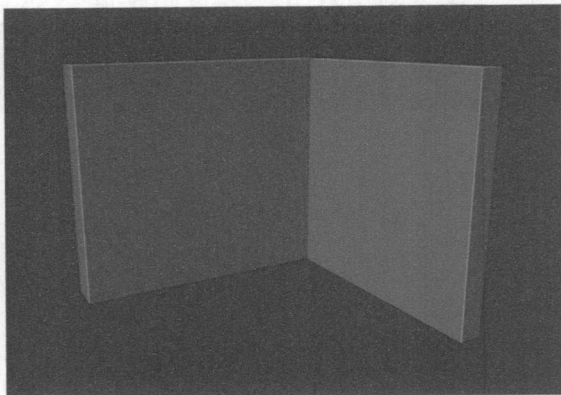

图5-4

技巧提示 调整模型的长度和厚度时，按7键在顶视图中观察会更加精确。

05 将右侧的墙体复制一份，并旋转90°作为地面，如图5-5所示。如果墙体超过地面，需要将墙体缩短与地面对齐。

06 地面的厚度应比两个墙体要薄很多。切换到"编辑模式"，选中地面上方的面，然后向下移动减小其厚度，效果如图5-6所示。

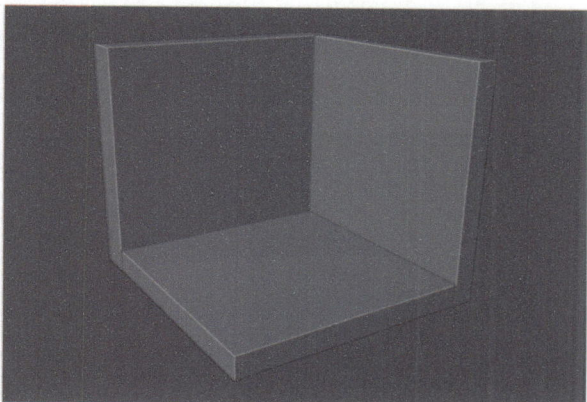

图5-5

图5-6

07 下面制作窗户。新建一个立方体，将其缩小到窗框的大小，然后移动到左侧的墙体位置，形成穿插效果，如图5-7所示。

08 选中左侧的墙体，然后打开"修改器属性"选项卡，单击"添加修改器"按钮，在弹出的面板中选择"布尔"修改器，如图5-8所示。

图5-7

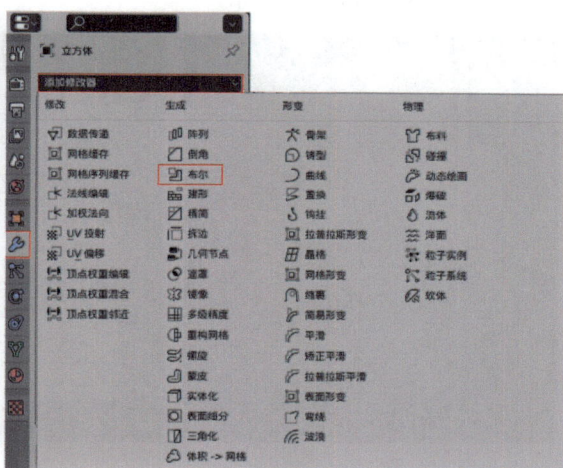

图5-8

09 在"布尔"修改器中拾取模拟窗框的立方体，如图5-9所示。拾取完成后，发现画面中没有发生任何变化。

10 选中模拟窗框的立方体，按H键就可以隐藏该模型，只留下布尔运算后的孔洞，如图5-10所示。

图5-9

图5-10

技巧提示 按快捷键Alt+H会取消隐藏立方体模型。

11 在"大纲视图"面板中选中隐藏的立方体并将其复制一份，就会在孔洞位置生成一个同样大小的立方体，如图5-11所示。

12 选中复制得到的立方体，切换到"编辑模式"，然后选中前后两个面，如图5-12所示。

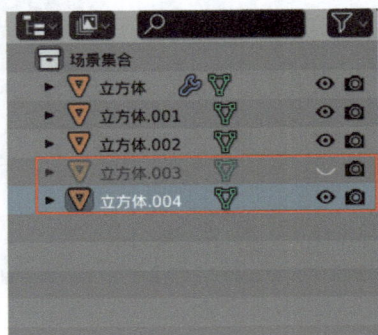

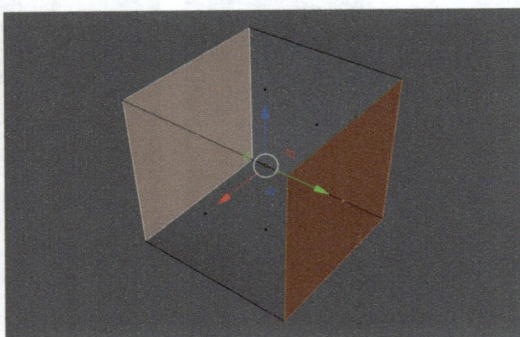

技巧提示 为了方便观察模型，笔者将该模型孤立显示。

图5-11   图5-12

13 保持选中的面不变，使用"内插面"工具向内插入新的面，如图5-13所示。

14 保持选中的面不变，单击鼠标右键，在弹出的快捷菜单中选择"沿法向挤出面"命令，向内部挤出面以生成玻璃，如图5-14和图5-15所示。

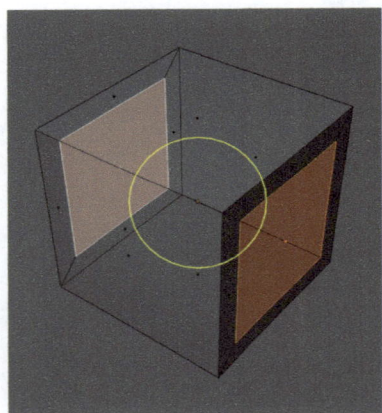

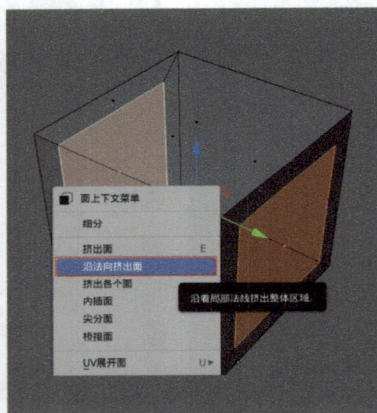

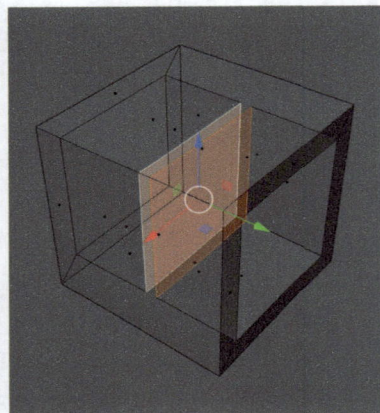

图5-13   图5-14   图5-15

15 退出孤立显示模式，然后根据墙体调整窗框的厚度，效果如图5-16所示。

16 窗框离右侧的墙体比较近，不便于后续置物架模型的制作。选中窗框模型和隐藏的立方体，然后向左移动一段距离，如图5-17所示。房间框架模型就制作完成了。

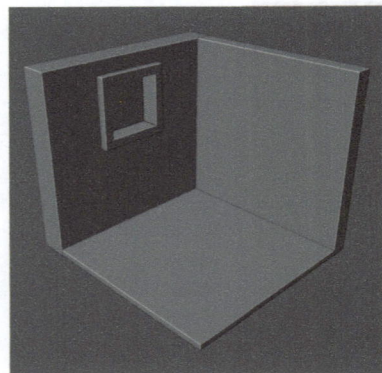

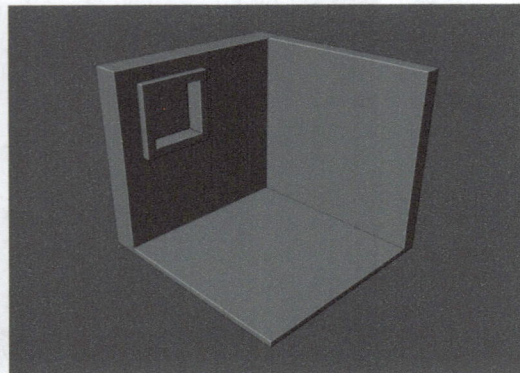

技巧提示 在移动隐藏的立方体时，需要先取消隐藏，与窗框模型一起移动，然后再隐藏该立方体。

图5-16   图5-17

5.1.2 橱柜模型

01 新建一个立方体，在"编辑模式"中将其大致调整为橱柜的形状，如图5-18所示。

02 使用"环切"工具竖向添加一圈循环边，然后移动到靠近右侧墙体，如图5-19所示。

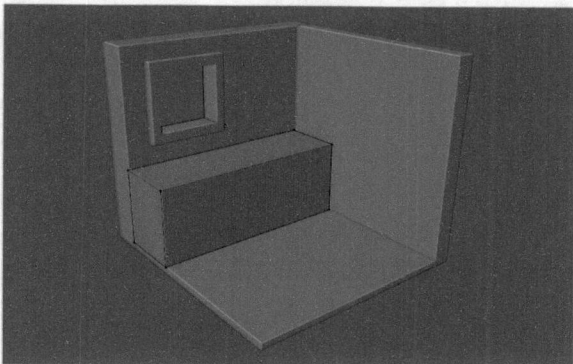

图5-18

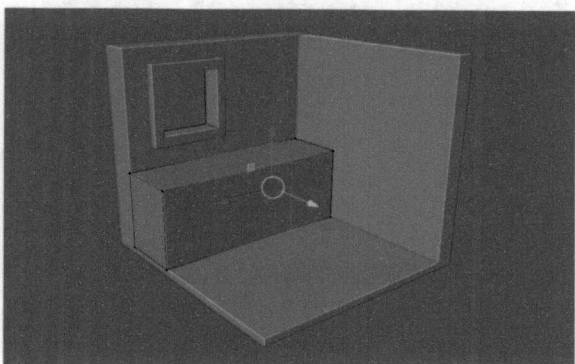

图5-19

03 选中图5-20所示的面，使用"挤出面"工具向外挤出一段距离，如图5-21所示。

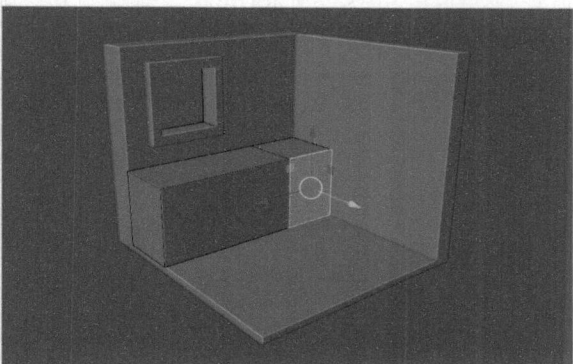

图5-20

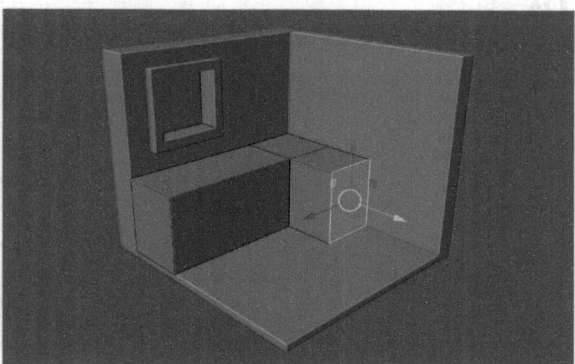

图5-21

技巧提示 "挤出面"工具的快捷键为E键。

04 橱柜的顶面边缘应该凸出来。继续使用"环切"工具在模型上横向添加一圈循环边，如图5-22所示。

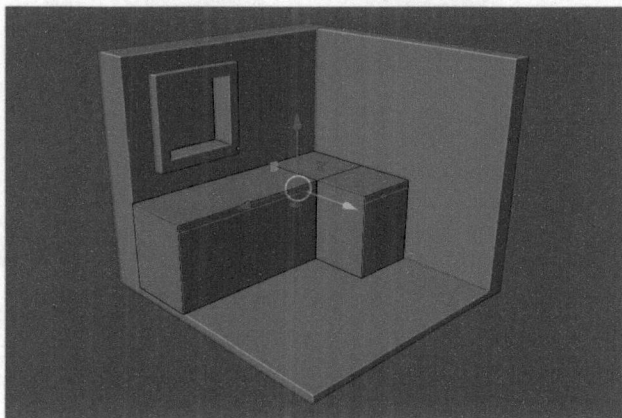

图5-22

05 选中图5-23所示的面，然后单击鼠标右键，在弹出的快捷菜单中选择"沿法向挤出面"命令，向外挤出一小部分，如图5-24所示。

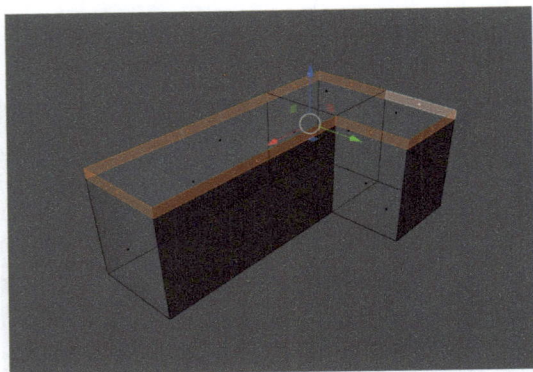
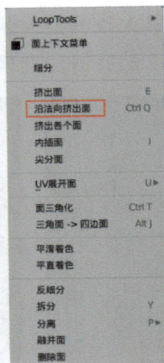
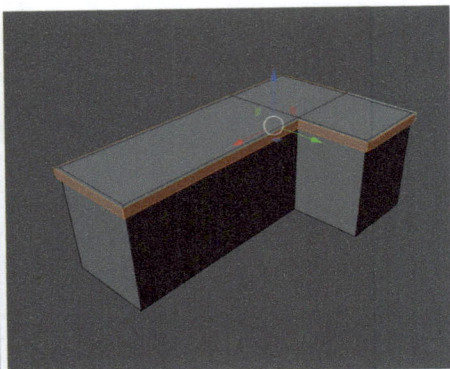

图5-23　　　　　　　　　　　　　　　　　　　　　　　　图5-24

技巧提示 "沿法向挤出面"命令没有默认的快捷键，快捷菜单上显示的快捷键是笔者自定义的。

06 将橱柜模型向外移动一点，这样就不会被墙体遮挡凸出的台面，如图5-25所示。

07 橱柜上方的置物架模型非常简单。新建一个立方体模型，然后调整为图5-26所示的形状，接着将其移动到右侧墙体上部，如图5-27所示。

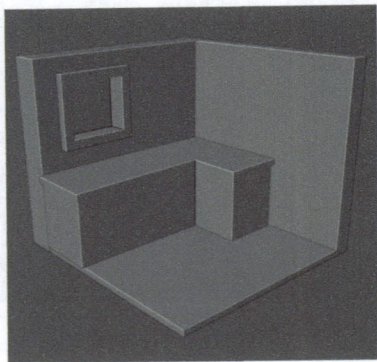
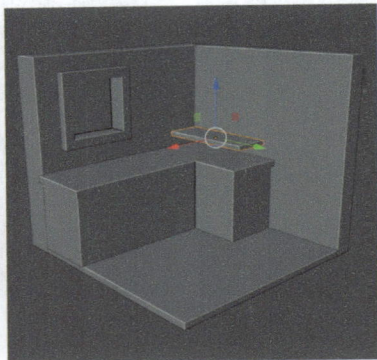
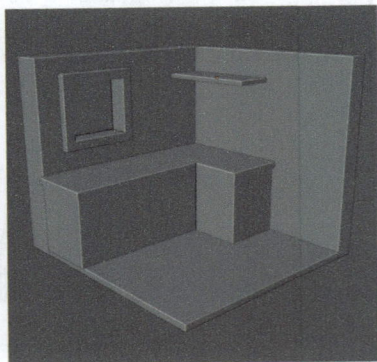

图5-25　　　　　　　　　　　　图5-26　　　　　　　　　　　　图5-27

08 将置物架模型向下复制两份，效果如图5-28所示。

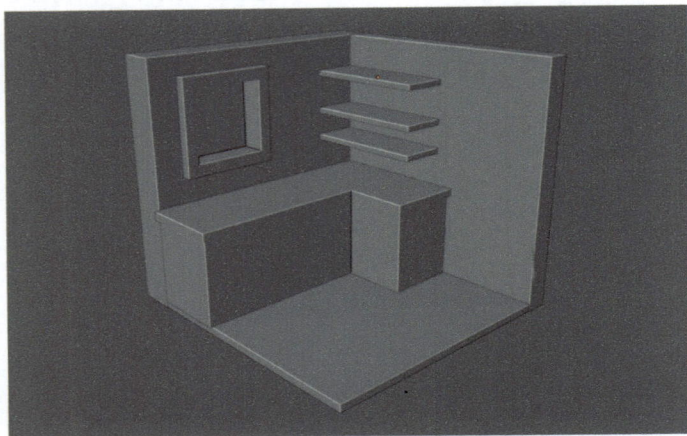

图5-28

5.1.3 冰箱模型

01 冰箱模型大致呈长方体形态。新建一个立方体，然后在"编辑模式"中调整其大小并将其放在右侧橱柜的旁边，如图5-29所示。

02 将步骤01创建的立方体复制一份，然后调整模型的厚度，如图5-30所示。

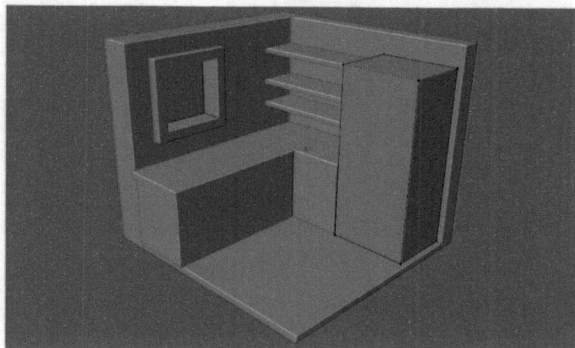

图5-29

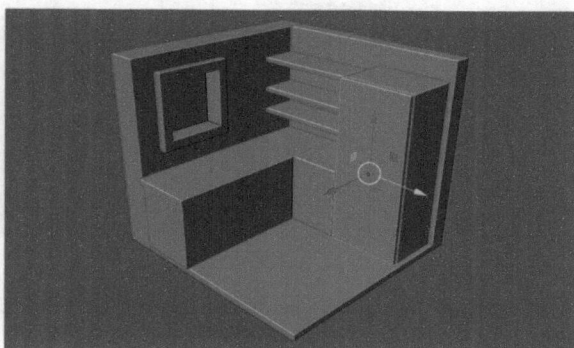

图5-30

03 在"编辑模式"中调整底部点的位置，将得到的模型作为上半部分的冰箱门，如图5-31所示。

04 将冰箱门模型复制一份并向下移动，然后调整模型的高度，将得到的模型作为下半部分的冰箱门，如图5-32所示。

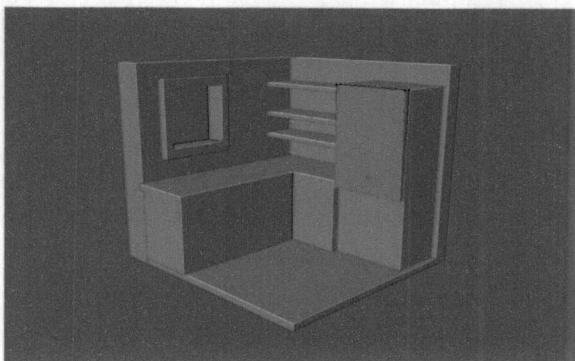

图5-31

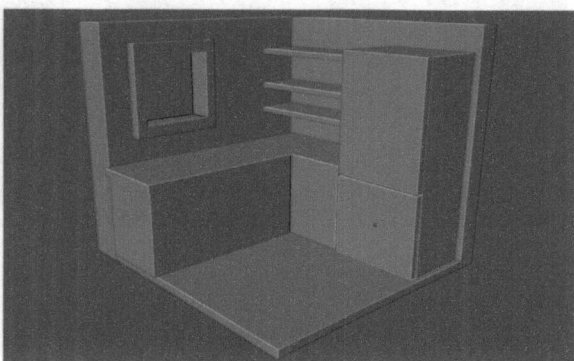

图5-32

05 添加一个立方体，然后将其调整为长条形，作为冰箱门的把手，如图5-33所示。

06 切换到"编辑模式"，然后使用"环切"工具添加两圈循环边，如图5-34所示。

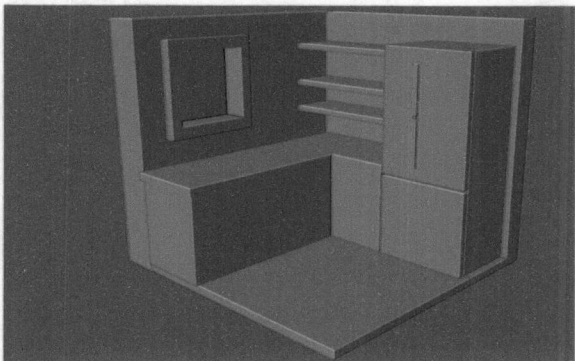

图5-33

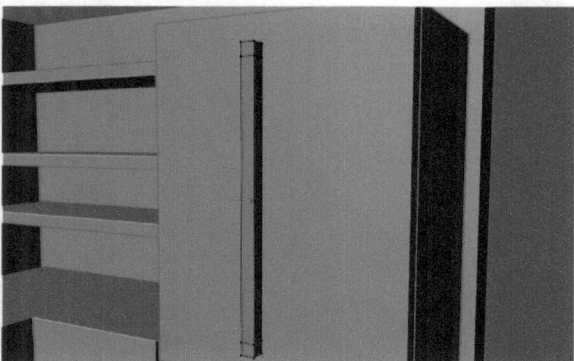

图5-34

07 选中图5-35所示的面，然后单击鼠标右键，在弹出的快捷菜单中选择"沿法向挤出面"命令，向外挤出一段距离，如图5-36所示。

图5-35

图5-36

08 将把手模型拼合到冰箱门模型上，并复制一份放在旁边，如图5-37所示。

09 将把手模型复制一份，旋转90°，摆放在下方冰箱门上，如图5-38所示。

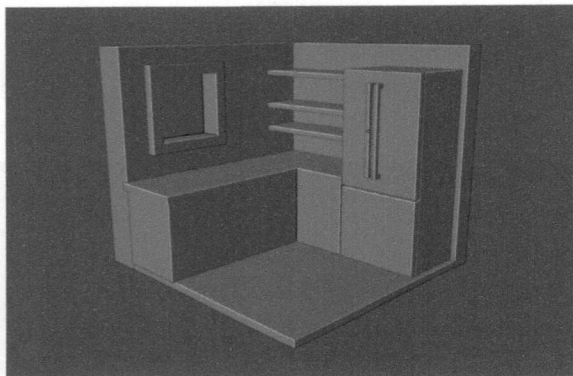

图5-37

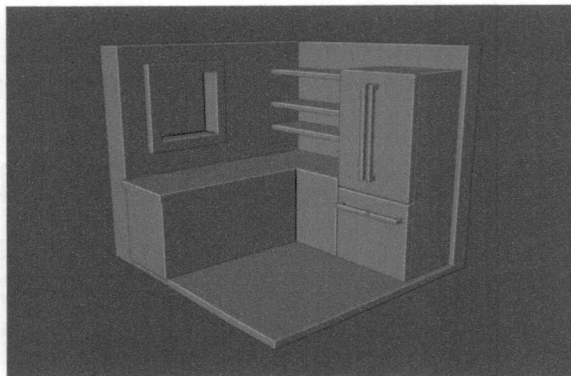

图5-38

10 冰箱门上的凹陷部分通过使用之前讲解的"布尔"修改器即可得到。新建一个立方体并将其缩小，一部分与冰箱门模型穿插，如图5-39所示。读者在制作的时候注意不要让小立方体穿插的深度过大。

11 选中冰箱门模型，在"属性"面板的"修改器属性"选项卡中单击"添加修改器"按钮，在弹出的面板中选择"布尔"修改器，然后拾取步骤10添加的小立方体，并按H键将其隐藏，布尔运算后的效果如图5-40所示。

图5-39

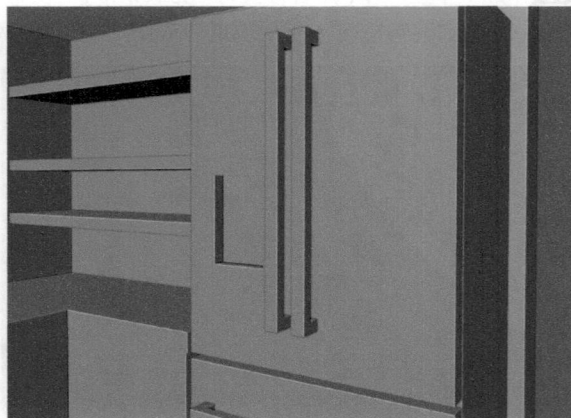

图5-40

12 将隐藏的小立方体复制一份，并将其压扁一些，如图5-41所示。

13 在"编辑模式"中选中步骤12复制得到的立方体边缘的面，如图5-42所示。

14 保持选中的面不变，单击鼠标右键，在弹出的快捷菜单中选择"沿法向挤出面"命令，向外挤出一定的距离，如图5-43所示。

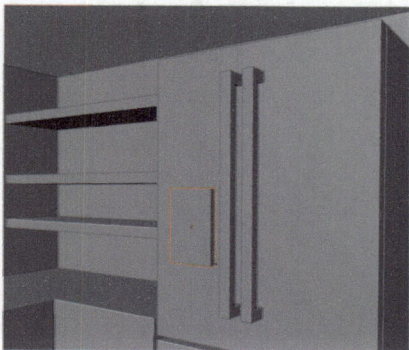

图5-41

图5-42

图5-43

技巧提示 在"大纲视图"面板中复制隐藏的立方体会只显示复制得到的立方体，原来隐藏的立方体不会显示。

15 按/键孤立显示小立方体，然后选中图5-44所示的两个面，按Delete键删除，如图5-45所示。

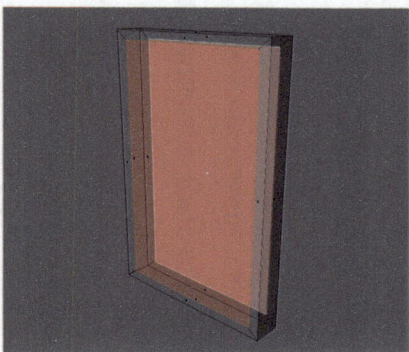

图5-44

图5-45

技巧提示 按Delete键删除选中的面的时候，会弹出图5-46所示的菜单。在菜单中选择"面"命令，即可删除选中的面。

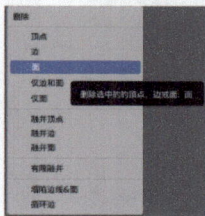

图5-46

16 删除面后模型会出现空缺部分。在"边"模式中选中图5-47所示的两条边，然后单击鼠标右键，在弹出的快捷菜单中选择"从边创建面"命令，即可新建一个面填补空缺部分，效果如图5-48所示。

图5-47

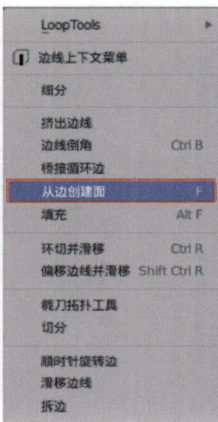

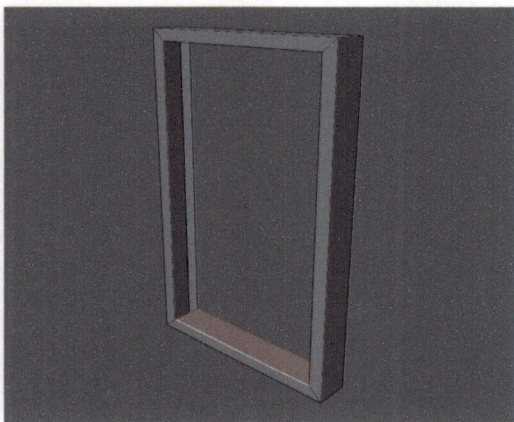

图5-48

17 按照步骤16的方法填补其余3个空缺部分，效果如图5-49所示。

18 按/键取消孤立显示，然后将修改后的模型与冰箱门模型拼合，如图5-50所示。

图5-49

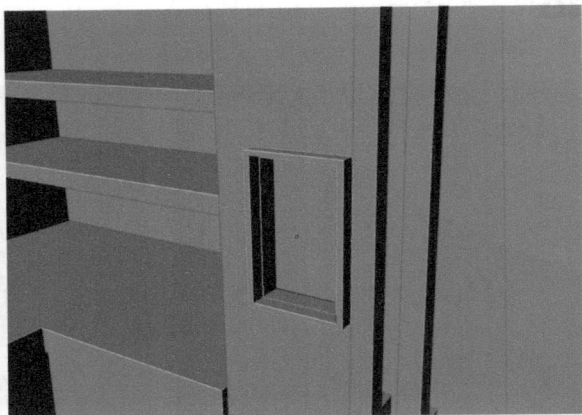

图5-50

19 新建一个立方体，将其缩小后调整为图5-51所示的大小，并放在边框模型上方。

20 新建柱体模型并缩小，然后放置于步骤19创建的模型上，如图5-52所示。该模型将作为旋钮模型。

图5-51

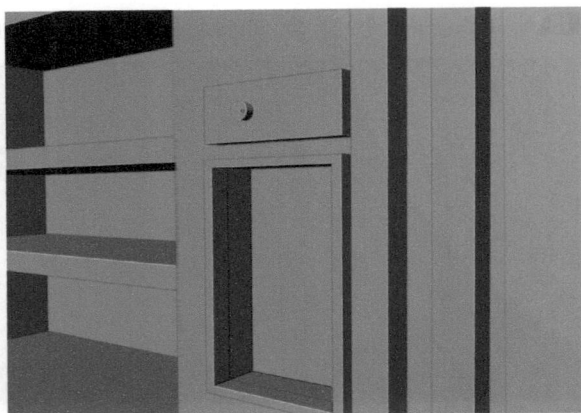

图5-52

21 切换到"编辑模式"，使用"环切"工具在柱体模型上添加一圈循环边，如图5-53所示。

22 切换到"面"模式，选中图5-54所示的面，单击鼠标右键，在弹出的快捷菜单中选择"沿法向挤出面"命令，向外挤出一定距离，如图5-55所示。

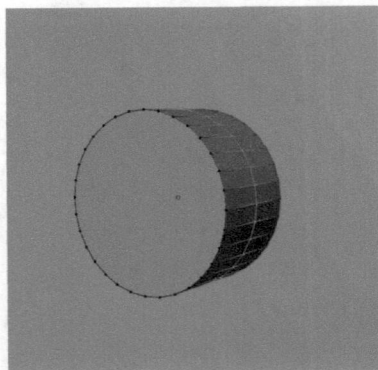

图5-53

图5-54

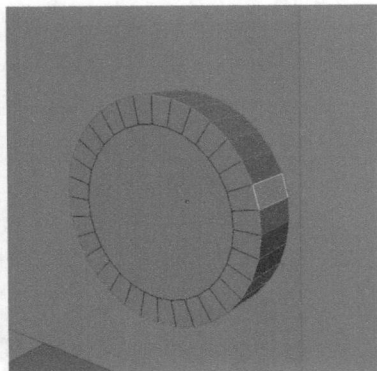

图5-55

23 返回"物体模式"，向右复制修改后的旋钮模型，效果如图5-56所示。

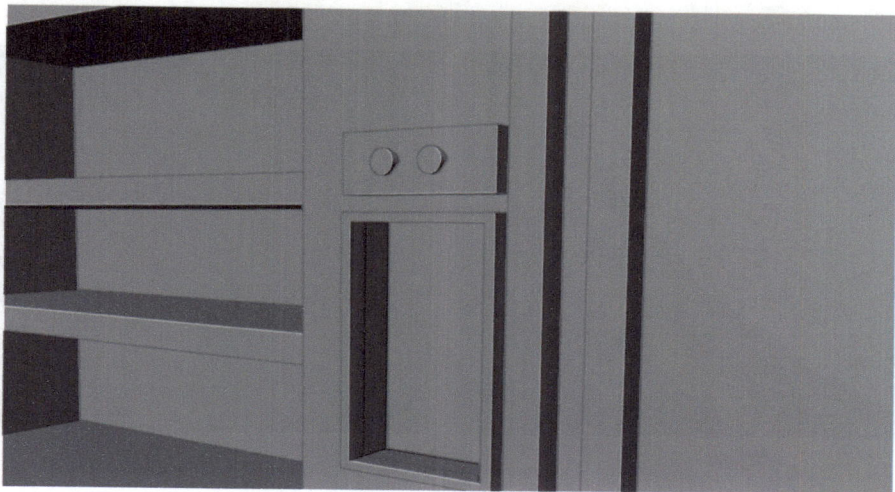

图5-56

5.2 场景细节优化

场景的模型已经大致建立完成，但场景中的元素还不够丰富，模型也较为粗糙。本节将继续在之前模型的基础上完善整个场景。

5.2.1 完善冰箱细节

现有的冰箱模型棱角明显，外形不够美观，需要添加一些倒角，让模型边缘变成圆角。

01 选中靠墙的冰箱模型，按/键孤立显示，然后切换到"编辑模式"中，选中图5-57所示的4条边。

02 保持选中的边不变，按快捷键Ctrl+B激活"倒角"工具进行倒角，如图5-58所示。

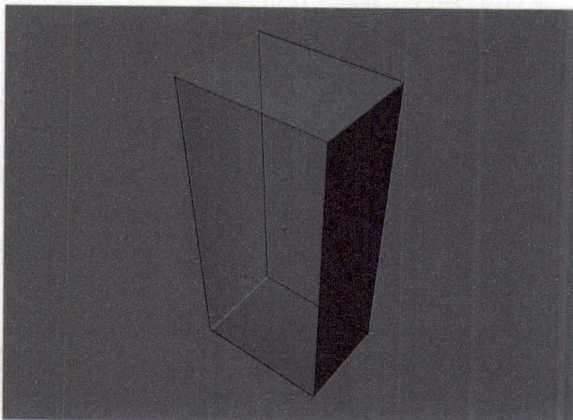

图5-57

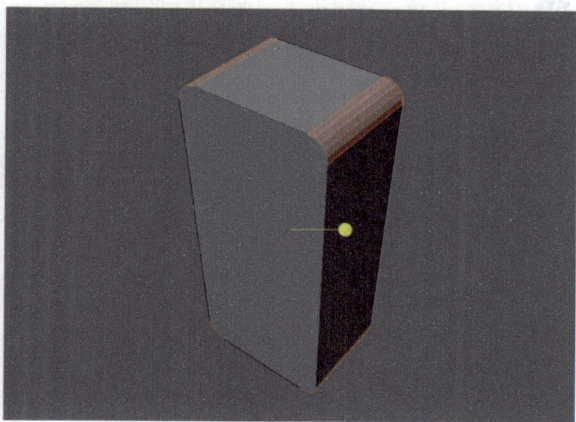

图5-58

技巧提示 读者要学会根据模型的具体情况灵活处理倒角的大小以及分段数量。

03 退出孤立显示模式，选中两个冰箱门模型并孤立显示，然后在"编辑模式"中选中图5-59所示的边并进行倒角，效果如图5-60所示。

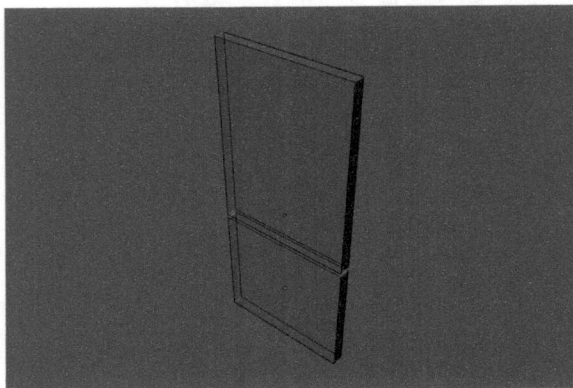

图5-59

图5-60

04 选中图5-61所示的边，然后进行倒角，效果如图5-62所示。

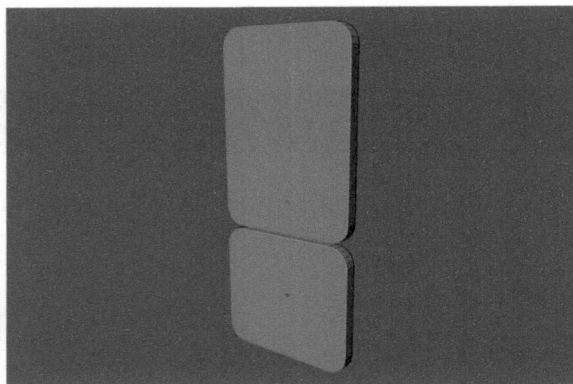

图5-61

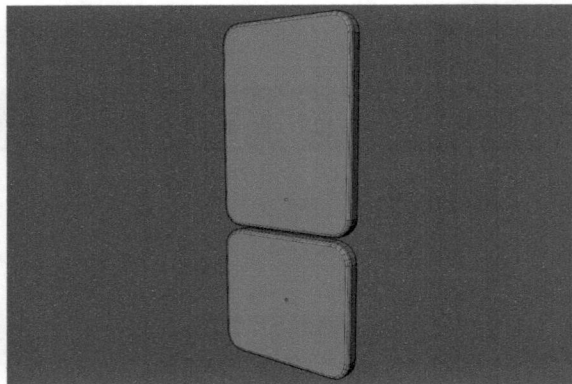

图5-62

05 退出孤立显示模式，选中冰箱上的把手模型，在"属性"面板的"修改器属性"选项卡中添加"表面细分"修改器，效果如图5-63所示。此时模型在转角处会出现塌陷的效果，原有转角会看不到。

06 在模型转角位置附近添加循环边可以解决这个问题。按快捷键Ctrl+R激活"环切"工具，在把手转角位置附近添加一圈边，如图5-64所示。这时候可以观察到转角位置的塌陷有所减少。

07 按照步骤06的方法，在转角位置附近继续添加一些边，让转角看着更加明显，如图5-65所示。

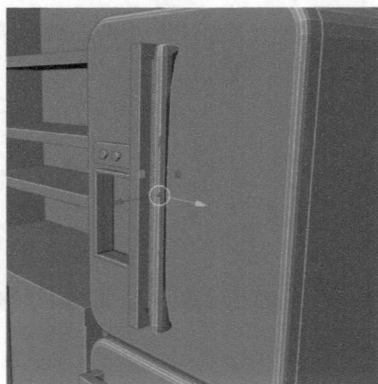

图5-63

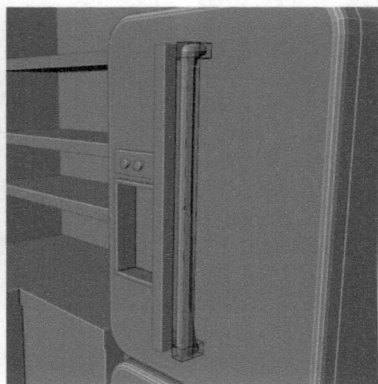

图5-64

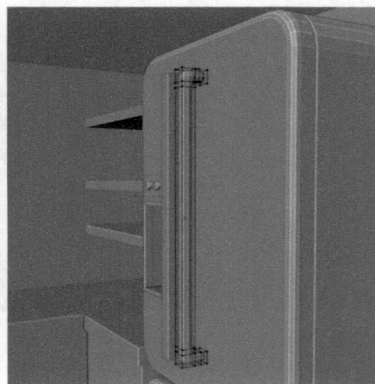

图5-65

08 观察模型，发现模型还是有很多棱角，不是很平滑。在"属性"面板的"修改器属性"选项卡中设置"表面细分"修改器的"视图层级"为2，可以让模型变得平滑，如图5-66和图5-67所示。

09 按照相同的方法，对其他把手模型进行细分并增加分段数，效果如图5-68所示。

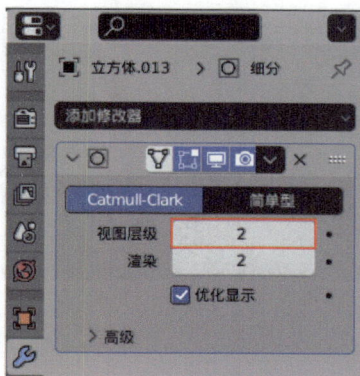

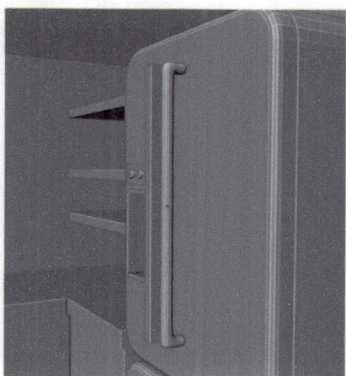

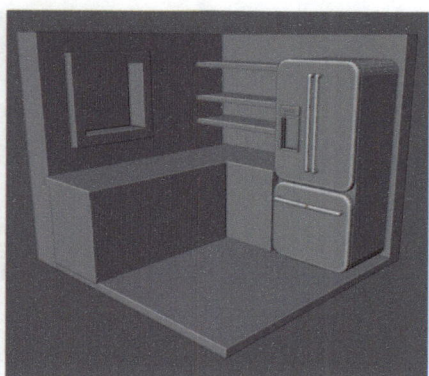

图5-66	图5-67	图5-68

10 选中旋钮后面的立方体，然后在"编辑模式"中选中图5-69所示的边，使用"倒角"工具进行倒角，效果如图5-70所示。

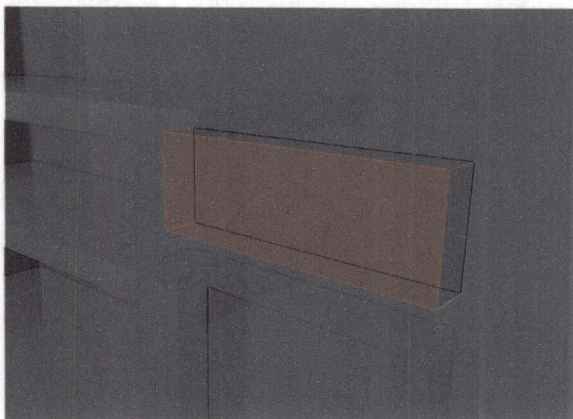

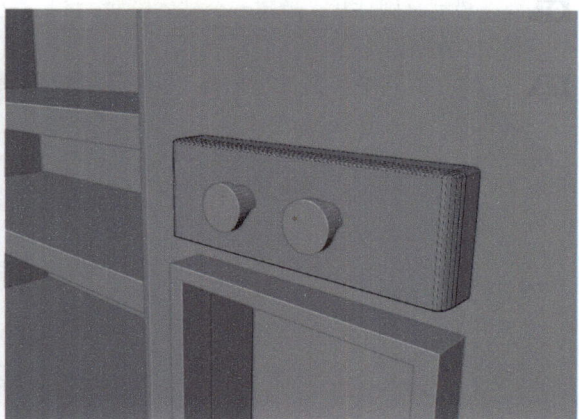

图5-69	图5-70

11 选中旋钮模型，添加"表面细分"修改器，设置"视图层级"为2，如图5-71所示。

12 选中旋钮模型并切换到"编辑模式"，按快捷键Ctrl+R添加两圈循环边，让细分后的旋钮模型不会出现塌陷效果，如图5-72所示。

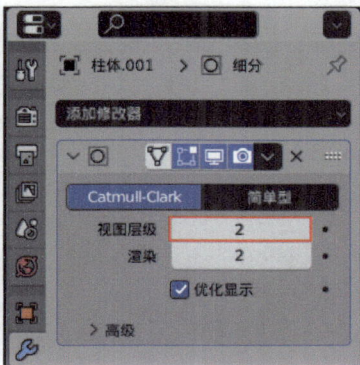

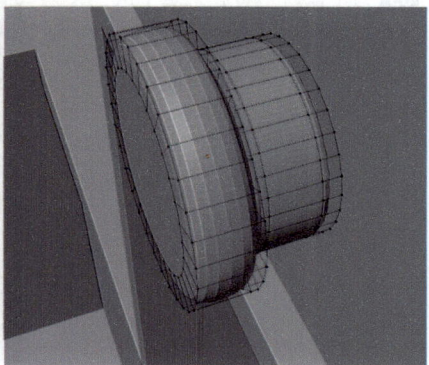

图5-71	图5-72

13 将调整好的旋钮模型复制一份并移动到旁边，如图5-73所示。把原有的旋钮模型删掉即可。

14 选中下方凹槽的边框模型，在"编辑模式"中选中图5-74所示的边，然后按快捷键Ctrl+B进行倒角，效果如图5-75所示。至此，冰箱的细节处理完成。

图5-73

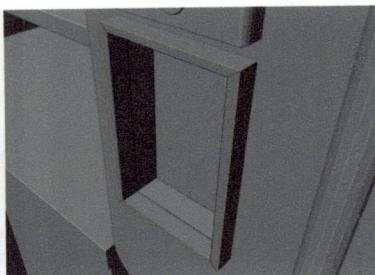

图5-74

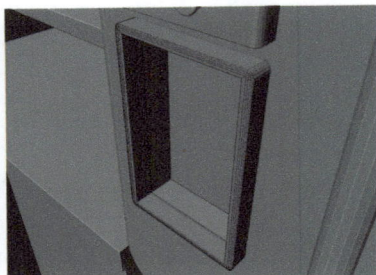

图5-75

5.2.2 添加置物架摆件

冰箱旁的置物架很空，需要添加一些摆件。这些摆件大多是重复的，只需要制作一件，其余的通过复制即可得到。

01 瓶子模型呈圆柱状。新建一个柱体模型，将其缩小后切换到"编辑模式"，使用"环切"工具添加5圈循环边，如图5-76所示。

02 在"点"模式中调整柱体的造型，使其呈现瓶子的形态，如图5-77所示。

技巧提示 开启透视模式后，在正视图或侧视图中调整点会更加方便。

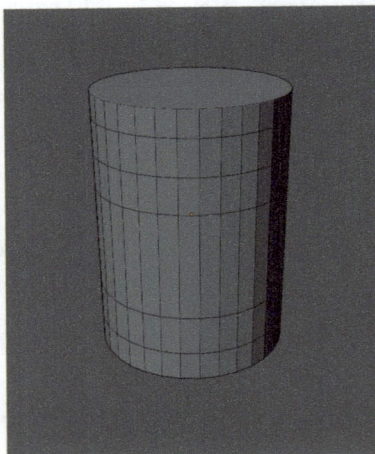

图5-76

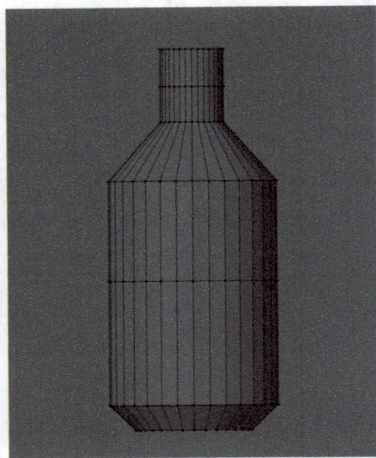

图5-77

03 为了让瓶子看起来更平滑，这里添加"表面细分"修改器，设置"视图层级"为2，效果如图5-78所示。

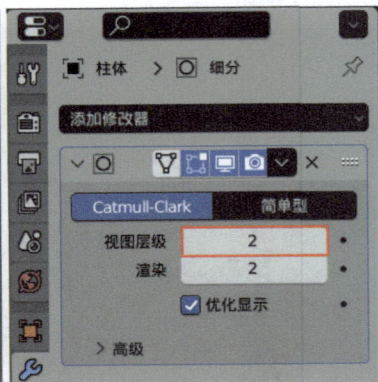

图5-78

04 细分后瓶子模型的转角位置不够清晰，按快捷键Ctrl+R添加循环边，让转角位置显得更加清晰，效果如图5-79所示。

05 在"面"模式中选中顶部和底部的面，使用"内插面"工具向内插入一个新的面，如图5-80和图5-81所示。

图5-79

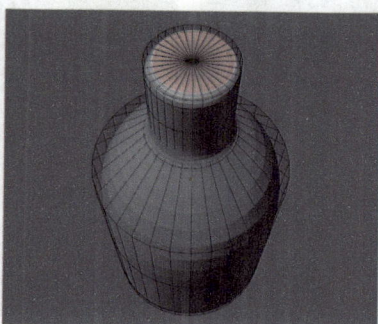
图5-80

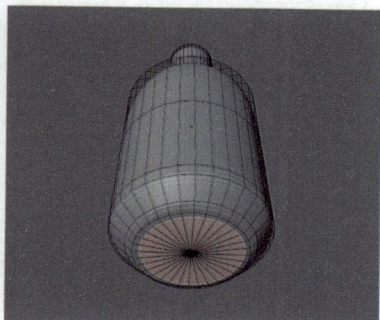
图5-81

06 返回"物体模式"，观察瓶子模型，发现瓶身上仍然留有棱角，如图5-82所示。选中模型，单击鼠标右键，在弹出的快捷菜单中选择"平滑着色"命令，可以平滑模型上的棱角，效果如图5-83所示。

图5-82

图5-83

> **技巧提示** 单击鼠标右键，在弹出的快捷菜单中选择"平直着色"命令，就会将模型恢复到之前带有棱角的状态。

07 纸杯模型可以通过编辑柱体得到。新建一个柱体，将其缩小后切换到"编辑模式"，将模型调整为图5-84所示的形态。

08 按快捷键Ctrl+R在纸杯模型下方添加一圈循环边，如图5-85所示。

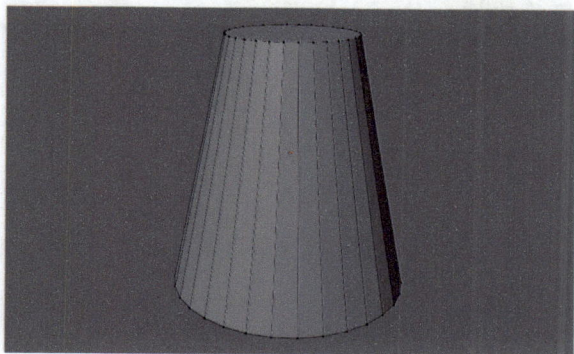
图5-84

图5-85

09 在"面"模式中选中图5-86所示的一圈面，然后单击鼠标右键，在弹出的快捷菜单中选择"沿法向挤出面"命令，向外挤出一定距离，如图5-87所示。

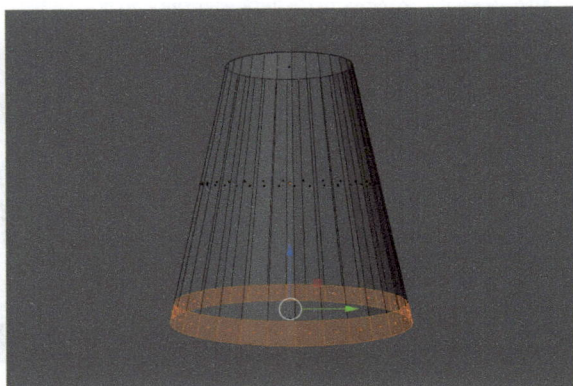

图5-86

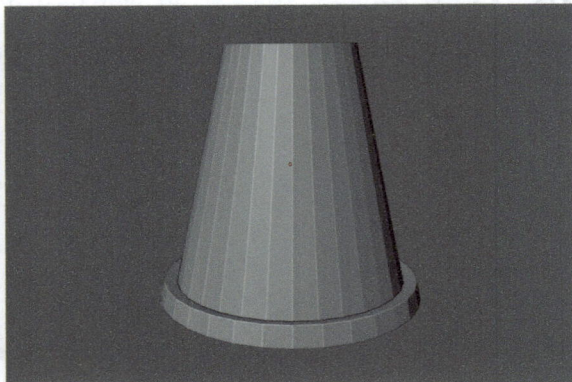

图5-87

10 盆栽模型由花盆和植物两部分组成，下面先来制作花盆。新建一个柱体模型，将其缩小后切换到"编辑模式"，将模型调整为上大下小的形态，如图5-88所示。

11 按快捷键Ctrl+R在模型上添加3圈循环边，如图5-89所示。

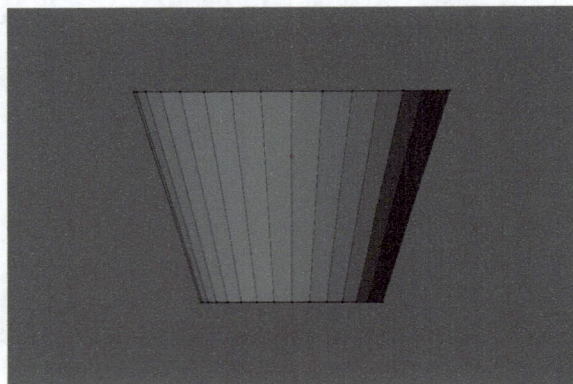

图5-88

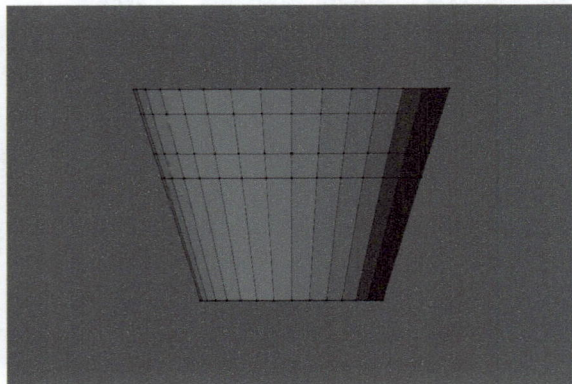

图5-89

12 在"面"模式中选中图5-90所示的循环面，然后使用"沿法向挤出面"命令向外挤出一定距离，如图5-91所示。

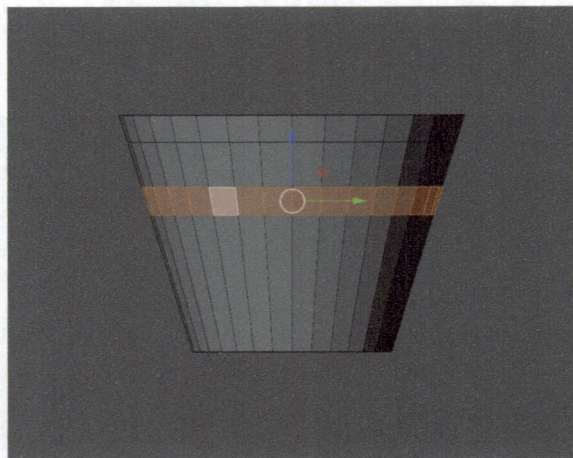

图5-90

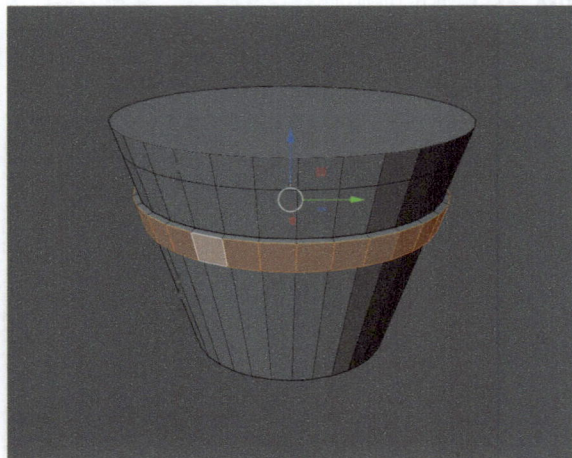

图5-91

技巧提示 选择循环面有3种方法。

第1种： 按住Shift键并逐个单击模型上的面。

第2种： 在正视图、侧视图或顶视图中框选。

第3种： 选中其中一个面，按住Alt键的同时单击循环方向的边，如图5-92所示。

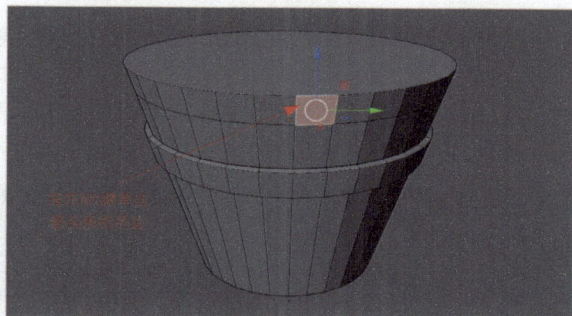

图5-92

以上3种方法都可以实现选择循环面，读者只需选择自己喜欢的方式。

13 选中图5-93所示的循环面，然后使用"沿法向挤出面"命令向外挤出一定距离，如图5-94所示。

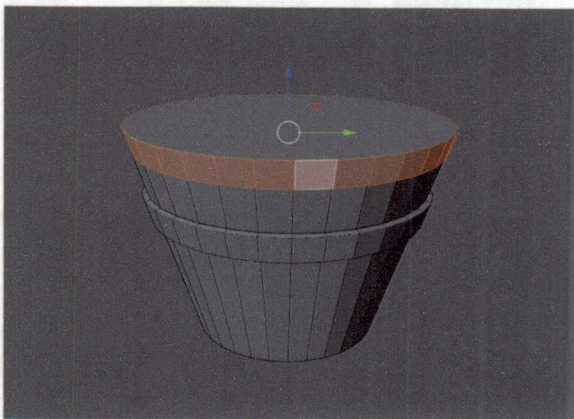

图5-93

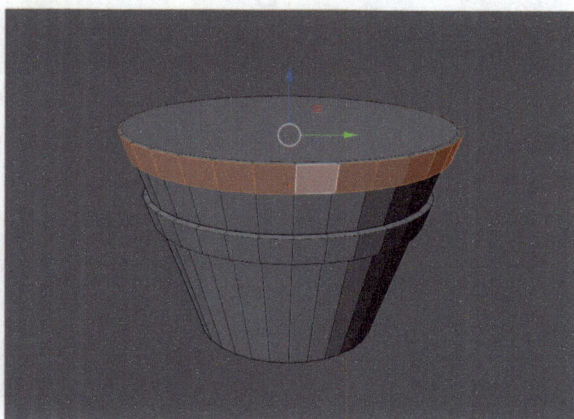

图5-94

14 返回"物体模式"，新建一个球体模型，将其缩小后摆放在花盆模型的上方，如图5-95所示。

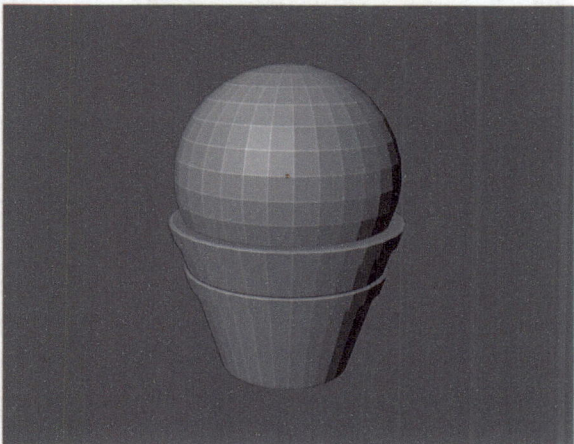

图5-95

技巧提示 这一步添加的球体模型是"网格"子菜单中的"经纬球"对象，如图5-96所示。

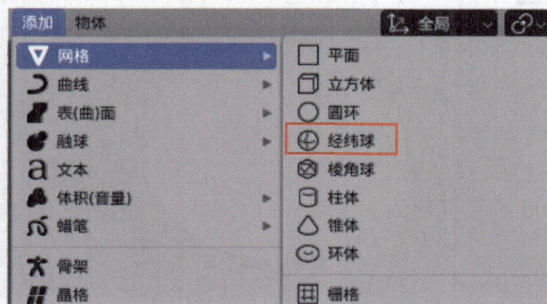

图5-96

15 切换到"编辑模式",打开"衰减编辑"按钮,如图5-97所示。"衰减编辑"就是同类三维软件中的"软选择",选择的对象会呈衰减状态。

图5-97

16 选中图5-98所示的点,向左上方拖曳时会出现一个黑色的圆圈,这个圆圈代表衰减的范围,滚动鼠标滚轮可以快速调节圆圈的大小。

17 继续调节球体模型,最终调整为图5-99所示的形状。读者也可以按照自己的想法调整。

18 给调整后的模型添加"表面细分"修改器,盆栽模型的最终效果如图5-100所示。

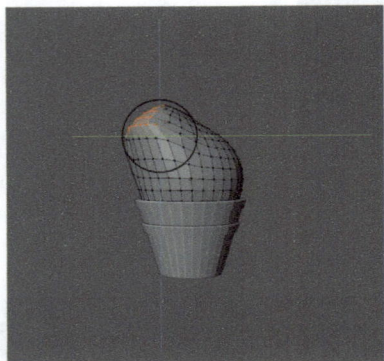
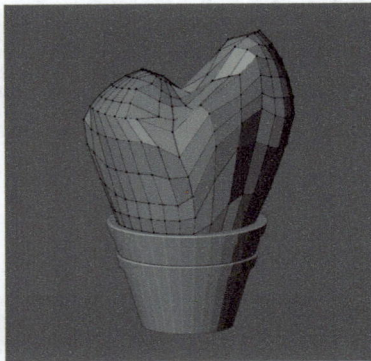
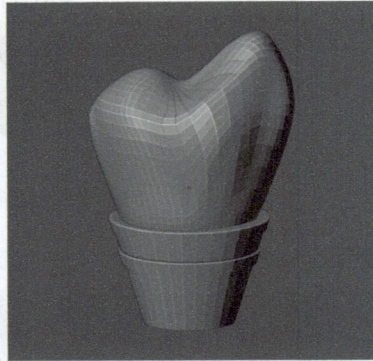

图5-98   图5-99   图5-100

19 罐子模型呈圆柱状。新建一个柱体模型,缩小后在"编辑模式"中添加4圈循环边,如图5-101所示。

20 在"点"模式中调整点的位置,使模型呈现罐子的形态,如图5-102所示。

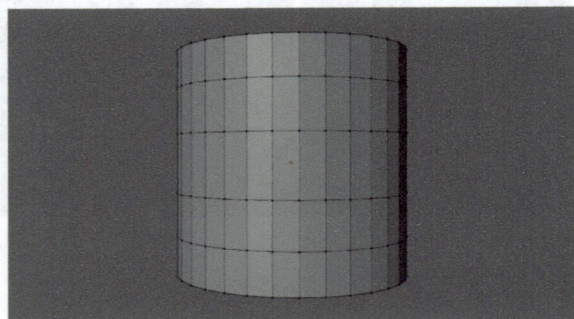
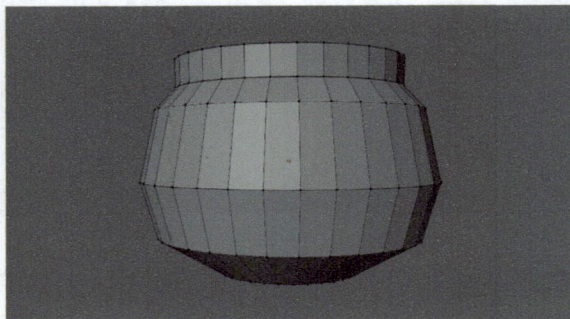

图5-101   图5-102

21 切换到"面"模式,选中图5-103所示的面,然后按I键向内插入一个新的面,如图5-104所示。

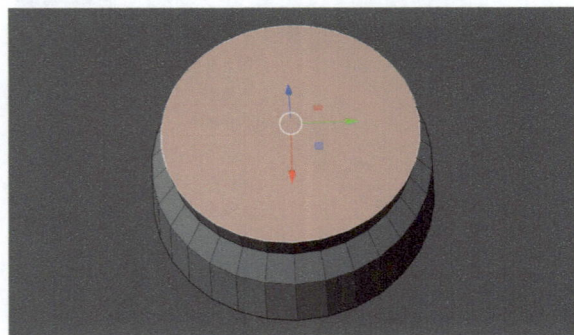
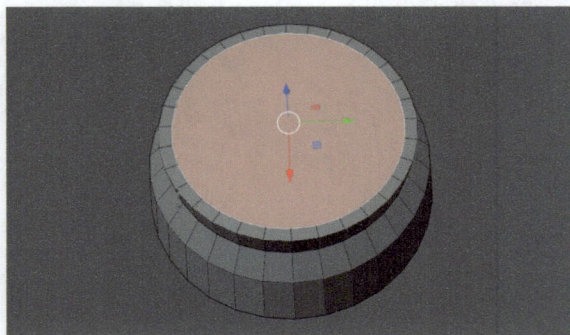

图5-103   图5-104

技巧提示 按大键盘上的1、2、3键可以快速在"点""边""面"3个模式间进行切换，如图5-105所示。

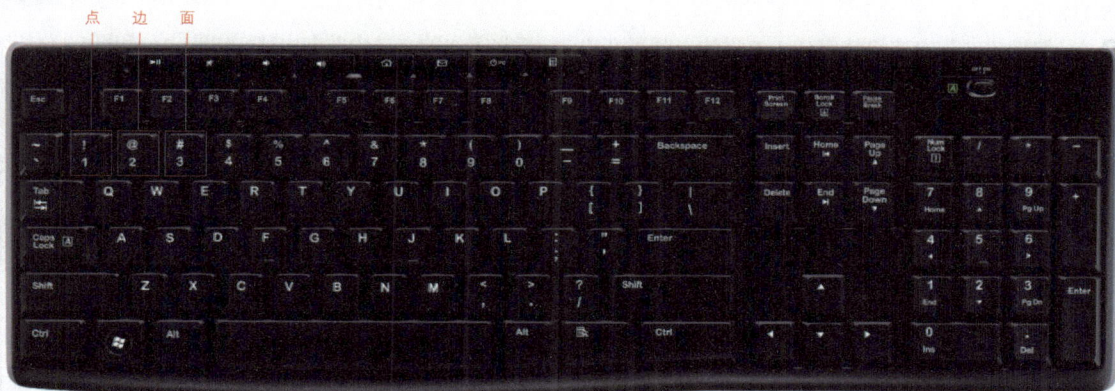

图5-105

22 保持选中的面不变，按E键向下挤压，效果如图5-106所示。在挤压时最好多挤压几次，后面调整内部大小时就不用添加新的循环边了。

23 调整罐子内部的大小，形成图5-107所示的圆弧状，然后给模型添加"表面细分"修改器，效果如图5-108所示。

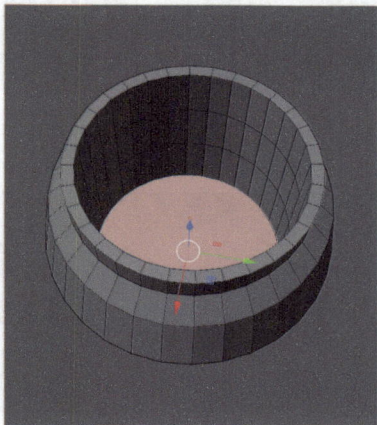

图5-106

图5-107

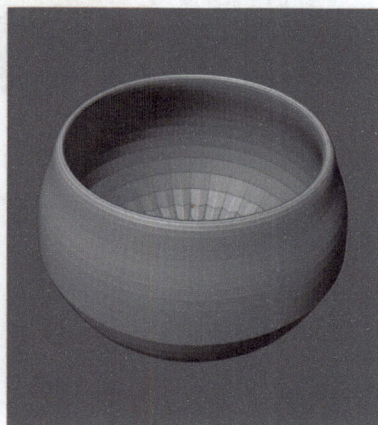

图5-108

24 选中罐子底部的面，按I键向内插入一个新的面并向下挤出一点儿，效果如图5-109所示。

25 选中图5-110所示的循环面，然后使用"沿法向挤出面"命令向外挤出一点距离，效果如图5-111所示。至此，罐子模型制作完成。

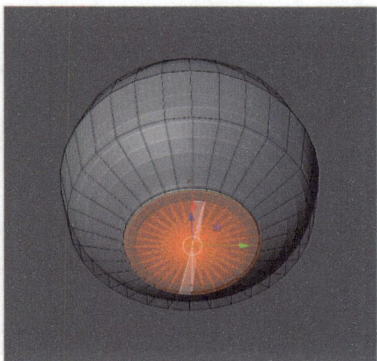

图5-109

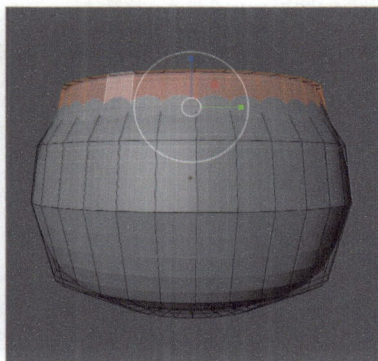

图5-110

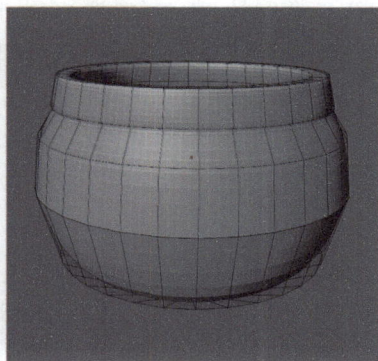

图5-111

26 盘子模型的制作方式相对简单，制作思路与罐子模型类似。新建一个柱体模型，将其缩小后沿z轴压扁，如图5-112所示。

27 在"编辑模式"中按快捷键Ctrl+R添加一圈循环边，然后将下方的点选中并向内移，如图5-113和图5-114所示。

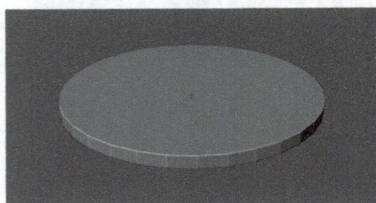

图5-112

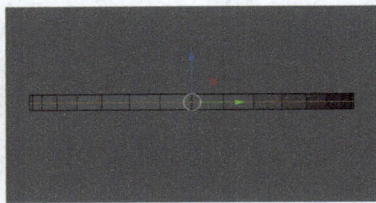

图5-113

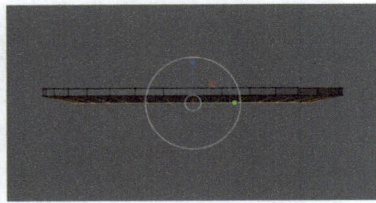

图5-114

28 选中图5-115所示的面，按E键向下挤出一定的距离，得到盘子的底部，如图5-116所示。

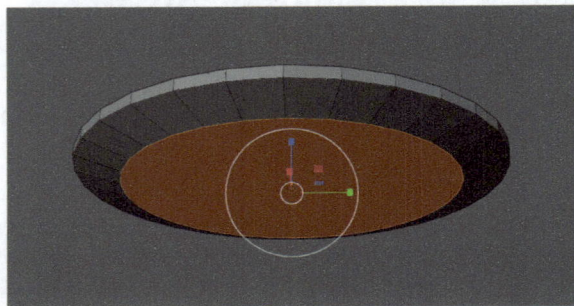

图5-115

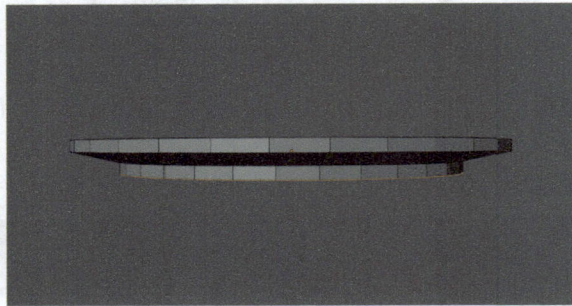

图5-116

29 选中图5-117所示的面，按I键向内收缩以生成一个新的面，然后按G键向下移动一点距离，如图5-118所示。

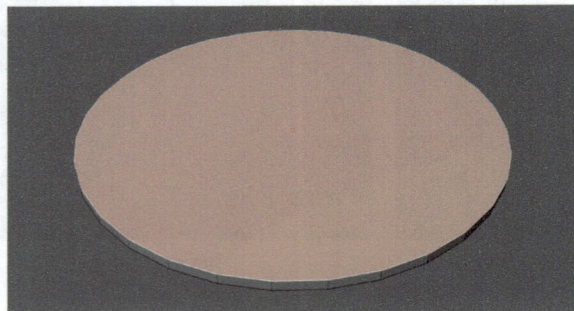

图5-117

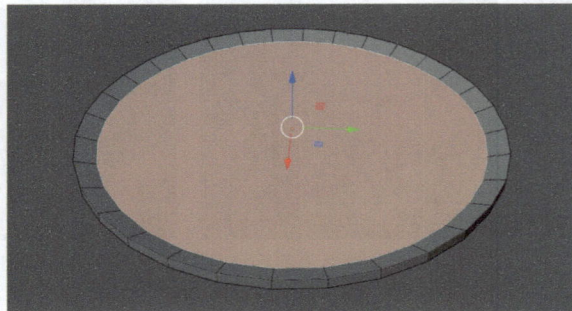

图5-118

30 按照步骤29的方法，继续向内收缩并向下移动面，得到盘子内部的弧形凹槽，如图5-119所示。添加"表面细分"修改器，盘子模型就会变得平滑，如图5-120所示。

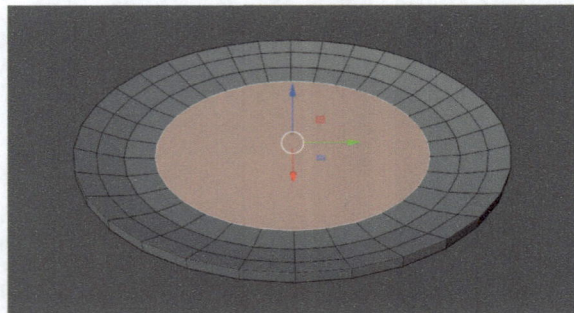

图5-119

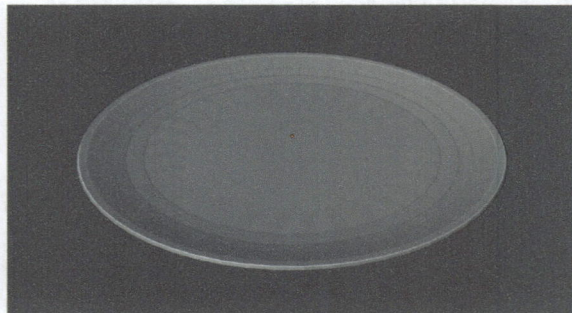

图5-120

31 观察盘子模型底部，发现有褶皱，选中底部的面，按I键向内收缩形成一个新的面就可以解决这个问题，如图5-121和图5-122所示。

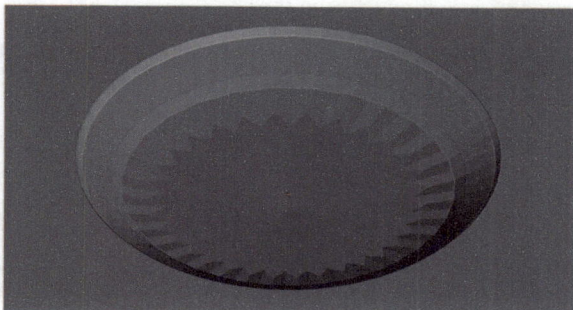

图5-121

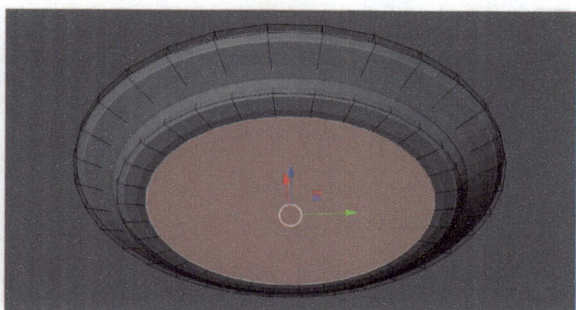

图5-122

32 将做好的盘子模型沿着z轴向上复制多个，效果如图5-123所示。

33 水盆模型与罐子模型类似，通过编辑柱体就可以得到。新建一个柱体，将其缩小后沿z轴稍微压扁一些，如图5-124所示。

图5-123

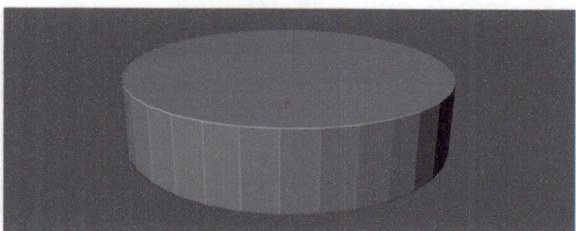

图5-124

34 在"编辑模式"中，按快捷键Ctrl+R添加两圈循环边，然后向内收缩下面两圈循环边，效果如图5-125和图5-126所示。

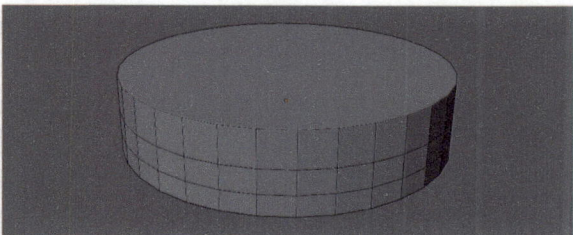

图5-125

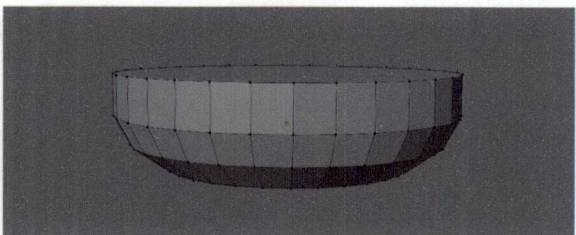

图5-126

35 选中顶部的面，按照制作盘子模型的方法，制作水盆模型的凹陷部分，如图5-127和图5-128所示。

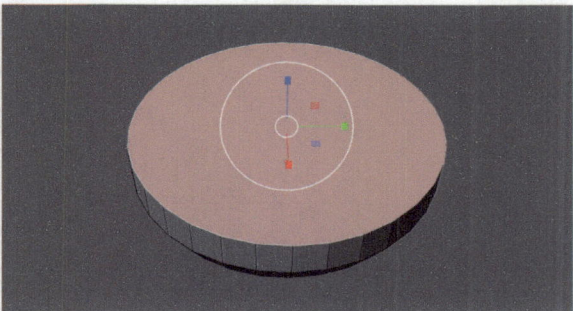

图5-127

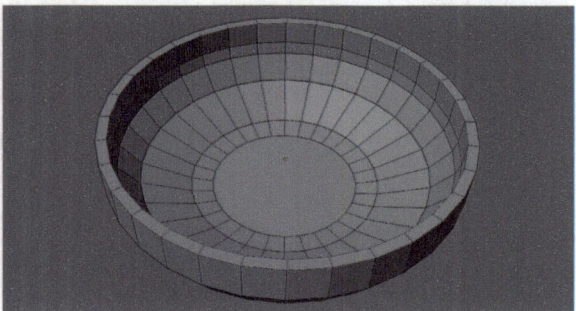

图5-128

36 在水盆模型上添加"表面细分"修改器，然后用"环切"工具在转角位置添加一些循环边，让转角更加明显。水盆模型的效果如图5-129所示。

37 将之前步骤中制作好的摆件模型摆放到冰箱旁边的置物架、橱柜和地上，效果如图5-130所示。

图5-129

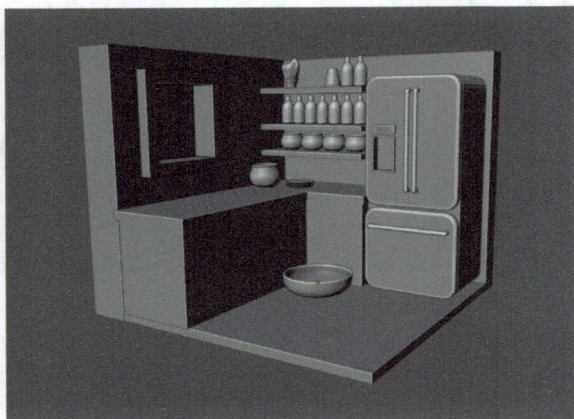

图5-130

> **技巧提示** 读者若觉得细分后的模型上有棱角不好看，可以切换为"平滑着色"效果。切换"平滑着色"效果有一个前提条件——必须为该模型添加"表面细分"修改器，这样才能显示正确的光影。

5.2.3 完善橱柜细节

左侧的橱柜上应该有水槽和烤箱，下面我们来完善这些细节部分。

01 水槽的制作思路与窗户和冰箱凹槽的制作思路一致，需要用到布尔运算。新建一个立方体模型，将其缩小后放置在橱柜模型上，并与橱柜模型穿插，如图5-131所示。

02 选中橱柜模型并添加"布尔"修改器，拾取步骤01创建的小立方体后，按H键隐藏小立方体，效果如图5-132所示。这样水槽就在橱柜上挖出来了。

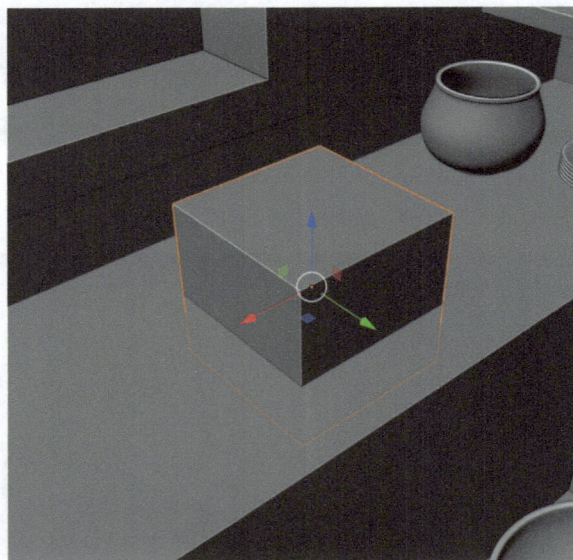

图5-131

图5-132

技巧提示 如果读者觉得现有的光影模式不方便观察模型的边缘，只要在窗口右上角的"视图叠加层"面板中勾选"线框"复选框，就可以显示"线框+实体"的模型效果，如图5-133和图5-134所示。

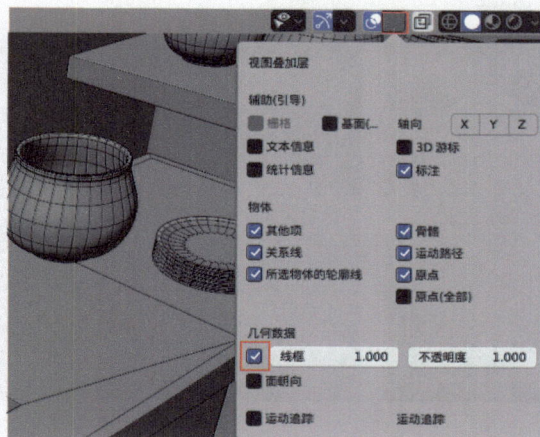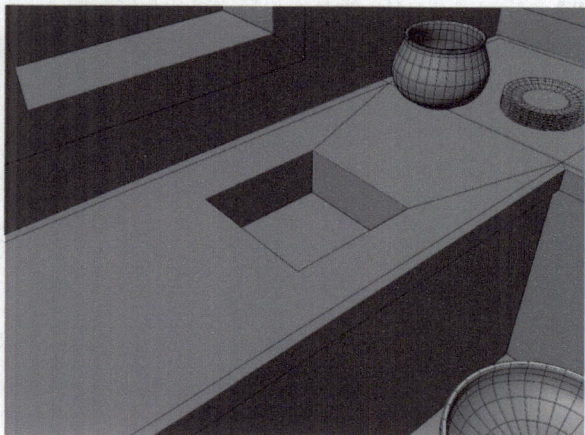

| 图5-133 | 图5-134 |

03 在"大纲视图"面板中将步骤02隐藏的立方体复制一份，然后在"编辑模式"中按快捷键Ctrl+R添加一圈循环边，效果如图5-135所示。

04 孤立显示该立方体，选中图5-136所示的面，使用"沿法向挤出面"命令向外挤出一定距离，效果如图5-137所示。

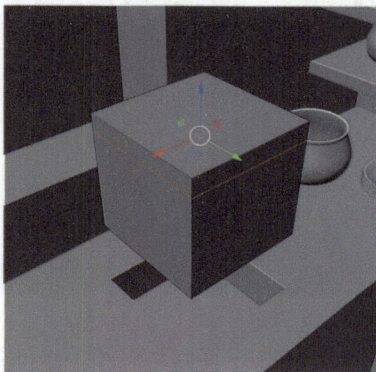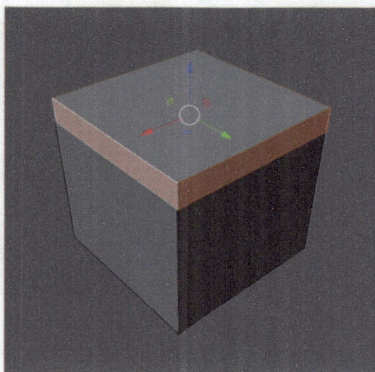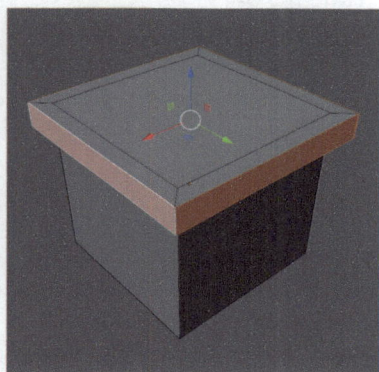

| 图5-135 | 图5-136 | 图5-137 |

05 选中图5-138所示的面，按Delete键将其删除，效果如图5-139所示。

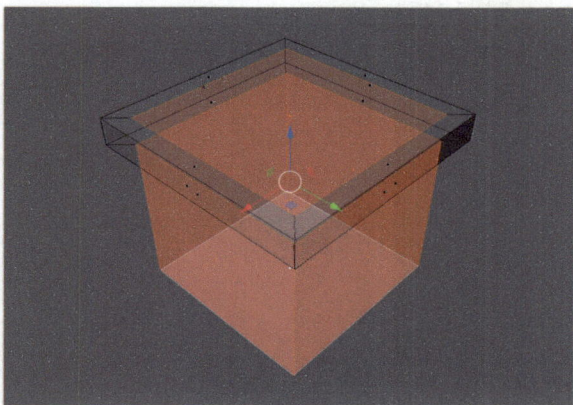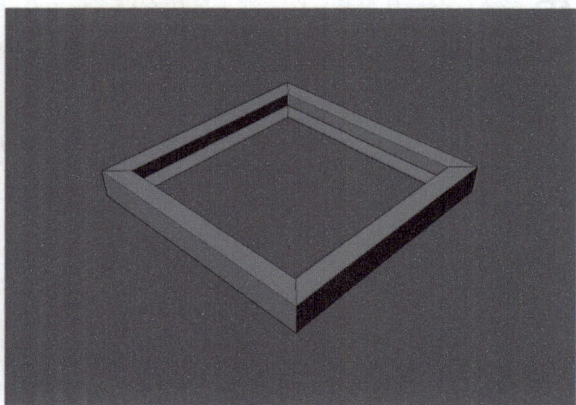

| 图5-138 | 图5-139 |

06 使用"从边创建面"命令填补空缺部分，效果如图5-140所示。

07 取消孤立显示，将模型与水槽部分进行拼接，根据具体情况灵活调整边框模型的高度，效果如图5-141所示。

08 新建一个立方体，将其缩小后放置在水槽左侧，如图5-142所示。

图5-140

图5-141

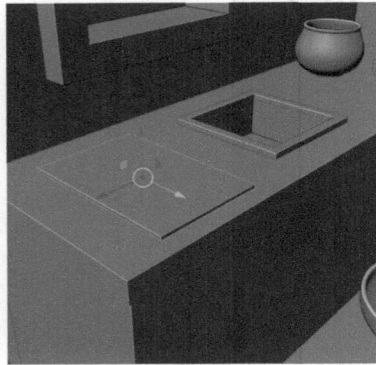

图5-142

09 按/键将步骤08创建的立方体孤立显示，然后在"编辑模式"中选择图5-143所示的边，按快捷键Ctrl+B进行倒角，如图5-144所示。

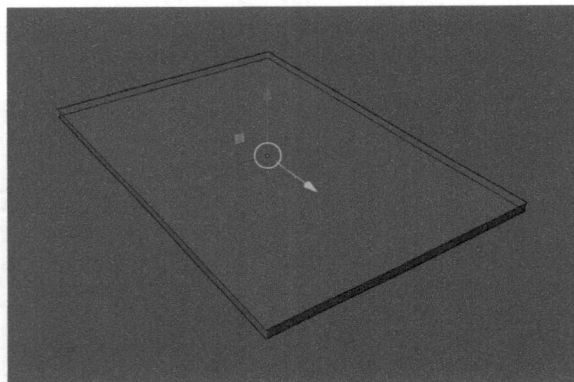

图5-143

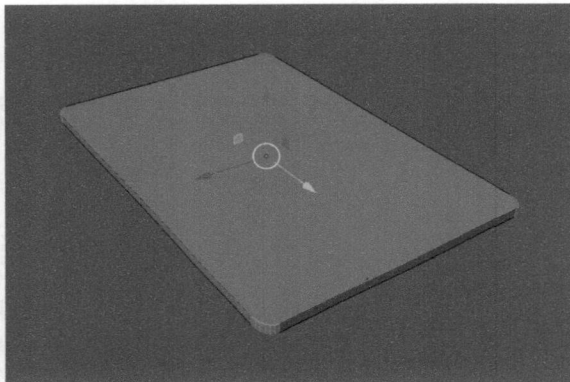

图5-144

10 给模型添加"表面细分"修改器，并按快捷键Ctrl+R给转角位置添加新的循环边，使转角变得清晰，如图5-145所示。

11 将罐子模型复制一份，移动到垫子上并适当缩小，效果如图5-146所示。

12 新建一个柱体模型，将其缩小后放在罐子前方作为杯子，如图5-147所示。

图5-145

图5-146

图5-147

13 按/键孤立显示杯子模型，在"编辑模式"中选中图5-148所示的面，然后按I键向内插入面，如图5-149所示。

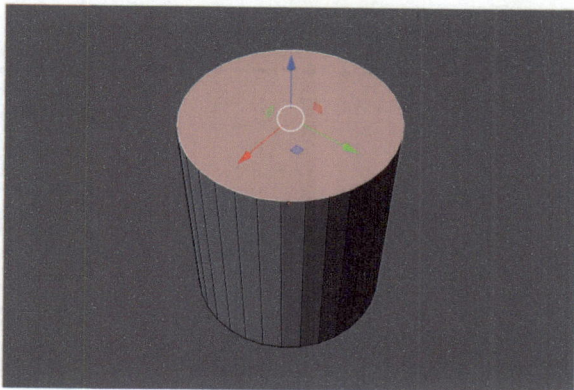

图5-148

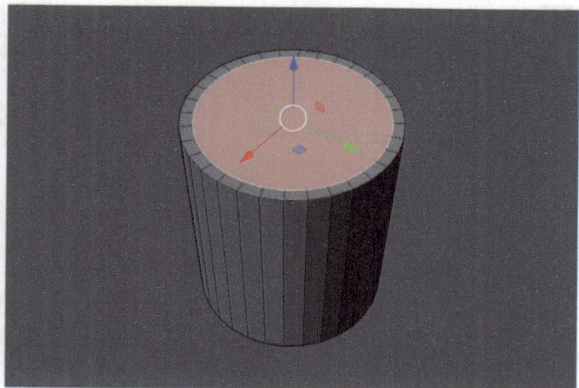

图5-149

14 保持选中的面不变，按E键向下挤压形成杯子形状，如图5-150所示。给模型添加"表面细分"修改器，然后按快捷键Ctrl+R添加循环边，让转角边缘变得更加清晰，如图5-151所示。

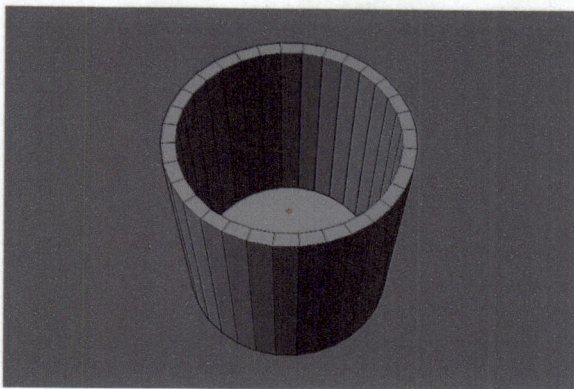

图5-150

图5-151

15 在"面"模式中选中底部的面，然后按I键向内插入面，如图5-152所示。

16 选中橱柜模型，在"编辑模式"中按快捷键Ctrl+R添加3圈循环边，如图5-153所示。

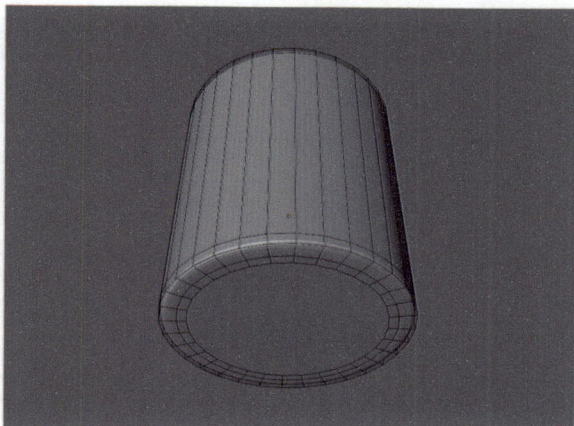

图5-152

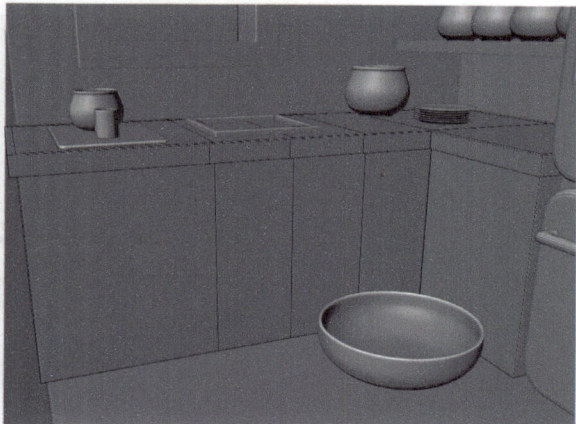

图5-153

技巧提示 按快捷键Ctrl+R后，滚动鼠标滚轮，可以快速设置一次性添加循环边的数量。

17 继续按快捷键Ctrl+R在橱柜左侧添加循环边，以确定烤箱的大致范围，如图5-154所示。

18 选中图5-155所示的面，按I键向内插入面，效果如图5-156所示。

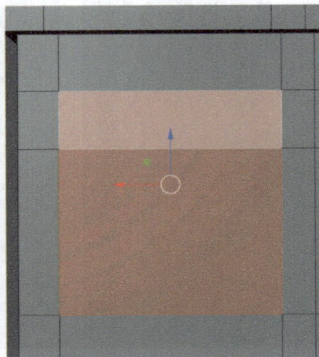
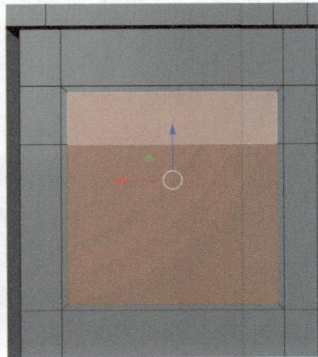

图5-154　　　　　　　　　图5-155　　　　　　　　　图5-156

19 选中图5-157所示的面，按E键向内挤压一定距离，效果如图5-158所示。

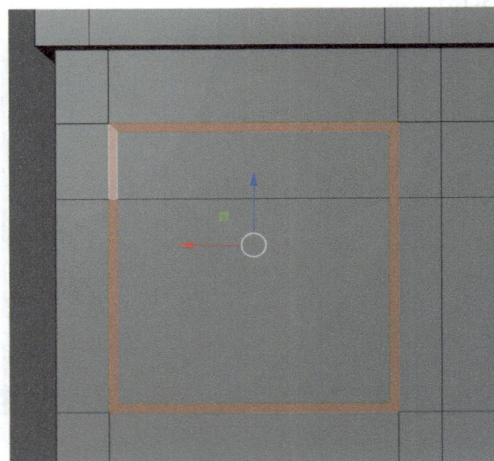
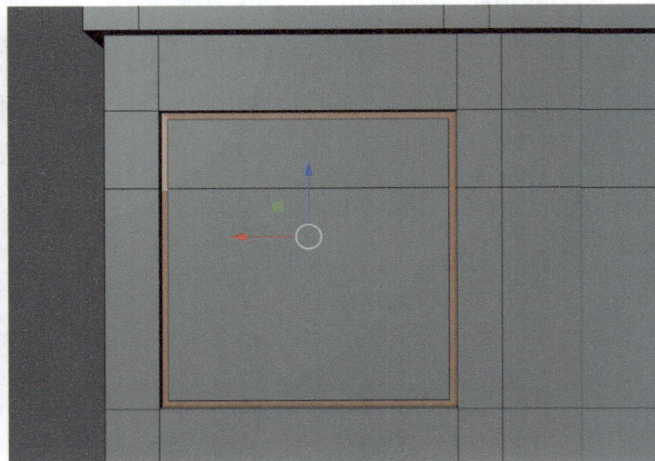

图5-157　　　　　　　　　　　　　图5-158

20 选中图5-159所示的面，按E键向外挤出一定距离，效果如图5-160所示。

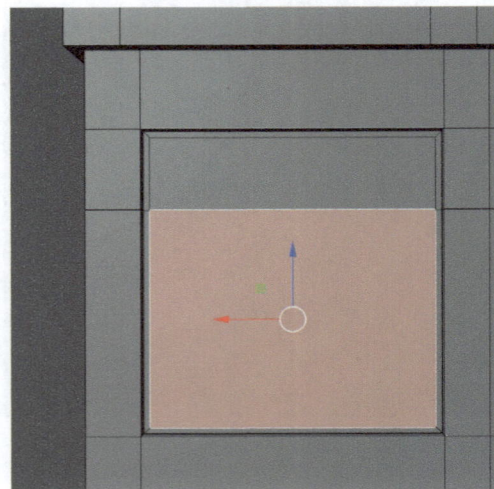
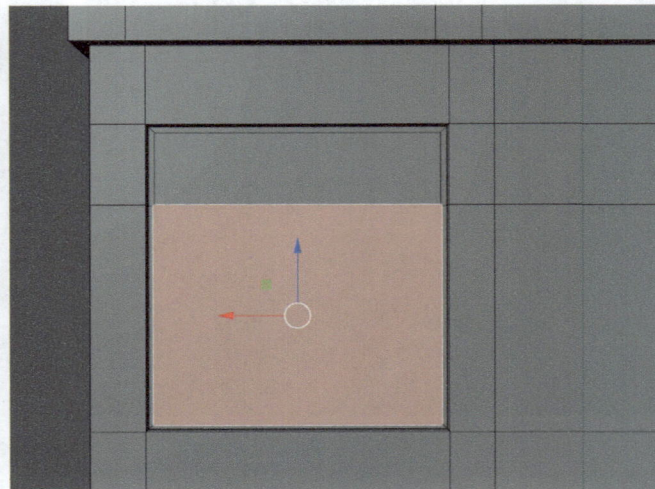

图5-159　　　　　　　　　　　　　图5-160

21 选中图5-161所示的面，按I键向内插入3次，效果如图5-162所示。

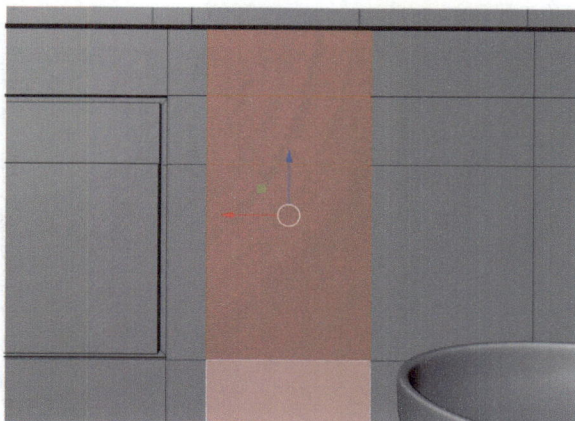

图5-161

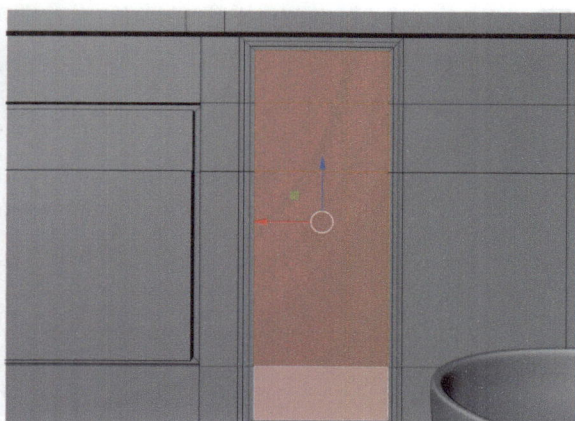

图5-162

22 保持选中的面不变，按E键向外挤出一定距离，效果如图5-163所示。

23 选中图5-164所示的面，按E键向内挤压一定距离，效果如图5-165所示。

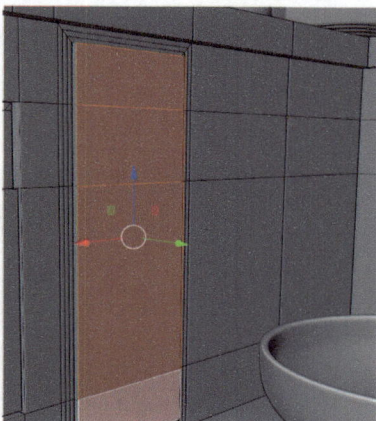

图5-163

图5-164

图5-165

24 按照步骤21～步骤23的方法制作其他橱柜门造型，效果如图5-166所示。

25 新建一个柱体模型，将其缩小后放在烤箱模型上方，作为旋钮模型，如图5-167所示。

图5-166

图5-167

26 在"编辑模式"中选中图5-168所示的边，然后按快捷键Ctrl+B进行倒角，效果如图5-169所示。

27 返回"物体模式"，将旋钮模型复制两份，依次排列，效果如图5-170所示。

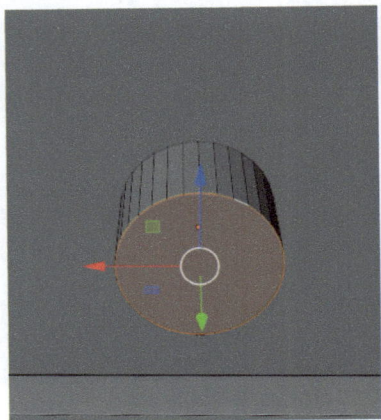
图5-168

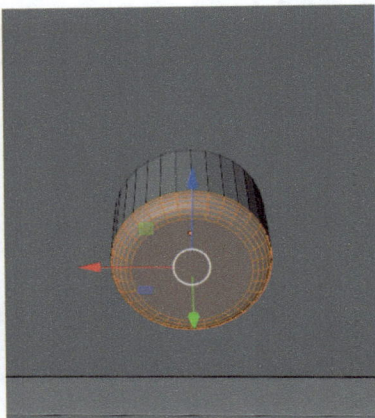
图5-169

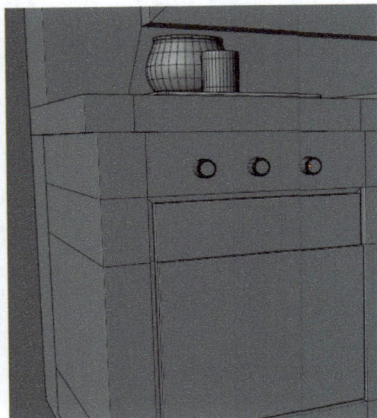
图5-170

5.2.4 添加地面细节

01 选中地面模型，在"编辑模式"中按快捷键Ctrl+R将地面进行分割，效果如图5-171所示。

02 选中图5-172所示的面，按E键向内挤压一定距离形成缝隙，效果如图5-173所示。

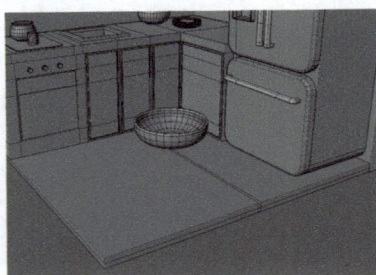
图5-171

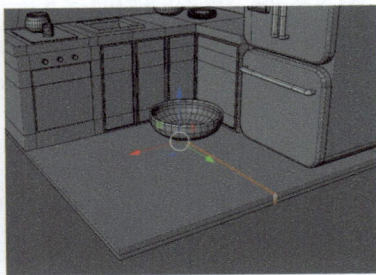
图5-172

图5-173

03 新建一个平面放在模型的下方作为背景，如图5-174所示。至此，本案例所有模型制作完成。

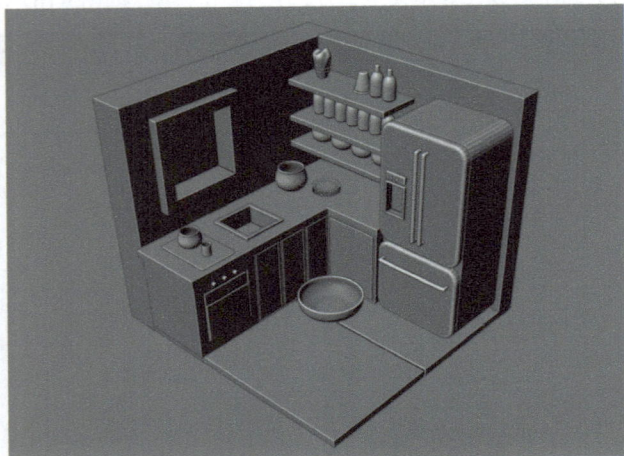
图5-174

5.3 场景渲染

在本场景中添加摄像机、材质和灯光的方法与之前案例类似。在进行接下来的学习之前，读者需要将界面调整为操作视图、渲染视图和着色器视图3个区域。

5.3.1 添加摄像机

01 按3键在侧视图中创建一台摄像机，然后在渲染视图中按0键切换到摄像机视图，取消锁定摄像机后，调整摄像机的角度，如图5-175所示。

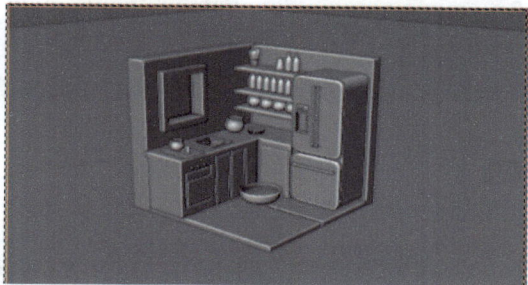
图5-175

02 在"属性"面板的"物体数据属性"选项卡中设置"焦距"为135mm，如图5-176所示。修改后的镜头效果如图5-177所示。

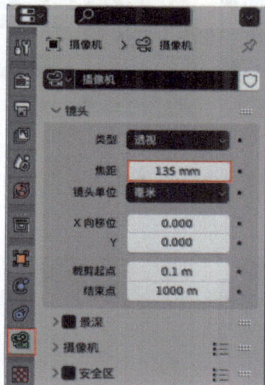
图5-176

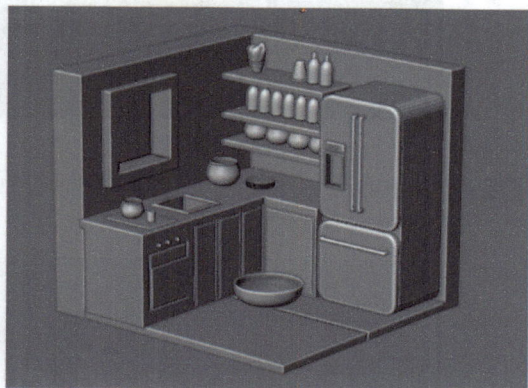
图5-177

技巧提示 再次强调，镜头调整完成后一定要再次将镜头锁定，防止后面误操作移动了镜头位置。

5.3.2 添加材质

01 在"着色器编辑器"窗口中切换到"世界环境"模式，并勾选"使用节点"复选框，如图5-178所示。

02 将学习资源中的.hdr文件拖入软件，会自动生成节点，然后将.hdr文件的节点的"颜色"与"背景"节点的"颜色"连接在一起，如图5-179所示。

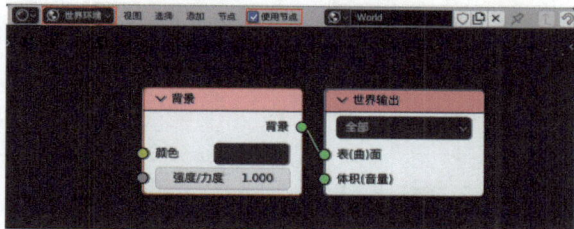
图5-178

图5-179

03 打开"属性"面板的"渲染属性"选项卡，设置"渲染引擎"为Cycles，"最大采样"为32，如图5-180所示。

04 在"输出属性"选项卡中设置"％"为50％，如图5-181所示。这样就能尽可能快地实时渲染场景。测试渲染效果如图5-182所示。

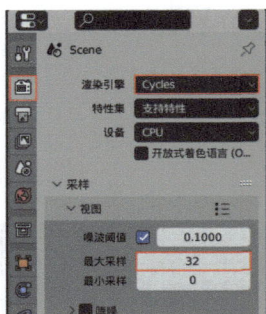
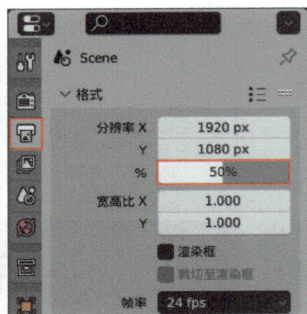

| 图5-180 | 图5-181 | 图5-182 |

05 在"着色器编辑器"窗口中切换到"物体"模式，然后选中地面模型并单击"新建"按钮，如图5-183所示。这样就能为地面模型添加一个材质，如图5-184所示。

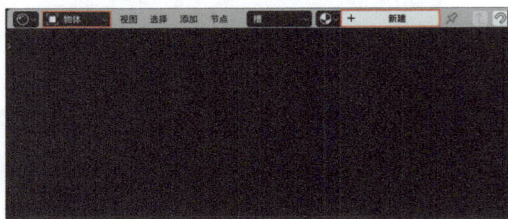
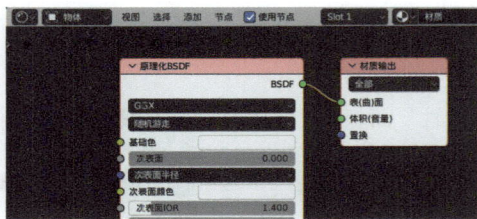

| 图5-183 | 图5-184 |

06 单击"基础色"右侧的色块，在弹出的面板中设置地面的"基础色"为黄色，设置"高光"为0，如图5-185所示。实时渲染效果如图5-186所示。

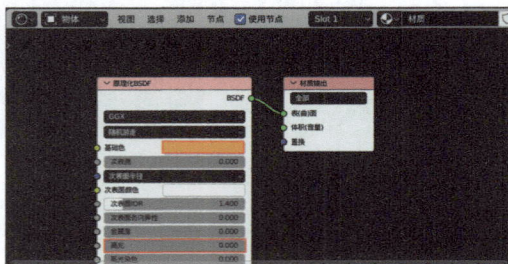
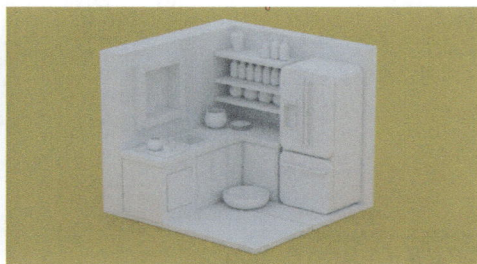

| 图5-185 | 图5-186 |

07 选中左侧墙体模型并添加材质，设置"基础色"为橘红色，"高光"为0.2，如图5-187所示。实时渲染效果如图5-188所示。

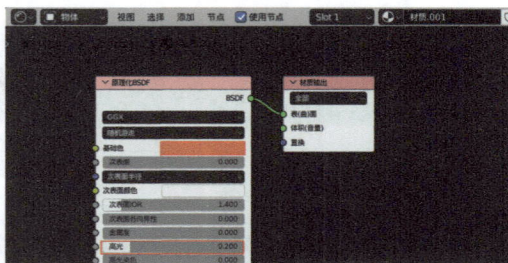
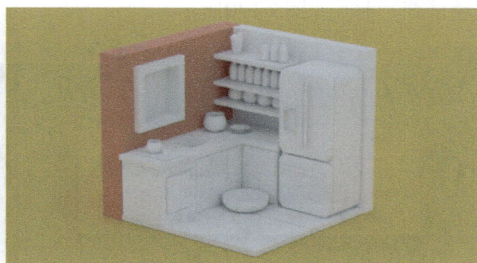

| 图5-187 | 图5-188 |

08 选中右侧墙体模型并新建一个材质，设置"基础色"为浅黄色，"高光"为0.25，如图5-189所示。实时渲染效果如图5-190所示。

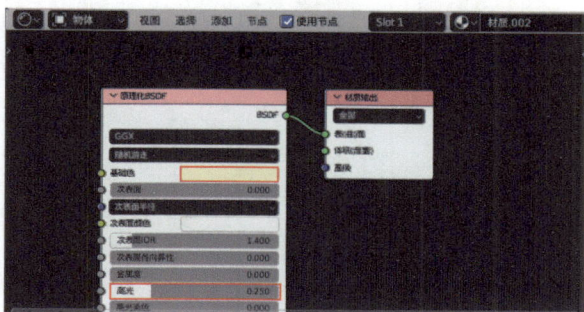

图5-189

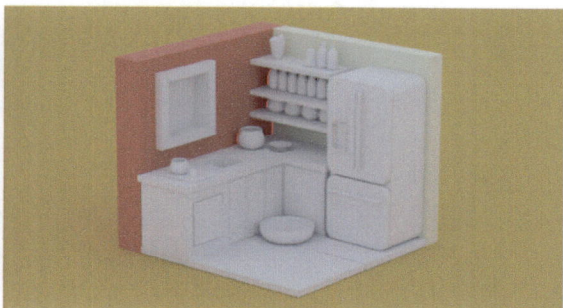

图5-190

09 选中冰箱模型，然后添加一个默认的白色材质，如图5-191所示，效果如图5-192所示。

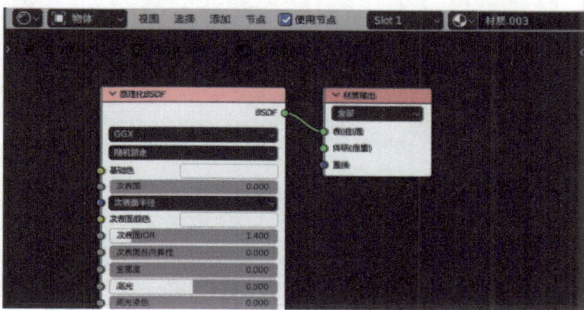

图5-191

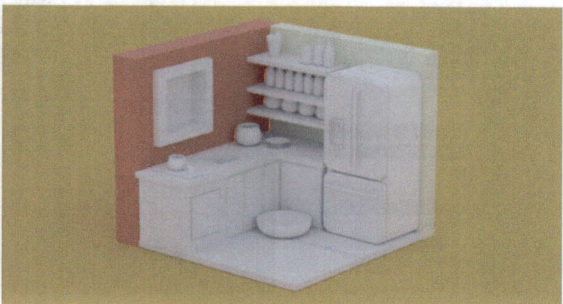

图5-192

10 冰箱门、冰箱凹槽边框和旋钮下方立方体模型的材质添加方法与冰箱模型一样，都是添加一个默认的白色材质，效果如图5-193所示。

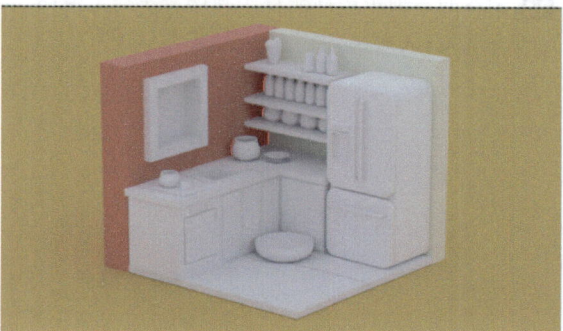

图5-193

11 选中冰箱旋钮模型并添加一个新材质，设置"基础色"为深灰色，如图5-194所示，效果如图5-195所示。

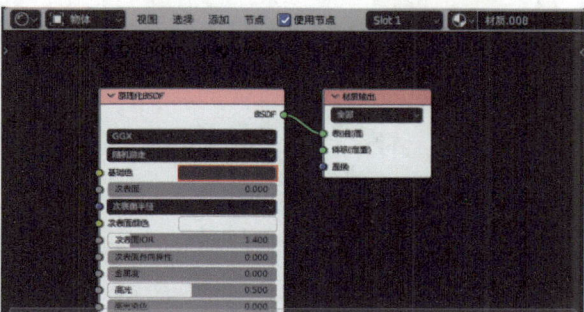

图5-194

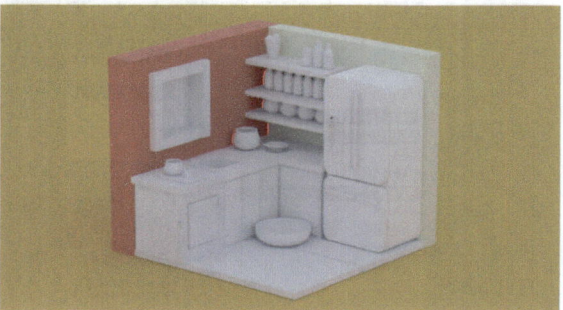

图5-195

12 另一个旋钮模型的材质也采用一样的颜色，复制之前材质的颜色即可，效果如图5-196所示。

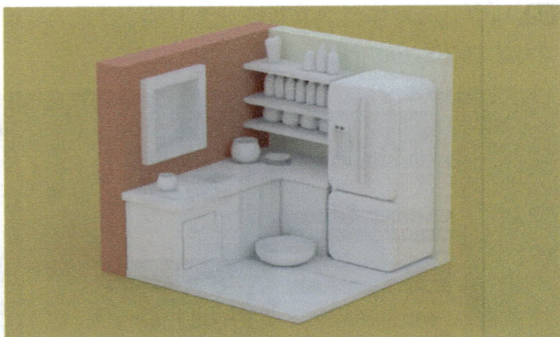

图5-196

13 选中冰箱把手模型，添加一个新材质，设置"金属度"为1，就可以制作出金属材质，如图5-197所示，效果如图5-198所示。

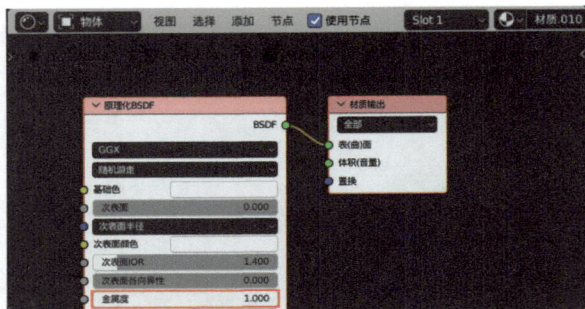

图5-197

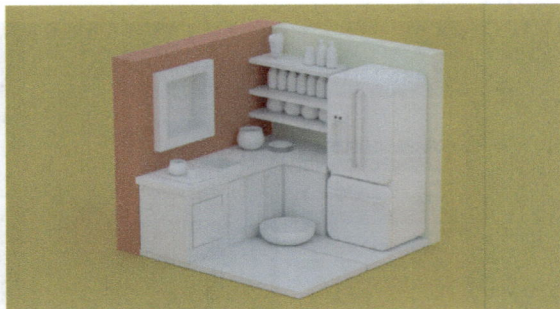

图5-198

14 剩余两个把手模型的材质制作方法与步骤13一致，效果如图5-199所示。

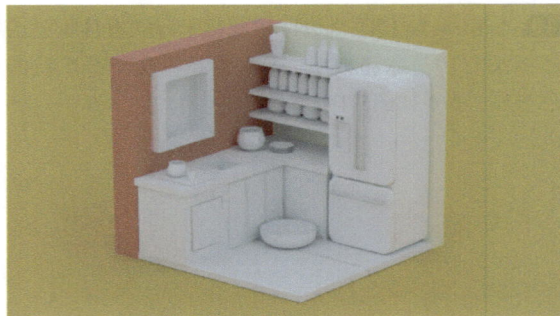

图5-199

15 选中置物架模型并添加一个新材质，设置"基础色"为褐色，如图5-200所示，效果如图5-201所示。

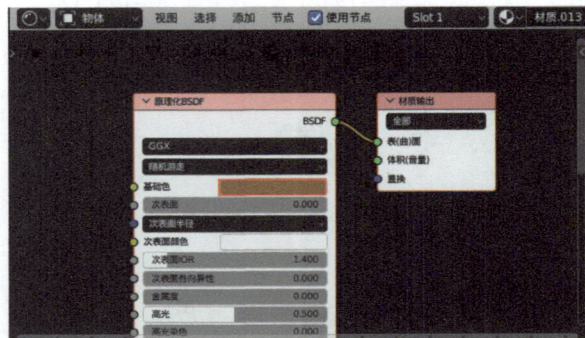

图5-200

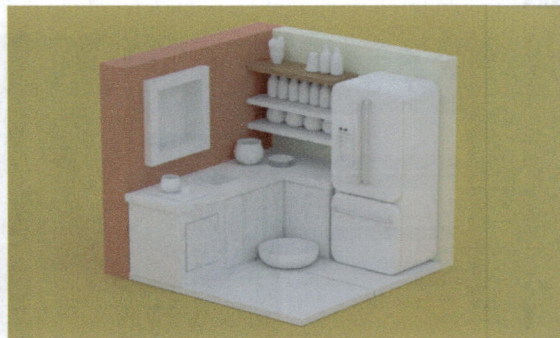

图5-201

16 其余两个置物架的材质制作方法与步骤15中的方法相同，效果如图5-202所示。

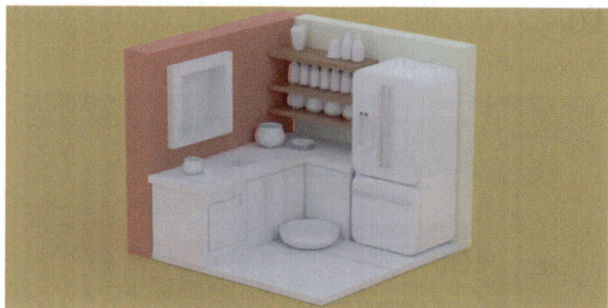

图5-202

17 选中置物架上的瓶子模型，新建一个材质，设置"基础色"为红棕色，如图5-203所示，效果如图5-204所示。

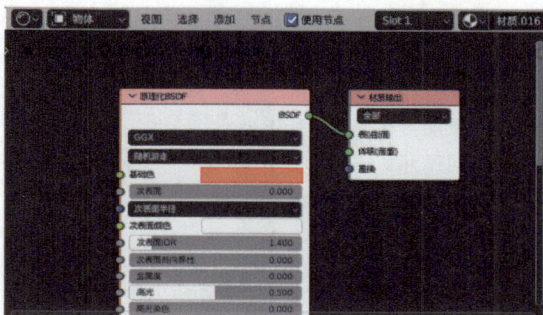

图5-203

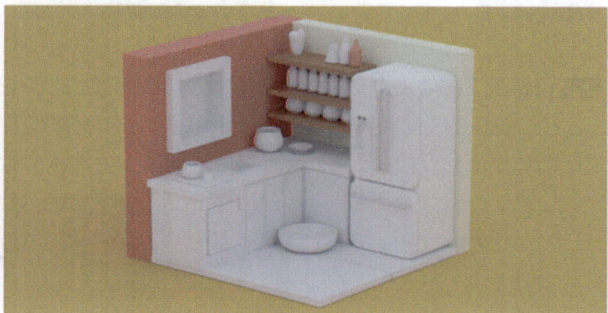

图5-204

18 瓶子模型有很多，一个个复制材质会比较慢。选中所有没有添加材质的瓶子模型，然后加选有材质的瓶子模型，按快捷键Ctrl+L，在弹出的菜单中选择"关联材质"命令，就能让没有添加材质的瓶子模型也有同样的材质，如图5-205和图5-206所示。

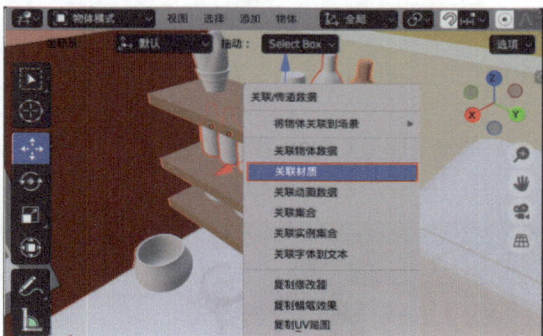

图5-205

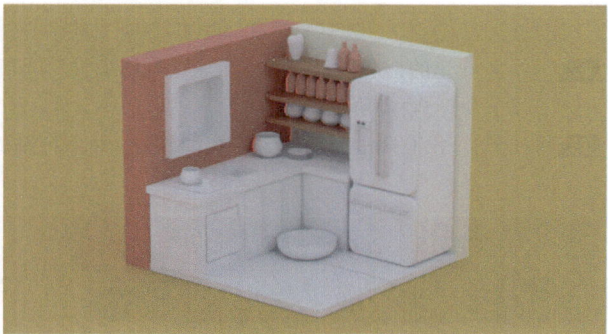

图5-206

19 最上层置物架上的纸杯和花盆都为默认的白色材质，花盆上的植物的"基础色"为绿色，如图5-207所示。

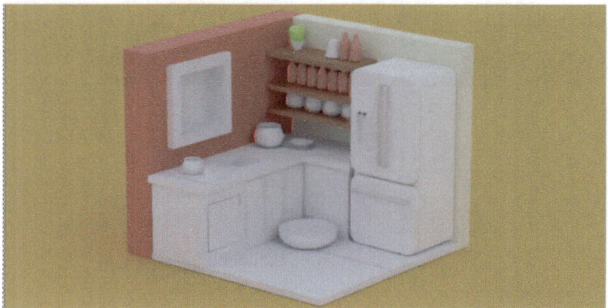

图5-207

20 罐子模型的颜色有黄色和白色两种。选中罐子模型并新建一个默认材质，设置"基础色"为黄色，如图5-208所示，效果如图5-209所示。

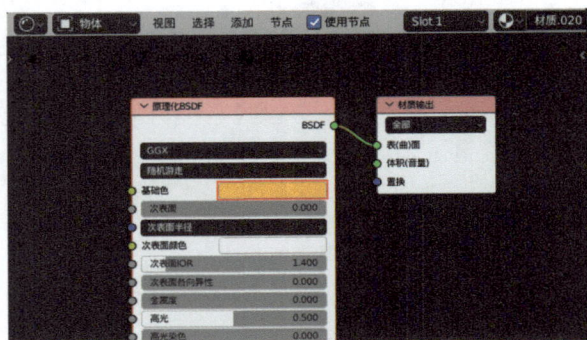

图5-208

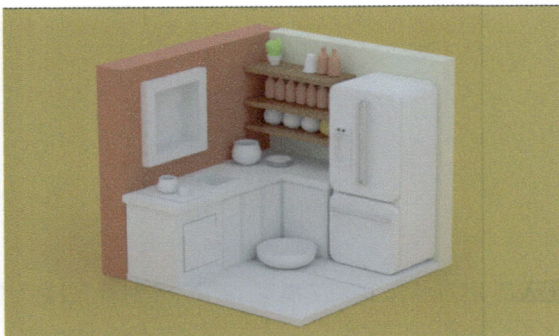

图5-209

21 保持罐子模型处于选中状态，切换到"编辑模式"并选中图5-210所示的区域，在"属性"面板的"材质属性"选项卡中单击"添加材质槽"按钮，再添加一个新的材质，然后单击下方的"新建"按钮就可以创建一个默认材质，如图5-211所示。

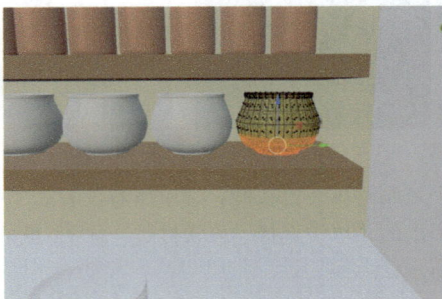

图5-210

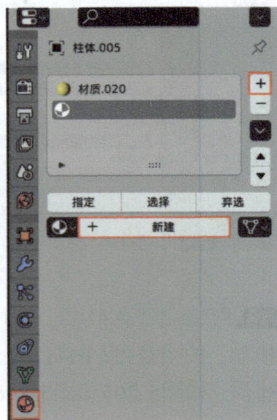

图5-211

22 选中新创建的白色默认材质，单击"材质属性"选项卡中的"指定"按钮，就能将该材质赋予选中的罐子模型部分，如图5-212所示。

23 将左侧3个没有赋予材质的罐子模型删除，然后将添加了材质的罐子模型复制3份摆在左侧，效果如图5-213所示。

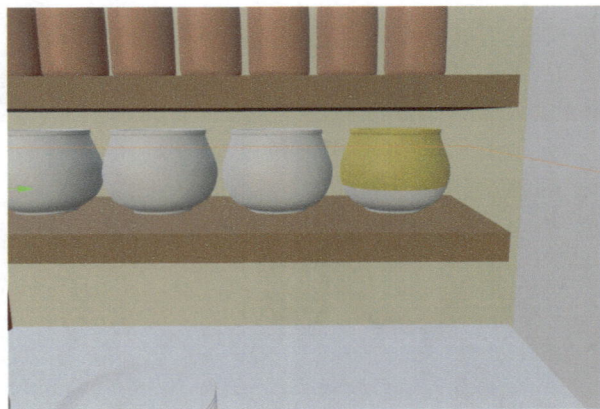

图5-212

图5-213

技巧提示 运用"关联材质"功能无法同时赋予多个材质。

24 为置物架下方的盘子模型添加默认的白色材质。先为盘子旁的罐子模型添加褐色的材质，如图5-214所示，效果如图5-215所示。

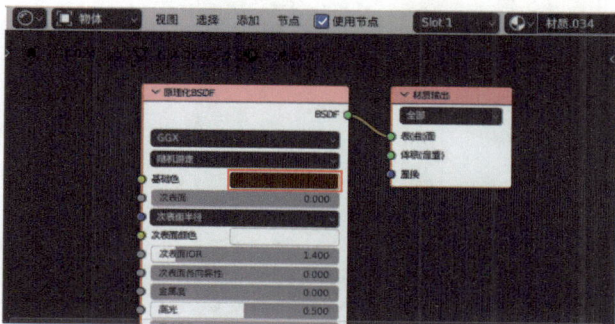

图5-214

图5-215

25 选中罐子模型，切换到"编辑模式"，选中罐子下半部分的面，然后按照步骤21和步骤22的方法赋予选中面默认的白色材质，如图5-216和图5-217所示。

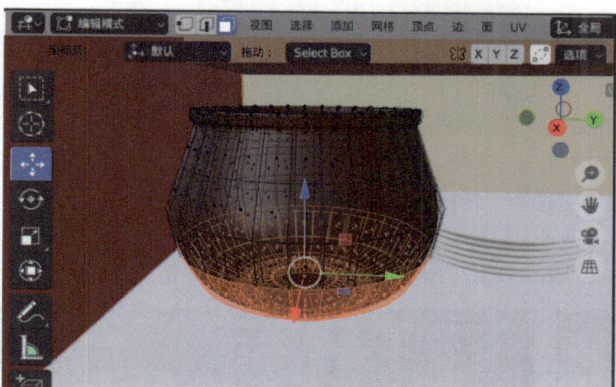

图5-216

图5-217

26 将左侧小罐子模型删除，然后复制褐色罐子模型到左侧并缩小，效果如图5-218所示。

27 选中罐子前的杯子模型，新建一个材质，设置"基础色"为黄色，效果如图5-219所示。

图5-218

图5-219

28 选中杯子下方的模型，新建一个材质，设置"基础色"为深灰色，效果如图5-220所示。

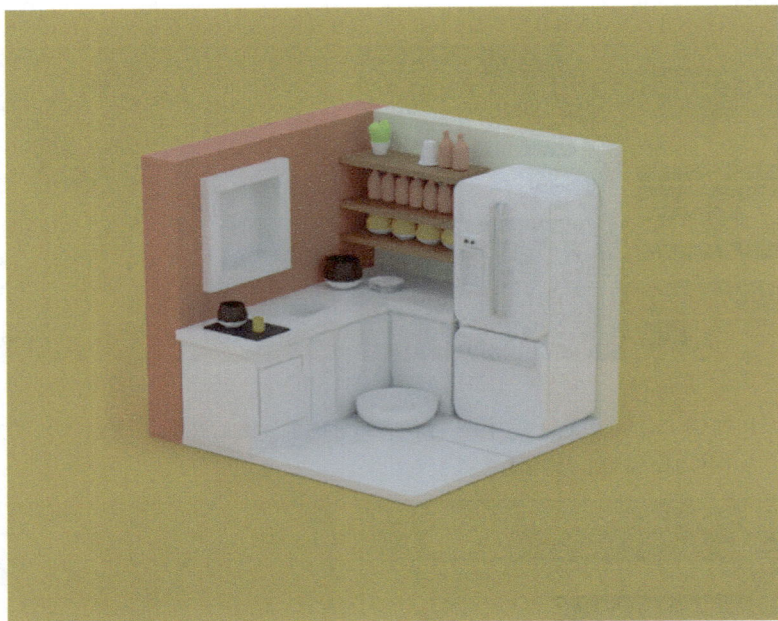

图5-220

29 选中水槽模型，单击鼠标右键，在弹出的快捷菜单中选择"转换到>网格"命令，如图5-221所示，可以将布尔运算后的水槽模型变成一个单独的模型。

30 选中橱柜模型并新建一个默认的白色材质，然后在"编辑模式"中选中台面部分的面，如图5-222所示。

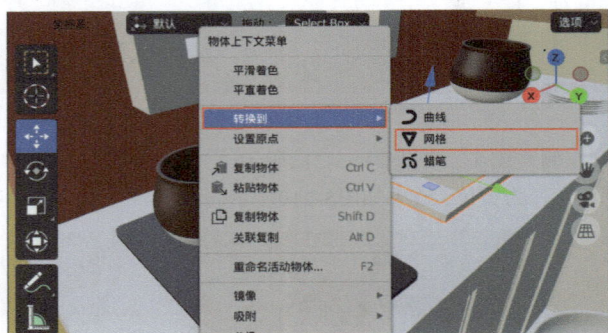

图5-221

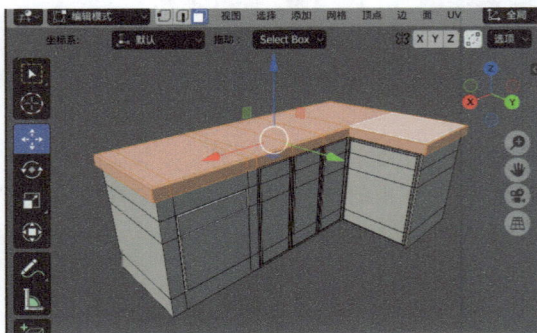

图5-222

31 按照步骤21和步骤22的方法给台面部分添加一个浅黄色材质，如图5-223所示，效果如图5-224所示。

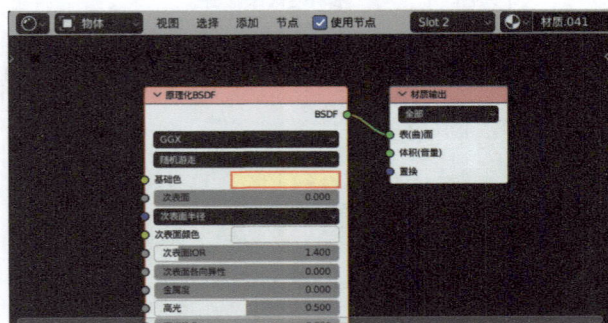

图5-223

图5-224

32 选中烤箱模型的面，然后新建一个材质，赋予比台面颜色更浅的黄色，如图5-225和图5-226所示。

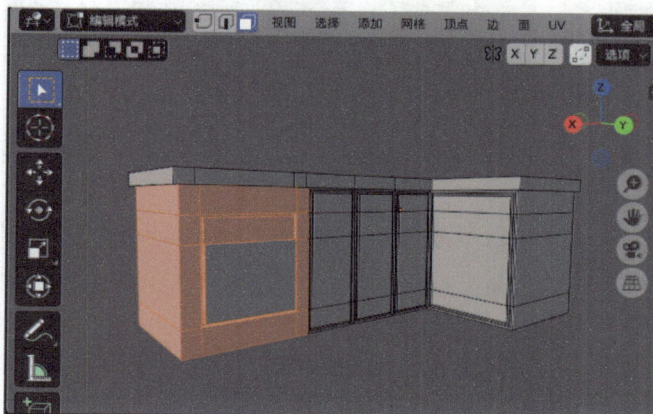

图5-225

图5-226

33 选中烤箱的面板部分，新建一个材质，设置"基础色"为深灰色，如图5-227和图5-228所示。

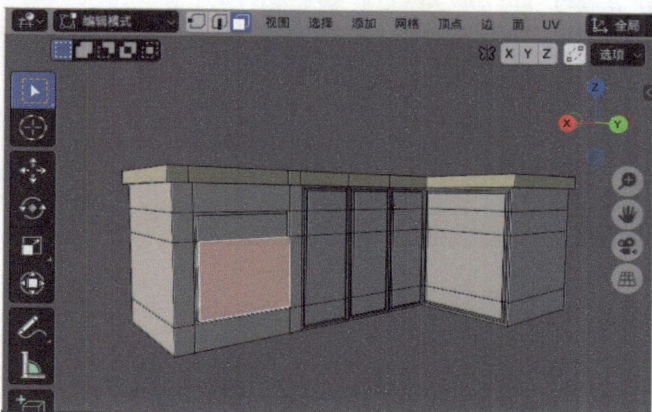

图5-227

图5-228

34 将剩下的柜门部分的面全部选中，新建一个材质，设置"基础色"为黄色，如图5-229和图5-230所示。

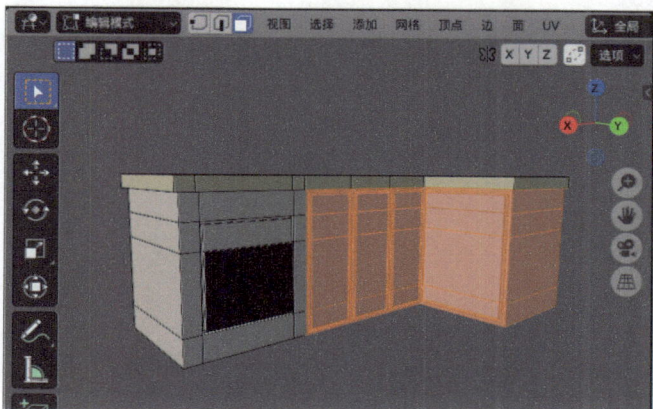

图5-229

图5-230

35 为烤箱上的旋钮赋予默认的白色材质。地上的水盆模型的材质则与瓶子的材质一致，选中两者后关联材质即可，效果如图5-231所示。

36 选中窗户模型并赋予默认的白色材质，然后在"编辑模式"中选中玻璃所在的面，如图5-232所示。

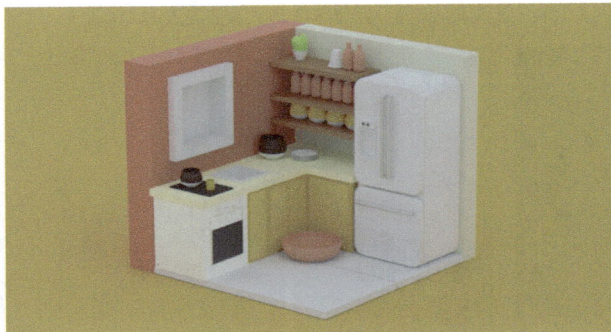

图5-231

图5-232

37 在"材质属性"选项卡中添加一个新材质，设置"糙度"为0，"透射"为1，然后赋予玻璃材质，如图5-233和图5-234所示。

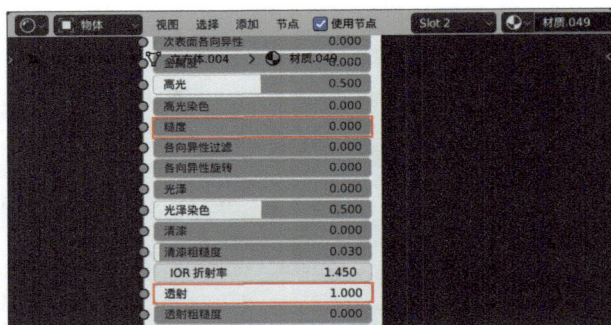

图5-233

图5-234

38 选中地面模型，然后选中左侧的墙体，按快捷键Ctrl+L，在弹出的菜单中选择"关联材质"命令，即可为地面赋予左侧墙体的颜色，如图5-235所示。

图5-235

39 切换到"编辑模式"并选中外侧的地面，新建一个黄色材质并将其赋予地面，如图5-236和图5-237所示。

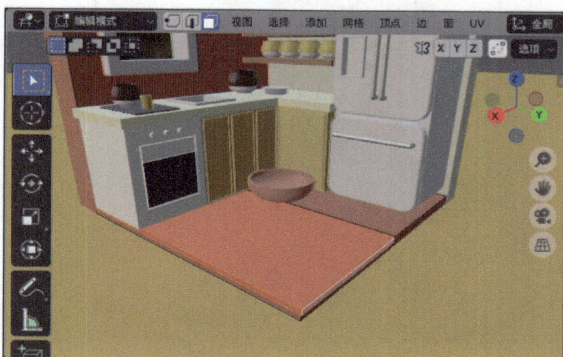

图5-236

图5-237

40 根据测试渲染的整体效果，调整部分材质的颜色，如图5-238所示。

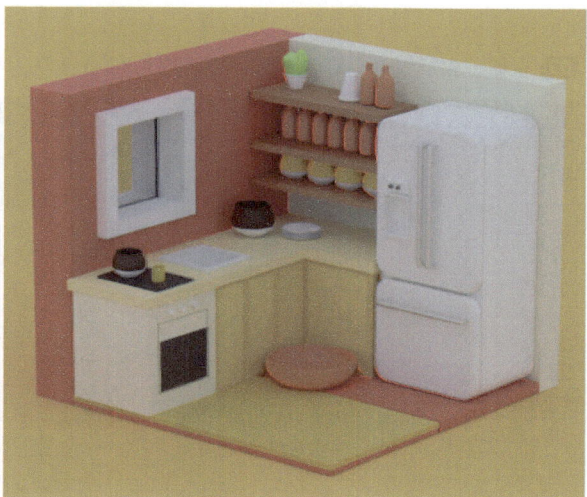

图5-238

> **技巧提示** 读者在制作材质时，可以随时调整颜色，也可以制作完材质后进行整体调整。

5.3.3 添加灯光

01 添加一盏"日光"灯光，然后调整灯光的位置和角度，如图5-239所示。实时渲染效果如图5-240所示。

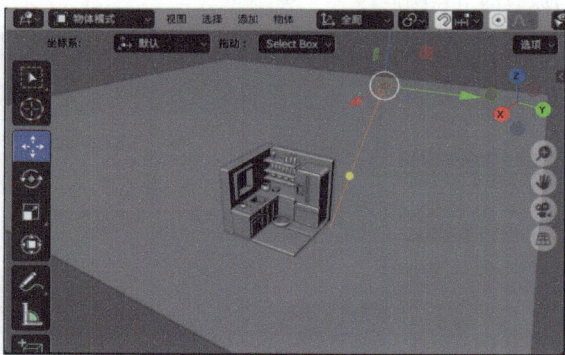

图5-239

图5-240

02 选中灯光，在"属性"面板的"物体数据属性"选项卡的"灯光"下设置"角度"为15°，如图5-241所示。调整后阴影边缘会变得模糊，如图5-242所示。

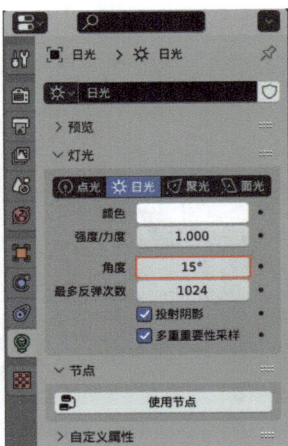

图5-241

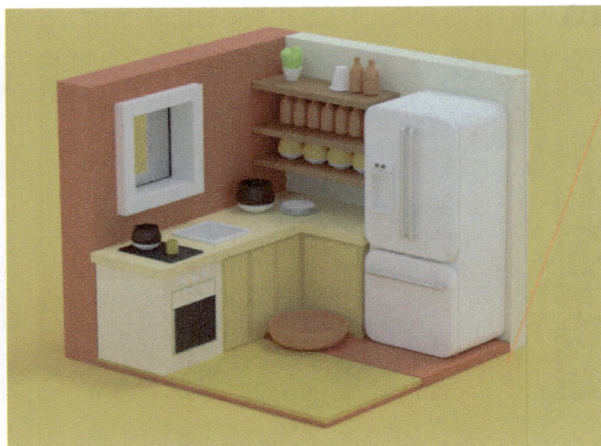

图5-242

03 添加一盏"聚光"灯光，然后将其放置在窗户外，用来模拟从外到内的照射效果，如图5-243所示。

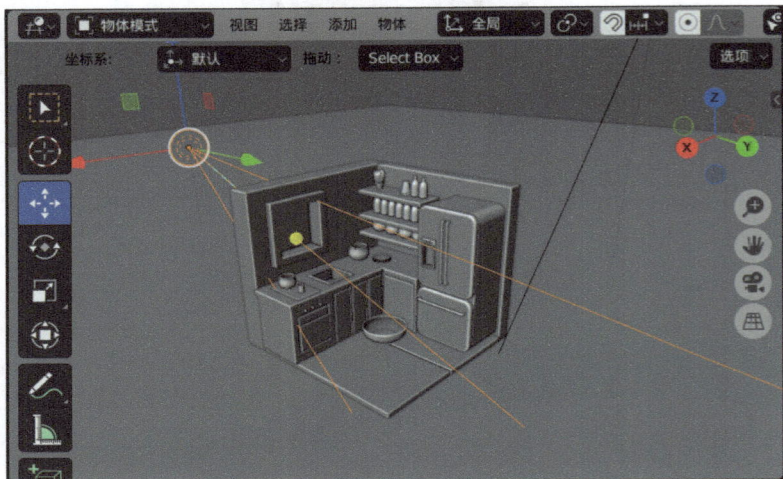

图5-243

技巧提示 若读者创建的聚光灯的照射范围很大，在"属性"面板的"物体数据属性"选项卡的"灯光"下减少"光斑尺寸"的数值即可，如图5-244所示。

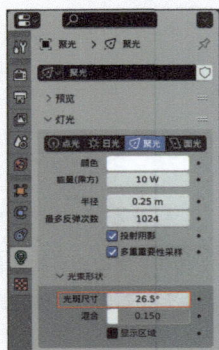

图5-244

04 观察实时渲染的窗口会发现添加聚光灯后没有照射的效果。选中玻璃模型，在"着色器编辑器"窗口中添加"混合着色器"和"透明BSDF"两个节点，如图5-245所示。

05 按照图5-246所示的方式，将步骤04添加的两个节点与原有的节点相连。

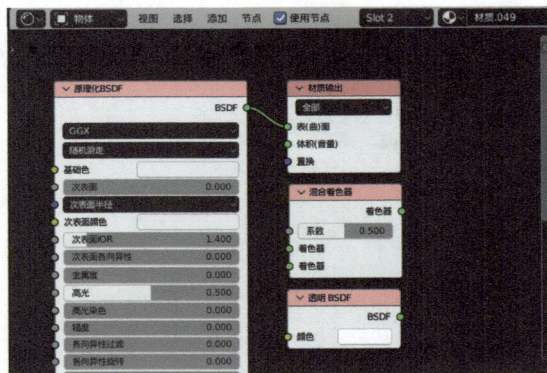

图5-245

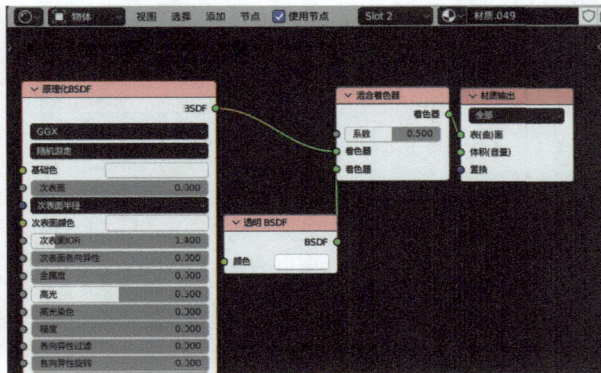

图5-246

06 增加"混合着色器"节点的"系数"到0.9，可以增强玻璃的透明效果，如图5-247所示。

07 此时灯光效果仍然不明显。选中聚光灯，设置"能量（乘方）"为500W，同时调整灯光的照射角度，如图5-248和图5-249所示。

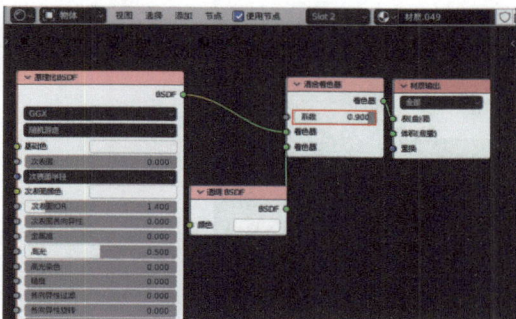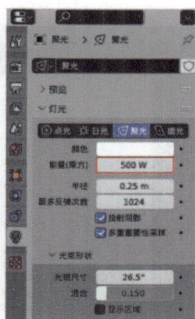

图5-247　　　　　　图5-248　　　　　　图5-249

技巧提示 如果不能很直观地观察灯光效果，可以先将环境光与日光全部关掉，单独调整聚光灯的角度，如图5-250所示。调整完成后还原其他灯光原有的强度数值。

图5-250

08 观察现有画面，发现整体亮度不是很高。新建一盏"面光"灯光放置于整个房间的上方，并放大到和房间差不多大，如图5-251所示。

09 选中面光，设置"能量（乘方）"为50W，如图5-252所示，效果如图5-253所示。

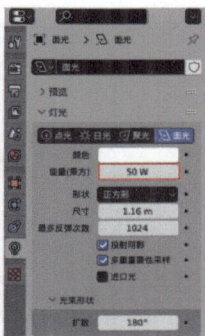

图5-251　　　　　　图5-252　　　　　　图5-253

技巧提示 读者可以在现有灯光强度的基础上灵活调整各个灯光的强度，上面步骤中设置的参数仅供参考。

5.3.4 渲染图片

01 切换到Compositing（合成）工作区，勾选"使用节点"复选框，就会出现渲染所需要的节点，如图5-254所示。

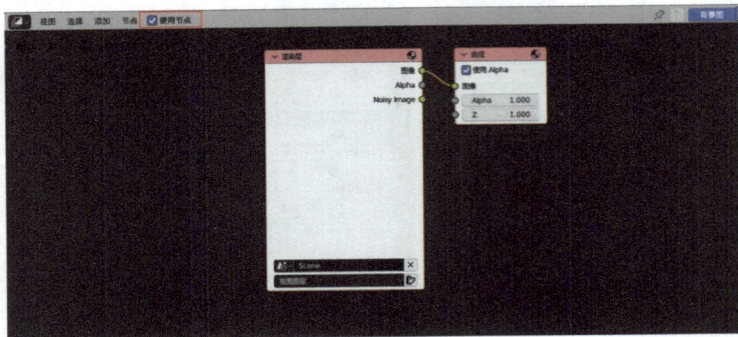

图5-254

02 添加"文件输出"节点，然后将其Image与"渲染层"节点的"图像"进行连接，如图5-255所示。

03 在"文件输出"节点中设置渲染图片的保存路径和名称，然后在"属性"面板的"渲染属性"选项卡中设置"渲染"下的"最大采样"为256，如图5-256所示。

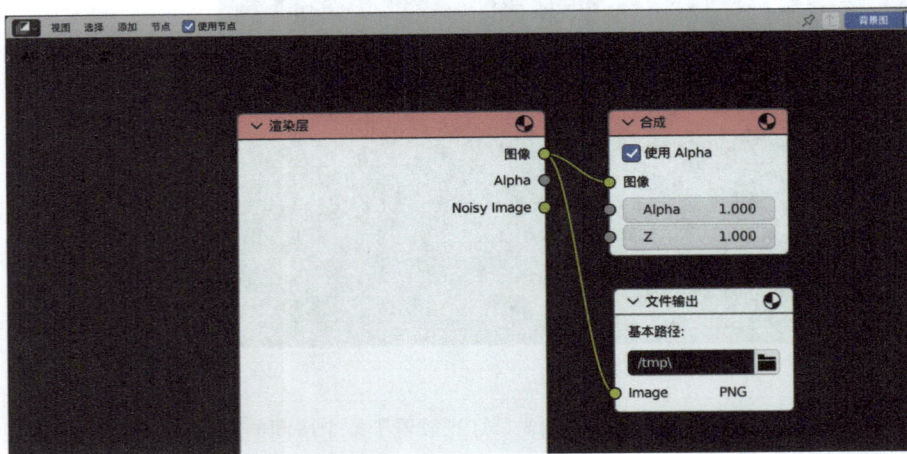

图5-255

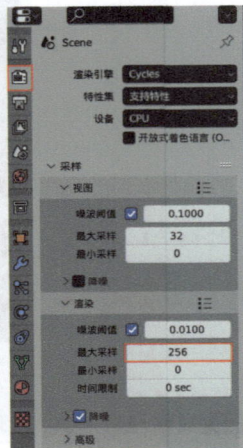

图5-256

04 在"输出属性"选项卡中设置"%"为100%，如图5-257所示。

05 按F12键渲染场景，案例最终效果如图5-258所示。

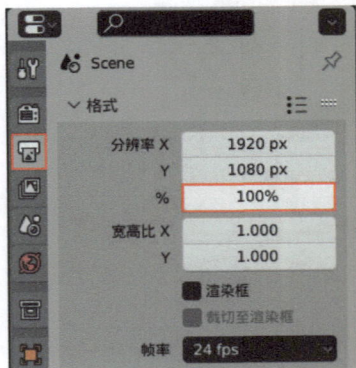

图5-257

图5-258

第6章

进阶实战案例：小风扇

案例文件	案例文件>CH06>进阶实战案例：小风扇
视频名称	进阶实战案例：小风扇.mp4
学习目标	掌握综合场景的制作思路和写实类场景材质的制作方法

写实类场景相较于之前的案例会更加复杂。本章制作一个小风扇展示场景，这不仅是对之前学习的内容做一个总结，也是为后面的学习做铺垫。

6.1 小风扇建模

小风扇模型大致可以分为上半部分的外罩和扇叶，以及下半部分的手柄和底座，下面逐一讲解制作过程。该模型的制作有一定难度，建议读者结合教学视频中更为详细的制作过程同步操作。

6.1.1 外罩模型

在建模之前，需要导入参考图片到场景中，以便准确地建立模型。

01 按1键切换到正视图，执行"添加>图像>参考"命令，在打开的窗口中选择学习资源中的"单个小风扇.png"文件，如图6-1所示。加载完成后视图中就会出现参考图片，如图6-2所示。

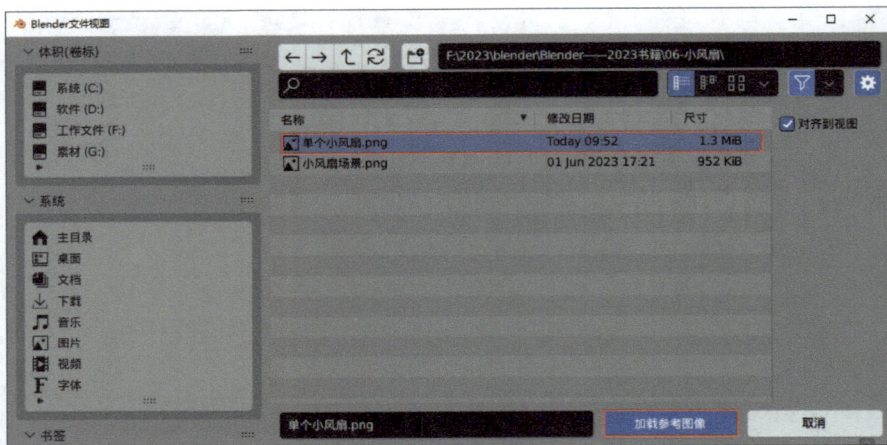

图6-1

图6-2

02 为了方便后续建模，在"属性"面板的"物体数据属性"选项卡中勾选"不透明度"复选框，并设置"不透明度"为0.2，如图6-3所示。此时视图中的参考图片就会呈现半透明状态，如图6-4所示。

03 新建一个柱体模型，旋转90°后将其缩放为外罩中心圆形的大小，如图6-5所示。

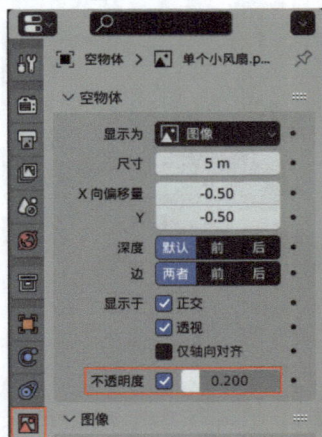

图6-3

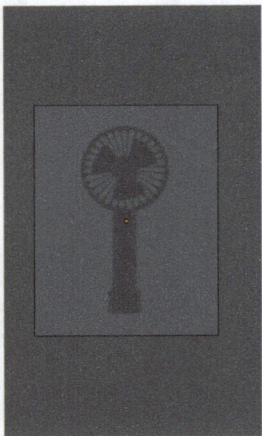

图6-4

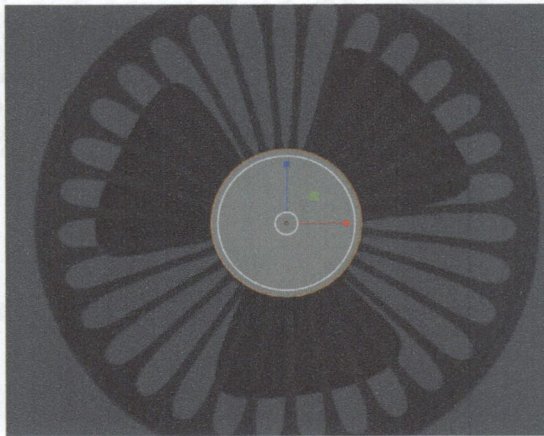

图6-5

技巧提示 上面的"不透明度"数值仅供参考，读者可根据自己的习惯设置该数值。

04 创建一个平面，按照参考图片，将其调整为外罩上栅格的大小，如图6-6所示。

05 切换到"编辑模式"，按快捷键Ctrl+R添加一条循环边，然后调整栅格下方的造型，如图6-7所示。

06 选中柱体模型，在"编辑模式"中选中前方的面，按I键向内插入一个新的面，如图6-8所示。

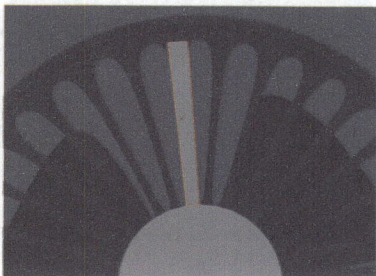

图6-6 图6-7 图6-8

07 保持选中的面不变，切换到"点"模式，按M键，在弹出的菜单中选择"到中心"命令，此时选中的点会合并为一个点，如图6-9和图6-10所示。

技巧提示 这一步的目的是添加圆面的中心点，这样会方便后续栅格模型中心点的移动和吸附。当旋转、复制栅格模型时，就能很快地完成需要的效果。

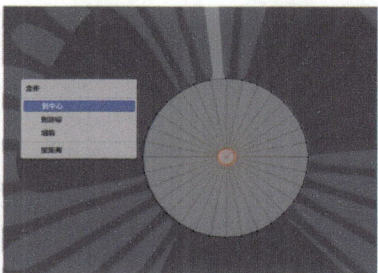

图6-9 图6-10

08 在"视图叠加层"面板中勾选"线框"复选框，然后在"变换"面板中勾选"原点"复选框，如图6-11和图6-12所示。

09 打开"吸附"功能，然后移动栅格模型的原点到柱体圆面的中心点上，如图6-13所示。

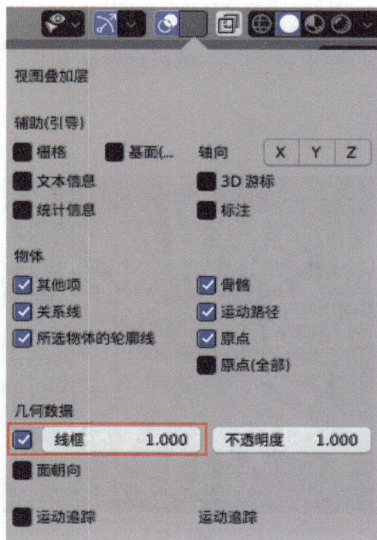

图6-11

图6-12

图6-13

技巧提示 单击"吸附"按钮旁的按钮，在弹出的面板中可以选择不同的吸附方式，如图6-14所示。

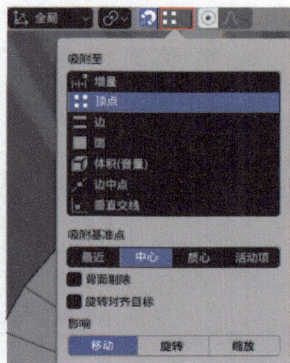

图6-14

10 选中栅格模型，按快捷键Shift+D进行复制，然后沿着y轴旋转 −12°，如图6-15所示。

11 连续按快捷键Shift+R，可以快速按照步骤10的操作以 −12°为基准进行旋转、复制，如图6-16所示。

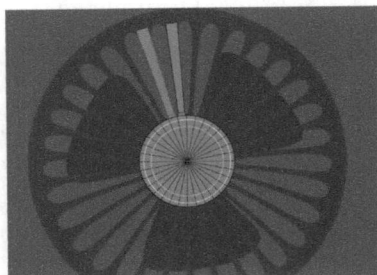 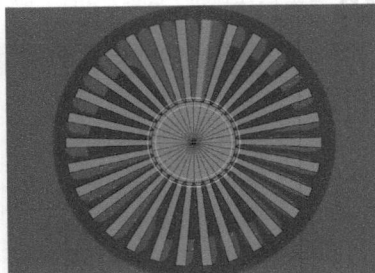

技巧提示 参考图片上的栅格有31个，为了方便制作，这里缩减为30个，每一个栅格需要旋转12°。

图6-15   图6-16

12 选中所有的栅格模型，按快捷键Ctrl+J将其合并为一个模型，如图6-17所示。

13 孤立显示栅格模型，在"编辑模式"中选中图6-18所示的两个点，然后按M键，在弹出的菜单中选择"到中心"命令，将选中的两个点合并为一个点，如图6-19所示。

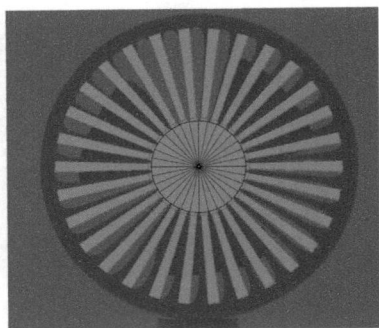 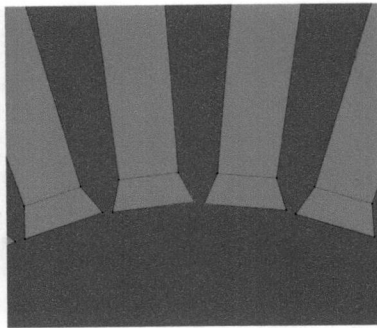 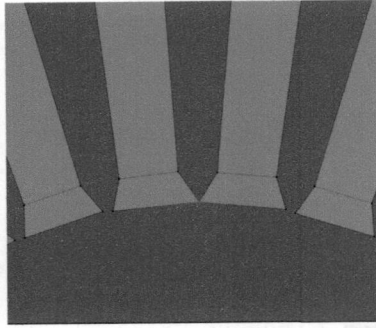

图6-17   图6-18   图6-19

技巧提示 为了方便观察模型，笔者将该模型孤立显示。

14 按照步骤13的方法，将其他点也进行合并，效果如图6-20所示。

15 按快捷键Ctrl+R，在栅格模型上添加一条循环边，如图6-21所示。这一步需要给每一个栅格模型都添加一条循环边。

16 继续按快捷键Ctrl+R，在栅格模型上添加一条循环边，效果如图6-22所示。

 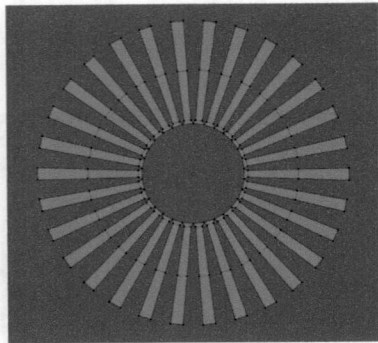 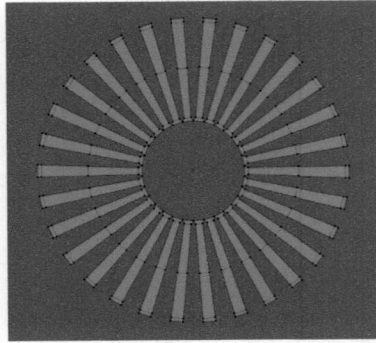

图6-20   图6-21   图6-22

技巧提示 这一条循环边的"系数"都为 −0.85。只要复制第一个添加循环边的"系数"数值，粘贴到后续添加的循环边的"系数"中，就可以统一添加的所有循环边的距离。

17 选中图6-23所示的点，然后向外拖曳一定距离，如图6-24所示。

图6-23

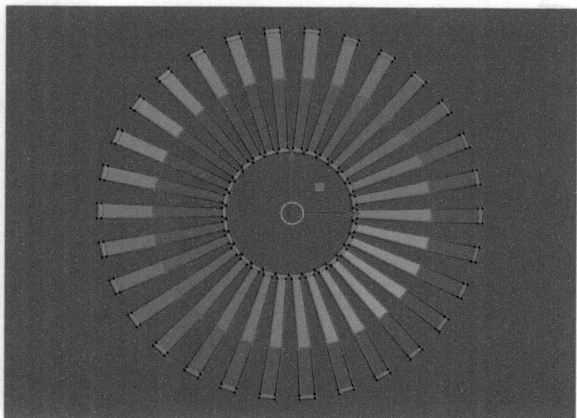

图6-24

18 切换到"边"模式，选中图6-25所示的边，然后按F键将其连接在一起，如图6-26所示。

19 按照步骤18的方法，连接其他的边，效果如图6-27所示。

图6-25

图6-26

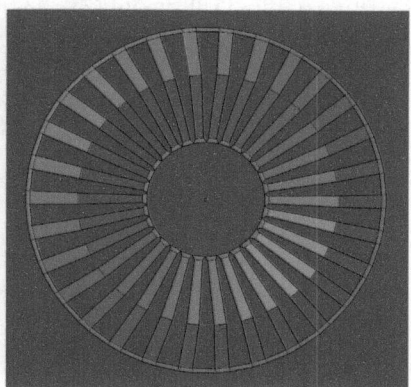

图6-27

20 选中图6-28所示的点，按M键并在弹出的菜单中选择"到中心"命令，将两个点合并为一个点，如图6-29所示。

21 按照步骤20的方法将其他点也进行合并，效果如图6-30所示。

图6-28

图6-29

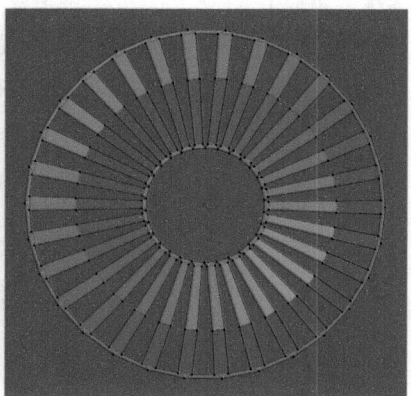

图6-30

技巧提示 这一步的目的是让模型上的点分布得更加均匀，方便后面步骤的制作。

22 选中图6-31所示的边，按E键沿着y轴向后挤出一定距离，如图6-32所示。

23 保持选中的边不变，按S键将其放大并与原有的边齐平，如图6-33所示。放大这一圈边时，读者要根据参考图片上的边缘厚度确定其大小。

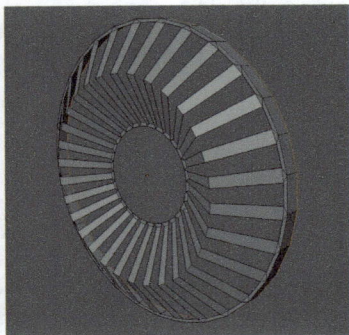
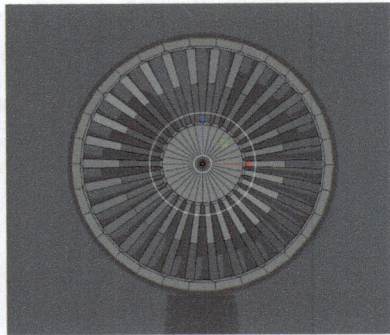

| 图6-31 | 图6-32 | 图6-33 |

24 选中最外圈的边，按E键沿y轴向后挤压一段距离，如图6-34所示。

25 此时的外罩模型还没有厚度。在"面"模式中选中所有的面，然后使用"沿法向挤出面"命令向外挤出一定距离，如图6-35和图6-36所示。这样外罩模型就有了厚度。

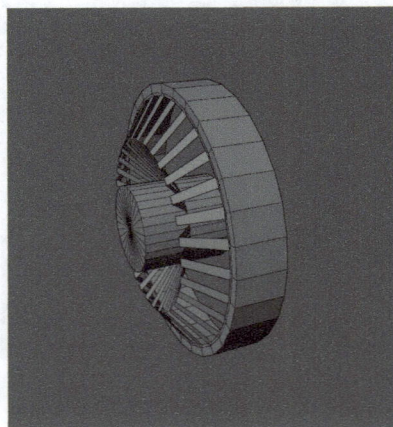
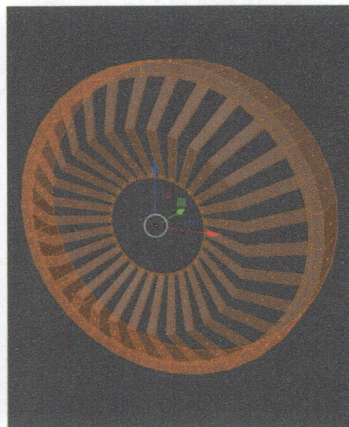
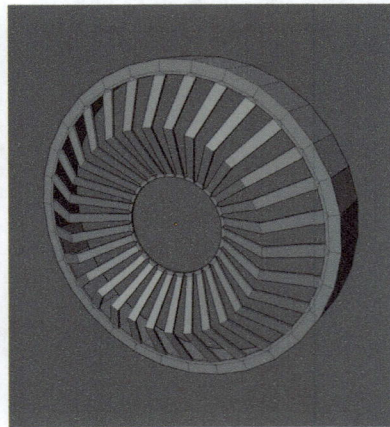

| 图6-34 | 图6-35 | 图6-36 |

26 在模型上添加"表面细分"修改器，设置"视图层级"和"渲染"都为3，此时发现细分后的模型在转角位置会有些变形，按快捷键Ctrl+R在转角位置添加一些循环边，就能解决这一问题，如图6-37和图6-38所示。

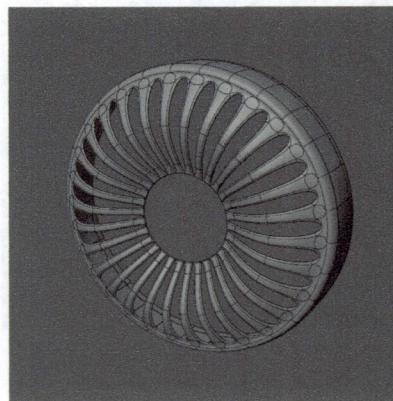

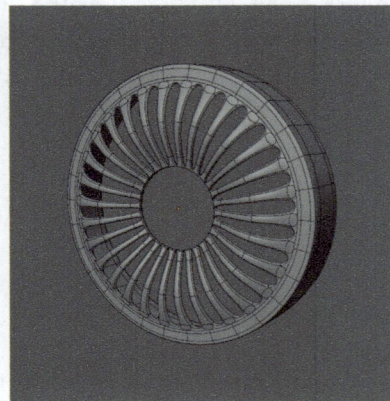

| 图6-37 | 图6-38 |

27 选中中间的柱体模型，将其压扁后，在"编辑模式"中选中图6-39所示的面，然后按I键向内插入一个新的面，如图6-40所示。

28 保持插入的面不变，按E键向内挤入一段距离，如图6-41所示。

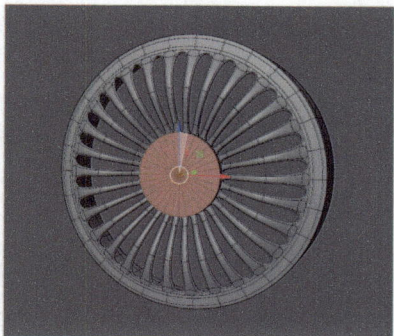 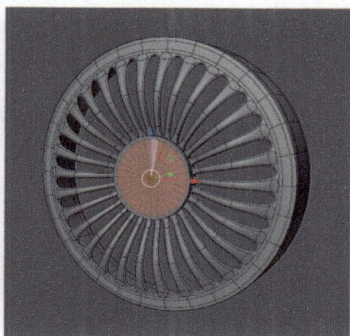 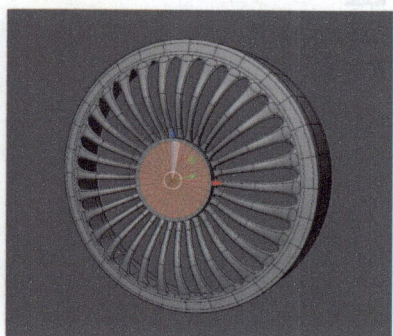

图6-39   图6-40   图6-41

29 为柱体模型添加"表面细分"修改器，并按快捷键Ctrl+R增加转角处的循环边，如图6-42所示。

30 选中外罩模型，按快捷键Shift+D复制一份，然后旋转180°后与原有的模型进行拼合，如图6-43所示。在拼合时需要将复制得到的模型稍微放大一些，这样才能形成嵌套的效果。

技巧提示 如果读者发现制作的外罩模型的长度不够，可以随时调整。

 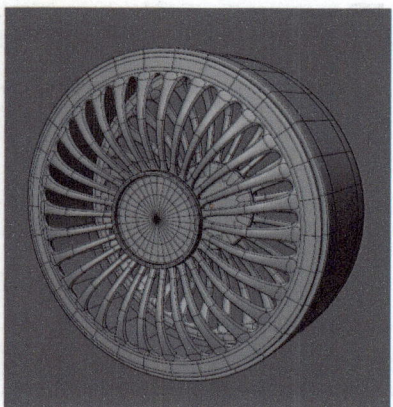

图6-42   图6-43

31 新建一个柱体模型，将其缩小后使原点与原有模型的原点重合，然后调整柱体的长度，使其连接两端的外罩模型，如图6-44和图6-45所示。

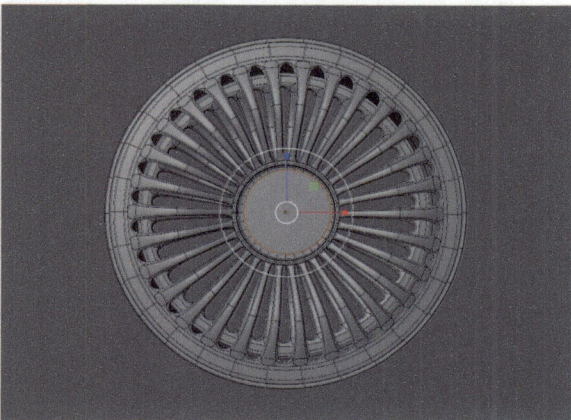 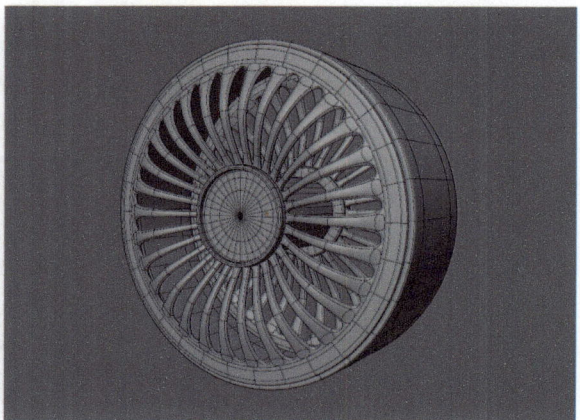

图6-44   图6-45

6.1.2 扇叶模型

01 新建一个立方体,在"编辑模式"中将其大致调整为扇叶的形状,如图6-46所示。

02 按快捷键Ctrl+R添加循环边,然后调整模型的外形,使其更接近扇叶的形状,如图6-47所示。

03 选中模型,按S键压扁扇叶模型,如图6-48所示。

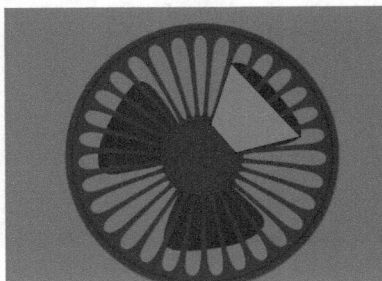

图6-46

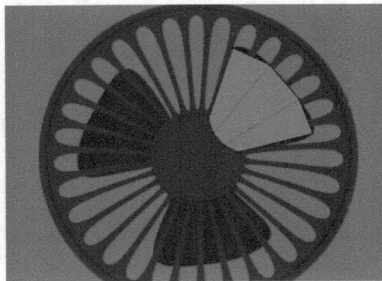

图6-47

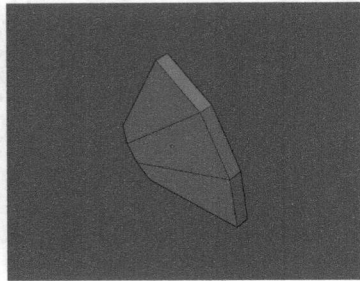

图6-48

04 给模型添加"表面细分"修改器,然后根据参考图片调整扇叶的大小,如图6-49所示。

05 在顶视图中调整扇叶的角度,使其弯曲,如图6-50所示。

06 调整完成后,回到"物体模式",按快捷键Shift+D复制两个扇叶模型,然后旋转角度并移动到合适的位置,如图6-51所示。

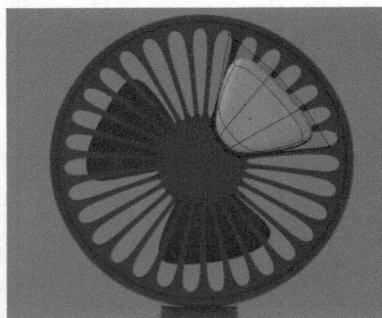

图6-49

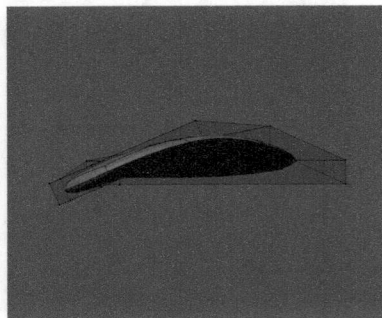

图6-50

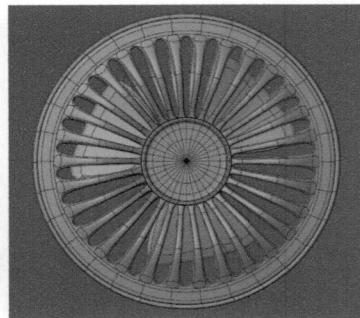

图6-51

6.1.3 手柄、底座模型

01 手柄模型呈圆柱状。新建一个柱体模型,在"编辑模式"中调整其高度和半径到与参考图片相似,如图6-52所示。

02 按快捷键Ctrl+R在柱体上添加循环边,如图6-53所示。

03 按照参考图片上的造型,调整柱体上半部分的大小,如图6-54所示。

图6-52

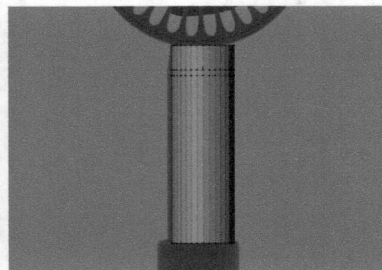

图6-53

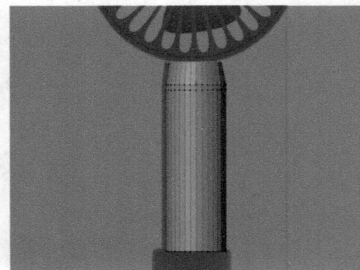

图6-54

04 为柱体模型添加"表面细分"修改器，然后添加循环边，让模型的转角位置变得更加清晰，如图6-55所示。

05 选中柱体两端的圆面，按I键向内插入新的面，让模型的布线更加合理，如图6-56所示。

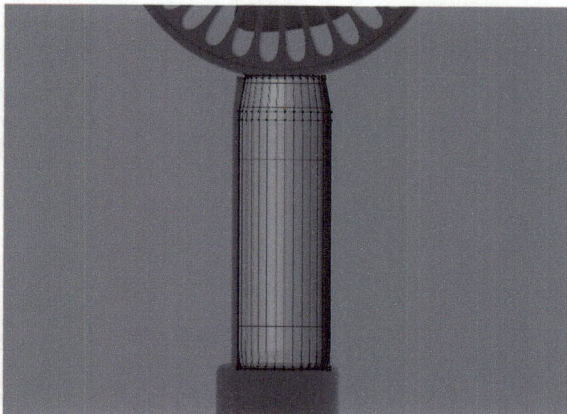

图6-55

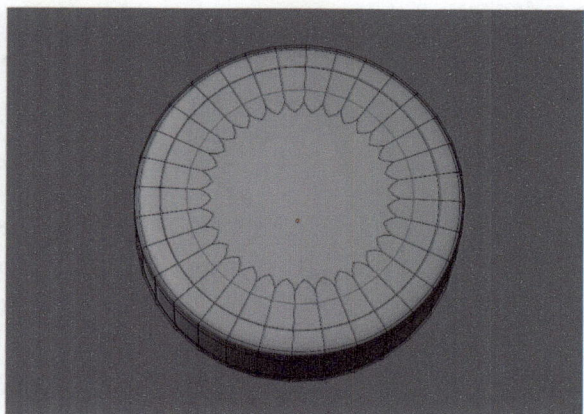

图6-56

06 底座模型大致也是圆柱状。新建一个柱体模型，需要设置"顶点"为12，如图6-57所示。此时柱体的曲面会变得有棱角，如图6-58所示。

07 将步骤06创建的柱体缩小并压扁一些，然后与手柄模型中心对齐，如图6-59所示。

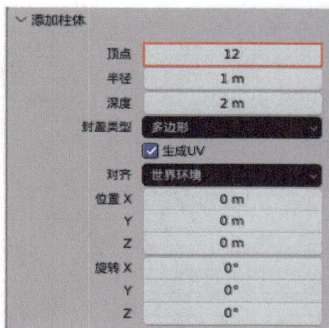

图6-57

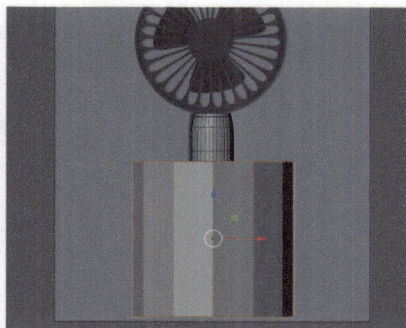

图6-58

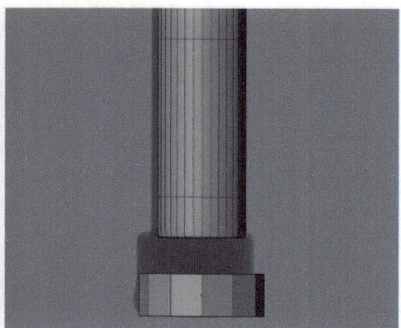

图6-59

技巧提示 设置较少的顶点，柱体的面会减少，方便后期进行编辑。

08 在"编辑模式"中选中图6-60所示的面，按E键向前挤出一段距离，如图6-61所示。

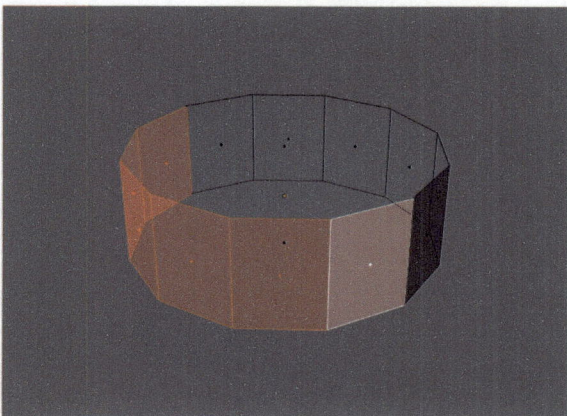

图6-60

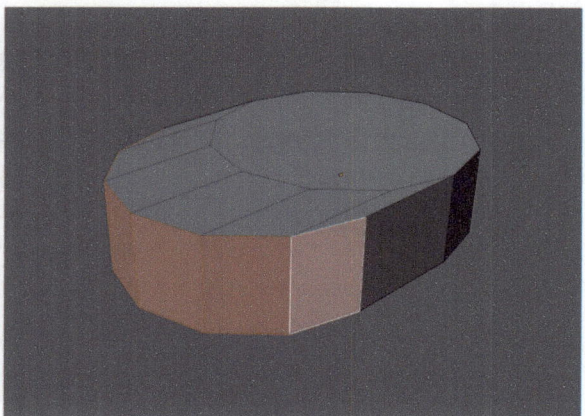

图6-61

09 选中图6-62所示的面,按E键向上挤出一定的距离,如图6-63所示。

10 调整底座模型的高度,使其更符合参考图片显示的高度,如图6-64所示。

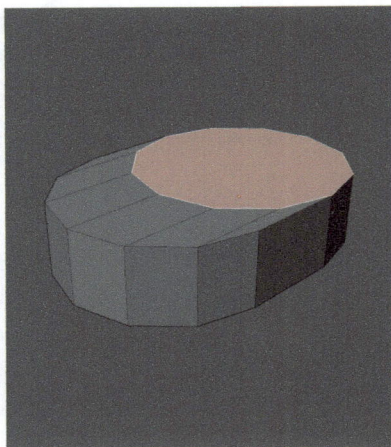
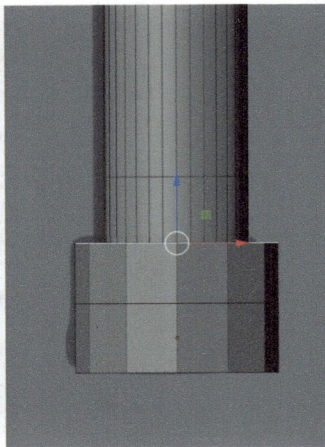
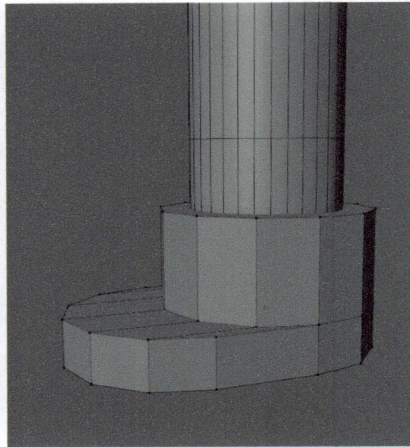

图6-62　　　　　　　　　　图6-63　　　　　　　　　　图6-64

11 按快捷键Ctrl+R在模型上添加循环边,然后添加"表面细分"修改器,这样模型不会产生较大的形变,如图6-65和图6-66所示。

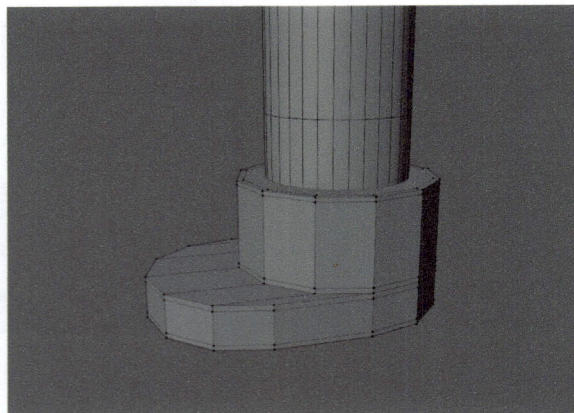
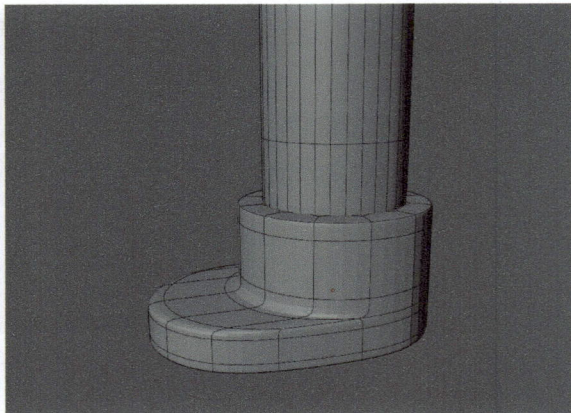

图6-65　　　　　　　　　　　　　　图6-66

12 设置"表面细分"修改器的"视图层级"和"渲染"都为1,然后单击 按钮,展开下拉菜单,选择"应用"命令,如图6-67和图6-68所示。

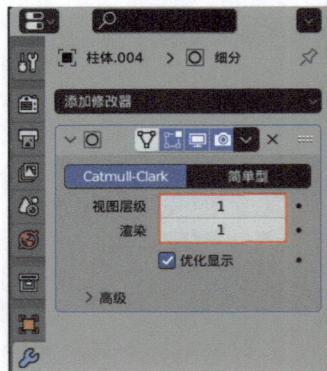

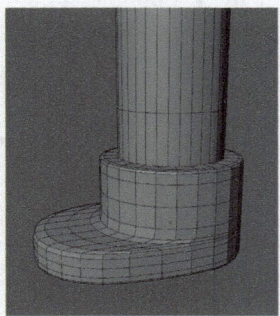

技巧提示 选择"应用"命令后,"表面细分"修改器会消失,模型则保持了细分后的效果,如图6-69所示。

图6-67　　　　　　　　　　图6-68　　　　　　　　　　　图6-69

13 观察参考图片会发现底座的前方有一块小的凸起。在"编辑模式"中选中图6-70所示的面，然后按E键向上挤出一段距离，如图6-71所示。

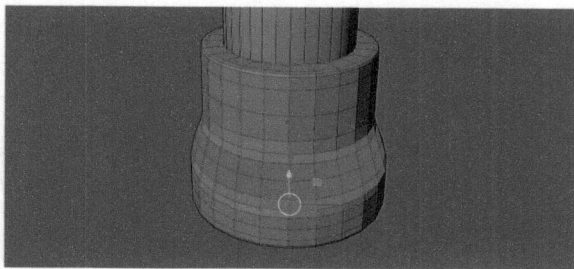

图6-70

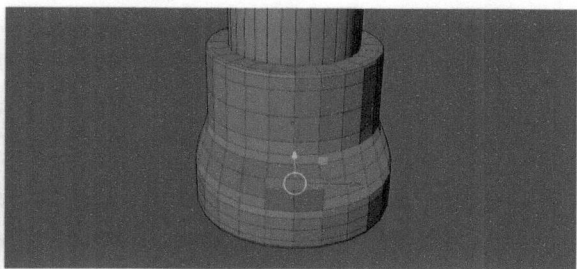

图6-71

14 切换到"点"模式，选中图6-72所示的点，然后调整，使顶部的点与底部齐平，如图6-73所示。

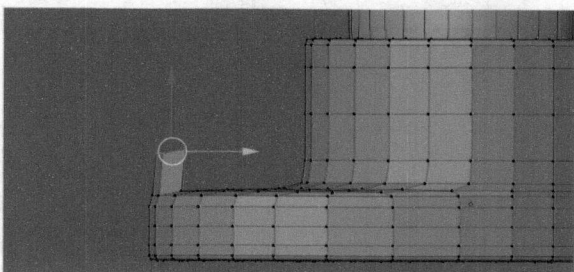

图6-72

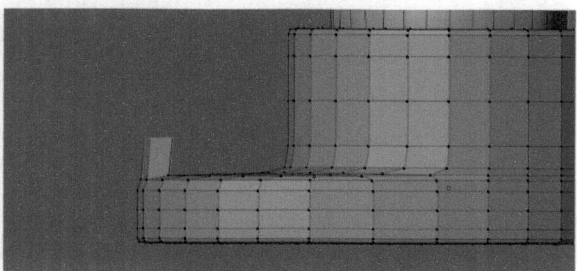

图6-73

15 选中图6-74所示的两个点，然后向上移动一小段距离，效果如图6-75所示。

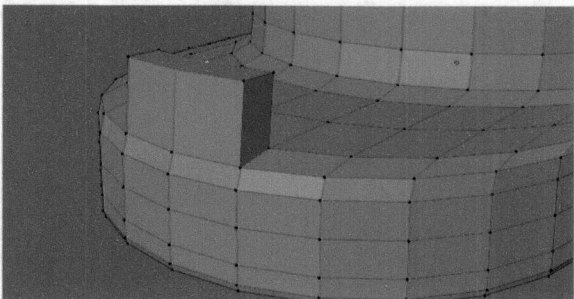

图6-74

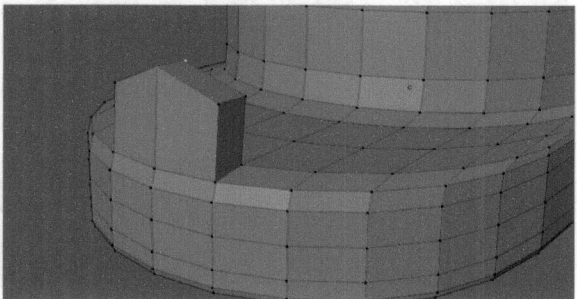

图6-75

16 在模型上添加"表面细分"修改器，然后按快捷键Ctrl+R添加循环边，使凸起的部分更加明显，如图6-76所示。

17 仔细观察模型，发现底座下方有些偏厚。在"编辑模式"中调整底座下方的点的位置，如图6-77所示。

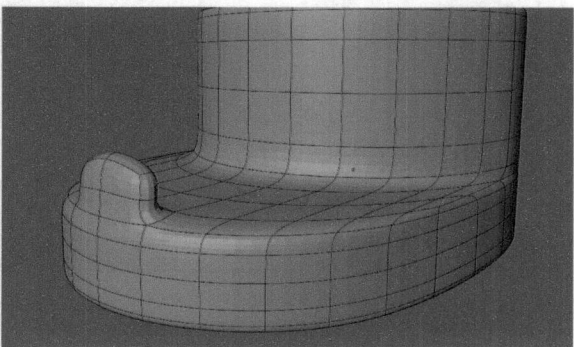

图6-76

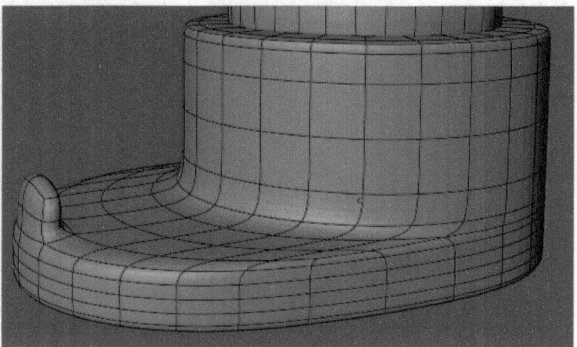

图6-77

6.1.4 手柄模型展UV

01 底座制作完成后，需要在手柄模型上添加开关。将视图窗口调整为3个，分别为"UV编辑器""着色器编辑器""3D视图"，其中"3D视图"窗口需要调整为"材质预览"模式，并孤立显示手柄模型，如图6-78所示。

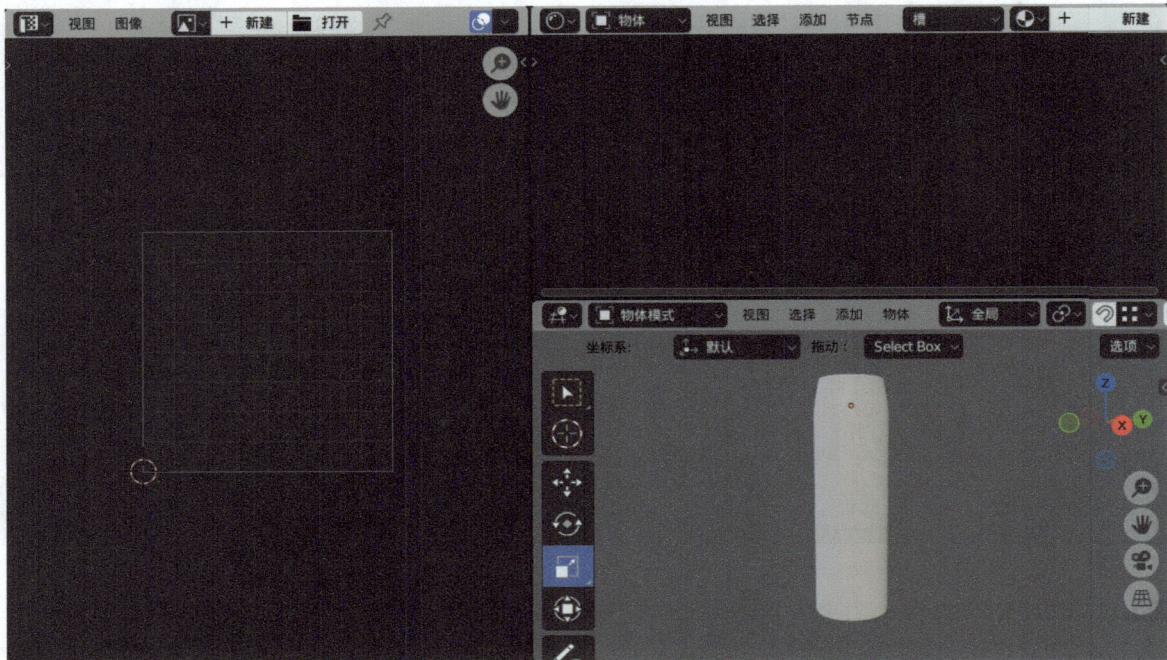

图6-78

02 在"编辑模式"中选中图6-79所示的边，然后单击鼠标右键，在弹出的快捷菜单中选择"标记缝合边"命令，如图6-80所示。

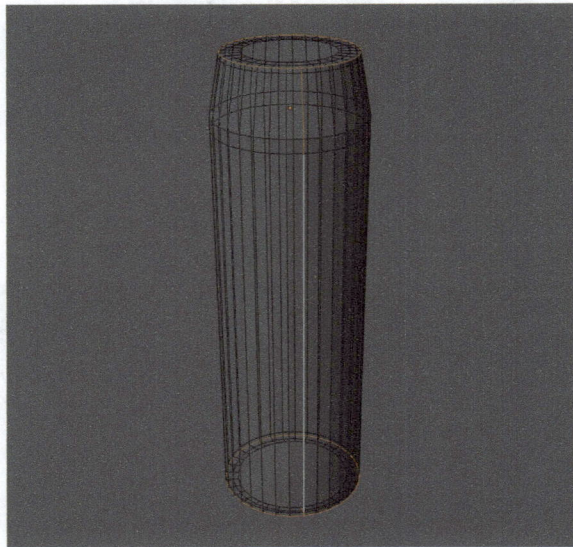

图6-79

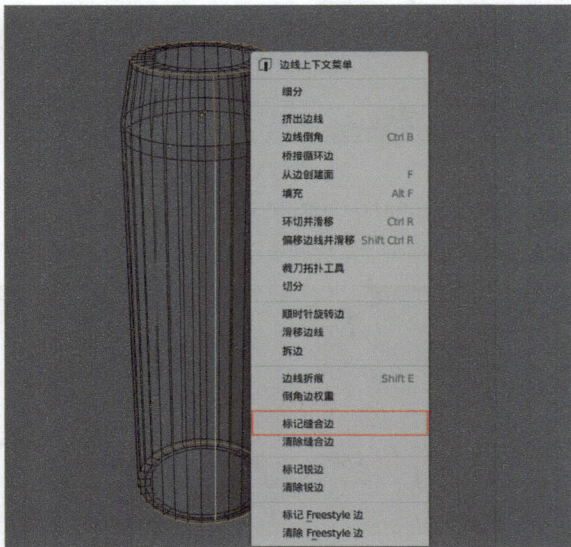

图6-80

技巧提示 选择"标记缝合边"命令是为了告诉软件需要展开UV的裁剪位置。

03 在"面"模式中选中所有面，然后按U键，在弹出的菜单中选择"展开"命令，如图6-81所示。展开的UV会显示在"UV编辑器"窗口中，如图6-82所示。

图6-81

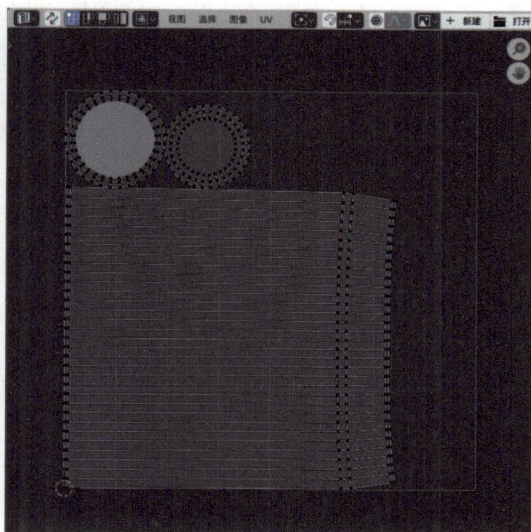

图6-82

04 在"UV编辑器"窗口中选中两个圆形UV，将其移动到界面外，然后将柱体的UV旋转90°，也移动到界面外，如图6-83所示。

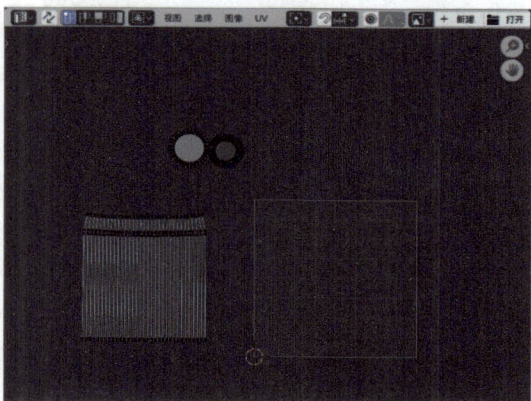

图6-83

05 在"着色器编辑器"窗口中新建一个材质，然后导入学习资源中的"黑白开关图标.jpg"文件，将"黑白开关图标.jpg"节点的"颜色"连接到"原理化BSDF"节点的"基础色"上，如图6-84所示。此时手柄上会显示开关图标，如图6-85所示。

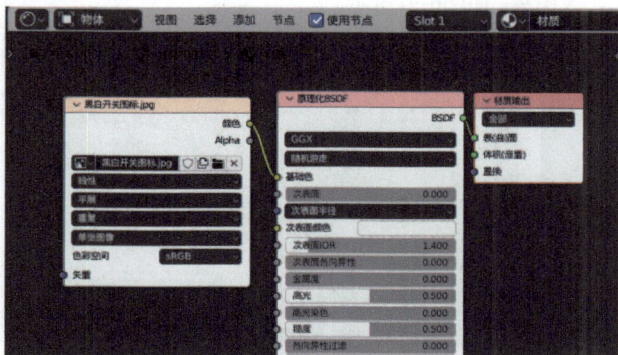

图6-84

图6-85

06 在"UV编辑器"窗口中执行"图像>打开"命令（见图6-86），在弹出的窗口中选择学习资源中的"黑白开关图标.jpg"文件。导入的图标会出现在该窗口中，如图6-87所示。

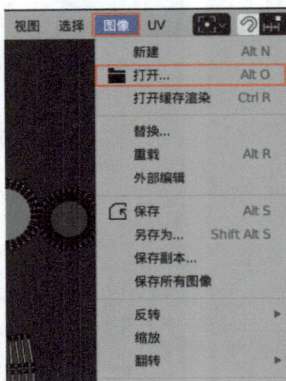

图6-86

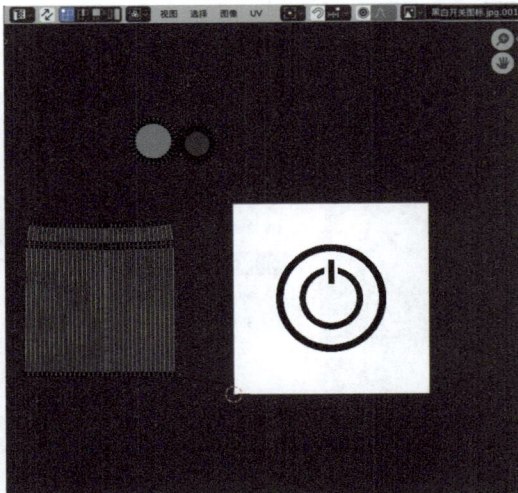

图6-87

07 选中柱体展开的UV部分，然后将其移动到图标上并放大，如图6-88所示。此时"3D视图"窗口中会同步出现贴图的效果，如图6-89所示。

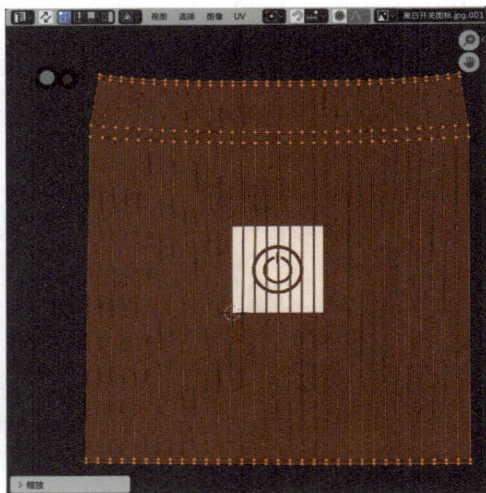

图6-88

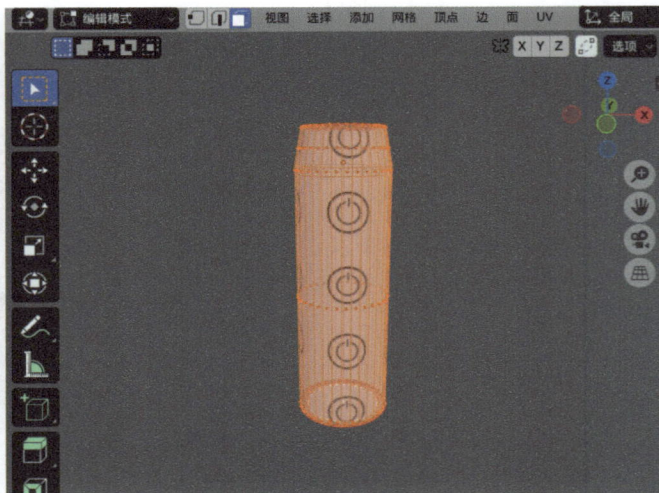

图6-89

08 开关图标在模型上会重复显示，而我们只需要显示一个。在"着色器编辑器"窗口中设置图标的显示为"扩展"，如图6-90所示。此时模型上就会只显示一个开关图标，如图6-91所示。

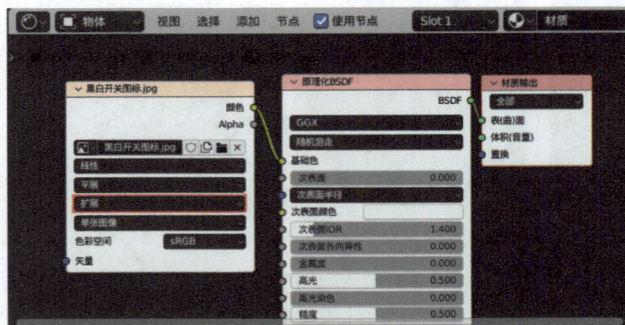

图6-90

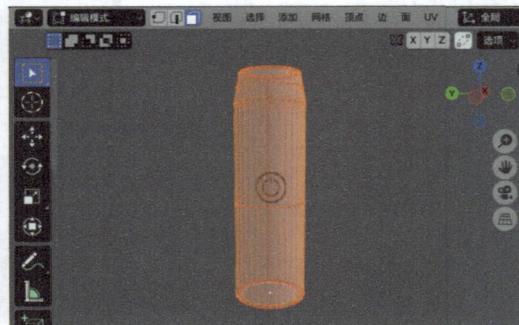

图6-91

09 在"UV编辑器"窗口中移动展开UV，使开关图标移动到合适的位置，如图6-92和图6-93所示。

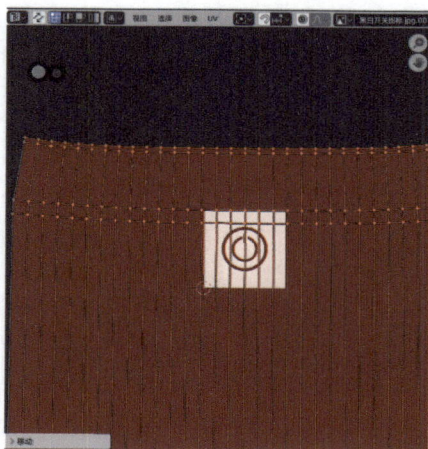

图6-92

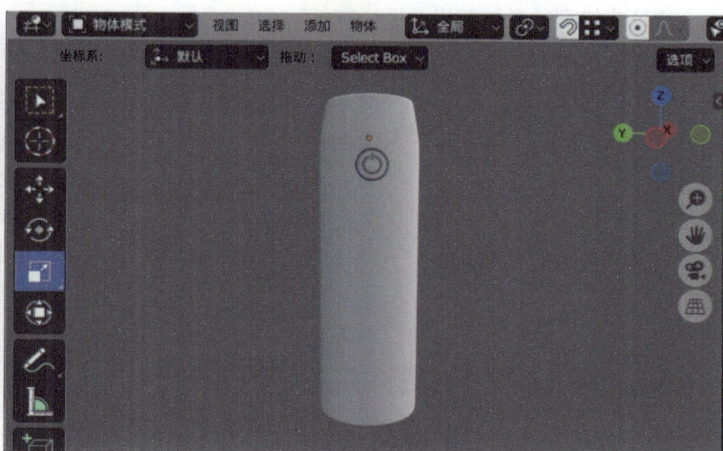

图6-93

10 在"着色器编辑器"窗口中添加"凹凸"节点，然后取消"黑白开关图标.jpg"节点的"颜色"和"原理化BSDF"节点的"基础色"之间的连接关系，将"黑白开关图标.jpg"节点的"颜色"连接到"凹凸"节点的"高度"上，接着将"凹凸"节点的"法向"连接到"原理化BSDF"节点的"法向"上，如图6-94所示。此时模型上会显示开关的凹凸效果，如图6-95所示。

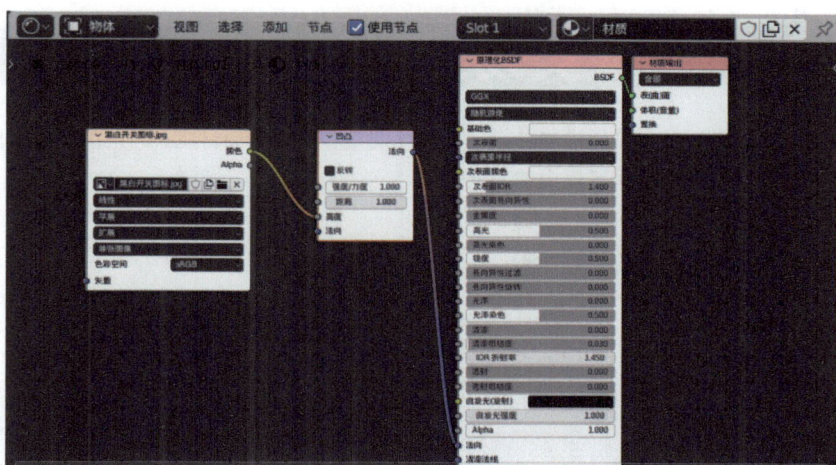

图6-94

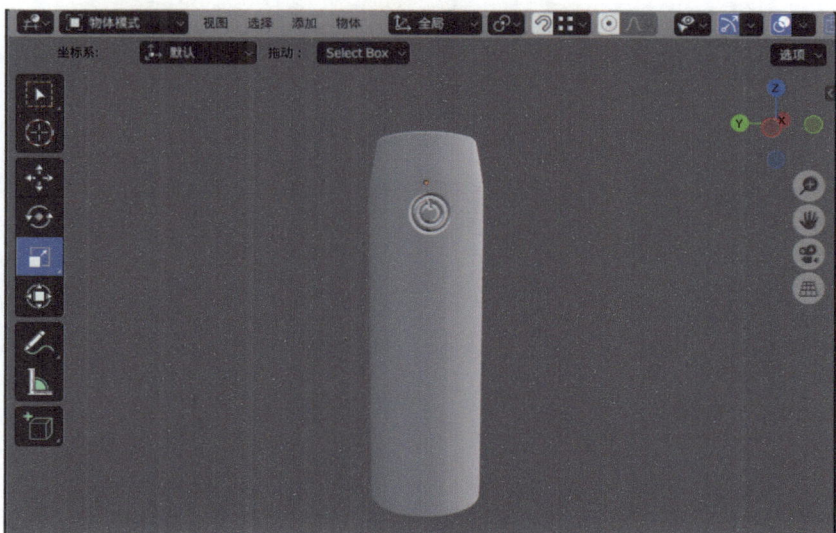

图6-95

11 模型上的凹凸效果比较强。在"凹凸"节点中设置"强度/力度"为0.5，如图6-96所示。取消孤立显示模型，小风扇模型的最终效果如图6-97所示。

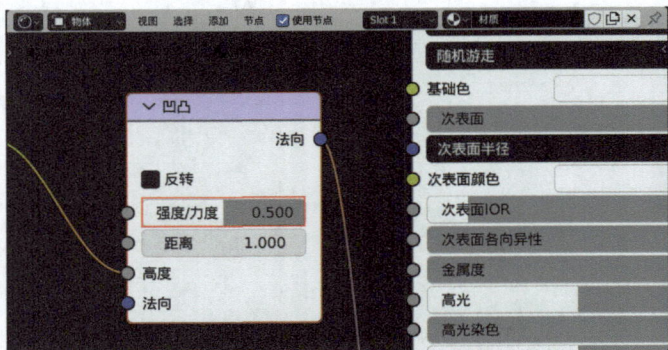

图6-96

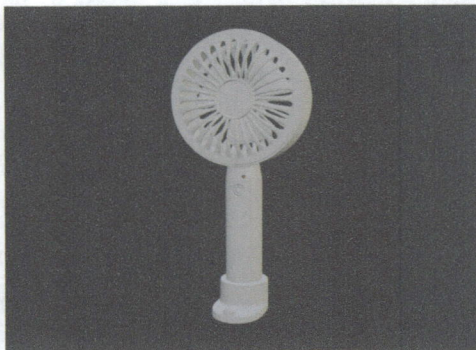

图6-97

6.2 写实类场景材质添加

将制作好的小风扇模型放入一个写实类场景中，添加材质、灯光和摄像机后，就能生成一幅逼真的产品展示图。本节就来制作场景中的不同材质。

6.2.1 场景构图

01 打开本书学习资源中的"小风扇场景.blend"文件，这是一个制作好的房间场景，如图6-98所示。

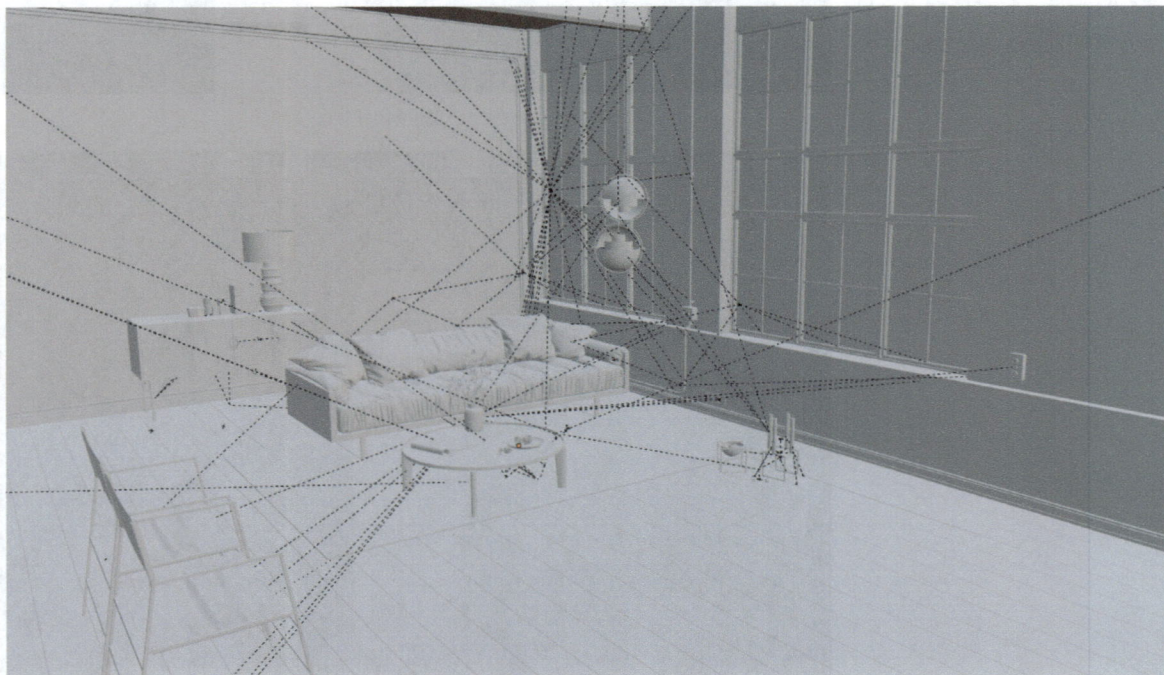

图6-98

02 将上一节制作好的小风扇模型导入场景中，将其放置于茶几上，如图6-99所示。

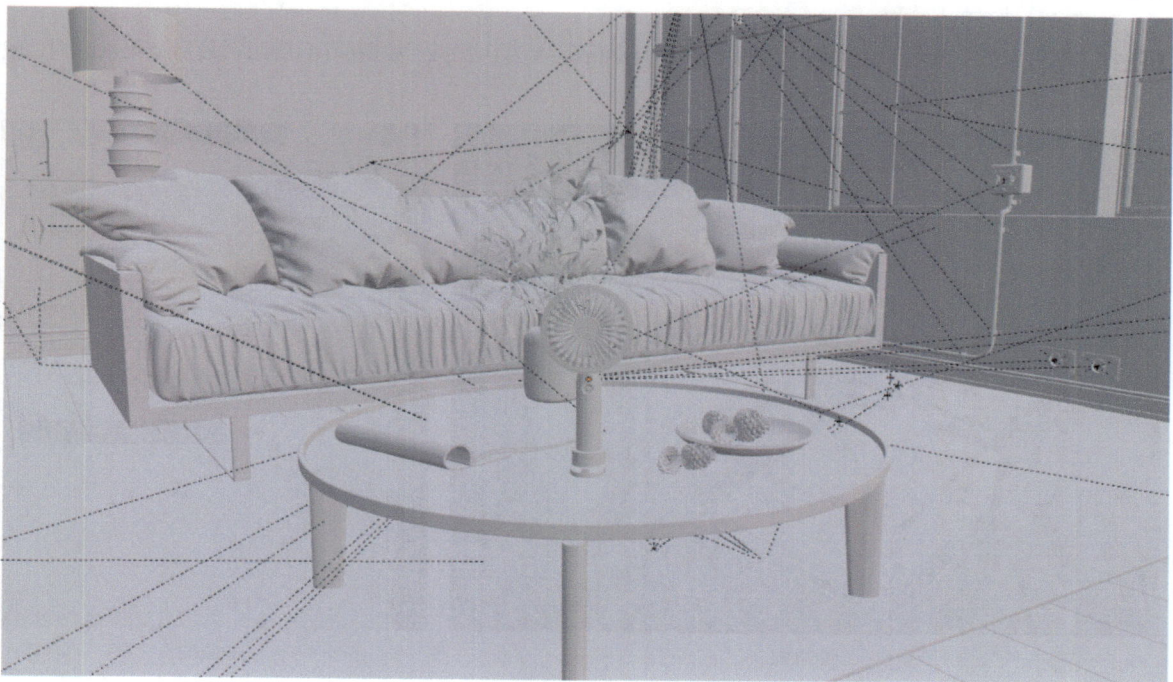

图6-99

03 观察场景文件会发现，房顶和墙体模型会阻挡我们的视线，不方便整体观察房间场景。选中房顶模型，在"属性"面板的"物体属性"选项卡中，设置"显示为"为"线框"，如图6-100所示。这样房顶模型就呈现线框效果，如图6-101所示。

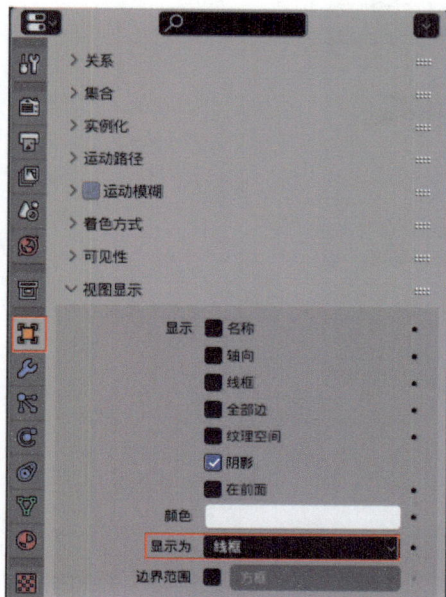

图6-100

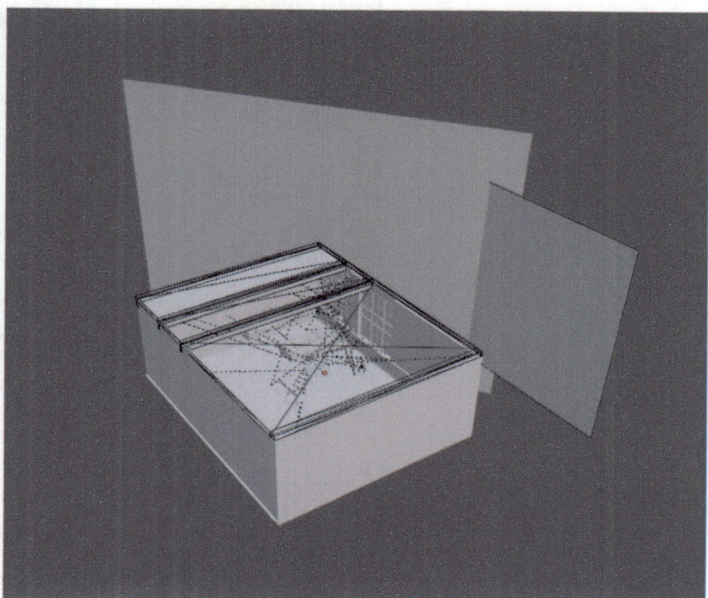

图6-101

04 按照步骤03的方法将墙体模型也显示为线框效果，如图6-102所示。后面无论是创建摄像机还是添加灯光，观察场景都会更加方便。

05 在"输出属性"选项卡中设置"分辨率X"为1600px，Y为1920px，如图6-103所示。最后渲染输出时，就会按照这个尺寸输出图片。

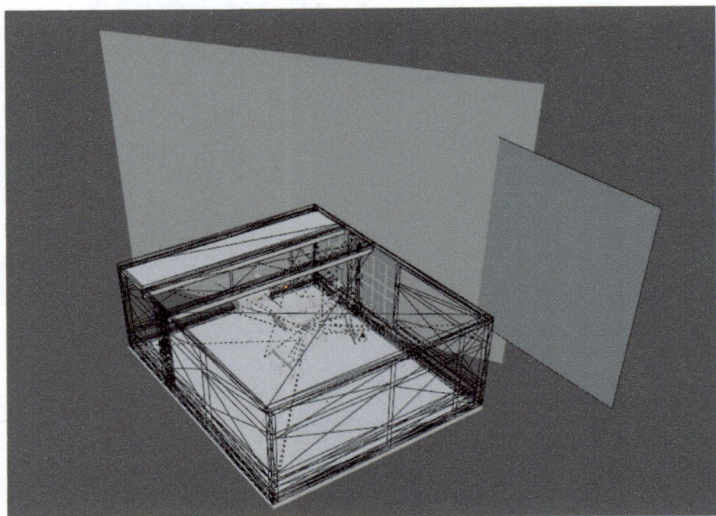

图6-102

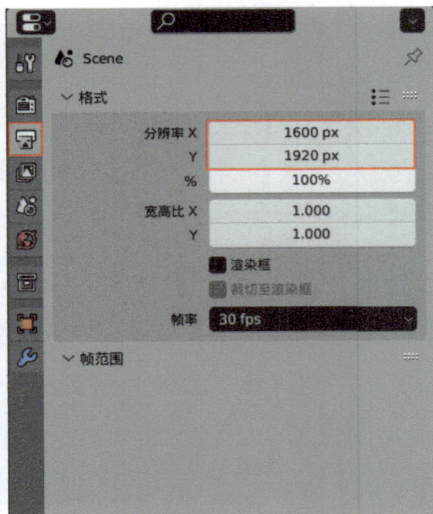

图6-103

06 按1键切换到正视图并创建一台摄像机，然后设置摄像机的"焦距"为135mm，并调整摄像机的角度，如图6-104所示。

图6-104

6.2.2 添加材质

场景中除小风扇模型外，其他模型都没有材质，下面将为没有材质的模型添加材质。建议读者在添加材质之前将界面调整为操作视图、渲染视图和着色器视图3个区域。

1.茶几

`01` 选中茶几台面模型，在"着色器编辑器"窗口中新建一个默认材质，然后在学习资源文件夹中拖曳"Floor_Plank_02.jpg"文件到"着色器编辑器"窗口，并将生成的"Floor_Plank_02.jpg.001"节点的"颜色"与"原理化BSDF"节点的"基础色"进行连接，如图6-105所示。材质效果如图6-106所示。

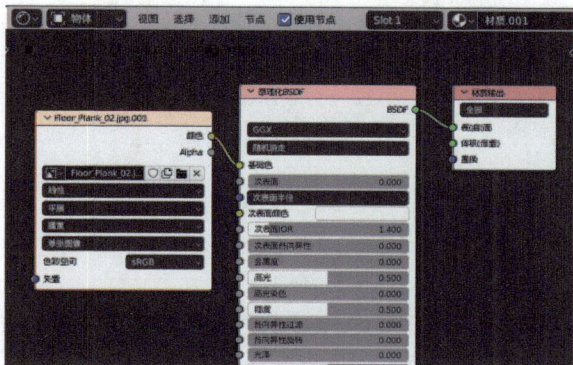

图6-105

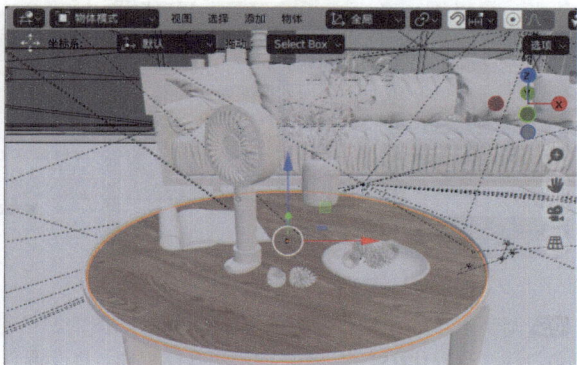

图6-106

`02` 选中茶几边缘和茶几腿模型，然后选中赋予材质的茶几台面模型，按快捷键Ctrl+L，在弹出的菜单中选择"关联材质"命令，就能为没有赋予材质的模型赋予相同的木纹材质，如图6-107所示。

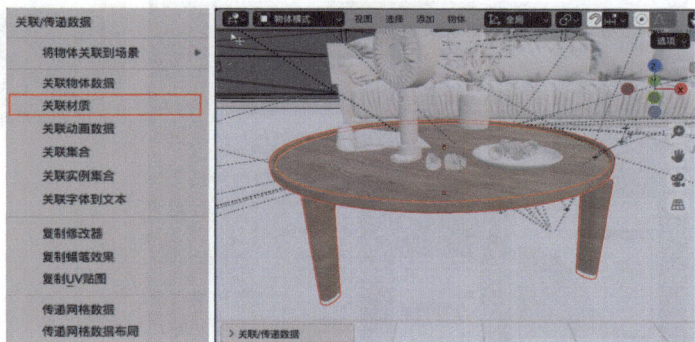

图6-107

`03` 在"着色器编辑器"窗口中选中贴图的节点，按快捷键Shift+D复制一份，然后添加"色相/饱和度/明度"节点，将复制得到的贴图的节点的"颜色"与"色相/饱和度/明度"节点的"颜色"相连，并将"色相/饱和度/明度"节点的"颜色"与"原理化BSDF"节点的"基础色"进行连接，调整"饱和度"为0，"值（明度）"为1.3，可以观察到木纹呈现黑白效果，如图6-108和图6-109所示。

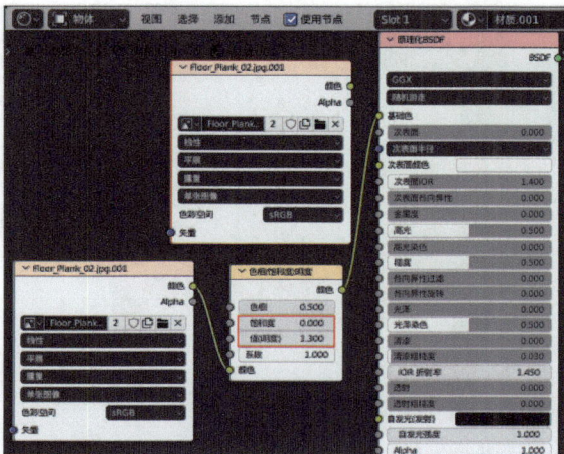

图6-108

图6-109

04 木纹的黑白信息还不够明显。添加"RGB曲线"节点，然后调整曲线，如图6-110所示，效果如图6-111所示。

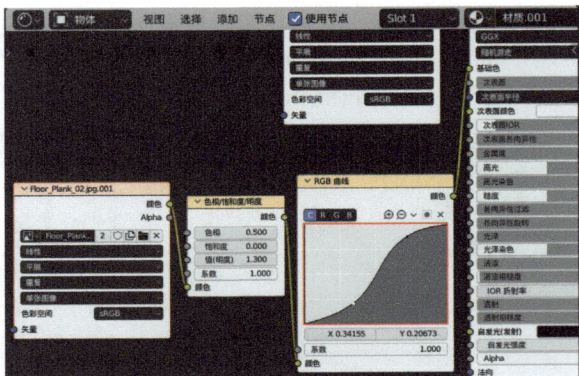

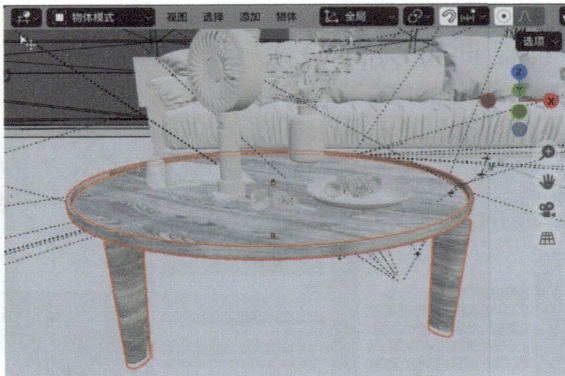

图6-110   图6-111

05 调整木纹的黑白信息是为了将其作为贴图的凹凸贴图。添加"凹凸"节点，将其与"RGB曲线"节点的"颜色"和"原理化BSDF"节点的"法向"相连，并设置"强度/力度"为0.15，如图6-112所示，效果如图6-113所示。

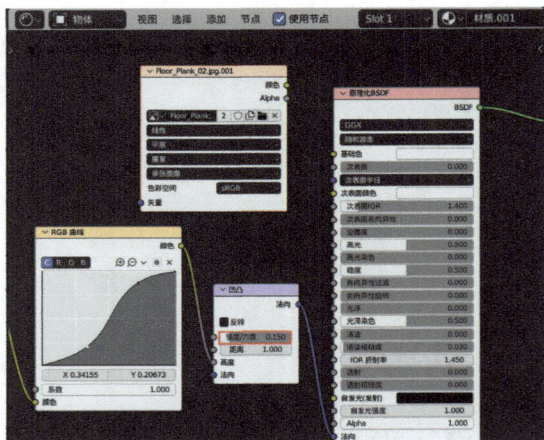

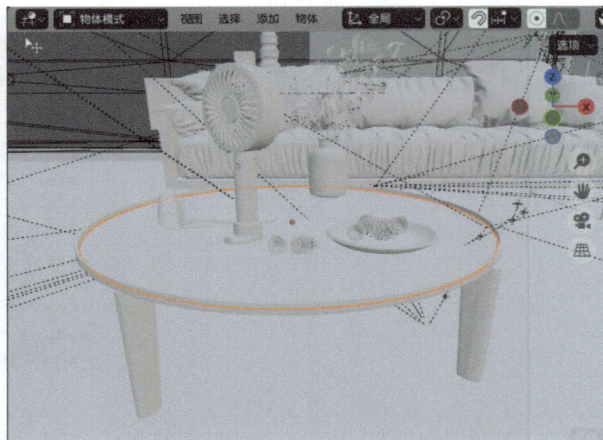

图6-112   图6-113

06 将原有贴图的节点的"颜色"与"原理化BSDF"节点的"基础色"相连，如图6-114所示，这样茶几的木纹材质就制作完成了，效果如图6-115所示。

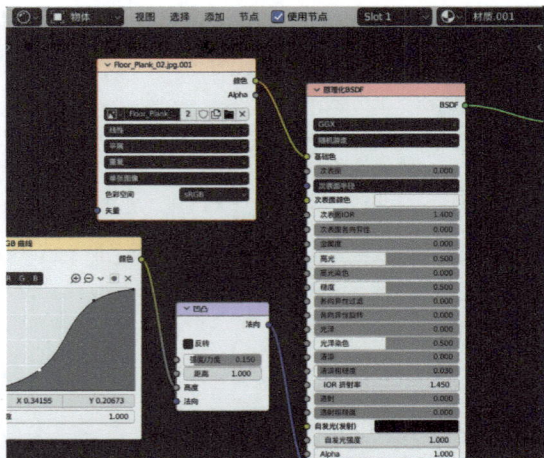

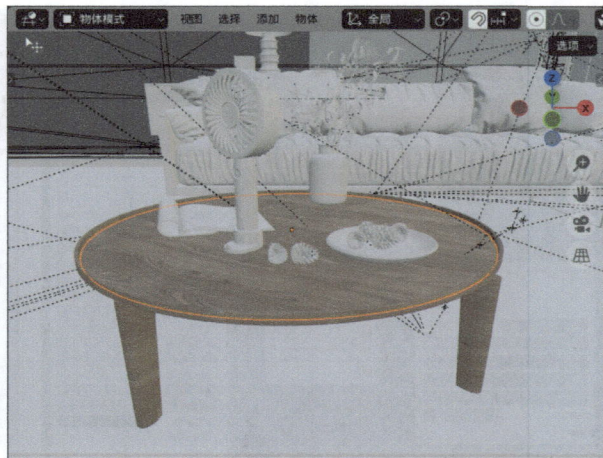

图6-114   图6-115

技巧提示 现有材质的参数仅供参考，读者可以根据后期加入灯光后的渲染效果，灵活调整相关参数。

2.松果

01 选中松果模型，添加一个默认材质，然后导入本书学习资源中的"wl1-2020-172.jpg"文件到"着色器编辑器"窗口中，并将"wl1-2020-172.jpg"节点的"颜色"与"原理化BSDF"节点的"基础色"进行连接，如图6-116所示，效果如图6-117所示。

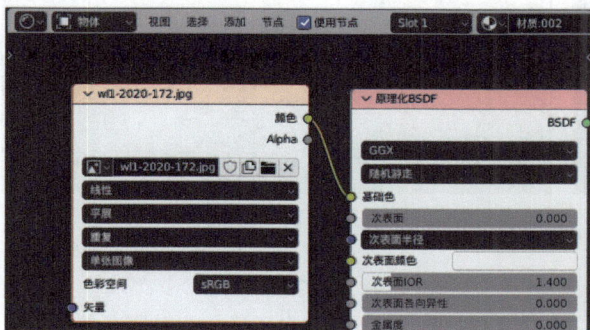
图6-116

图6-117

02 其他松果模型的材质相同，将松果模型全部选中，然后关联材质，效果如图6-118所示。

图6-118

3.盘子和杂志

01 盘子的材质很简单，只需要添加一个默认的白色材质即可，如图6-119所示。

图6-119

02 选中杂志模型，添加一个默认材质，然后将学习资源中的"hs1245274.jpg"文件拖曳到"着色器编辑器"窗口中，并将"hs1245274.jpg"节点的"颜色"与"原理化BSDF"节点的"基础色"相连，如图6-120所示，效果如图6-121所示。

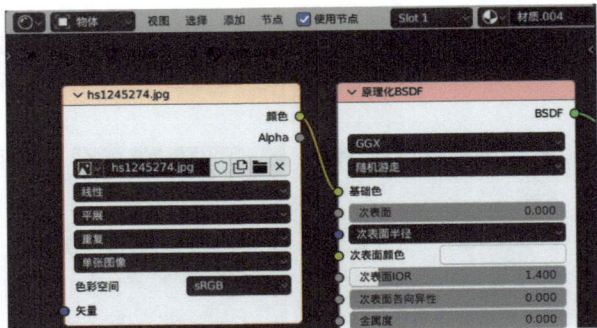

图6-120

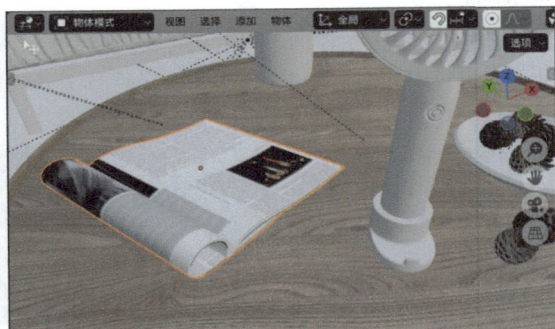

图6-121

4.瓶子和植物

01 选中瓶子模型，添加一个默认材质，设置"糙度"为0，"透射"为1，如图6-122所示。此时瓶子呈现光滑的效果，如图6-123所示。

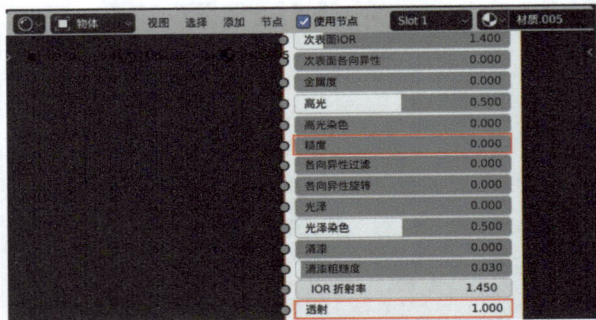

图6-122

图6-123

02 选中瓶子里的植物模型，新建一个默认材质，导入学习资源中的"NLY10049.jpg"文件，将"NLY10049.jpg"节点的"颜色"连接到"原理化BSDF"节点的"基础色"上，如图6-124所示，效果如图6-125所示。

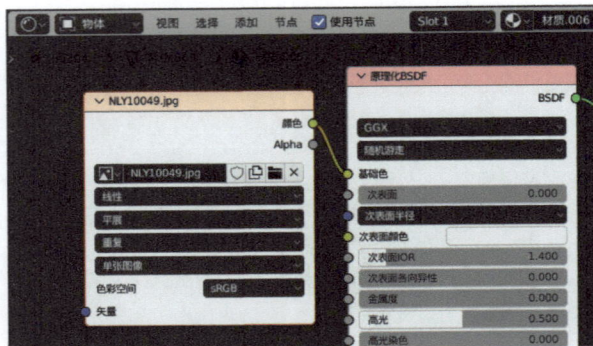

图6-124

图6-125

03 植物需要带一些半透明的效果。添加"透明BSDF"和"混合着色器"两个节点，节点间的连接情况如图6-126所示。

04 将制作好的植物材质关联到其他植物模型上，效果如图6-127所示。

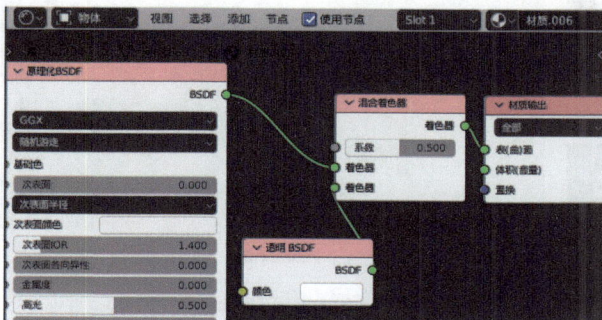

图6-126

图6-127

5.沙发

01 选中沙发坐垫模型，添加一个默认材质，导入学习资源中的"沙发.jpg"文件到"着色器编辑器"窗口中，将"沙发.jpg.001"节点的"颜色"与"原理化BSDF"节点的"基础色"相连，用来观察贴图效果，如图6-128所示，效果如图6-129所示。

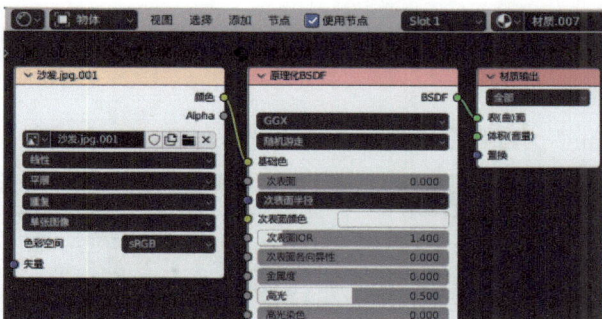

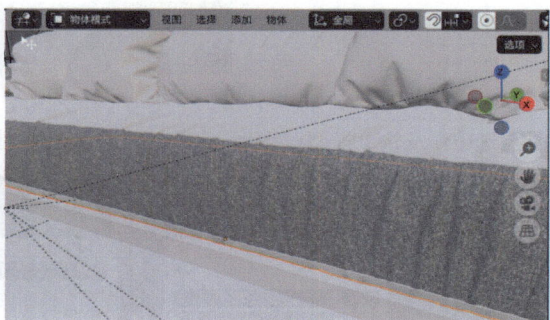

图6-128

图6-129

02 观察贴图，发现没有因为拉伸造成的瑕疵，新建一个"凹凸"节点，设置"强度/力度"为0.25，节点间的连接情况如图6-130所示，效果如图6-131所示。

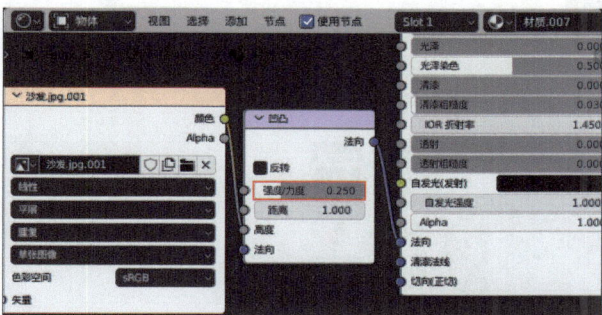

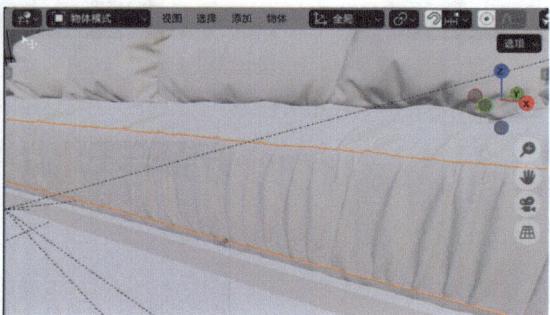

图6-130

图6-131

03 在"原理化BSDF"节点中设置"基础色"为米黄色，如图6-132所示，效果如图6-133所示。

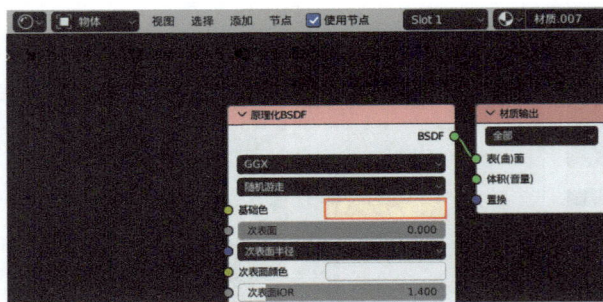

图6-132

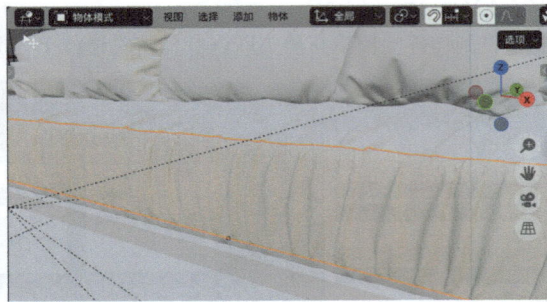

图6-133

04 将沙发其他相关模型的材质与制作好的材质进行关联，效果如图6-134所示。

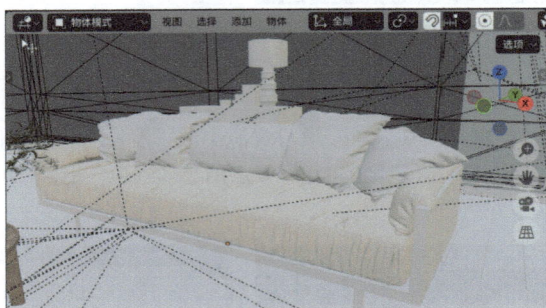

图6-134

05 选中沙发扶手模型，新建一个默认材质，设置"基础色"为咖啡色，如图6-135所示，效果如图6-136所示。

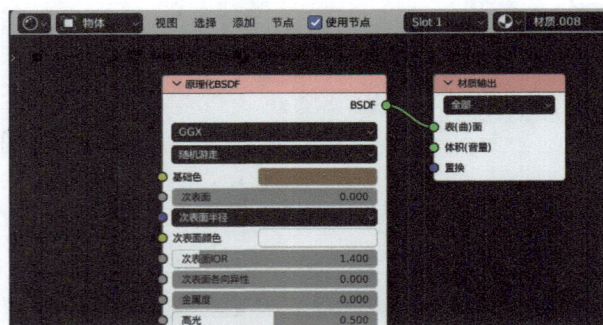

图6-135

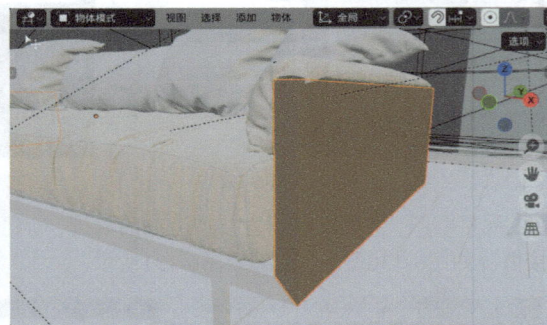

图6-136

06 选中沙发的其他相关模型并关联材质，效果如图6-137所示。

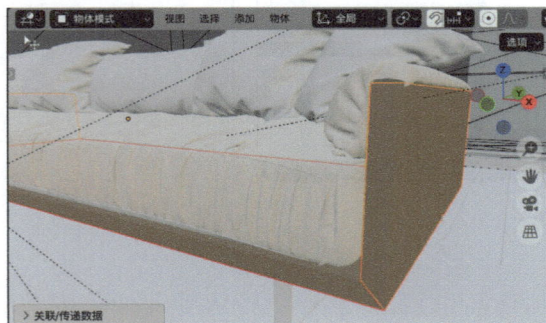

图6-137

07 选中沙发腿模型，新建一个默认材质，设置"基础色"为深灰色，如图6-138所示，效果如图6-139所示。

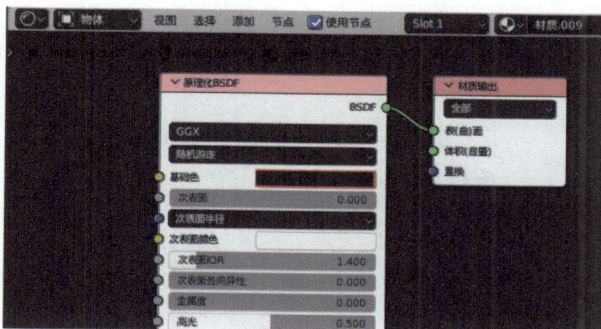

图6-138

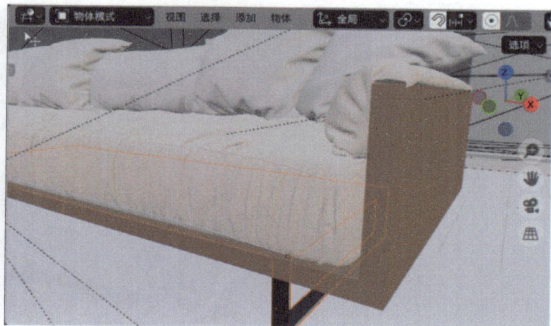

图6-139

08 选中沙发上最右侧的抱枕模型，添加一个默认材质，导入学习资源中的"Pillow_04.jpg"文件到"着色器编辑器"窗口中，与"原理化BSDF"节点的"基础色"进行连接，如图6-140所示，效果如图6-141所示。

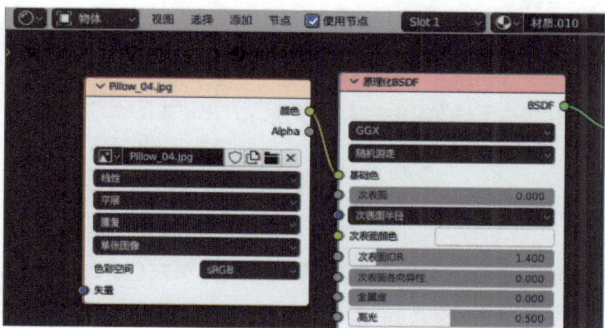

图6-140

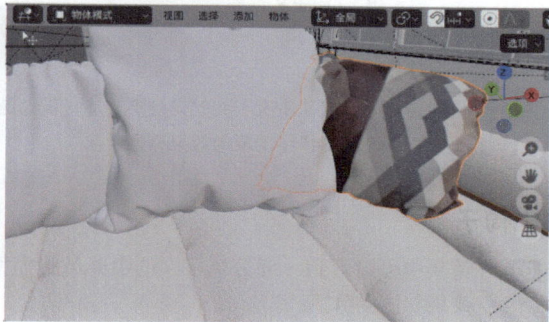

图6-141

09 继续导入学习资源中的"Pillow_Bump_04.jpg"文件到"着色器编辑器"窗口中，然后添加"凹凸"节点，设置"强度/力度"为0.35，节点间的连接情况如图6-142所示，效果如图6-143所示。

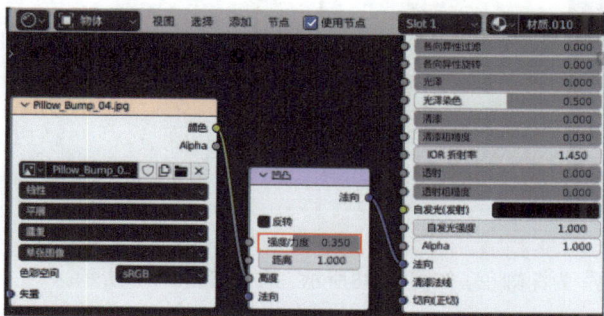

图6-142

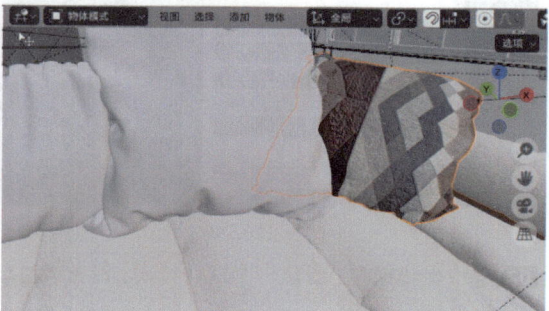

图6-143

10 按照步骤08和步骤09的方法，制作左边两个抱枕的材质，效果如图6-144所示。

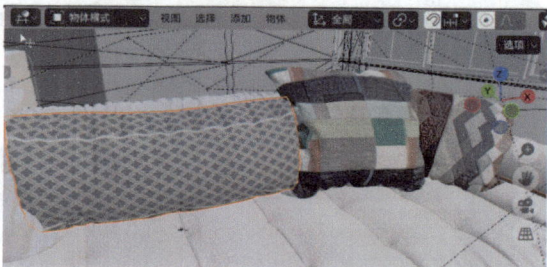

图6-144

11 在摄像机镜头中看不到的抱枕模型的材质可以与现有抱枕的材质进行关联，效果如图6-145所示。

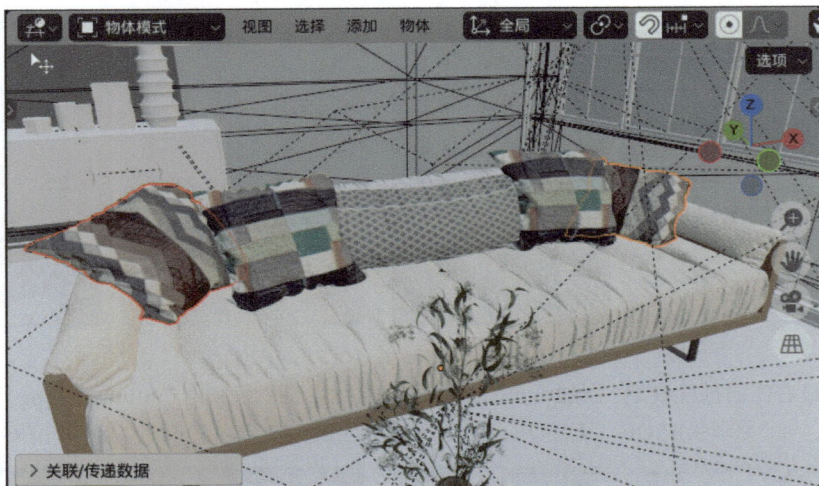

图6-145

技巧提示 在摄像机镜头中看不到的模型不添加材质也是可以的，但由于材质本身会对周围的模型产生一些反射，不添加材质可能会让周围可见的模型的反射效果有误差。

6.椅子

01 在镜头中可以看到一部分椅子。选中椅子腿模型，添加一个默认材质，设置"基础色"为深灰色，如图6-146所示，效果如图6-147所示。

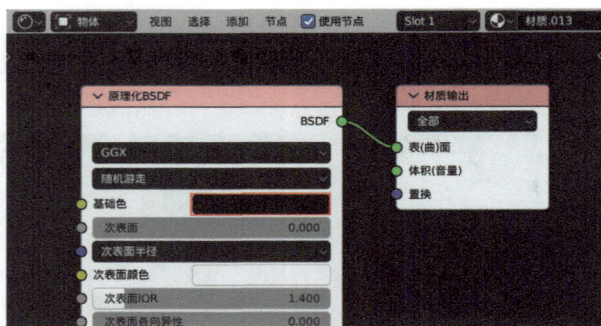

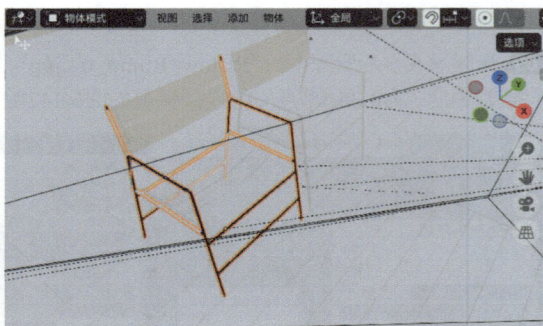

图6-146   图6-147

02 选中坐垫模型，新建一个默认材质，设置"基础色"为深咖色，如图6-148所示，效果如图6-149所示。

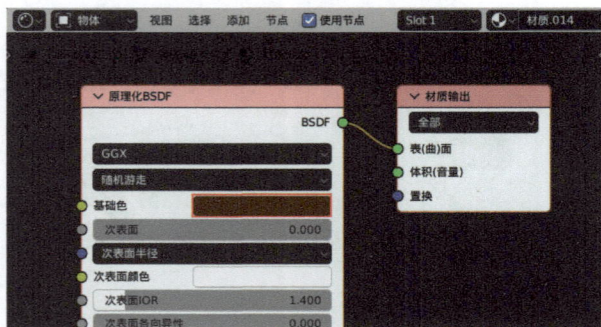

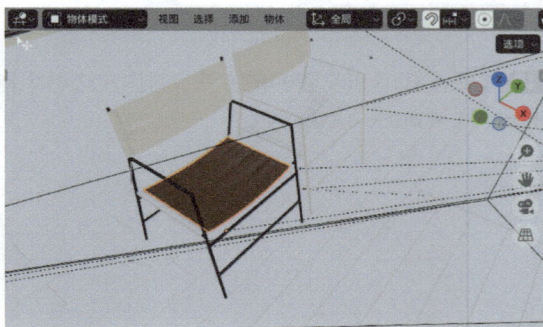

图6-148   图6-149

03 将椅子其他位置的材质与坐垫材质进行关联，效果如图6-150所示。

04 另一把椅子的材质与制作好的椅子一样，关联相同的材质即可，如图6-151所示。

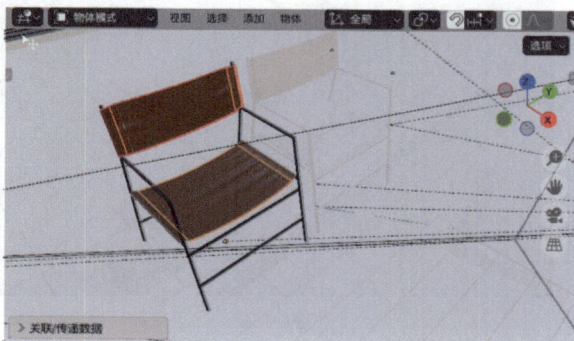

图6-150

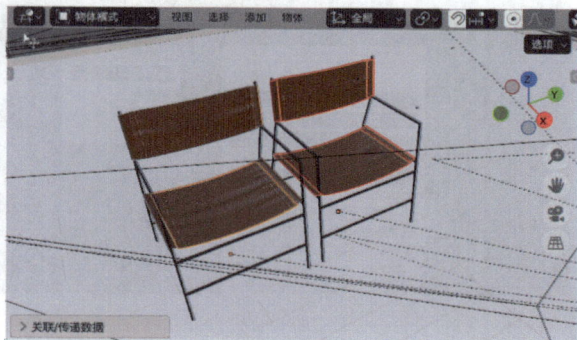

图6-151

7.地面

01 地面由地板、踢脚线和地毯3个部分组成，我们先来制作地板材质。选中地板模型，新建一个默认材质，导入学习资源中的"Floor_Plank_01.jpg"文件到"着色器编辑器"窗口中，然后将"Floor_Plank_01.jpg"节点的"颜色"与"原理化BSDF"节点的"基础色"相连接，如图6-152所示，效果如图6-153所示。

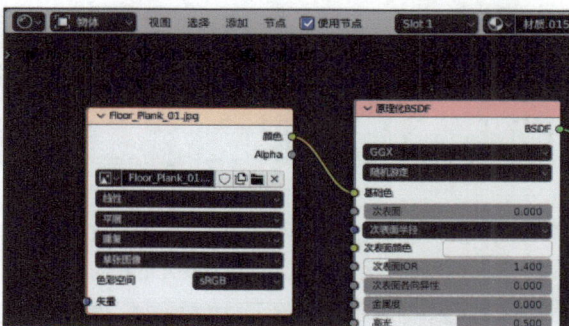

图6-152

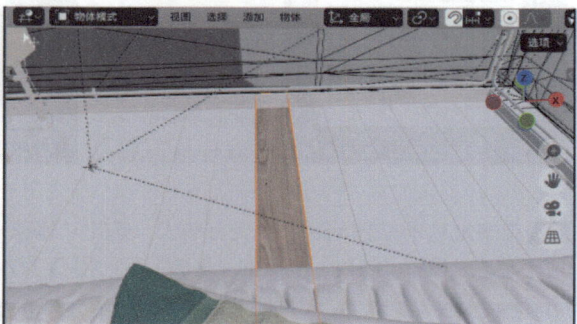

图6-153

02 其余地板的材质只需要与制作好的材质进行关联即可，效果如图6-154所示。

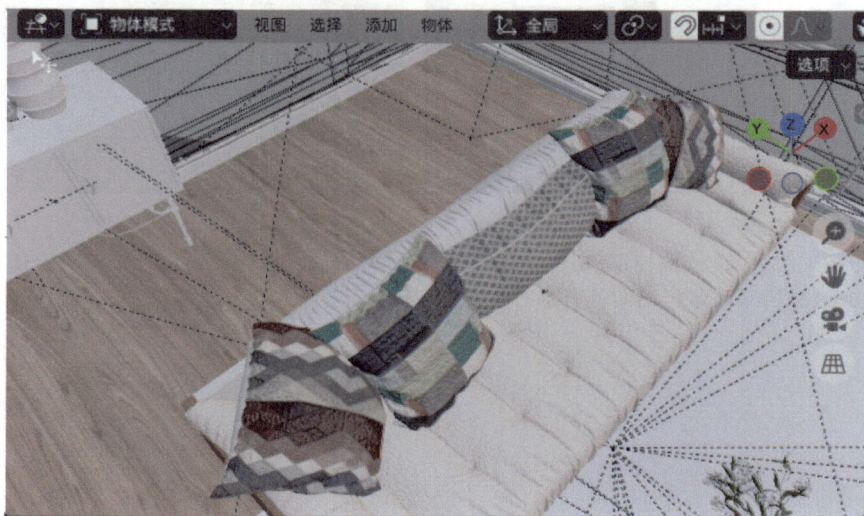

图6-154

03 选中踢脚线模型，新建一个默认材质，设置"基础色"为深灰色，如图6-155所示，效果如图6-156所示。

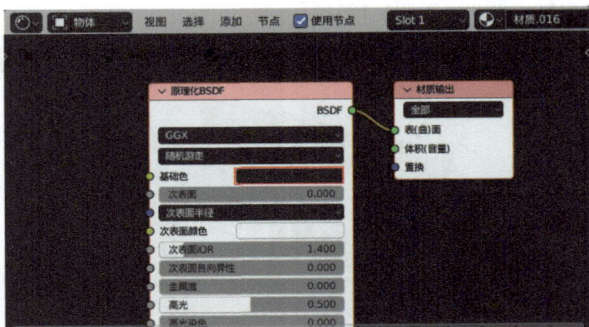

图6-155

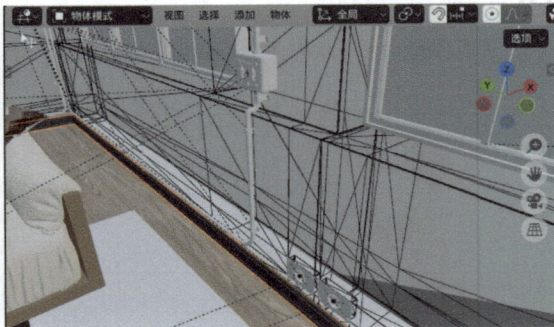

图6-156

04 选中地毯模型，新建一个默认材质，导入学习资源中的"地毯.jpg"文件到"着色器编辑器"窗口中，然后将"地毯.jpg"节点的"颜色"与"原理化BSDF"节点的"基础色"进行连接，如图6-157所示，效果如图6-158所示。

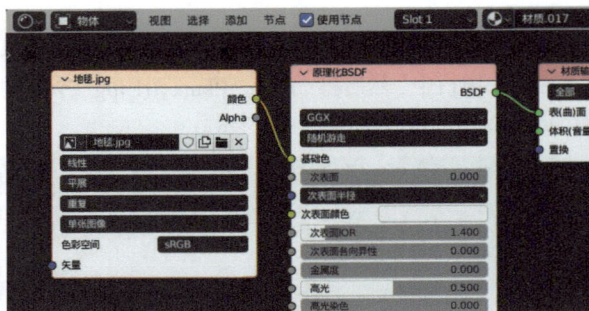

图6-157

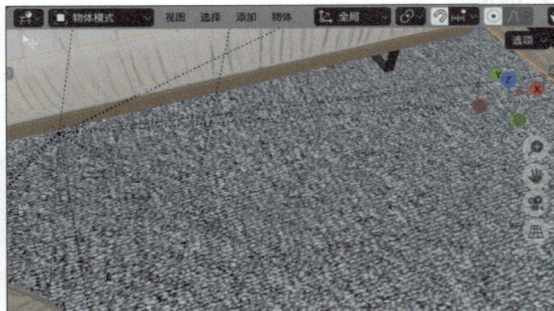

图6-158

05 观察地毯的贴图间隙，发现有些大。选中"地毯.jpg"节点，按快捷键Ctrl+T调出"映射"和"纹理坐标"两个节点，设置"映射"节点的"缩放"下的X、Y和Z都为2，如图6-159所示，效果如图6-160所示。

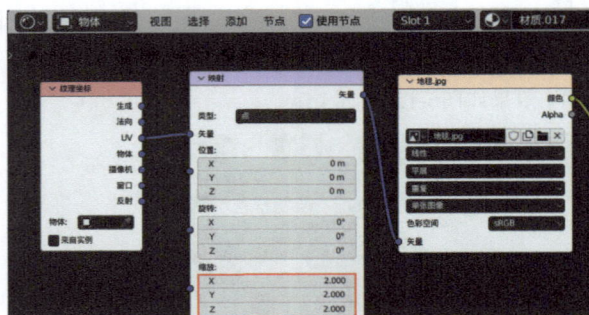

图6-159

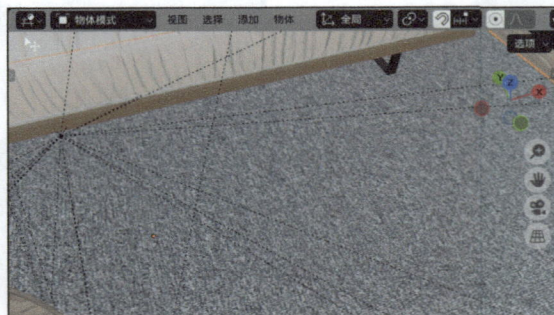

图6-160

06 选中与贴图相关的节点，按快捷键Shift+D复制一份，然后添加"凹凸"节点，节点间的连接情况如图6-161所示，效果如图6-162所示。这样贴图就有了凹凸纹理。

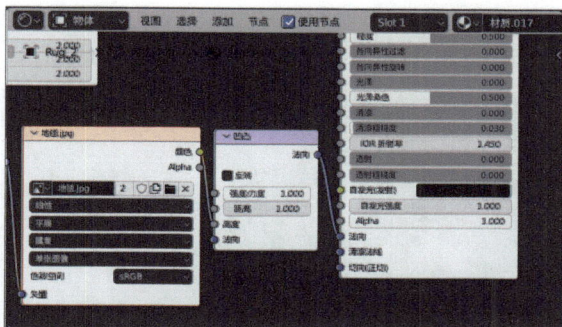
图6-161

图6-162

8.窗户

01 窗框模型的材质很简单，添加默认的白色材质即可，如图6-163所示。

02 选中窗玻璃的平面模型，新建一个默认材质，为了保证后续添加灯光时不会遮挡灯光，设置材质的"糙度"为0，"透射"为1，如图6-164所示。

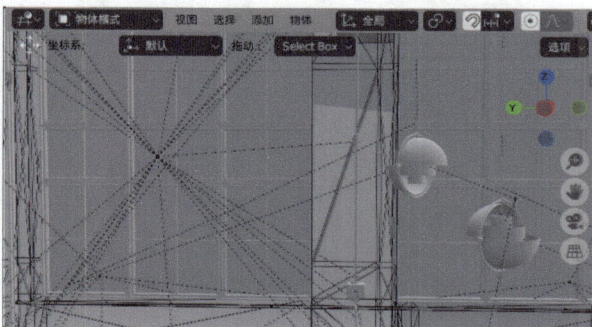
图6-163

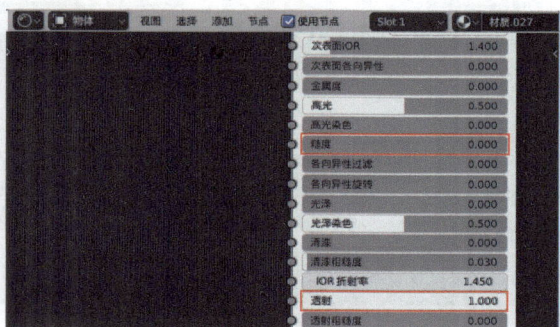
图6-164

03 添加"混合着色器"和"透明BSDF"两个节点，然后将两个节点与"原理化BSDF"节点进行连接，如图6-165所示，效果如图6-166所示。

图6-165

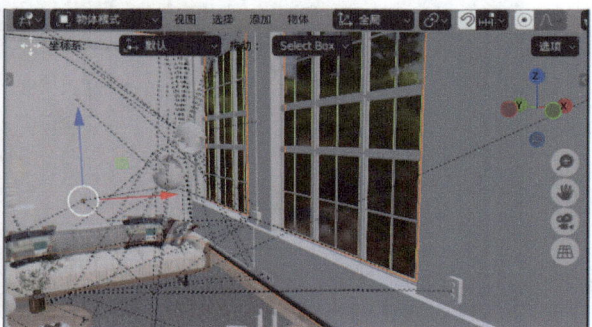
图6-166

04 选中窗外的平面模型，新建一个材质，导入学习资源中的"Background.jpg"文件到"着色器编辑器"窗口中，然后将"Background.jpg"节点的"颜色"与"原理化BSDF"节点的"基础色"相连接，如图6-167所示，效果如图6-168所示。

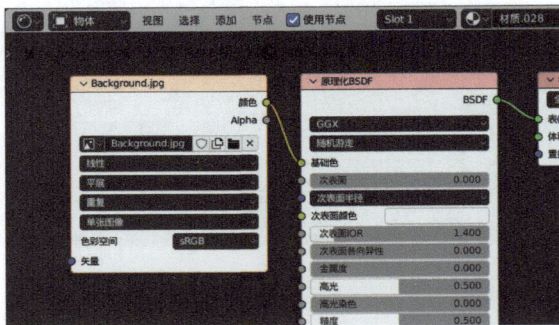

图6-167

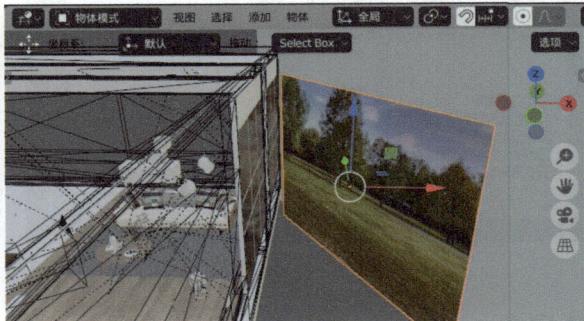

图6-168

05 为了让窗外的贴图不仅显示环境，还能产生一定的发光效果，还需要将"Background.jpg"节点的"颜色"连接到"原理化BSDF"节点的"自发光（发射）"上，如图6-169所示，效果如图6-170所示。

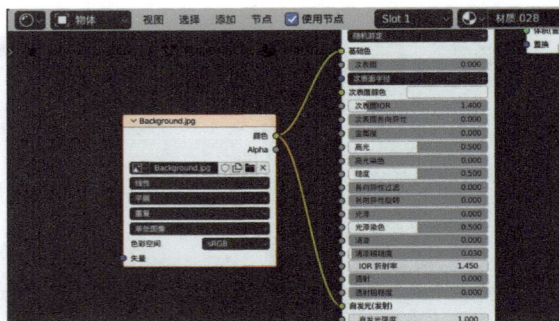

图6-169

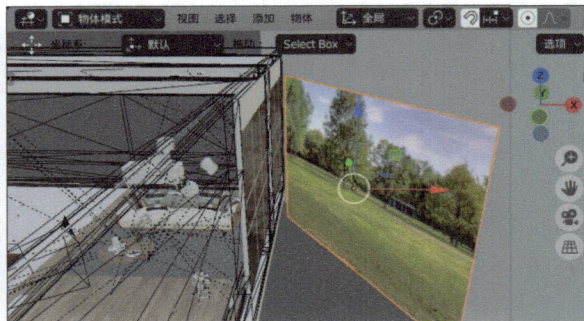

图6-170

06 其他两个平面的材质的制作方法与上一个相同，这里只需要关联材质即可，效果如图6-171所示。

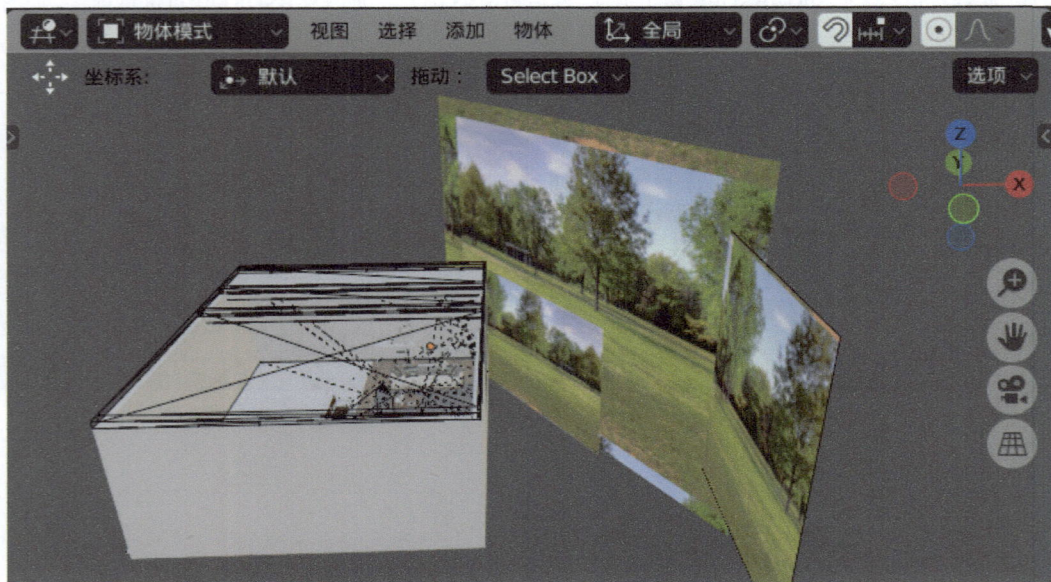

图6-171

6.3 场景渲染

在6.2节中我们设置了摄像机视图中可见的材质，本节需要添加灯光再渲染输出图片。

6.3.1 添加灯光和景深

01 在"着色器编辑器"窗口中切换到"世界环境"模式，并勾选"使用节点"复选框，如图6-172所示。

02 将学习资源中的.hdr文件拖入软件，会自动生成节点，然后将.hdr文件的节点的"颜色"与"背景"节点的"颜色"连接在一起，如图6-173所示。

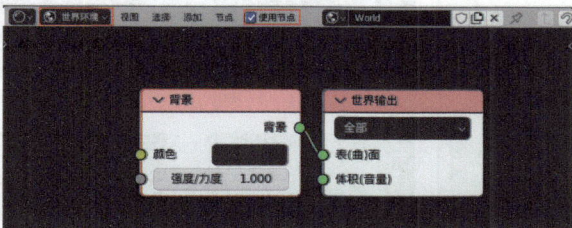

图6-172

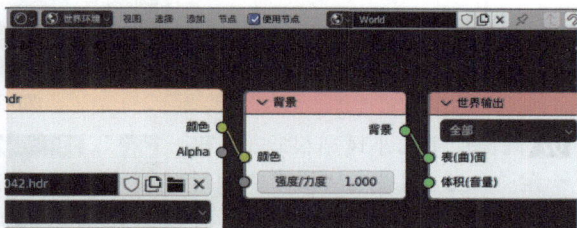

图6-173

03 打开"属性"面板的"渲染属性"选项卡，设置"渲染引擎"为Cycles，"最大采样"为16，如图6-174所示。

04 在"输出属性"选项卡中设置"%"为50%，如图6-175所示。这样就会尽可能快地实时渲染场景。测试渲染效果如图6-176所示。

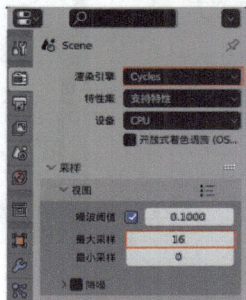

图6-174

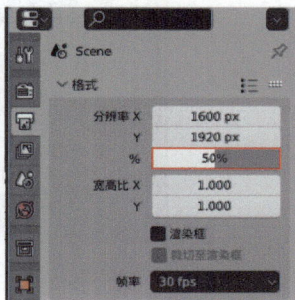

图6-175

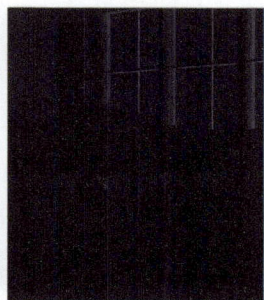

图6-176

05 添加一盏"日光"灯光，然后将灯光移到窗户外并调整角度，如图6-177所示。实时渲染效果如图6-178所示。

图6-177

图6-178

06 灯光的亮度较低。选中灯光，在"属性"面板的"物体数据属性"选项卡的"灯光"下设置"强度/力度"为10，如图6-179所示。调整后画面的亮度提高，如图6-180所示。

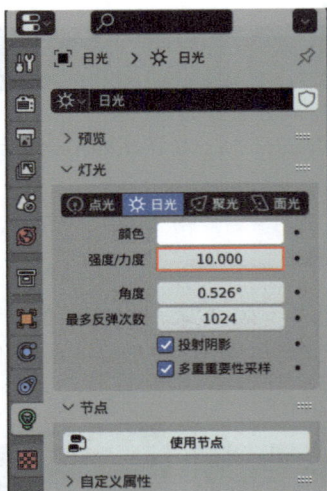

图6-179

图6-180

07 画面的主体小风扇很暗，新建一盏"面光"灯光，从顶部照射到小风扇上，并设置"能量（乘方）"为15W，如图6-181所示。实时渲染效果如图6-182所示。

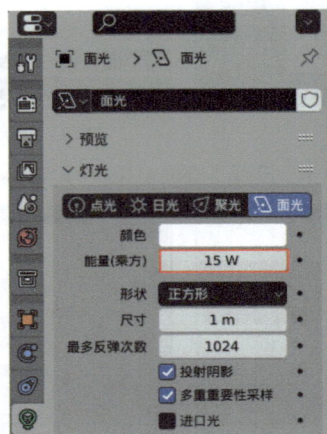

图6-181

图6-182

08 按快捷键Shift+D将面光复制一份，旋转90°后放在小风扇的右侧进行补光，如图6-183所示，将其缩小后设置"能量（乘方）"为8W。实时渲染效果如图6-184所示。

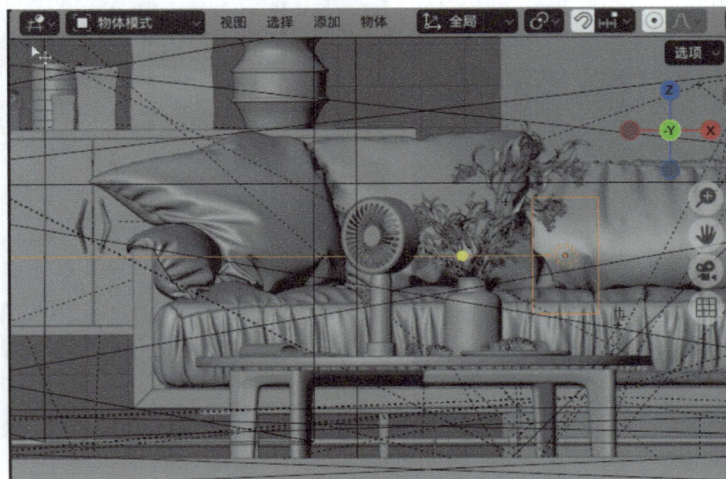

图6-183

图6-184

09 将步骤08中放置在右侧的面光复制一份，移动到左侧进行补光，如图6-185所示。实时渲染效果如图6-186所示。

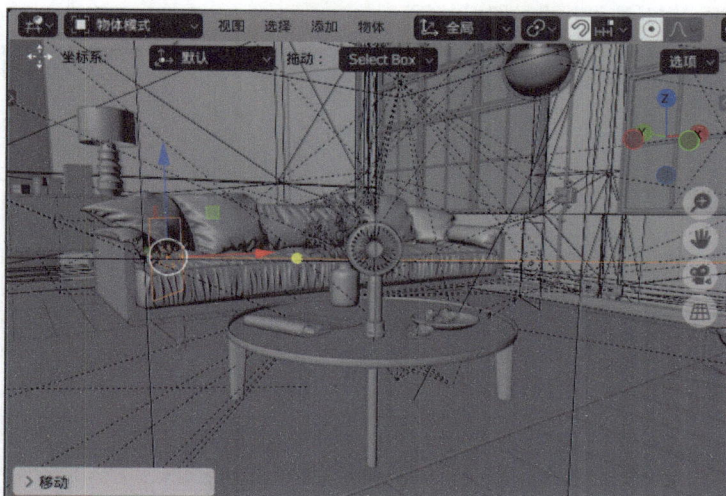

图6-185

图6-186

10 继续复制一盏面光放在小风扇的后方作为轮廓光，如图6-187所示，并修改"能量（乘方）"为3W。实时渲染效果如图6-188所示。

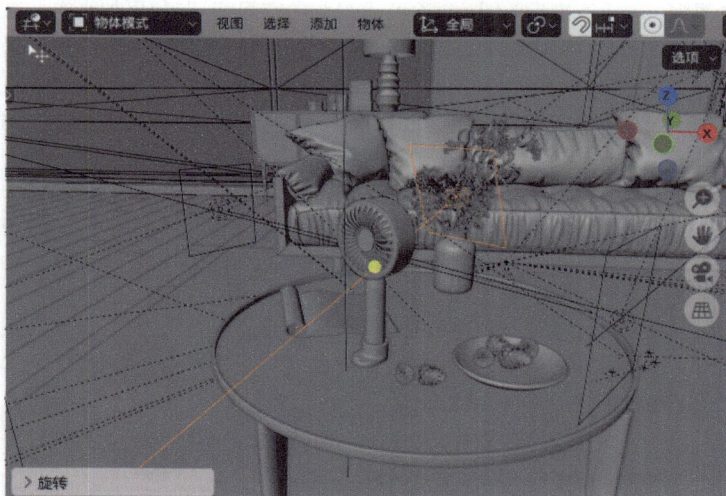

图6-187

图6-188

11 此时小风扇整体的亮度稍微有些高。修改顶部面光的"能量（乘方）"为6W，效果如图6-189所示。

图6-189

12 后方的沙发部分需要补一盏面光以增加亮度。将小风扇顶部的面光复制后移动到沙发上方，并将其放大，如图6-190所示，调整"能量（乘方）"为2W。实时渲染效果如图6-191所示。

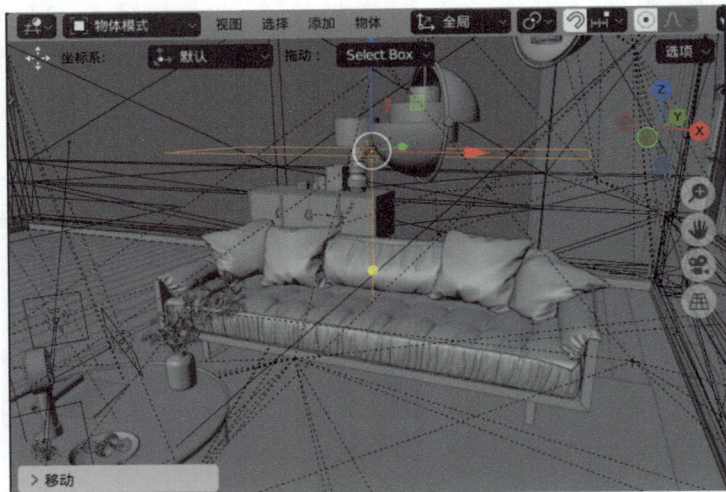

图6-190

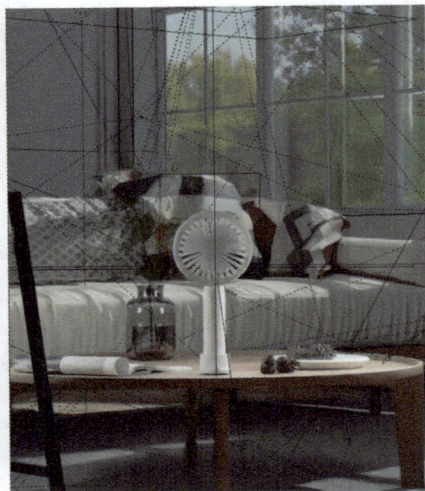

图6-191

13 观察实时渲染的效果，发现日光的强度有些弱。选中日光，设置"强度/力度"为12，效果如图6-192所示。

14 灯光添加完成后，需要在摄像机上添加景深，这样渲染后的图片就会具有很强的空间感，显得更加真实。选中摄像机，在"属性"面板的"物体数据属性"选项卡中勾选"景深"复选框，然后单击"焦点物体"的❷按钮，吸取小风扇模型作为整个场景的焦点，接着设置"光圈级数"为10，如图6-193所示。实时渲染效果如图6-194所示。

图6-192

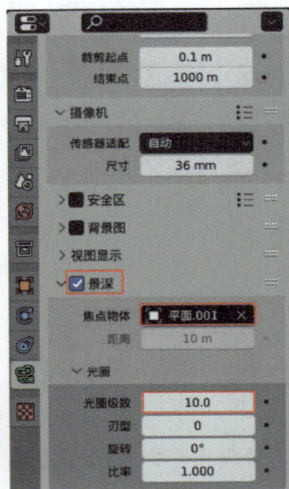

图6-193

图6-194

技巧提示 开启摄像机的"景深"效果后，处于焦点位置的模型将保持原有的清晰度，而焦点外的模型则会产生模糊效果，距离焦点越远，模糊越明显。如果焦点外的模型过于模糊，增大"光圈级数"的数值即可。同理，减小"光圈级数"的数值则会提高焦点外模型的模糊度。

6.3.2 渲染图片和后期处理

01 切换到Compositing（合成）工作区，勾选"使用节点"复选框，就会出现渲染所需要的节点，如图6-195所示。

02 添加"文件输出"节点，然后将其Image与"渲染层"节点的"图像"进行连接，如图6-196所示。

图6-195

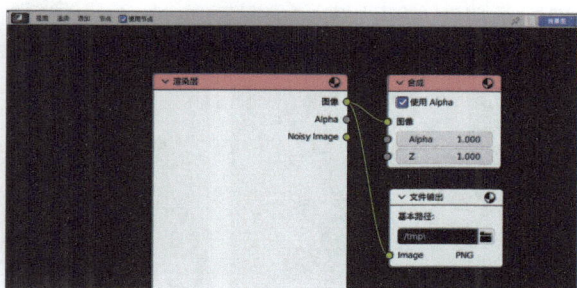

图6-196

技巧提示 如果读者担心输出的图片有噪点而影响渲染质量，可以添加"降噪"节点，然后与"渲染层"和"文件输出"两个节点进行连接，如图6-197所示。

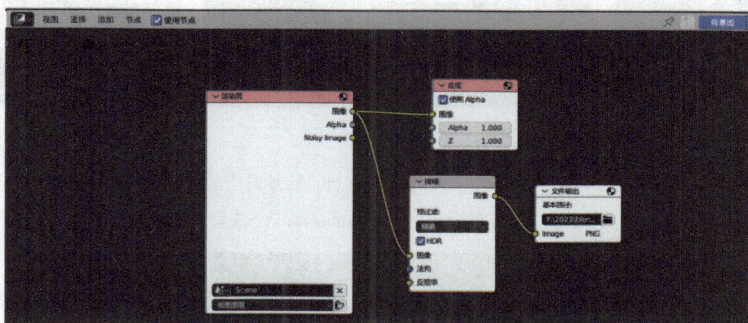

图6-197

03 在"文件输出"节点中设置渲染图片的保存路径和名称，然后在"渲染属性"选项卡中设置"渲染"下的"最大采样"为360，如图6-198所示。

04 在"输出属性"选项卡中设置"%"为100%，如图6-199所示。

05 按F12键渲染场景，案例渲染效果如图6-200所示。渲染完成后的图片色调整体偏灰，需要使用后期处理软件进行微调。

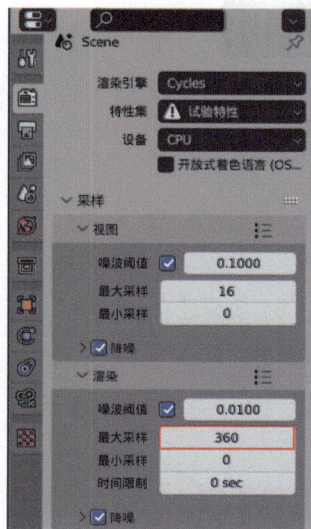

图6-198

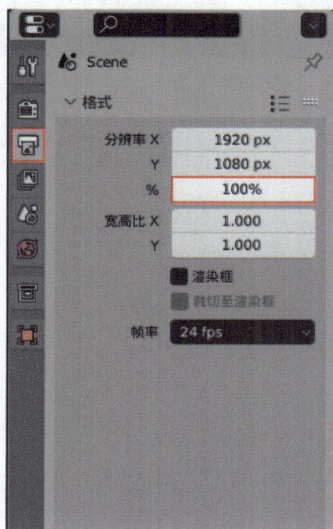

图6-199

图6-200

06 在After Effects中打开渲染完成的图片，然后添加"曲线"效果，通过调整曲线，改变图片的明暗关系，如图6-201所示，效果如图6-202所示。

07 添加Looks滤镜，选择一款胶片质感的滤镜，最终效果如图6-203所示。

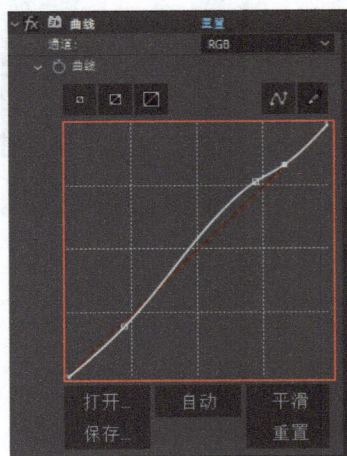

<table>
<tr><td>图6-201</td><td>图6-202</td><td>图6-203</td></tr>
</table>

技巧提示 Looks滤镜是一款由红巨人出品的After Effects调色插件，需要用户单独安装Magic Bullet Suite插件包，其中包含Looks滤镜，如图6-204所示。如果没有安装After Effects，使用Premiere Pro或者Photoshop也可以进行调色处理。

图6-204

第 **7** 章　产品设计：电热水壶

案例文件	案例文件>CH07>产品设计：电热水壶
视频名称	产品设计：电热水壶.mp4
学习目标	掌握产品展示图的制作思路

　　第6章我们接触到了写实类场景材质的制作方法。这一章我们将学习如何制作产品展示图，不仅要展示产品模型，还要展示整个场景。

7.1 水壶建模

水壶模型可以大致分为水壶、底座和滤网3个部分。建模使用的方法与之前的案例相似。水壶模型的制作有一定难度，建议读者结合教学视频中更为详细的制作过程同步操作。

7.1.1 水壶模型

在建模之前，需要导入参考图片到场景中，以便更为准确地建立模型。

1.壶盖

01 按1键切换到正视图，执行"添加>图像>背景"命令，在打开的窗口中选择学习资源中的"养生壶（1）.png"文件和"养生壶（2）.jpg"文件，加载完成后视图中就会出现参考图片，如图7-1所示。

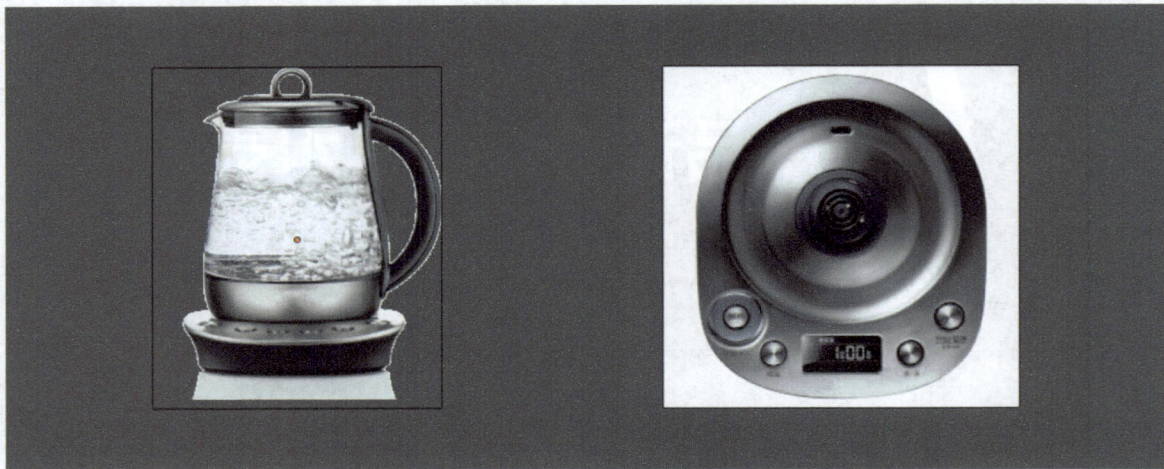

图7-1

02 为了方便后续建模，在"属性"面板的"物体数据属性"选项卡中勾选"不透明度"复选框，并设置"不透明度"为0.2，如图7-2所示。视图中的参考图片就会呈现半透明状态，如图7-3所示。

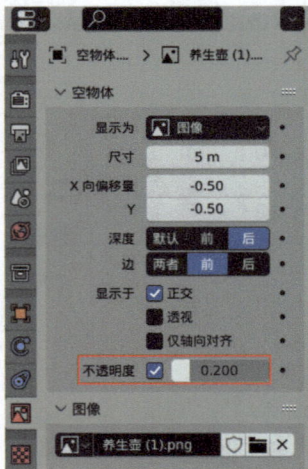

图7-2

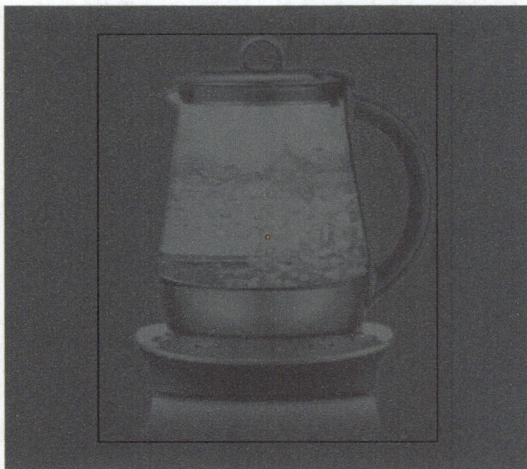

图7-3

技巧提示 这里的"不透明度"数值仅供参考，读者可根据自己的习惯设置该数值。

03 新建一个柱体模型，在"编辑模式"中调整模型的高度，使其与壶盖顶面的高度一致，如图7-4所示。

04 现有柱体的曲面分段太多，会加大制作的复杂度。选中曲面的边，单击鼠标右键，在弹出的快捷菜单中选择"融并边"命令，使柱体成为八边形柱体，如图7-5所示。

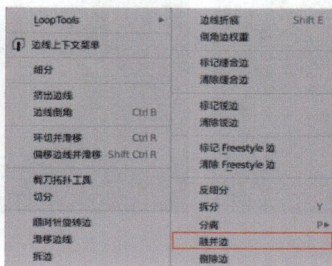
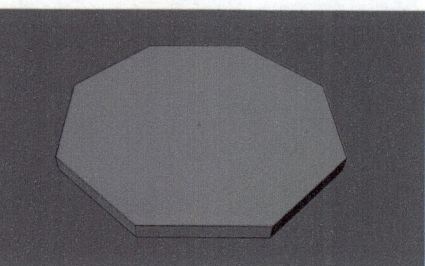

图7-4   图7-5

05 选中顶部的面，按E键向上挤出一小段距离，并按S键向内收缩，效果如图7-6所示。

06 保持选中的面不变，按I键向内插入一个新的面，如图7-7所示。

07 继续按I键向内插入两个面，如图7-8所示。

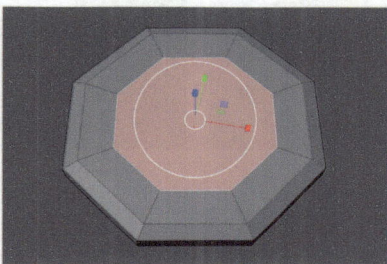
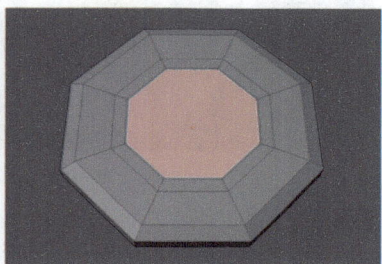

图7-6   图7-7   图7-8

08 选中图7-9所示的面，按E键向上挤出一小段距离，如图7-10所示。

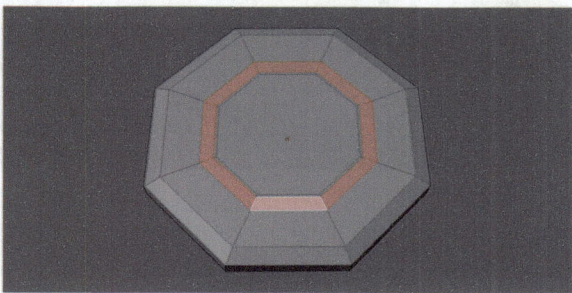
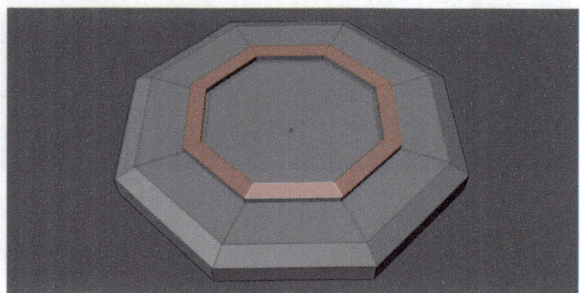

图7-9   图7-10

09 按快捷键Ctrl+R在凸起的面上添加一圈循环边，然后选中两侧的边并向下移动，如图7-11和图7-12所示。

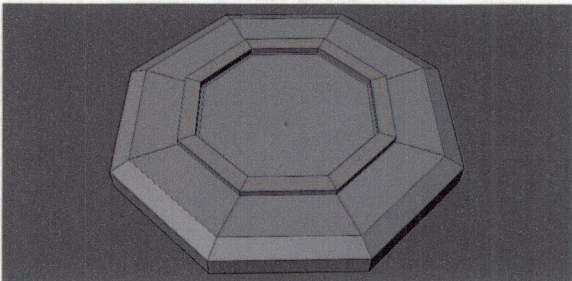
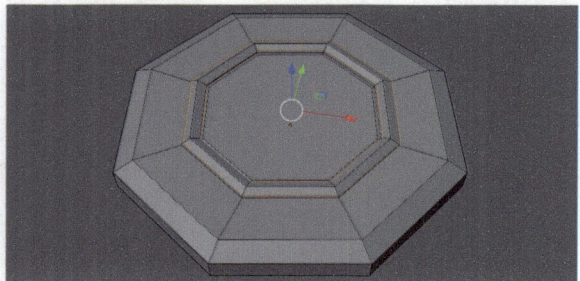

图7-11   图7-12

10 选中图7-13所示的面，按I键向内插入一个新的面，如图7-14所示。

图7-13

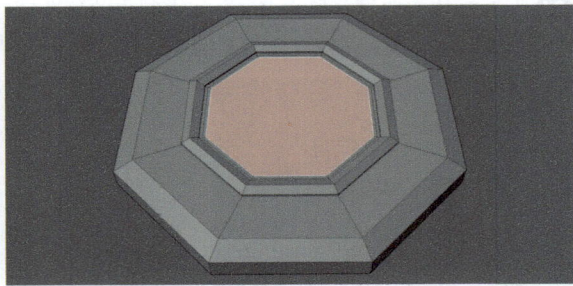

图7-14

11 选中图7-15所示的面，按E键向下挤出一小段距离，如图7-16所示。

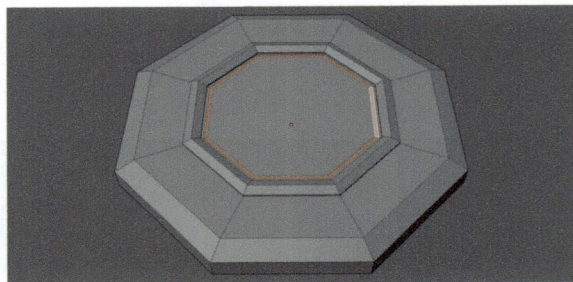

图7-15

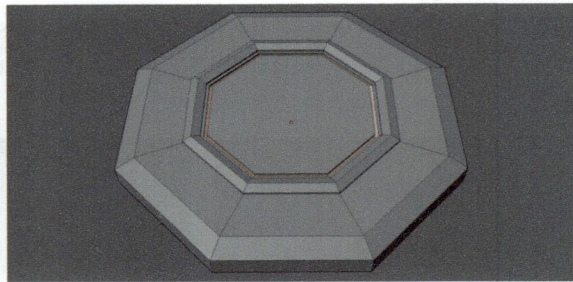

图7-16

12 选中图7-17所示的面，按E键向外挤出一段距离，如图7-18所示。

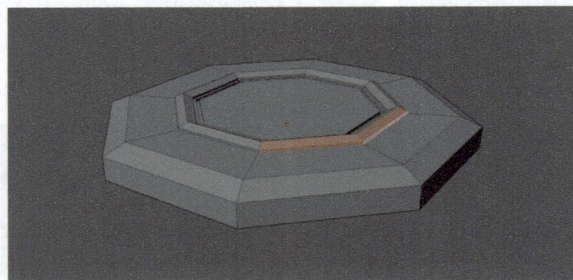

图7-17

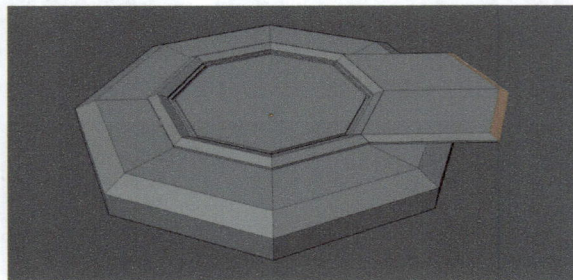

图7-18

技巧提示 读者在制作这一步时需要根据参考图片的方向选择面，否则后续步骤无法对应。

13 选中图7-19所示的点，按S键使其齐平，如图7-20所示。

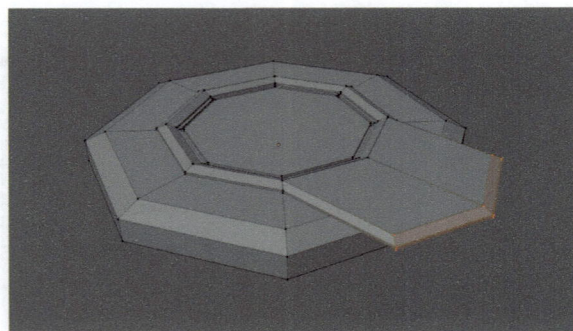

图7-19

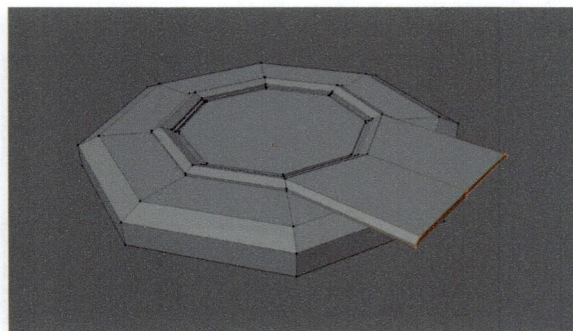

图7-20

14 按快捷键Ctrl+R添加一圈循环边，并使其齐平，如图7-21和图7-22所示。

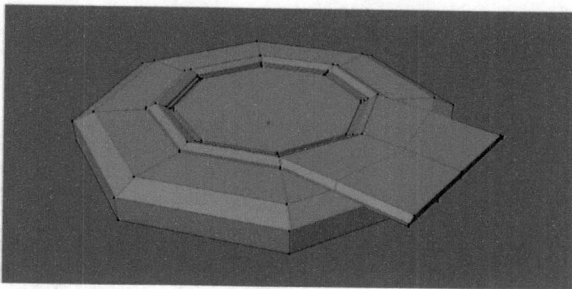
图7-21

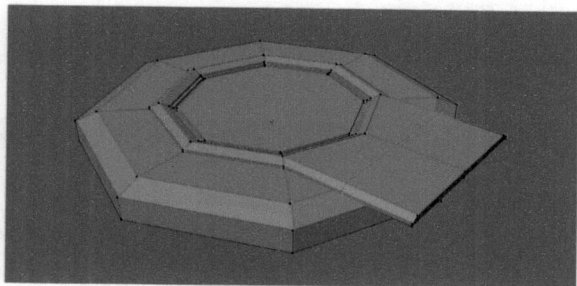
图7-22

15 切换到正视图，根据参考图片调整挤出模型的角度，必要时可以增加循环边，如图7-23所示。

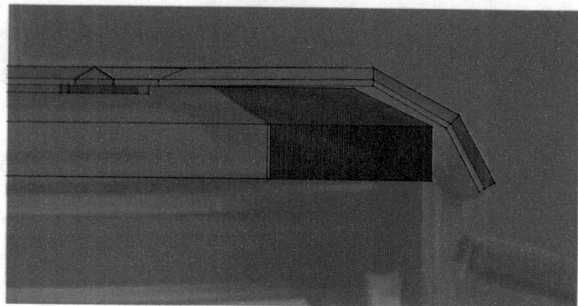
图7-23

16 选中图7-24所示的点，然后向下移动一点，如图7-25所示。这样模型的边缘就会形成弯曲效果。

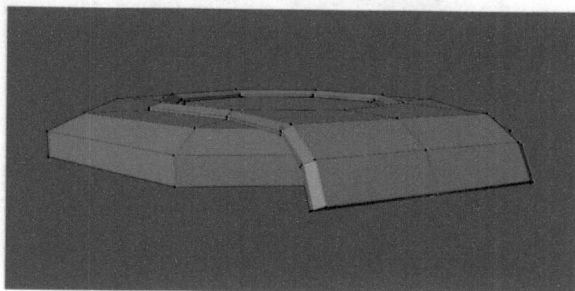
图7-24

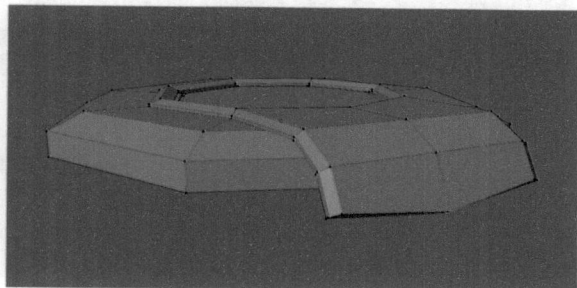
图7-25

17 添加"表面细分"修改器，然后按快捷键Ctrl+R在转角部分添加循环边，效果如图7-26所示。

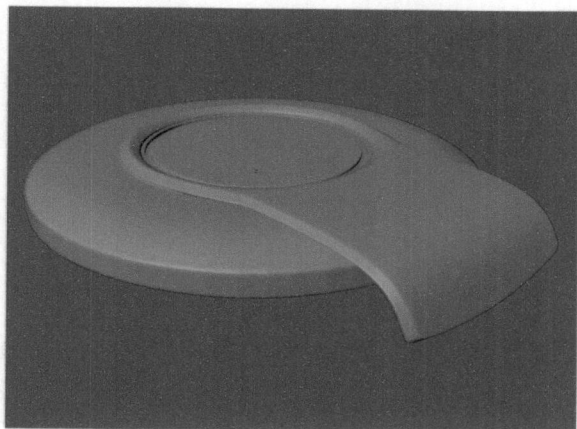
图7-26

技巧提示 添加"表面细分"修改器后，如果模型表面还存在棱角，启用"平滑着色"功能即可消除模型表面的棱角，效果如图7-27所示。

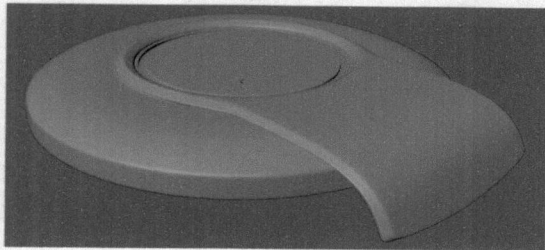
图7-27

18 壶盖上方的拉环部分可以用立方体模型实现。新建一个立方体模型，将其缩小后放在壶盖模型上，如图7-28所示。

19 在"编辑模式"中添加一圈循环边，将模型分成左右两个部分，然后删除左边，保留右边，如图7-29和图7-30所示。

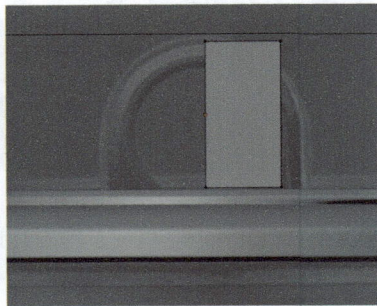

图7-28   图7-29   图7-30

> **技巧提示** 拉环模型左右两边是对称的，删除一半后添加"镜像"修改器，生成的另一半模型会与保留的模型同时被编辑，这样就能保证编辑后左右两边完全对称。

20 选中模型，添加"镜像"修改器，选中中间的对称边，然后勾选"范围限制"复选框，如图7-31所示。勾选该复选框后，左右两个模型对接的位置就不会产生缝隙。

21 调整点的位置，使模型边缘与拉环的边缘位置相近，如图7-32所示。

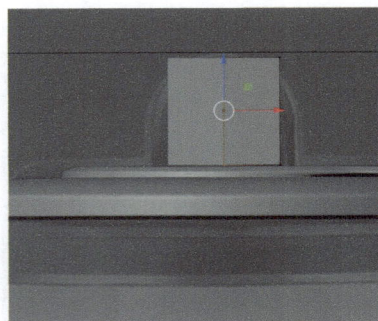
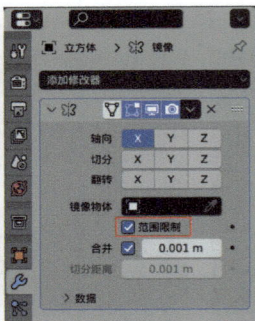
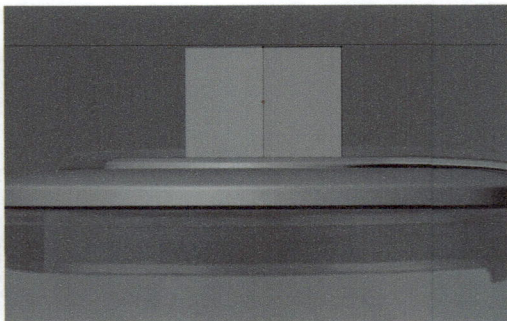

图7-31   图7-32

22 现有的模型分段不够，需要按快捷键Ctrl+R添加循环边，然后调整点的位置，使模型与拉环的轮廓相似，如图7-33所示。

23 选中图7-34所示的面并将其删除，然后将产生的空缺部分的面补全，效果如图7-35所示。

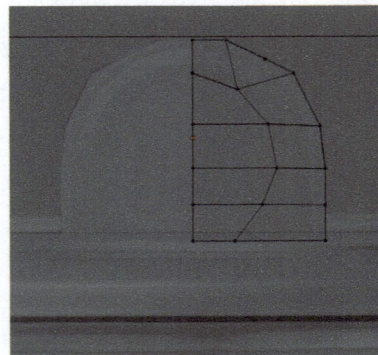
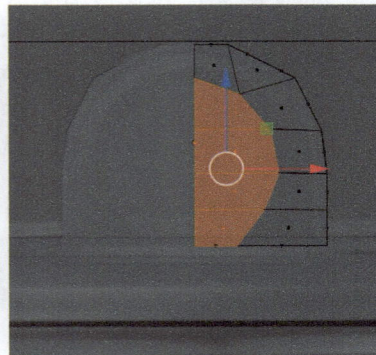
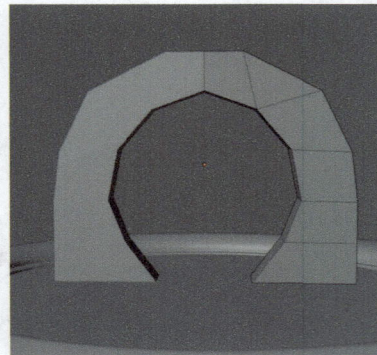

图7-33   图7-34   图7-35

24 拉环模型的布线不是很均匀，添加"表面细分"修改器后效果会不太理想，需要更改布线。使用"切割"工具在模型上增加新的布线，如图7-36所示。

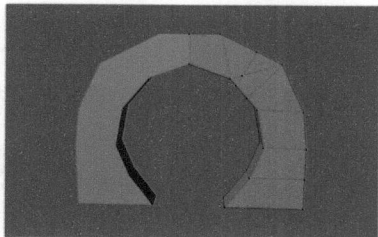

图7-36

25 选中图7-37所示的边，然后单击鼠标右键，在弹出的快捷菜单中选择"融并边"命令，将其删除，如图7-38所示。

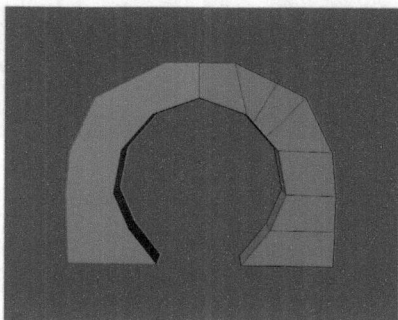 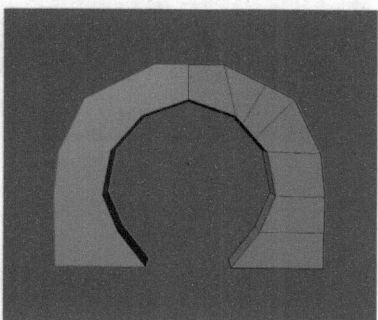

图7-37　　　　　　　　　　　图7-38

26 根据参考图片调整点的位置，使布线更加均匀，有利于进行细分操作，如图7-39所示。

27 添加"表面细分"修改器，并在转角位置添加循环边，效果如图7-40所示。

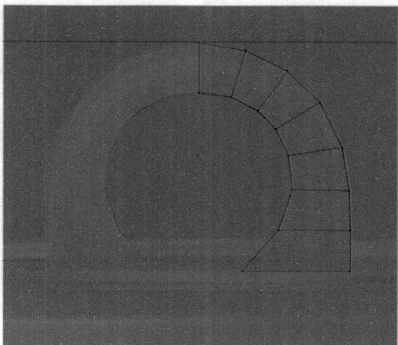 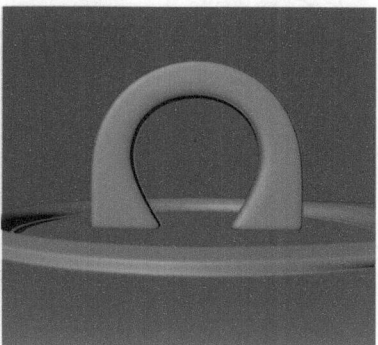

图7-39　　　　　　　　　　　图7-40

2.壶塞

01 壶塞整体呈圆柱状。新建一个柱体模型，在"编辑模式"中调整柱体的高度，使其与参考图片中的壶塞高度相同，如图7-41所示。

02 按快捷键Ctrl+R在柱体上添加循环边，然后调整柱体形状，模拟壶塞上的凸起部分，如图7-42和图7-43所示。

  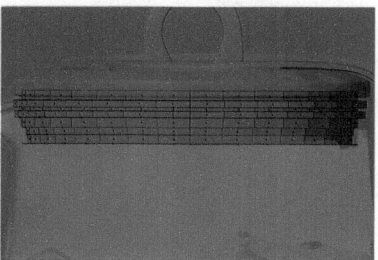

图7-41　　　　　　　　图7-42　　　　　　　　图7-43

03 调整模型后，发现底部出现一部分共面问题。删除底部的圆面和周围多余的面，效果如图7-44所示。选中模型底部边缘的一圈边，按F键缝合，效果如图7-45所示。

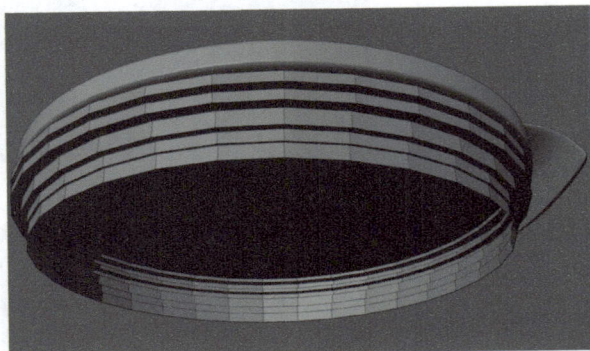
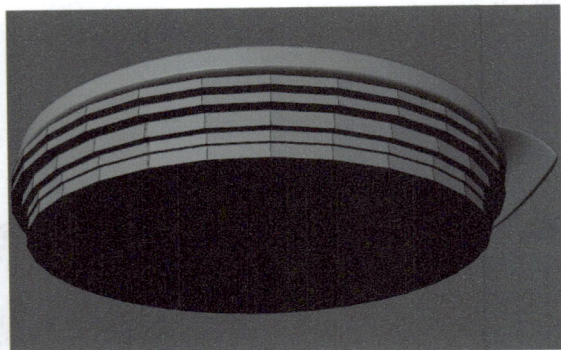

图7-44   图7-45

04 选中缝合的圆面，按I键向内插入两个面，如图7-46所示。这一步是为了确保后面添加"表面细分"修改器时不产生较大的形变。

05 添加"表面细分"修改器，然后添加循环边，让转折部位更加清晰，如图7-47所示。

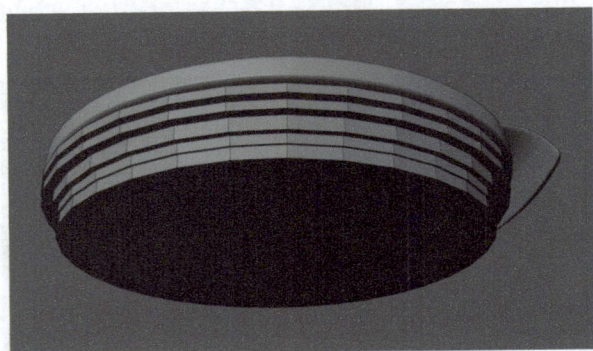

图7-46   图7-47

3.壶身

01 壶身整体呈圆柱状。新建一个柱体模型，设置"顶点"为8，生成一个八边形柱体，如图7-48所示。

02 在"编辑模式"中调整柱体的高度，使之与参考图片中壶身的高度相同，同时添加循环边，如图7-49所示。添加循环边后，就可以改变柱体的形状，使其与壶身相似。

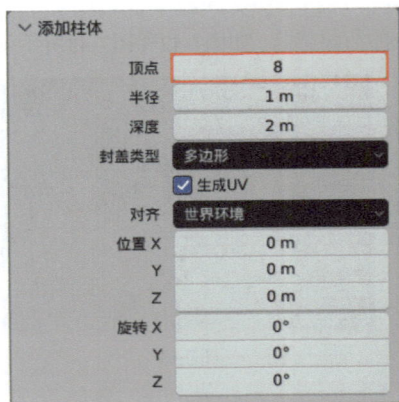

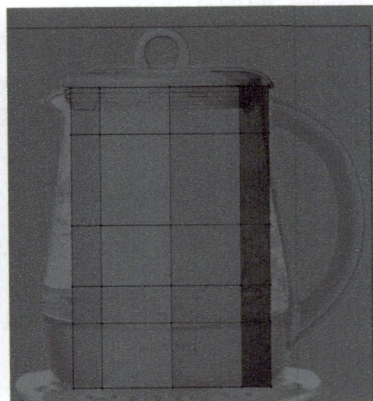

图7-48   图7-49

03 调整循环边，使其与壶身的边缘相贴合，如图7-50所示。在调整的时候，可以灵活地添加新的循环边，使其更加贴合壶身的边缘。

04 在壶身模型上添加"表面细分"修改器，然后删除顶部的面，效果如图7-51所示。

05 按1键，在正视图中对照参考图片，继续调整水壶模型，使其与参考图片更加贴合，如图7-52所示。

图7-50

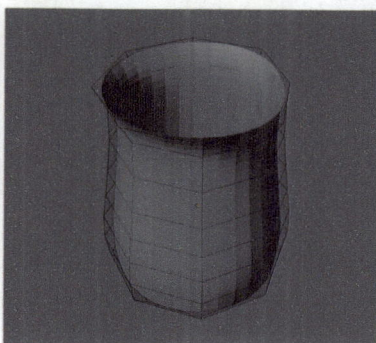
图7-51

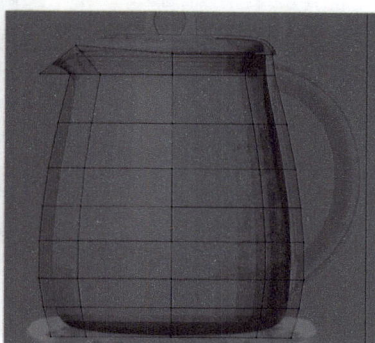
图7-52

技巧提示 添加"表面细分"修改器后，模型会变小，需要进行二次调整。

06 此时模型没有厚度，选中所有的面，使用"沿法向挤出面"命令向外挤出模型的厚度，效果如图7-53所示。

07 在壶口位置添加循环边，让转角位置变得更加清晰，然后调整壶口部分点的位置，使壶口与壶盖能相接，如图7-54所示。

图7-53

图7-54

08 参考图片中壶身的上半部分是玻璃，下半部分是不锈钢。选中壶身内部的边，然后按F键缝合以生成一个新的面，如图7-55和图7-56所示。

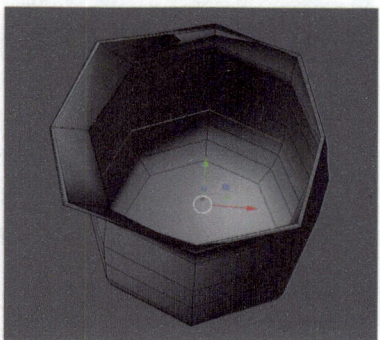
图7-55

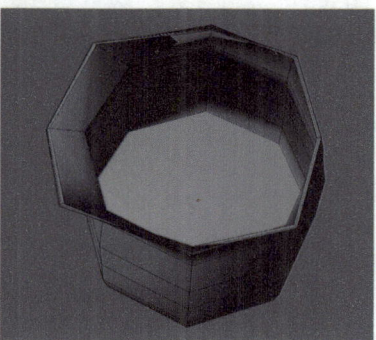
图7-56

技巧提示 在编辑添加了"表面细分"修改器的模型时，需要单击按钮暂时关闭细分显示效果，如图7-57所示。待编辑完成后，方可重新打开细分显示效果。

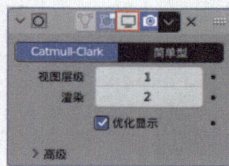
图7-57

09 在壶身外侧添加一圈循环边，然后选中两条边中间的面并向内挤压，如图7-58和图7-59所示。

图7-58

图7-59

4.把手

01 把手模型可以通过编辑平面得到。新建一个平面模型，将其缩小后吸附在壶身的表面，如图7-60所示。

02 在"编辑模式"中选中平面下方的边，然后按E键沿着壶身的表面向下挤出，如图7-61所示。

03 将平面模型的原点居中，然后添加一条竖向的循环边，接着将两边的点向外侧拉伸并贴合壶身表面，如图7-62和图7-63所示。

图7-60

图7-61

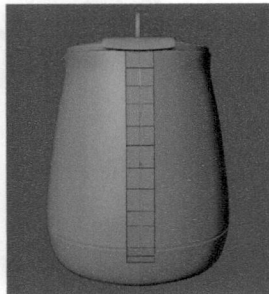

图7-62

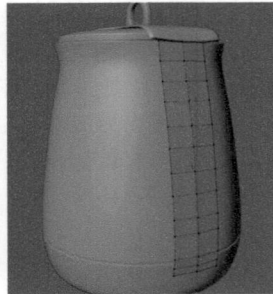

图7-63

04 选中所有面，按E键向外挤出厚度，如图7-64所示。

05 按快捷键Ctrl+R在模型侧边添加一圈循环边，然后选中边缘的面，使用"沿法向挤出面"命令向外挤出一段，如图7-65和图7-66所示。

图7-64

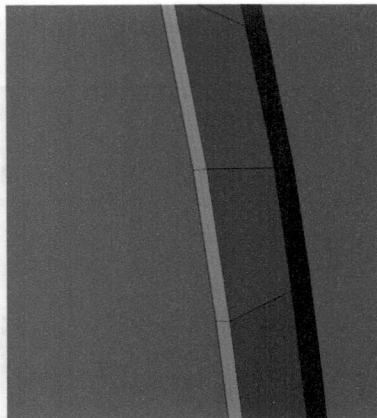

图7-65

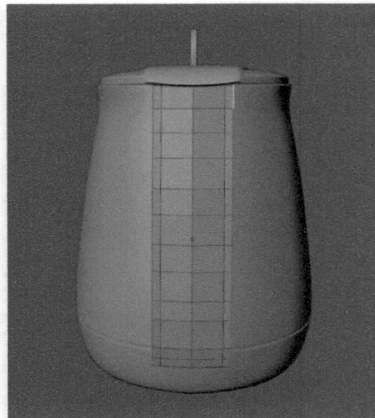

图7-66

06 根据参考图片，选中图7-67所示的面，按I键向内插入一个新的面，如图7-68所示。

07 保持插入的面处于选中状态，按E键向外挤出一段距离，如图7-69所示。

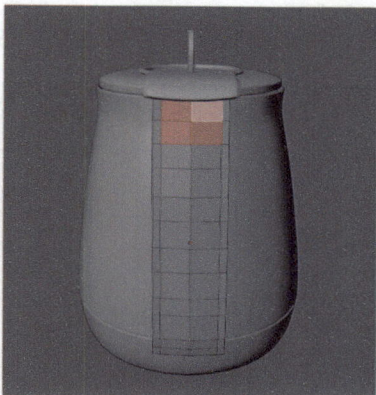 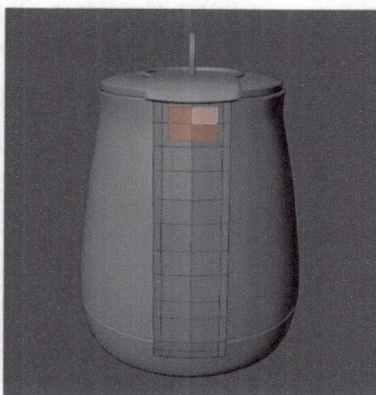 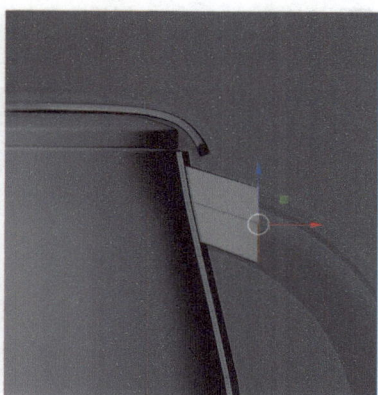

图7-67 　　　　　　　　　　图7-68 　　　　　　　　　　图7-69

技巧提示 挤出面后，需要沿着x轴将挤出的面缩小为一个平面。

08 按照参考图片中把手的形状，继续挤出剩余的面，如图7-70所示。

09 选中图7-71所示的面，然后按I键向内插入一个新的面并删除原来的面，如图7-72所示。

 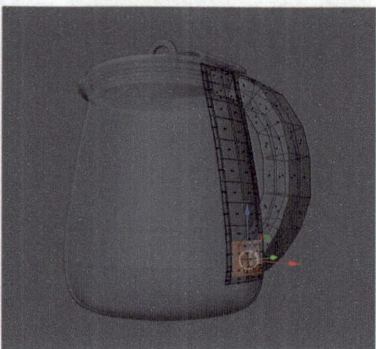 

图7-70 　　　　　　　　　　图7-71 　　　　　　　　　　图7-72

10 选中把手底部的面，同样进行删除，如图7-73所示。

11 在"点"模式中选中图7-74所示的两个点，按M键并在弹出的菜单中选择"到末选点"命令，如图7-75所示，即可将两个点合并在一起。

  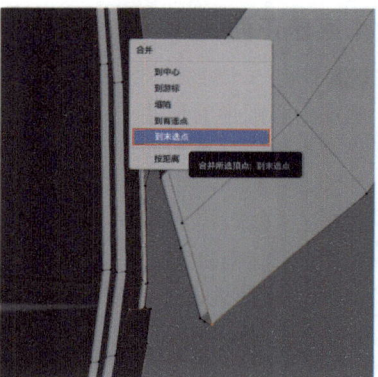

图7-73 　　　　　　　　　　图7-74 　　　　　　　　　　图7-75

12 按照步骤11的方法，将其他点一一对应合并，如图7-76所示。

13 根据参考图片进一步细调把手模型的布线，如图7-77所示。

14 按快捷键Ctrl+R在把手上添加一圈循环边，使其成为缝隙的边缘，如图7-78所示。

15 选中缝隙中的面，使用"沿法向挤出面"命令向内挤出缝隙，如图7-79所示。

图7-76　　　　　　　　图7-77　　　　　　　　图7-78　　　　　　　　图7-79

16 选中把手内侧的边，按S键将其缩小，如图7-80所示。

17 按快捷键Ctrl+R在把手侧边添加一圈循环边，然后向外放大一些，让把手侧边形成曲面，如图7-81所示。

18 添加"表面细分"修改器，然后在转角的位置增加一些循环边，效果如图7-82所示。

图7-80　　　　　　　　　　图7-81　　　　　　　　　　图7-82

7.1.2 底座模型

　　底座模型大致呈圆柱状。按照结构，可以将该模型分为底座和按钮两部分进行制作。

1.底座正面

01 新建一个柱体，将其放大到与底座中心圆形的尺寸一致，并将原点与参考图片上的加热器对齐，如图7-83所示。

02 在"编辑模式"中选中曲面，使用"沿法向挤出面"命令向外挤出面，使模型边缘与底座边缘贴合，如图7-84所示。

 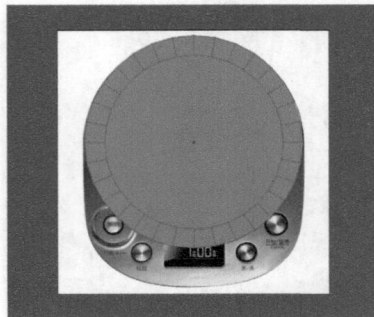

图7-83　　　　　　　　　　　　　图7-84

03 底座的左右两边是对称的，因此我们删除一半的柱体模型，镜像后进行编辑就能让两边达到一致，图7-85所示为删除一半模型后的效果。

04 调整下方外侧的点，使其与底座的边缘贴合，如图7-86所示。

图7-85　　　　　　　　　图7-86

05 选中模型并添加"镜像"修改器，镜像出另外一半模型，如图7-87所示。

06 选中内侧的边，按F键缝合以生成新的面，如图7-88所示。这一步需要将前后的边都进行缝合。

07 选中顶部的面，并开启透视模式，按I键插入5个面，效果如图7-89所示。

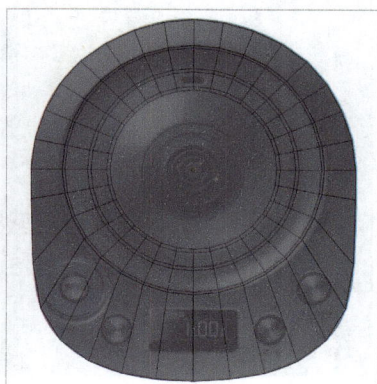

图7-87　　　　　　　图7-88　　　　　　　图7-89

技巧提示 开启透视模式是为了更好地观察下方参考图片中的结构。

08 选中图7-90所示的面，然后向内移动，使其产生凹陷的效果，如图7-91所示。

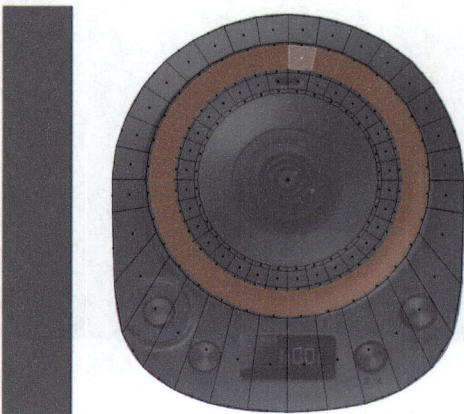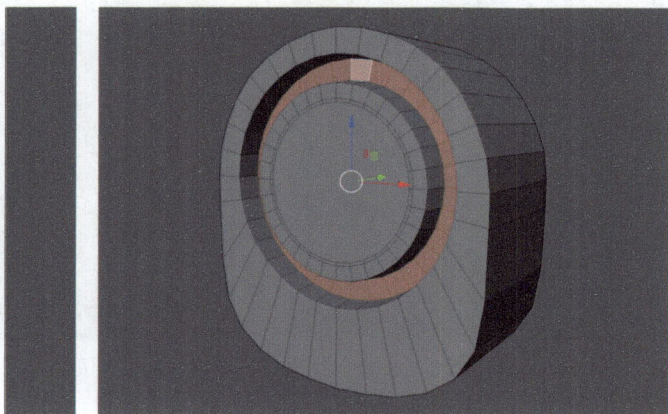

图7-90　　　　　　　　　图7-91

09 选中图7-92所示的面,然后向内移动一点,不要超过步骤08移动的深度,如图7-93所示。

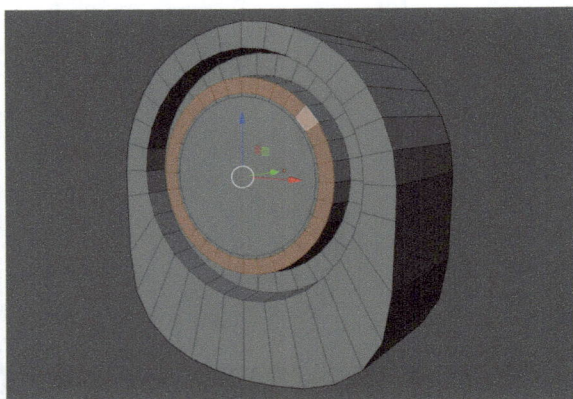

图7-92

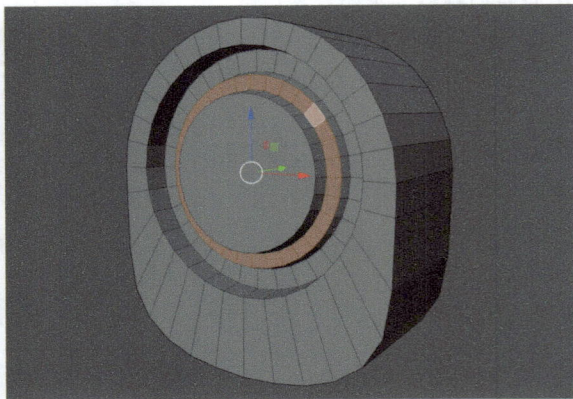

图7-93

10 选中图7-94所示的面,按S键向内缩小一点以形成坡度,然后按I键插入一个新的面,如图7-95所示。

11 保持插入的面处于选中状态,向外移动一些并在正视图中根据参考图片调整插入面的大小,如图7-96所示。

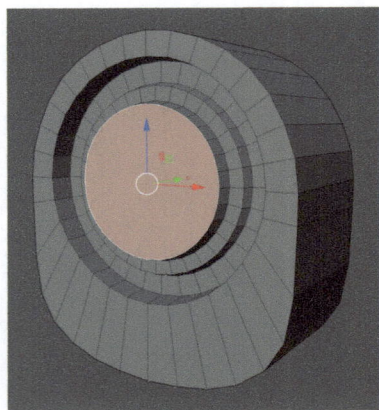

图7-94

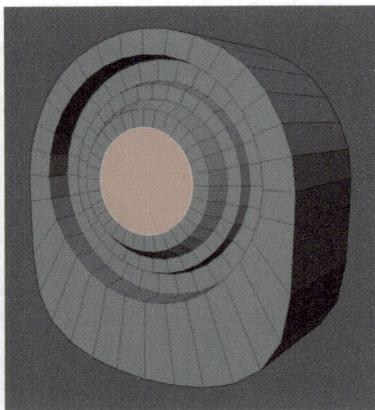

图7-95

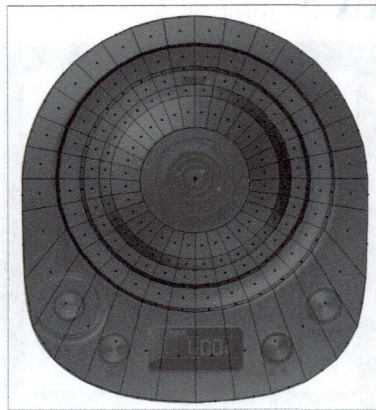

图7-96

12 根据参考图片,按I键在中心圆面上插入多条边,使其与参考图片的结构相似,如图7-97所示。

13 选中图7-98所示的面,使用"沿法向挤出面"命令向内挤出一个凹槽,如图7-99所示。

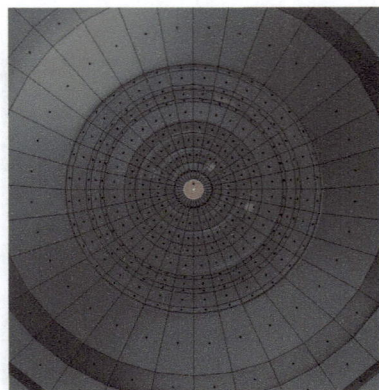

图7-97

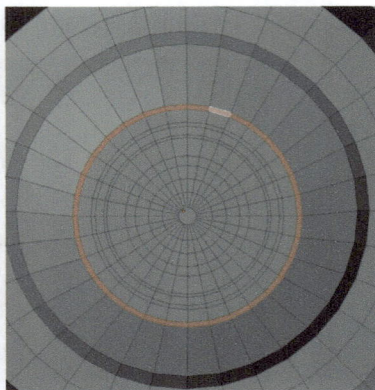

图7-98

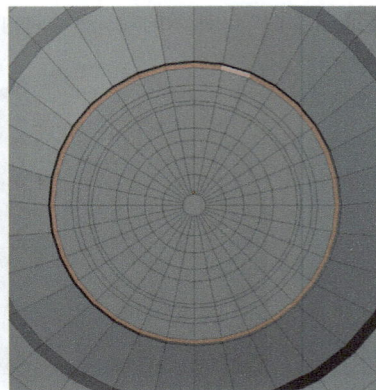

图7-99

技巧提示 如果读者发现插入的面的数量不够,不用担心,用"环切"工具补上足够的边即可。

14 选中图7-100所示的面，按E键向外挤出一定的距离，如图7-101所示。

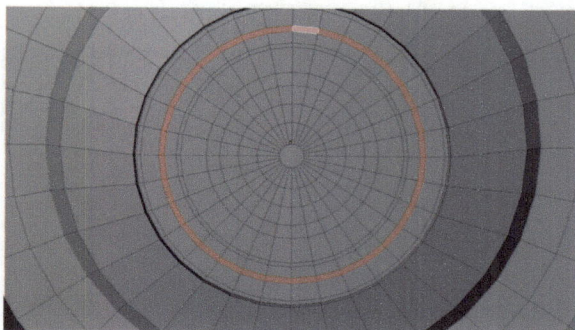

图7-100

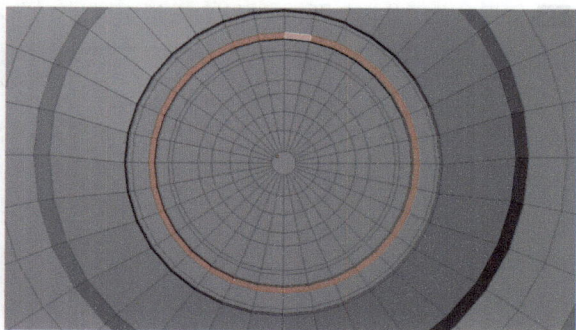

图7-101

15 选中图7-102所示的面，按E键向外挤出一定的距离，如图7-103所示。

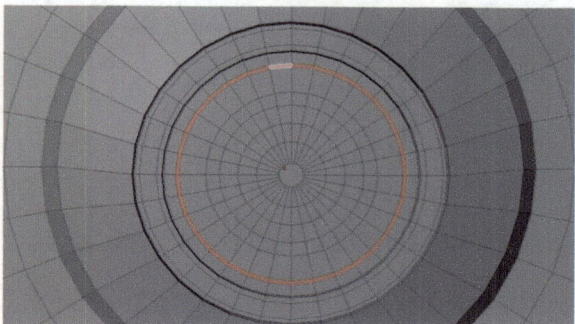

图7-102

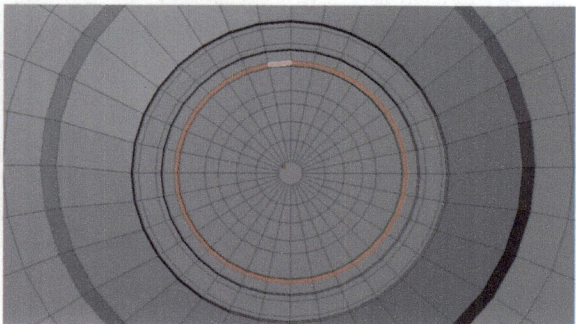

图7-103

16 选中图7-104所示的面，按E键向内挤入一定的距离以形成凹槽，如图7-105所示。

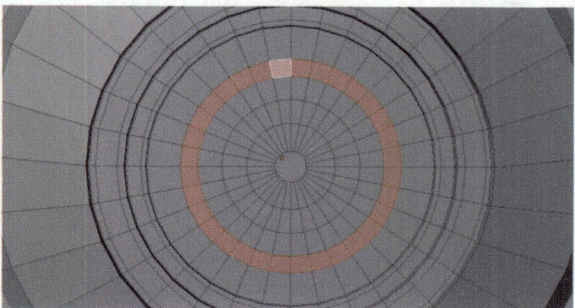

图7-104

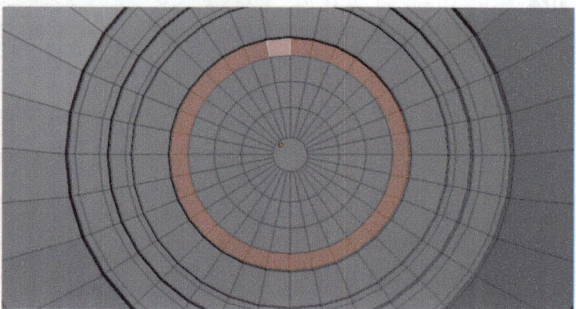

图7-105

17 添加一圈循环边后选中图7-106所示的面，按E键向内挤入一定距离，如图7-107所示。

技巧提示 根据参考图片，挤入的凹槽边上有一个凸起的边，所以需要添加循环边。

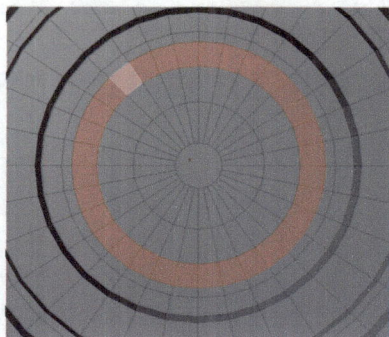

图7-106

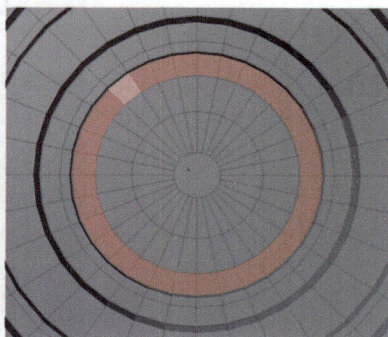

图7-107

18 继续添加一圈循环边，然后选中图7-108所示的面，按E键向内挤入一定距离，如图7-109所示。

19 根据参考图片添加两圈循环边，并选中图7-110所示的面，按E键向内挤入一定距离，如图7-111所示。

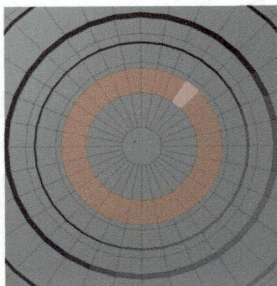
图7-108

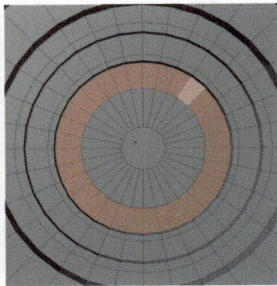
图7-109

图7-110

图7-111

20 选中图7-112所示的圆面，按E键向内挤入一定距离，如图7-113所示。至此，底座的造型基本完成。

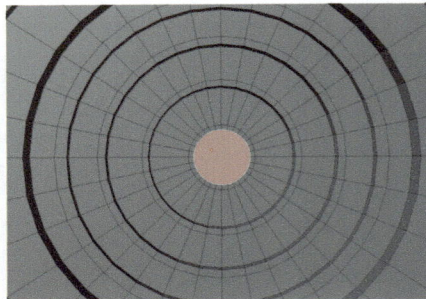
图7-112

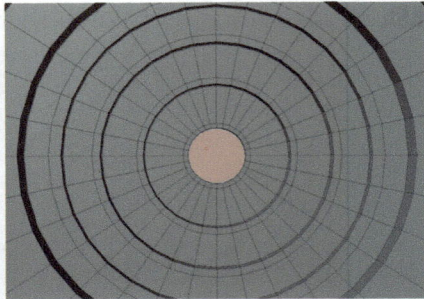
图7-113

2.按钮

01 下面为底座上的按钮进行布线和编辑操作。在模型上添加3圈循环边，如图7-114所示。

02 使用"切割"工具在模型现有的布线上添加新的边，如图7-115所示。添加新的边是为了方便后续建立按钮模型并提供足够的布线。

技巧提示 制作这一步时，不要开启透视模式，否则会为模型底部的面也添加循环边。

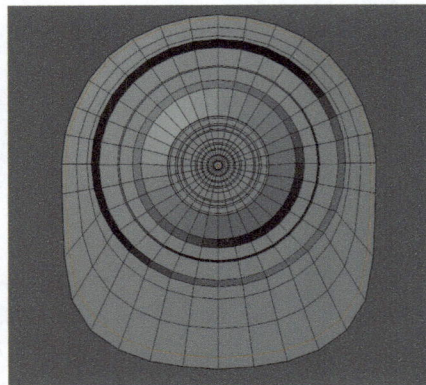
图7-114

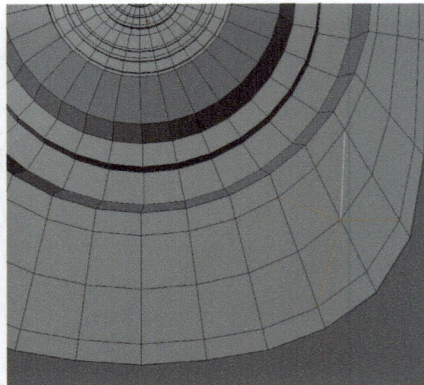
图7-115

03 打开透视模式，选中图7-116所示的点，单击鼠标右键，在弹出的快捷菜单中选择"倒角顶点"命令，将点倒角为按钮大小，如图7-117所示。

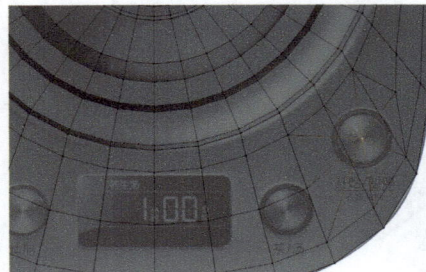
图7-116

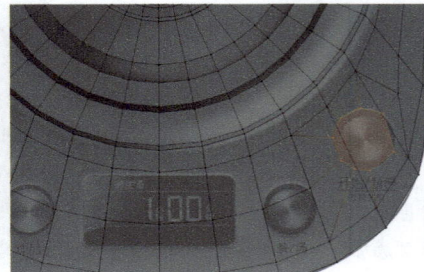
图7-117

04 选中倒角后的点，单击鼠标右键，在弹出的快捷菜单中选择"LoopTools>圆环"命令，即可将这些点快速排列为圆形，如图7-118和图7-119所示。

图7-118

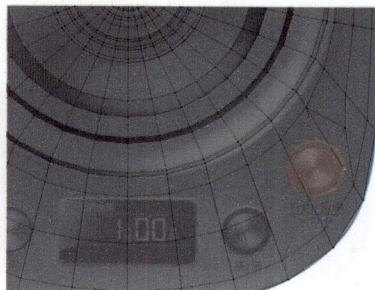

图7-119

> **技巧提示** 如果读者单击鼠标右键，在弹出的快捷菜单中没有找到LoopTools命令，需要在"Blender偏好设置"窗口的"插件"选项卡中搜索该插件，然后勾选Mesh:LoopTools复选框，如图7-120所示。

图7-120

05 将步骤04生成的面稍微放大一些，然后按I键向内插入一个新的面，如图7-121所示。

06 按照参考图片的结构继续插入一些新的面，如图7-122所示。

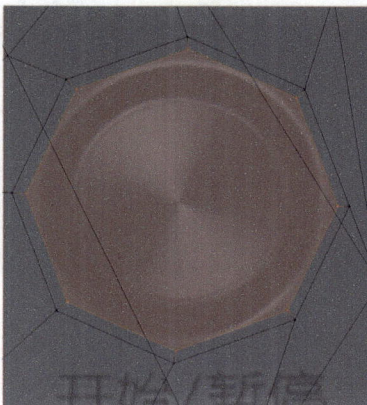

图7-121

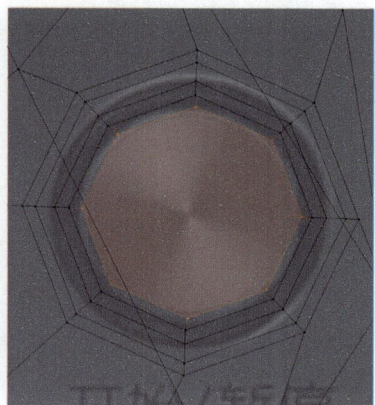

图7-122

07 选中图7-123所示的面，按E键向内挤入一定的距离以形成凹槽，如图7-124所示。

08 选中图7-125所示的面，按E键向内挤入一定的距离，如图7-126所示。

图7-123

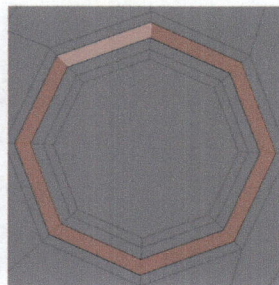

图7-124

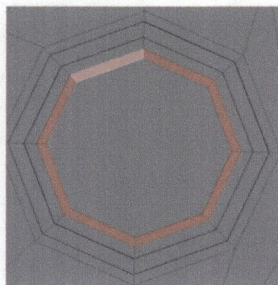

图7-125

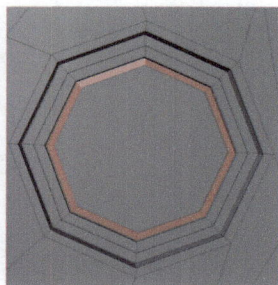

图7-126

09 选中中间的面，按I键向内插入一个新的面，然后选中新的面，按E键向内稍微挤入一点距离，如图7-127和图7-128所示。

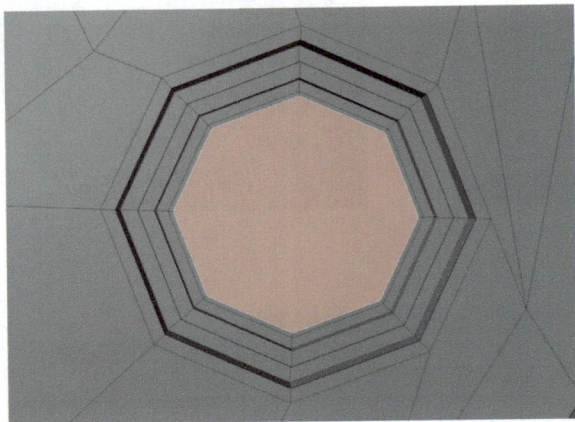

图7-127

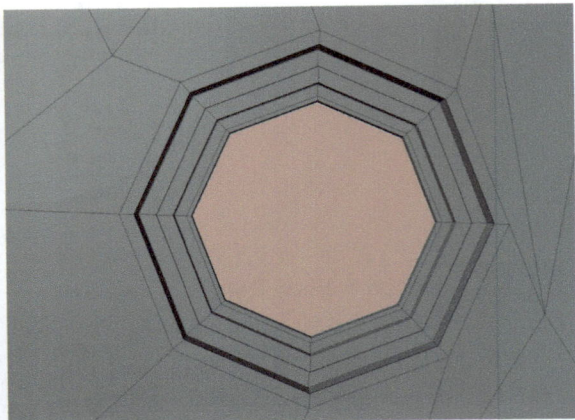

图7-128

10 使用"切割"工具在第2个按钮的位置添加分割线，如图7-129所示。

11 按照第1个按钮的制作思路，并结合参考图片制作出第2个按钮模型，如图7-130所示。

12 根据参考图片中屏幕的大小，调整点的位置，如图7-131所示。

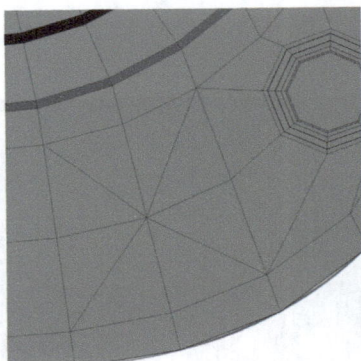

图7-129

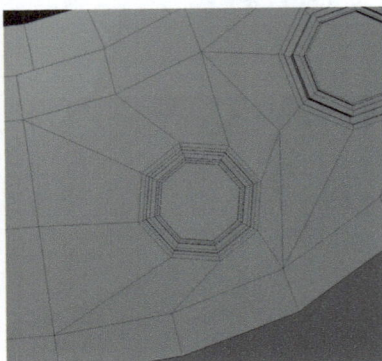

图7-130

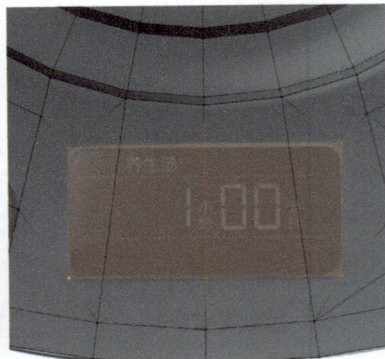

图7-131

13 选中图7-132所示的面，按I键向内插入面，如图7-133所示。

14 保持选中的面不变，向外稍微移动一些，形成凸起效果，然后按I键再向内插入一个面，如图7-134所示。

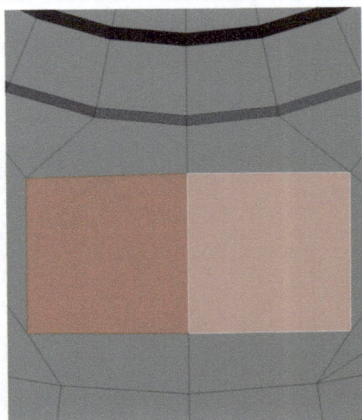

图7-132

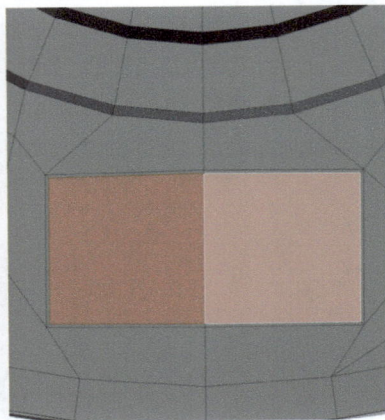

图7-133

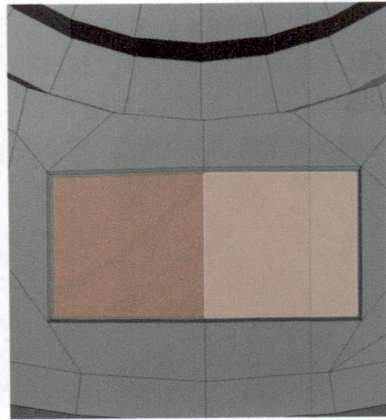

图7-134

15 使用"切割"工具在边角位置添加一条分割线，如图7-135所示。这样做后，后期添加"表面细分"修改器时，模型的边缘不会产生较大的形变。

16 按照步骤15的方法，在其他的边角位置添加分割线，如图7-136所示。

17 添加"表面细分"修改器，观察模型的效果，从而确认添加的分割线是否达到效果，如图7-137所示。

图7-135

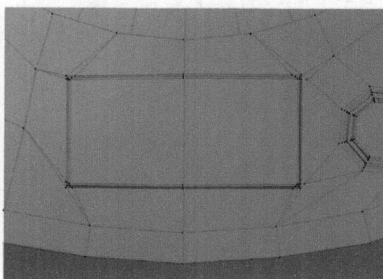

图7-136

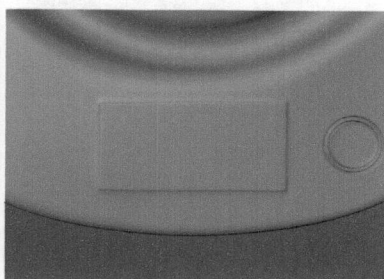

图7-137

18 剩余两个按钮的制作思路与之前的没有太大的差异，请读者按照第1个按钮的制作思路制作剩余的两个按钮模型，如图7-138所示。

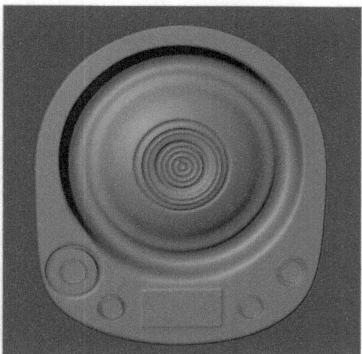

图7-138

技巧提示 在制作屏幕左侧的按钮时，需要先用"融并边"命令删除添加的两条分割线，如图7-139所示。这样做是为了方便给按钮添加分割线。待左侧的按钮添加完成后，再重新添加屏幕的分割线。

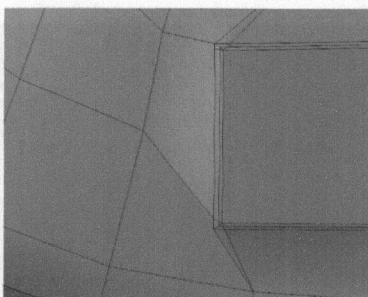

图7-139

3.底座侧面

01 根据参考图片可以发现底座由两种材质构成，需要做出相应的结构以便后期添加材质。按快捷键Ctrl+R在侧面添加两圈循环边，然后使用"沿法向挤出面"命令向内挤出缝隙，如图7-140所示。

02 在缝隙的边缘添加循环边，加强缝隙边缘的棱角感，如图7-141所示。

03 向前移动缝隙的边，使顶部面板的厚度变薄，如图7-142所示。

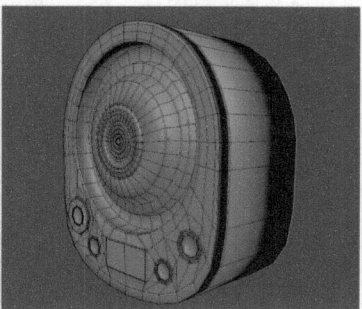

图7-140

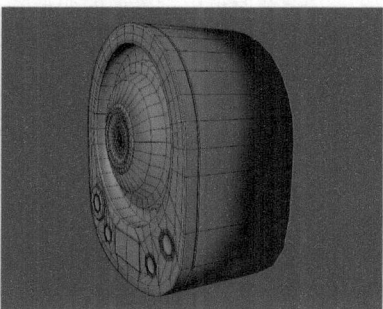

图7-141

图7-142

技巧提示 顶部面板转角的位置也可以添加一些循环边，以加强模型的棱角感。

04 在底座的底部边缘添加循环边，加强转角部分的棱角感，如图7-143所示。

05 将底座旋转90°并移动到水壶模型的下方，根据参考图片适当地将底座缩小，如图7-144所示。

06 在"编辑模式"中给底座添加一圈循环边，然后将其适当缩小，如图7-145所示。

| 图7-143 | 图7-144 | 图7-145 |

07 选中底部的边，将其缩小并向上移动，减小底座模型的高度，如图7-146所示。

08 观察参考图片会发现底座的表面呈弯曲状，并不是平面。执行"添加>晶格"命令，新建一个晶格，然后缩放到与底座模型差不多大，如图7-147和图7-148所示。

| 图7-146 | 图7-147 | 图7-148 |

09 晶格上的分段不够，在"属性"面板的"物体数据属性"选项卡中设置"分辨率U"为6，V为6，W为3，如图7-149所示。

10 选中底座模型，添加"晶格"修改器，然后吸取创建的晶格模型，使晶格模型与修改器关联，从而可以调整底座模型的造型，如图7-150所示。

11 在"编辑模式"中调整晶格点的位置，在调整时可根据模型的变形情况灵活地增加晶格的分段数量，模型效果如图7-151所示。

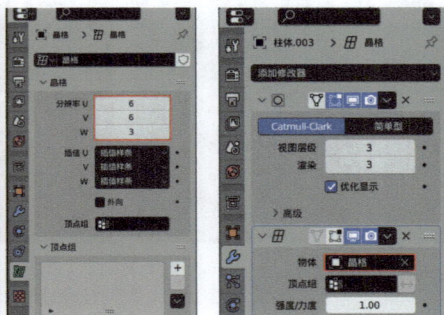
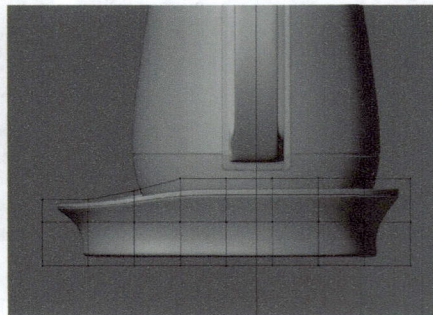

| 图7-149 | 图7-150 | 图7-151 |

7.1.3 滤网模型

01 观察参考图片可以发现，水壶中间有一个圆柱形的滤网。添加一个柱体模型，然后缩放到图7-152所示的大小。

02 按快捷键Ctrl+R在柱体上添加两圈循环边，如图7-153所示。

> **技巧提示** 在创建滤网的柱体模型时，要开启透视模式，否则水壶模型会遮挡视线，不方便观察。

图7-152

图7-153

03 为了方便制作，按/键孤立显示滤网模型。选中图7-154所示的面，然后使用"沿法向挤出面"命令向内挤压一定距离，如图7-155所示。

04 为柱体模型添加"表面细分"修改器，然后添加循环边让模型的转角位置变得更加清晰，如图7-156所示。

图7-154

图7-155

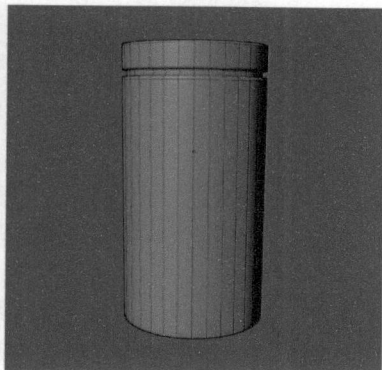

图7-156

05 选中柱体两端的圆面，按I键向内插入新的面，让模型的布线更加合理，如图7-157所示。

06 按/键退出孤立显示模式，水壶模型全部制作完成，效果如图7-158所示。

图7-157

图7-158

7.2 场景材质添加

将制作好的水壶模型放入一个写实类场景中，添加材质、灯光和摄像机后，就能生成一幅逼真的产品展示图。本节就来制作场景中的不同材质。

7.2.1 场景构图

01 打开本书学习资源中的"养生壶场景.blend"文件，这是一个简单的小场景，如图7-159所示。

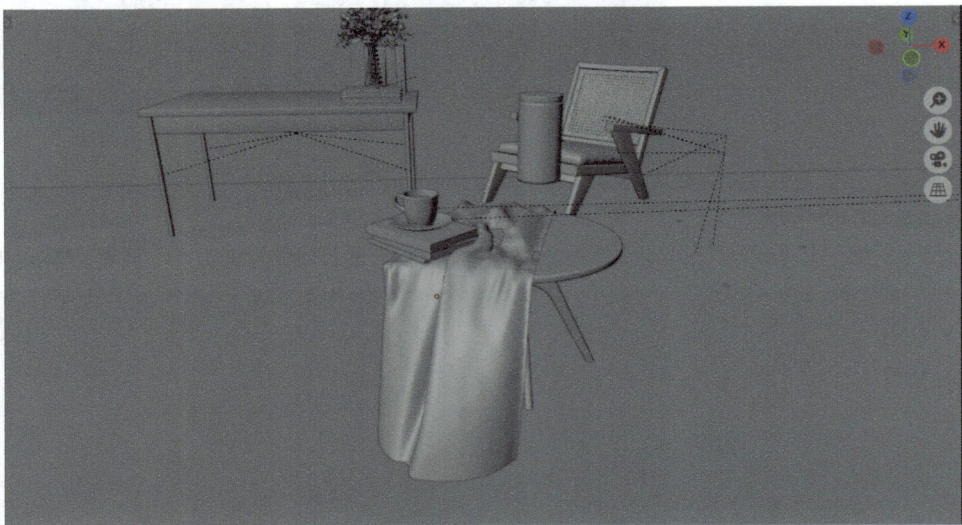

图7-159

02 将之前制作好的水壶模型导入场景中，并放置于小桌子上，如图7-160所示。

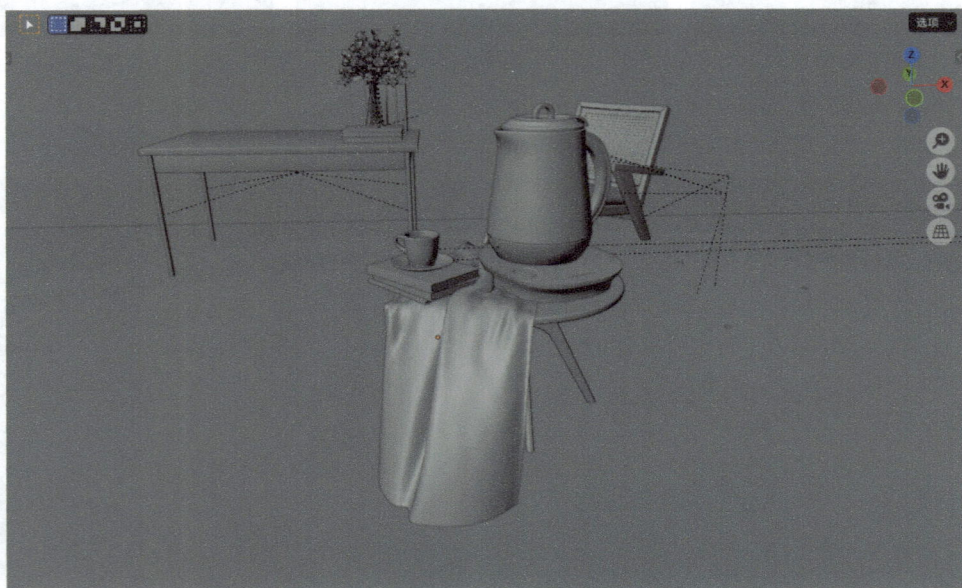

图7-160

03 在场景中创建摄像机，然后将其移动到水壶前方，如图7-161所示。

04 选中摄像机，设置"焦距"为135mm，这样镜头的边角位置不会产生过大的畸变，如图7-162所示。

05 切换为操作视图、渲染视图和着色器视图3个区域，在左侧的视图中按0键切换到摄像机视图，然后调整摄像机的位置，如图7-163所示。

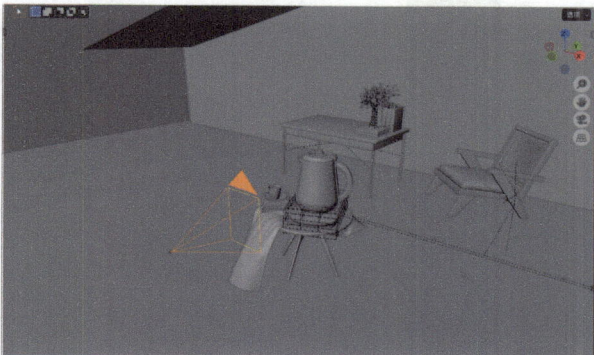 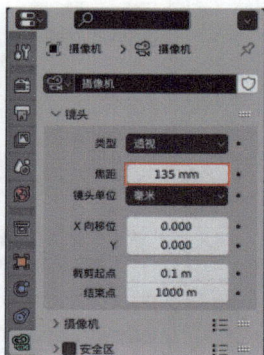 

图7-161   图7-162   图7-163

7.2.2 添加材质

下面为场景中的模型添加相应的材质。本场景中主要用到金属、玻璃、塑料和木质等材质，这些都是日常生活中常见的材质。

1.水壶

01 选中壶盖上的拉环模型，在"着色器编辑器"窗口中新建一个默认材质，设置"基础色"为深灰色，如图7-164所示。材质效果如图7-165所示。

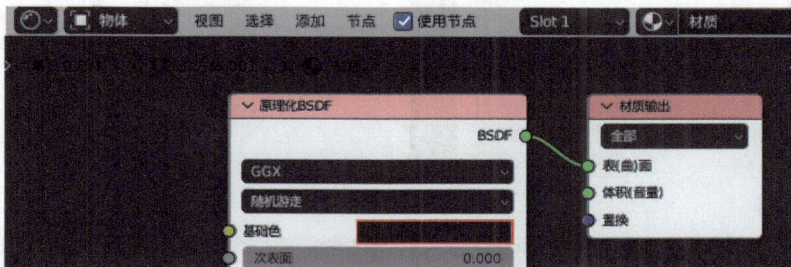

图7-164   图7-165

02 选中壶盖和把手等模型，这些模型的材质与步骤01制作的材质完全相同，使用"关联材质"命令将其进行关联，效果如图7-166所示。

图7-166

03 壶身主要有玻璃和拉丝金属这两种材质。选中壶身模型，添加一个默认材质，设置"糙度"为0，"透射"为1，如图7-167和图7-168所示。

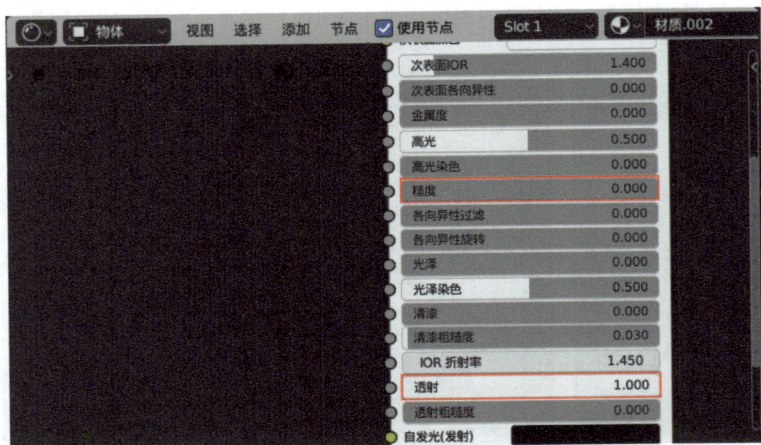

图7-167

图7-168

04 在"编辑模式"中选中模型的下半部分，然后在"材质属性"面板中新建一个材质并指定给选中的区域，再设置"金属度"为1，"糙度"为0.25，如图7-169所示，效果如图7-170所示。

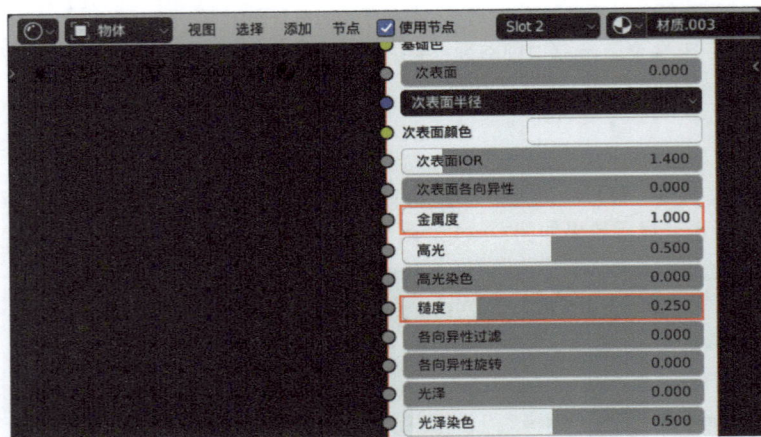

图7-169

图7-170

05 在"编辑模式"中选中图7-171所示的边。单击鼠标右键，在弹出的快捷菜单中选择"标记缝合边"命令，就可以将选中的边进行标记，效果如图7-172所示。

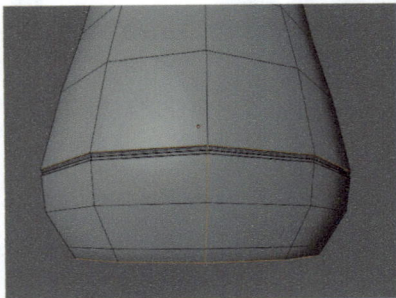

图7-171

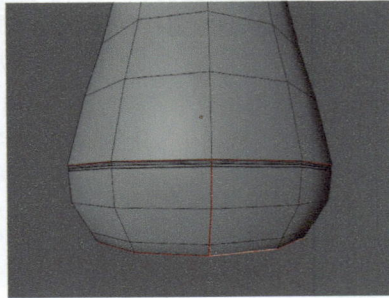

图7-172

06 将左侧的窗口切换为"UV编辑器"，然后选择模型所有的面，在"UV编辑器"窗口中按U键，在弹出的菜单中选择"展开"命令，效果如图7-173所示。

07 在"UV编辑器"窗口中将左侧3个UV移动到画面外侧，这部分不需要处理，然后将右侧弯曲的UV调整为平直的效果，如图7-174所示。

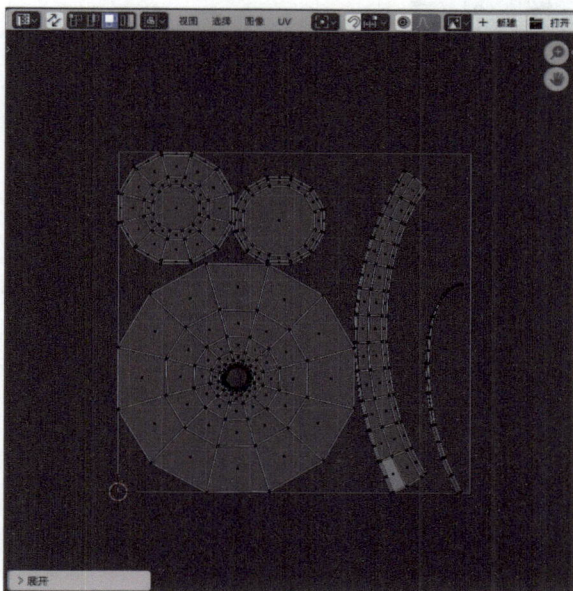

图7-173

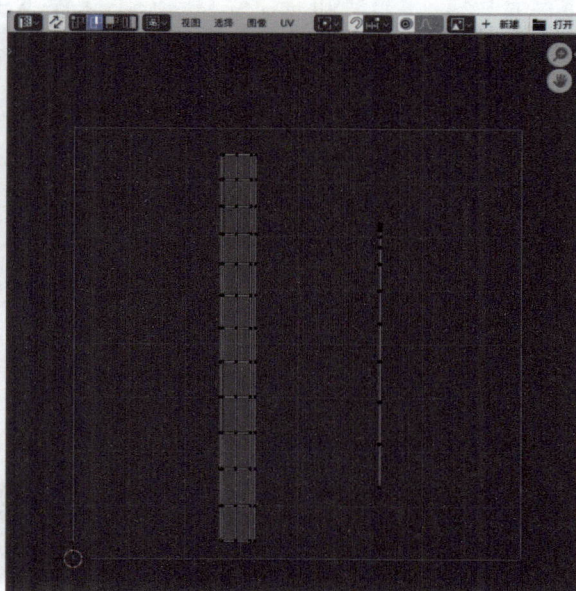

图7-174

08 选中壶身的金属材质，执行"添加>纹理>马氏分形纹理"命令，添加"马氏分形纹理"节点，并连接到"原理化BSDF"节点的"基础色"上，如图7-175和图7-176所示。

图7-175

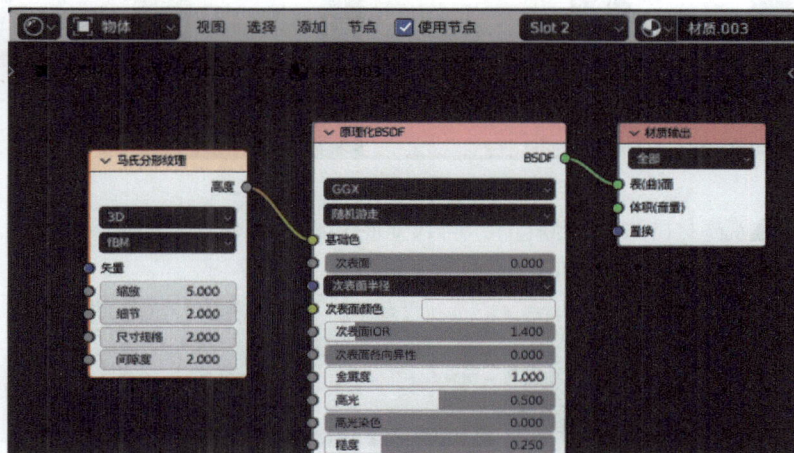

图7-176

技巧提示 "马氏分形纹理"是噪波的一种类型。

09 在"马氏分形纹理"节点中设置"缩放"为50，就可以观察到噪波纹理在模型上被缩小，如图7-177和图7-178所示。

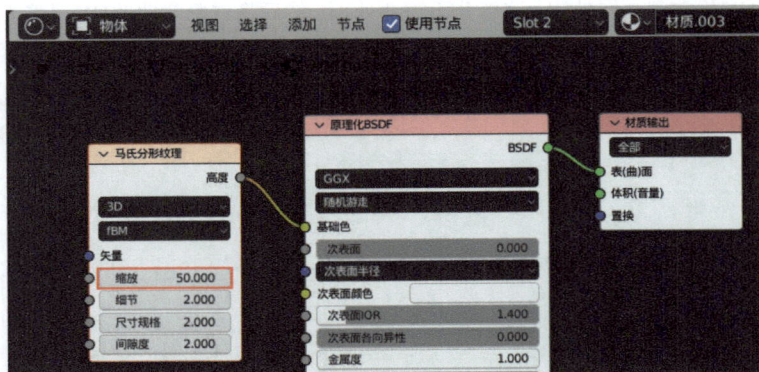

图7-177

图7-178

10 现有的噪波需要拉长。选中"马氏分形纹理"节点，按快捷键Ctrl+T调出"映射"和"纹理坐标"两个节点，设置映射方式为UV，同时修改"马氏分形纹理"节点的"缩放"为500，"映射"节点的"缩放"下的X为6，Y为0.01，如图7-179所示，效果如图7-180所示。

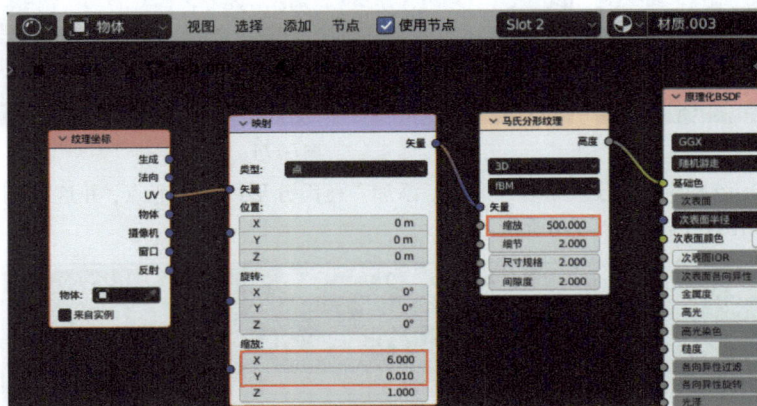

图7-179

图7-180

11 观察材质没有问题后，将"马氏分形纹理"节点从"基础色"上断开，连接到"原理化BSDF"节点的"糙度"上，如图7-181所示，效果如图7-182所示。

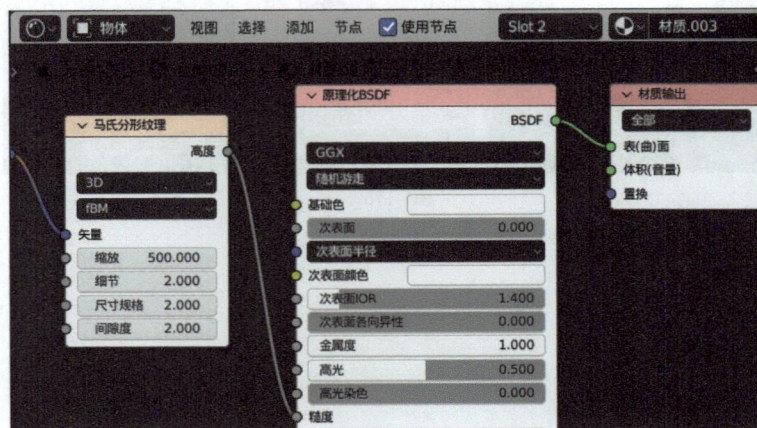

图7-181

图7-182

2.底座

01 底座需要展UV，方便后面贴图。选中底座模型，在"编辑模式"中选中图7-183所示的边，然后单击鼠标右键，在弹出的快捷菜单中选择"标记缝合边"命令，效果如图7-184所示。

> **技巧提示** 具体选择过程请观看教学视频。

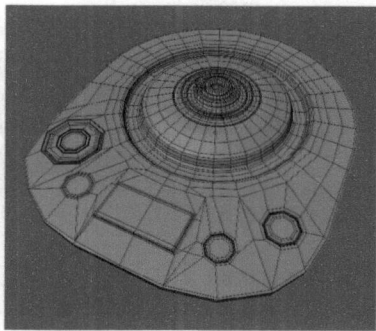
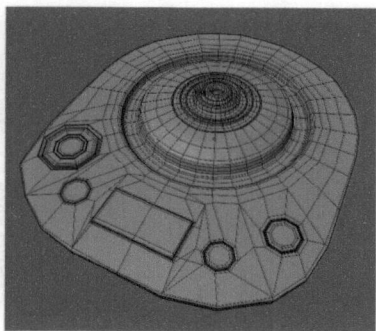

图7-183　　　　　　　　　　　　　　　图7-184

02 全选所有的面，在"UV编辑器"窗口中按U键，在弹出的菜单中选择"展开"命令，效果如图7-185所示。

03 将所有的UV全选后移动到画面外，然后选中需要展UV的按钮的面，将UV移动到画面中，如图7-186所示。

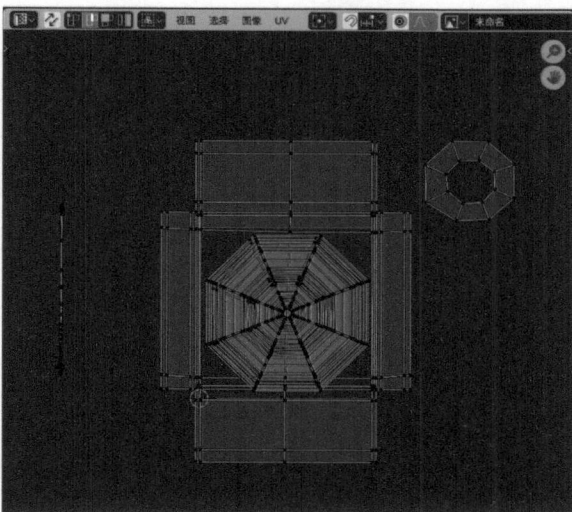
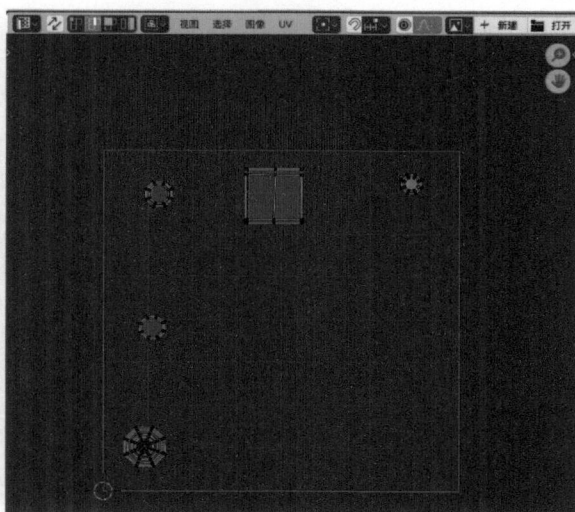

图7-185　　　　　　　　　　　　　　　图7-186

04 选中上方面板的面，然后将这一部分的UV也移动到画面中，如图7-187所示。

> **技巧提示** 给面板展UV是为了方便后面添加拉丝金属材质。

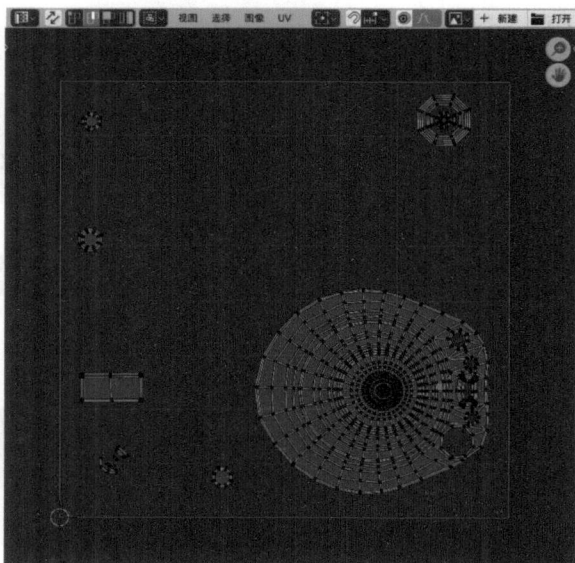

图7-187

05 选中底座模型，新建一个材质，设置"金属度"为1，"糙度"为0.3，如图7-188所示，效果如图7-189所示。

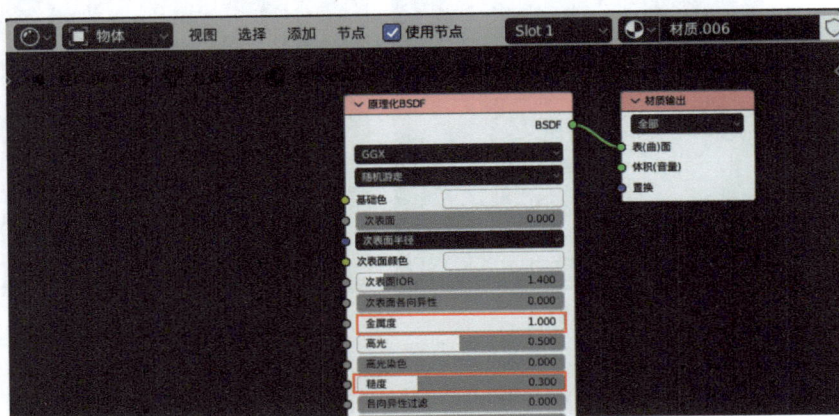

图7-188

图7-189

06 想要实现拉丝金属效果，就需要添加"马氏分形纹理"节点。先将"马氏分形纹理"节点的"高度"连接到"原理化BSDF"节点的"基础色"上，并设置"缩放"为10，如图7-190所示，效果如图7-191所示。

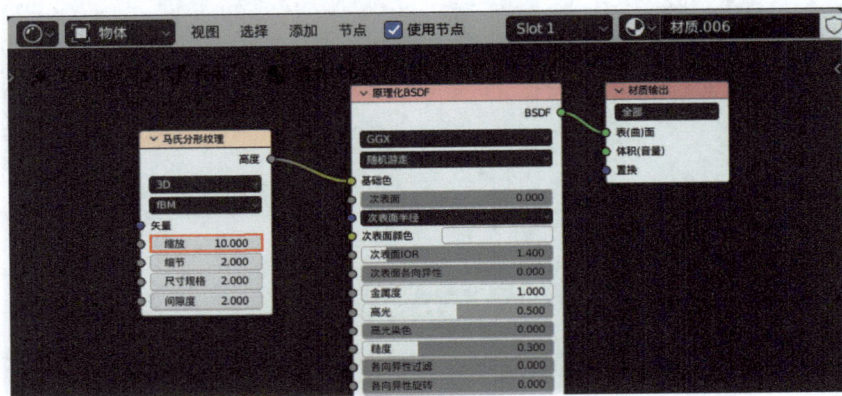

图7-190

图7-191

07 选中"马氏分形纹理"节点，按快捷键Ctrl+T调出"映射"和"纹理坐标"两个节点，调整"纹理坐标"节点的形式为"物体"，然后设置"映射"节点的"缩放"下的X为200，Y为0.01，如图7-192所示，效果如图7-193所示。

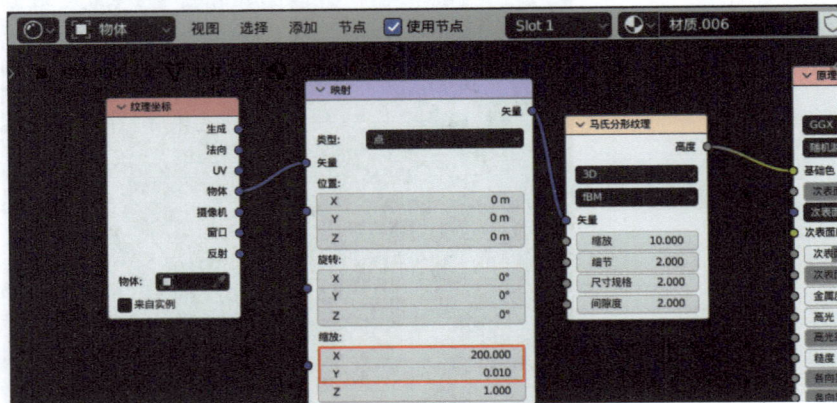

图7-192

图7-193

技巧提示 调整完贴图后需要将"马氏分形纹理"节点连接到"原理化BSDF"节点的"糙度"上。

08 在"属性"面板的"材质属性"选项卡中单击"添加材质槽"按钮，新建一个默认材质，如图7-194所示。

09 导入学习资源中的"渐变.jpg"文件和"渐变按键纹理.png"文件，然后添加"运算"节点，按照图7-195所示的方式进行连接。

图7-194

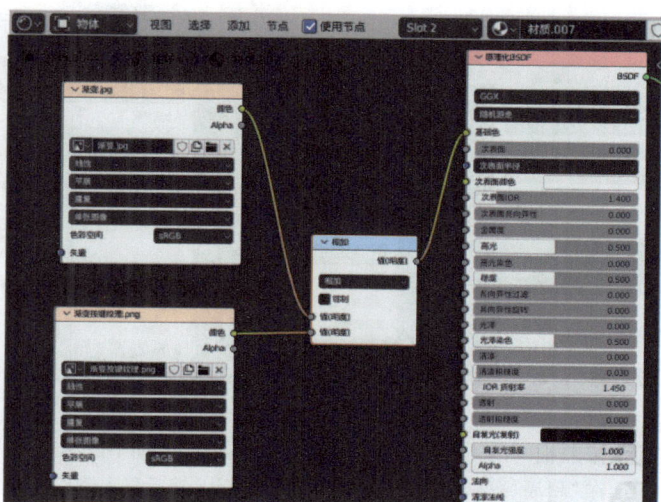

图7-195

10 选中底座模型上的按钮模型的面，然后将步骤09制作的材质指定给选中的面，如图7-196所示。

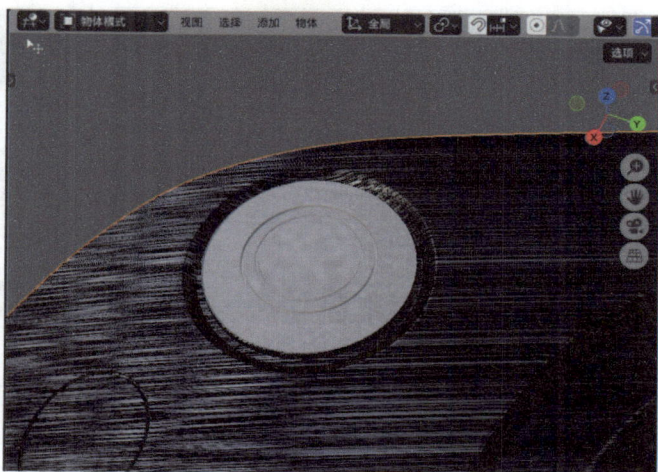

图7-196

11 观察按钮的贴图效果，发现没有达到预想的状态。在"UV编辑器"窗口中将按钮的UV中心移动到贴图的中心，如图7-197所示。这样就可以让按钮模型达到预想的效果，如图7-198所示。

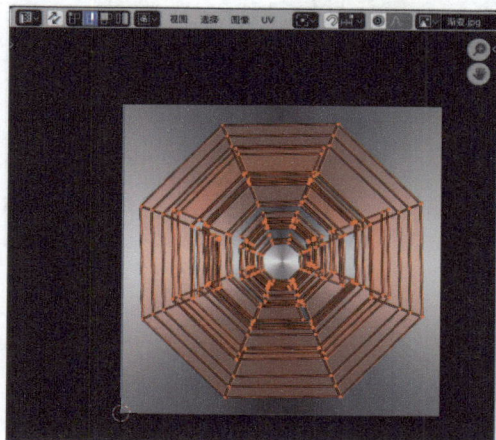

图7-197

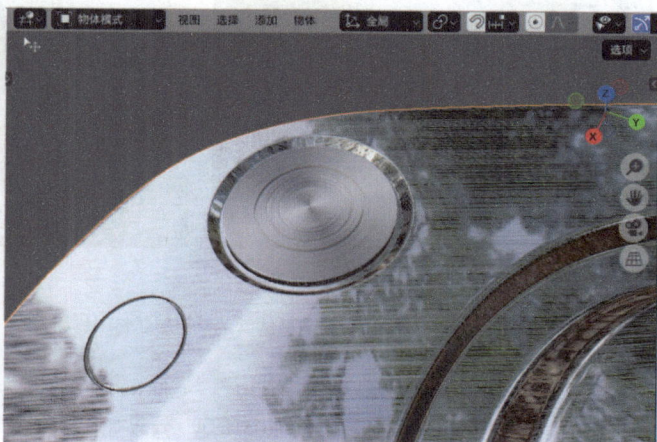

图7-198

12 将"运算"节点的运算模式调整为"对数",如图7-199所示,效果如图7-200所示。

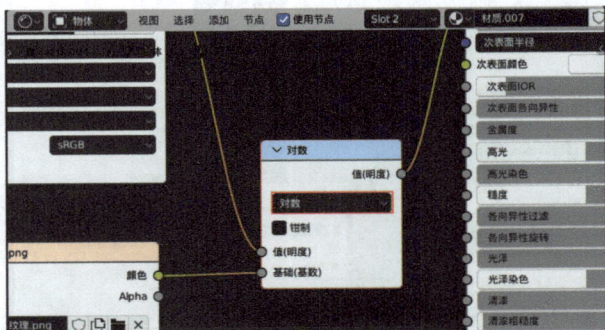

图7-199

图7-200

13 按照相同的方法制作其他按钮的材质,效果如图7-201所示。

14 在"材质属性"选项卡中新建一个材质,然后导入学习资源中的"显示器00.png"文件,并将"显示器00.png"节点的"颜色"连接到"原理化BSDF"节点的"基础色"上,如图7-202所示。

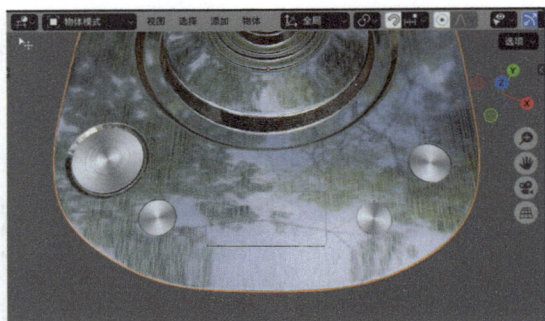

图7-201

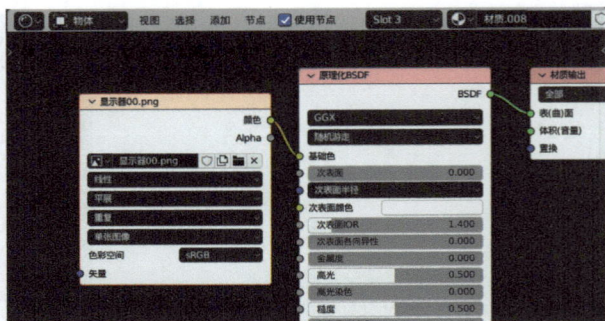

图7-202

15 选中屏幕的面,在"UV编辑器"窗口中调整UV的大小,使贴图能更好地显示在模型上,如图7-203所示,效果如图7-204所示。

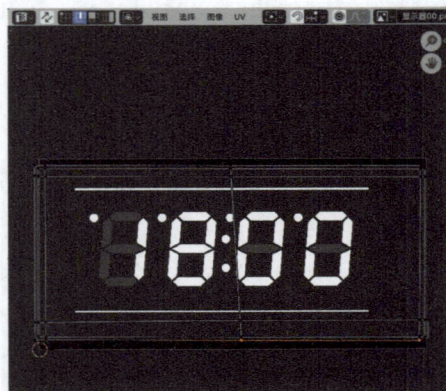

图7-203

图7-204

> **技巧提示** 如果发现贴图显示的文字是倒着的,则需要将UV旋转180°。

16 底座下方是黑色的塑料材质,选中这一部分的面,在"材质属性"选项卡中新建一个材质并指定给这些面,设置"基础色"为黑色,如图7-205所示,效果如图7-206所示。

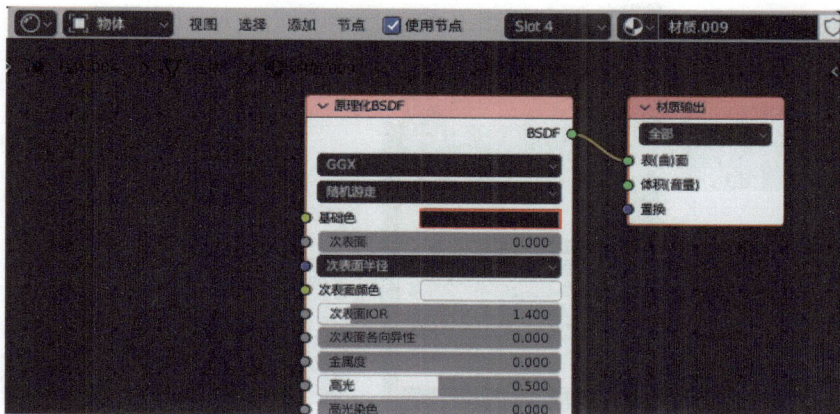

图7-205

图7-206

3.小桌子和布料

01 选中水壶下方的小桌子模型，新建一个材质，导入学习资源中的"wood.jpg"文件，节点间的连接情况如图7-207所示。材质效果如图7-208所示。

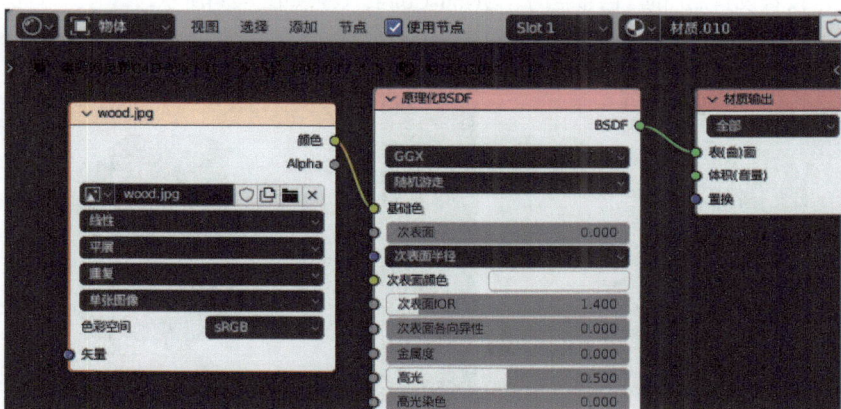

图7-207

图7-208

02 选中小桌子上的布料模型，新建一个默认材质，导入学习资源中的"FriendlyShade_PlainFabric12_Normal.tif"文件，将其节点的"颜色"与"原理化BSDF"节点的"基础色"相连，如图7-209所示。材质效果如图7-210所示。

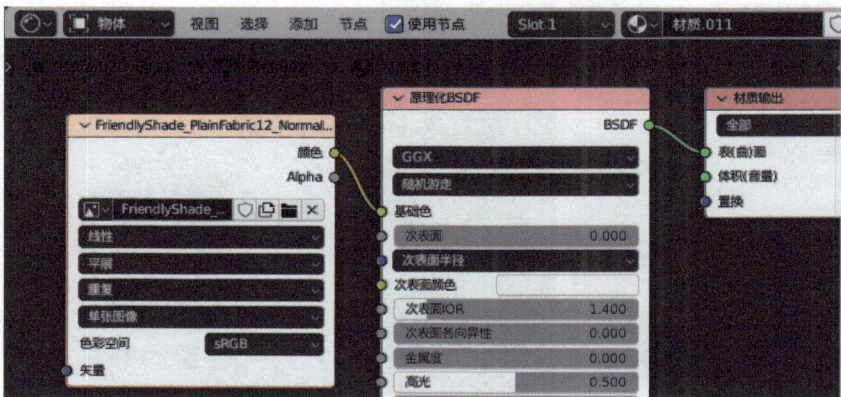

图7-209

图7-210

03 观察模型会发现贴图的纹理很大。选中贴图节点，按快捷键Ctrl+T调出"映射"和"纹理坐标"两个节点，接着添加"值（明度）"节点，设置"值"为10，节点间的连接情况如图7-211所示，效果如图7-212所示。

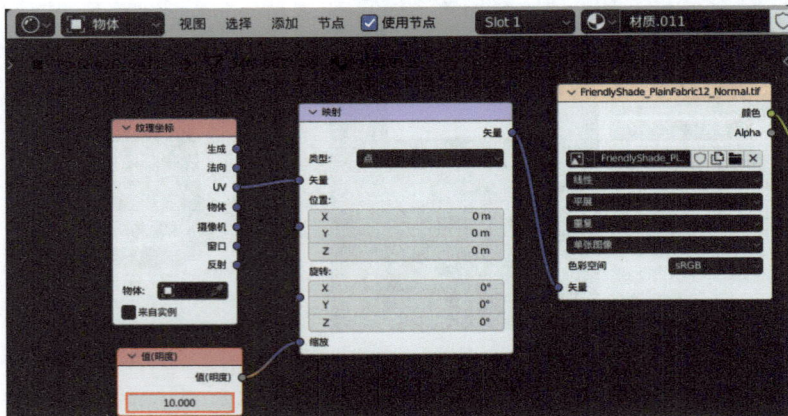

图7-211

图7-212

04 贴图的纹理大小合适后，断开贴图节点与"原理化BSDF"节点的"基础色"的连接，添加"法线贴图"节点，节点间的连接情况如图7-213所示，接着设置贴图的"色彩空间"为Non-Color，效果如图7-214所示。

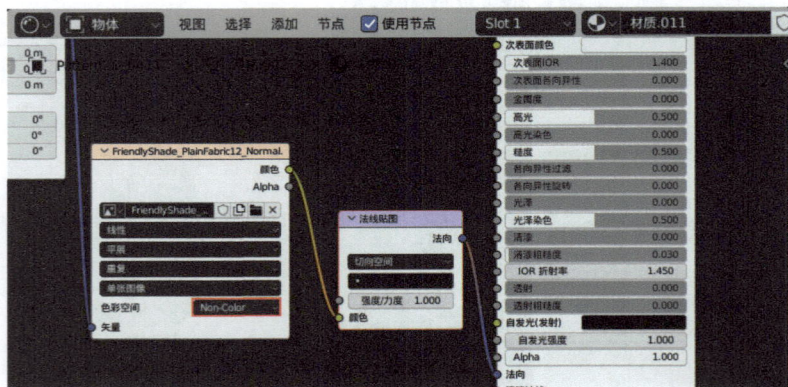

图7-213

图7-214

05 设置"基础色"为灰色，"光泽"为1，"高光"为0.25，如图7-215所示，效果如图7-216所示。

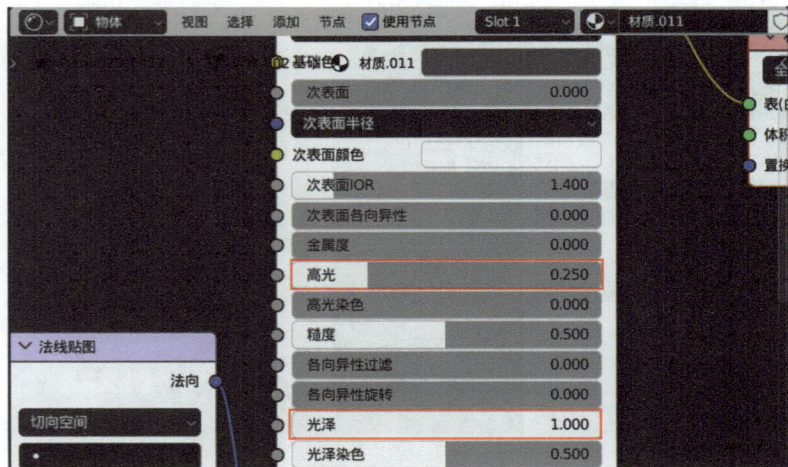

图7-215

图7-216

4.书本和茶杯

01 选中下方的书本模型，添加一个默认材质，导入学习资源中的"537618-13-75.jpg"文件，将其节点的"颜色"连接到"原理化BSDF"节点的"基础色"上，然后设置"糙度"为0.25，如图7-217所示，效果如图7-218所示。

02 其余两个书本模型的材质做法与步骤01的方法一致，只需要替换贴图即可，效果如图7-219所示。

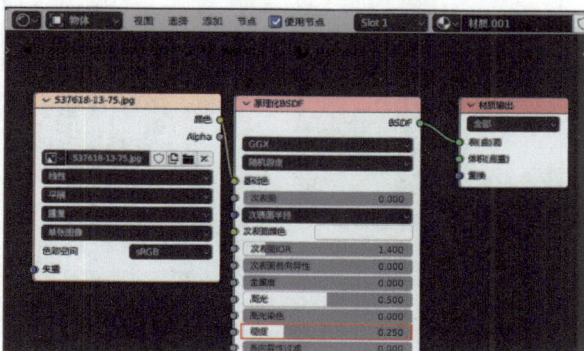

图7-217

图7-218

图7-219

03 茶杯托盘采用玻璃材质。选中茶杯托盘模型，新建一个默认材质，设置"糙度"为0，"透射"为1，如图7-220所示，效果如图7-221所示。

04 杯子部分同样采用玻璃材质，只需要将其与茶杯托盘模型关联材质即可，如图7-222所示。

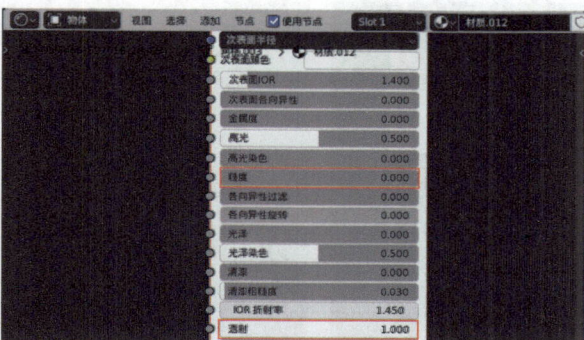

图7-220

图7-221

图7-222

> **技巧提示** 在关联材质时，需要先选中没有材质的模型，再选中有材质的模型。如果反过来选择，会无法关联。

05 茶杯中的茶水可以根据玻璃材质的制作思路进行制作。选中茶水模型，新建一个材质，设置"基础色"为浅红色，"糙度"为0，"透射"为1，如图7-223所示，效果如图7-224所示。

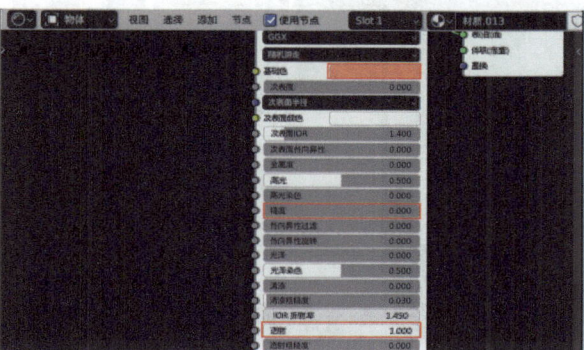

图7-223

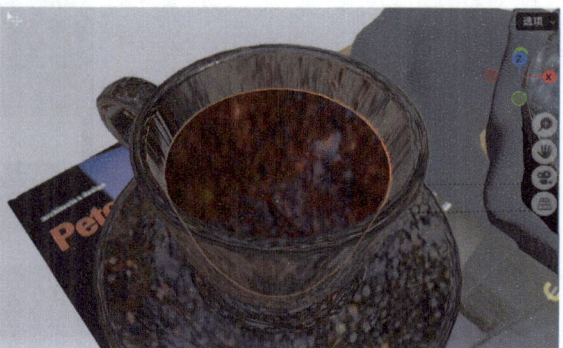

图7-224

5.背景

01 选中墙体模型并添加一个默认材质,设置"基础色"为橙色,"高光"为0,如图7-225所示,效果如图7-226所示。

02 地面部分的材质与墙体保持一致,关联材质即可,效果如图7-227所示。

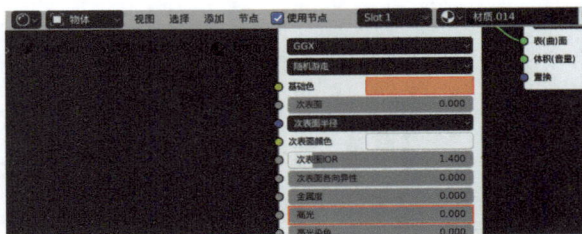
图7-225

图7-226

图7-227

6.躺椅

01 躺椅主要有木质和布料两种材质。选中躺椅模型,添加一个默认材质,导入学习资源中的"wood.jpg"文件,将"wood.jpg"节点的"颜色"连接到"原理化BSDF"节点的"基础色"上,如图7-228所示,效果如图7-229所示。

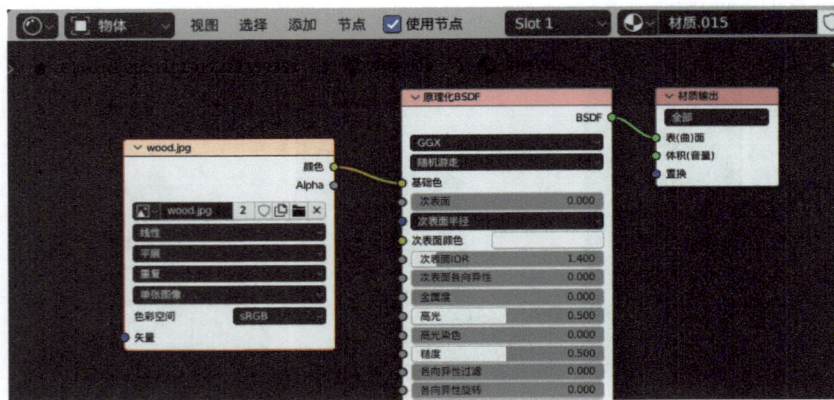
图7-228

图7-229

技巧提示 如果只在"基础色"上添加木纹贴图,可以得到较为理想的材质效果。如果想进一步增加材质的细节,就将贴图复制一份,添加"色相/饱和度/明度"和"RGB曲线"两个节点,将材质变为灰度并增强黑白对比,然后添加"凹凸"节点,将其"法向"连接到"原理化BSDF"节点的"法向"上,如图7-230所示。是否增加凹凸纹理,需要根据场景来确定,如果模型离场景很远,就无须增加。

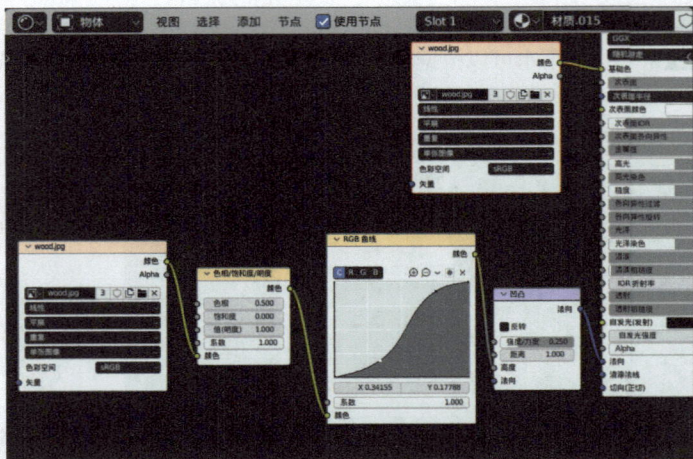
图7-230

02 躺椅除坐垫和靠背模型，其余部分都赋予同样的木质材质，如图7-231所示。

图7-231

03 选中躺椅的坐垫模型，新建一个默认材质，导入学习资源中的"A2069 (2).jpg"文件，将"A2069 (2).jpg"节点的"颜色"连接到"原理化BSDF"节点的"基础色"上，如图7-232所示，效果如图7-233所示。

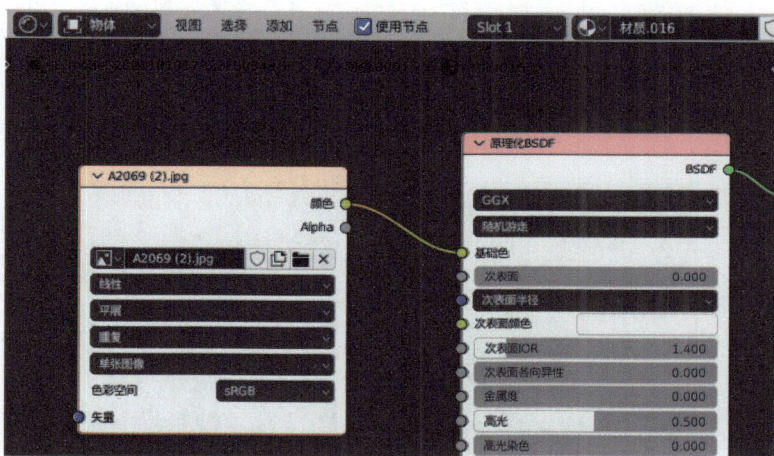

图7-232

图7-233

04 贴图整体效果还可以，只是纹理有些大。选中贴图节点，按快捷键Ctrl+T打开"纹理坐标"和"映射"两个节点，设置"映射"节点的"缩放"下的X、Y、Z都为3，如图7-234所示，效果如图7-235所示。

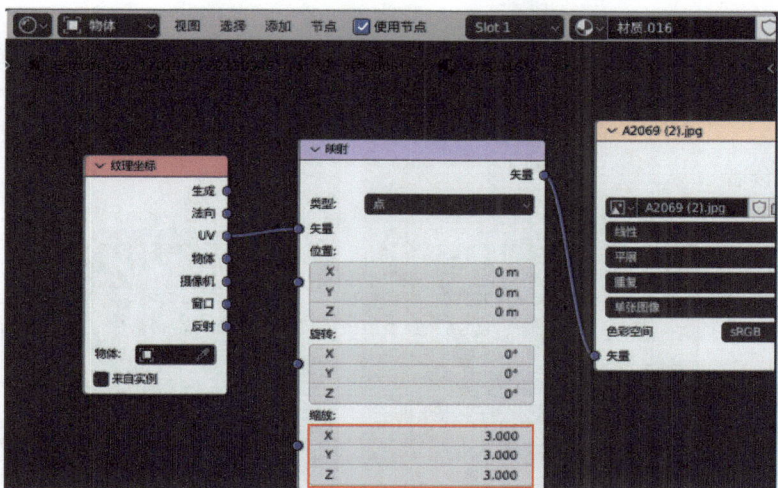

图7-234

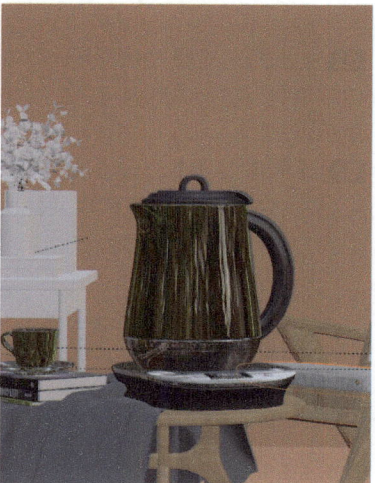

图7-235

05 坐垫的颜色需要偏黄一点，添加"渐变纹理"和"颜色渐变"两个节点，设置"颜色渐变"为黄色渐变，如图7-236所示，效果如图7-237所示。

06 将坐垫的材质关联到靠背模型上，效果如图7-238所示。

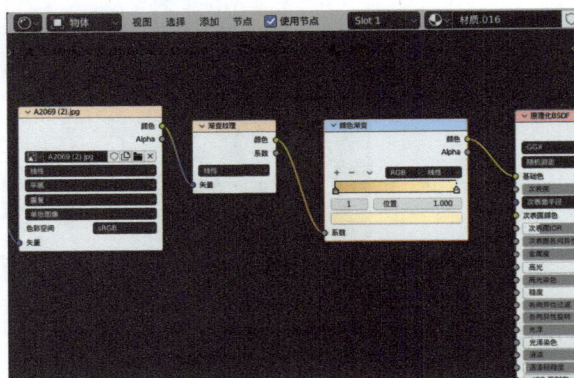

图7-236

图7-237

图7-238

> **技巧提示** 虽然靠背模型在画面中完全不可见，但为了后期渲染时不造成影响，还是要赋予相应的材质。

7.桌子和花瓶

01 后方的桌子也是木质材质，与躺椅的材质相同，这里只需要与躺椅的材质进行关联即可，如图7-239所示。

02 桌上的书本离得较远，不需要添加贴图，设置"基础色"为浅灰色即可，效果如图7-240所示。

> **技巧提示** 读者在制作这一步时需要注意，只需要给书本的封面模型赋予浅灰色即可，书本的内页模型保持默认的白色。

图7-239

图7-240

03 桌上的花瓶是玻璃材质，与茶杯模型的玻璃材质进行关联即可，效果如图7-241所示。

04 制作花束模型的材质较为烦琐，读者可导入学习资源中的花束模型替换原来的白模，效果如图7-242所示。

图7-241

图7-242

8.水壶内部

01 水壶内部还有滤网和水两个模型需要添加材质。选中水模型，添加一个默认材质，设置"基础色"为红色，"糙度"为0，"透射"为1，如图7-243所示。隐藏水壶外侧后的效果如图7-244所示。

图7-243

图7-244

02 选中滤网模型，新建一个默认材质，导入学习资源中的"滤网_2.tif"文件，将"滤网_2.tif"节点的"颜色"连接到"原理化BSDF"节点的"基础色"上，并设置"金属度"为1，"糙度"为0.35，如图7-245所示，效果如图7-246所示。

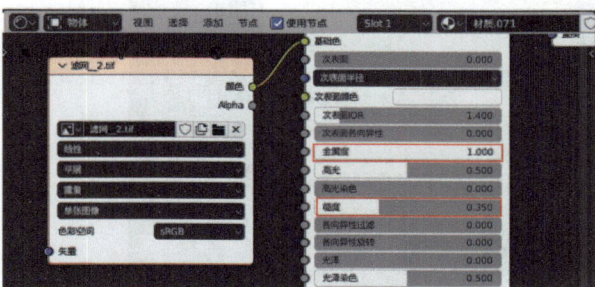

图7-245

图7-246

03 观察模型的材质会发现贴图的投射有问题，需要为其展UV。在"编辑模式"中选中需要裁剪的边，并使用"标记缝合边"命令进行标记，如图7-247所示。

04 在"UV编辑器"窗口中将展开的UV整体移动到画面外部，如图7-248所示。

图7-247

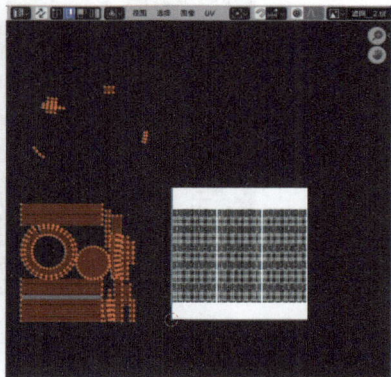

图7-248

05 选中柱体曲面上的UV，然后将其移动到画面中并适当地进行缩放，如图7-249所示，效果如图7-250所示。

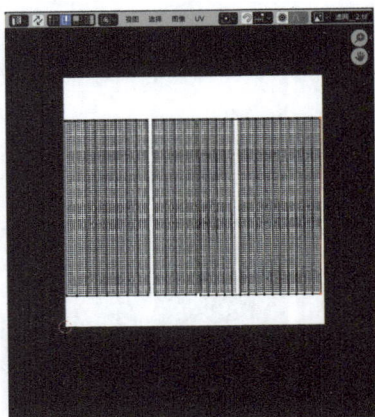

图7-249

图7-250

06 在贴图节点中设置贴图模式为"扩展"，就能将模型上的贴图调整合适，如图7-251所示。

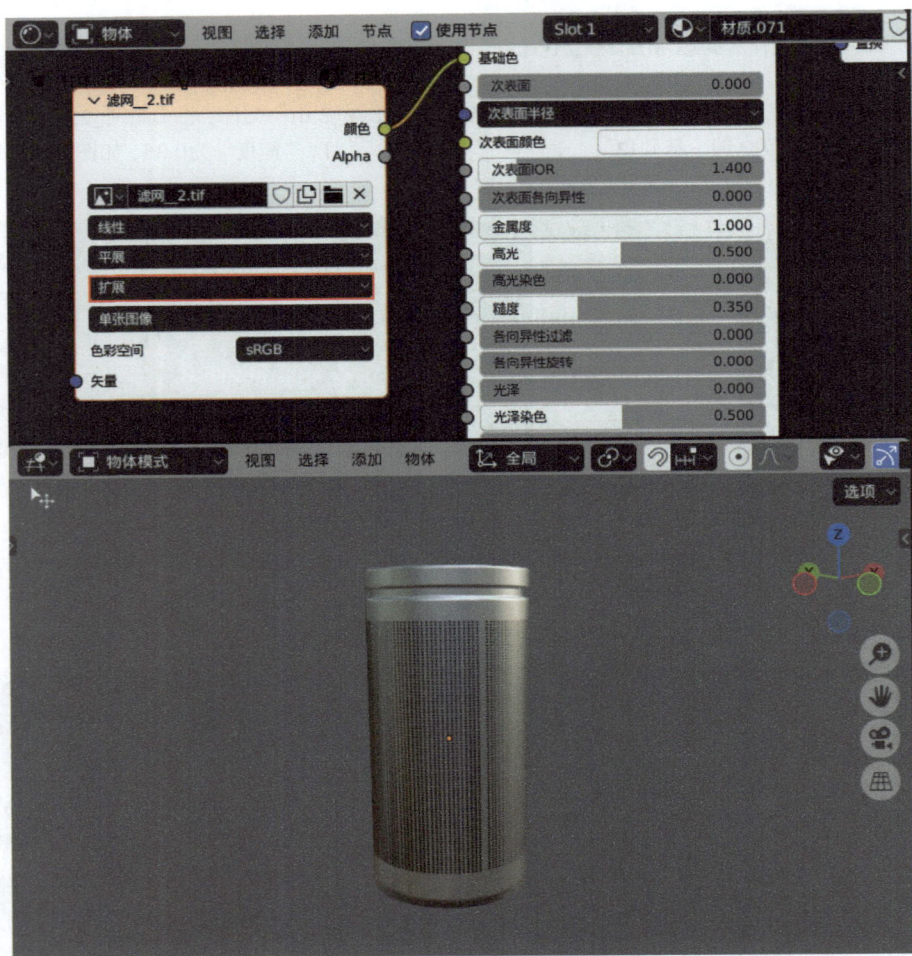

图7-251

07 将设置好的贴图节点与"原理化BSDF"节点的"基础色"断开，然后连接到Alpha上，如图7-252所示。模型会按照贴图的"黑透白不透"原则显示镂空效果，如图7-253所示。

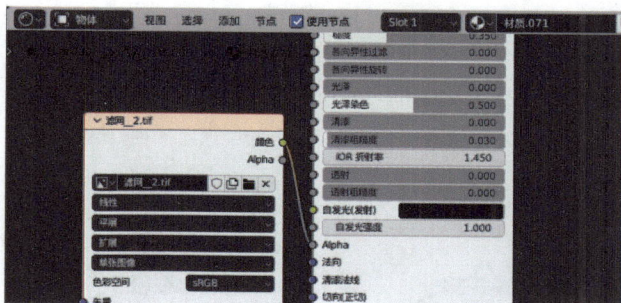

图7-252

图7-253

技巧提示 模型需要放大视图才能看到镂空效果。

7.3 场景渲染

在7.2节中我们设置了摄像机视图中可见的材质，本节中我们需要添加灯光再渲染输出图片。

7.3.1 添加灯光

01 在"着色器编辑器"窗口中切换到"世界环境"模式，并勾选"使用节点"复选框，如图7-254所示。
02 将学习资源中的.hdr文件拖入软件，会自动生成节点，然后将.hdr文件的节点的"颜色"与"背景"节点的"颜色"连接在一起，如图7-255所示。

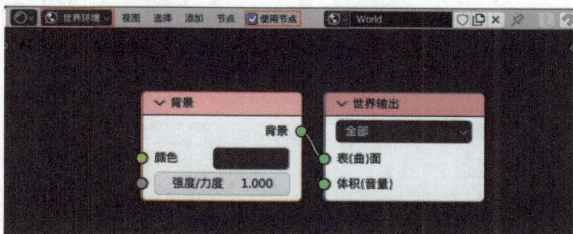

图7-254

图7-255

03 打开"属性"面板的"渲染属性"选项卡，设置"渲染引擎"为Cycles，"最大采样"为16，如图7-256所示。
04 在"输出属性"选项卡中设置"%"为50%，如图7-257所示。这样就会尽可能快地实时渲染场景。测试渲染效果如图7-258所示。

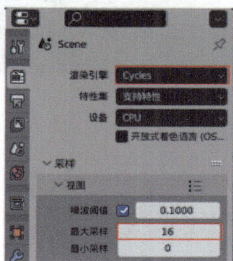

图7-256

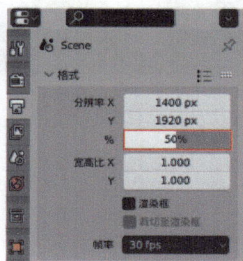

图7-257

图7-258

05 添加一盏"日光"灯光，然后调整灯光的位置和角度，使其从画面右侧向左侧照射，如图7-259所示。实时渲染效果如图7-260所示。

06 调整场景中一个白色植物模型的位置，使其在墙面上产生投影，如图7-261所示。

图7-259

图7-260

图7-261

07 在水壶的右侧新建一盏"面光"灯光，使其在水壶上形成光斑，如图7-262所示。实时渲染效果如图7-263所示。

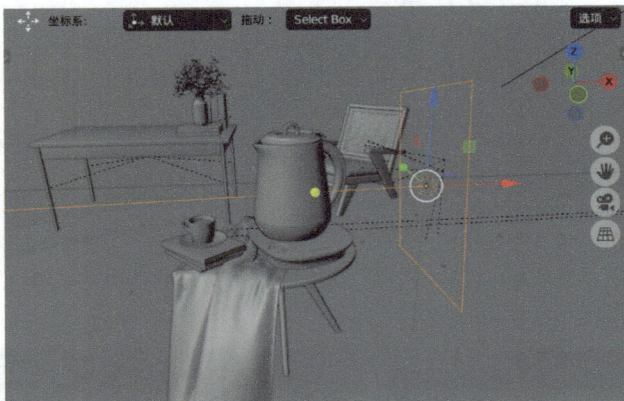
图7-262

图7-263

08 将面光复制一份并移动到水壶左侧，如图7-264所示。实时渲染效果如图7-265所示。

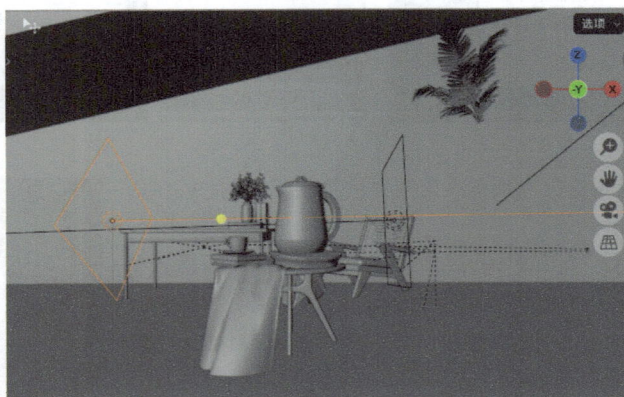
图7-264

图7-265

09 将步骤08中放置在水壶左侧的灯光复制一份并移动到水壶后方作为轮廓光，如图7-266所示。实时渲染效果如图7-267所示。

图7-266

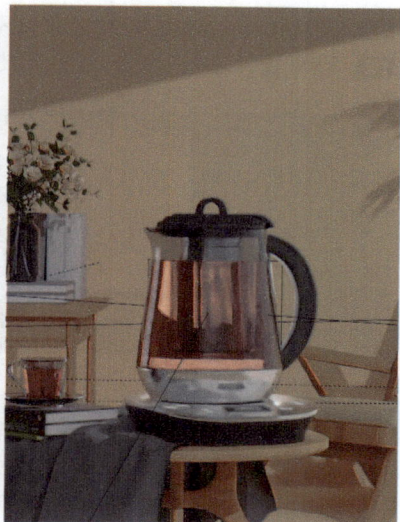

图7-267

技巧提示 轮廓光照射时需要避开水壶上部的玻璃，照亮下方的液体部分。具体调整方法请读者观看本案例的教学视频。

10 继续复制一盏面光放在水壶的上方，如图7-268所示。实时渲染效果如图7-269所示。

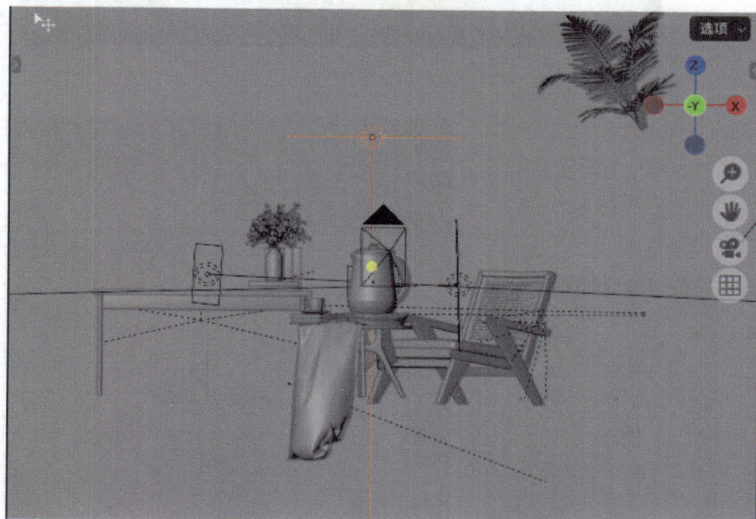

图7-268

图7-269

技巧提示 根据光照情况，读者可灵活调整水壶的材质参数。

7.3.2 渲染图片

01 切换到Compositing（合成）工作区，勾选"使用节点"复选框，就会出现渲染所需要的节点，如图7-270所示。

02 添加"文件输出"节点，然后将其Image与"渲染层"节点的"图像"进行连接，如图7-271所示。

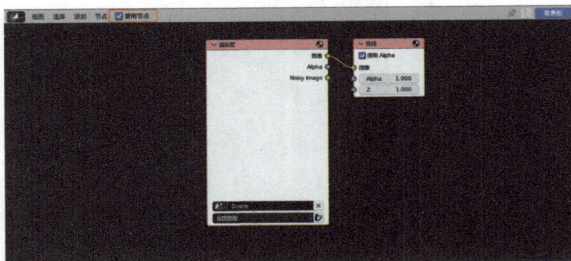

图7-270

图7-271

技巧提示 如果读者担心输出的图片有噪点而影响渲染质量，可以添加"降噪"节点，然后与"渲染层"和"文件输出"两个节点进行连接，如图7-272所示。

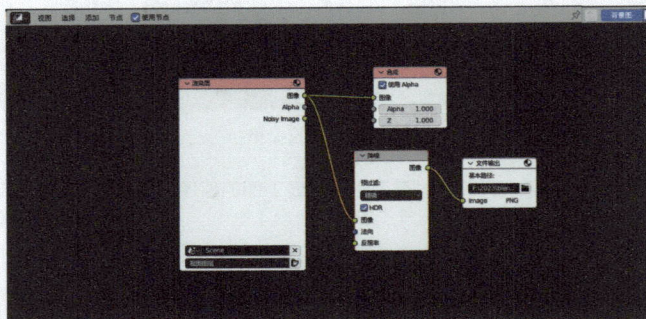

图7-272

03 在"文件输出"节点中设置渲染图片的保存路径和名称，然后在"渲染属性"选项卡中设置"渲染"下的"最大采样"为360，如图7-273所示。

04 在"输出属性"选项卡中设置"%"为100%，如图7-274所示。

05 按F12键渲染场景，案例渲染效果如图7-275所示。

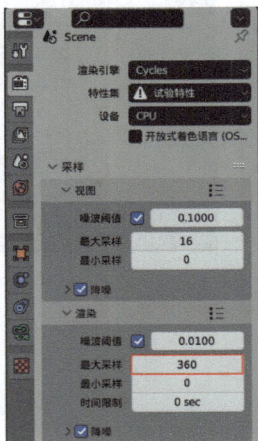

图7-273

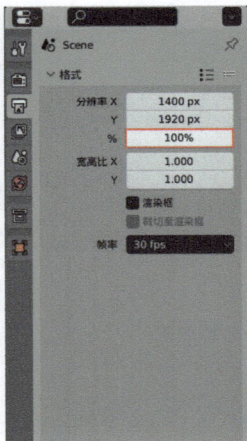

图7-274

图7-275

技巧提示 后期处理部分是在After Effects中添加Looks滤镜，这部分内容也可以在Photoshop中完成。具体操作过程请读者观看本案例的教学视频。

第 8 章　产品设计：游戏手柄

案例文件	案例文件>CH08>产品设计：游戏手柄
视频名称	产品设计：游戏手柄.mp4
学习目标	掌握产品展示图的制作思路

　　本章我们继续学习制作产品展示图的思路和方法。我们需要制作一个游戏手柄，借助参考图片就可以实现产品建模。

8.1 游戏手柄建模

游戏手柄的模型相对复杂，大致可以分成手柄和控件两大部分进行制作。该模型的制作难度较大，建议读者结合教学视频中更为详细的制作过程同步操作。

8.1.1 手柄模型

在建模之前，需要导入3张不同视角的参考图片到场景中，方便更为准确地建立模型。

01 按1键切换到正视图，执行"添加>图像>参考"命令，在打开的窗口中选择学习资源中的"游戏手柄视图01.png"和"游戏手柄视图02.png"两个图片文件，加载完成后将其按照图8-1所示的效果进行摆放。

02 为了方便后续建模，在"属性"面板的"物体数据属性"选项卡中勾选"不透明度"复选框，并设置"不透明度"为0.2，如图8-2所示。视图中的参考图片就会呈现半透明的状态。

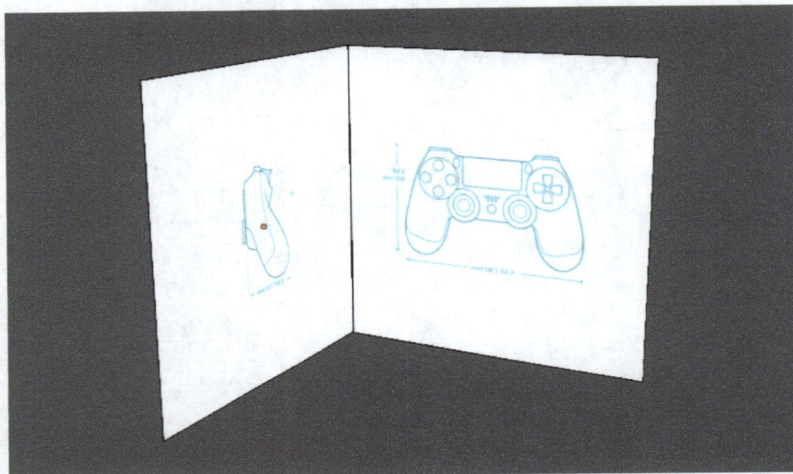

图8-1

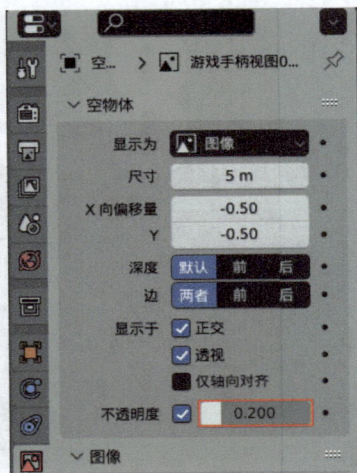

图8-2

03 按1键在正视图中新建一个立方体模型，在"编辑模式"中调整立方体的大小，如图8-3所示。

04 按3键切换到侧视图，在"编辑模式"中调整立方体的长度，如图8-4所示。

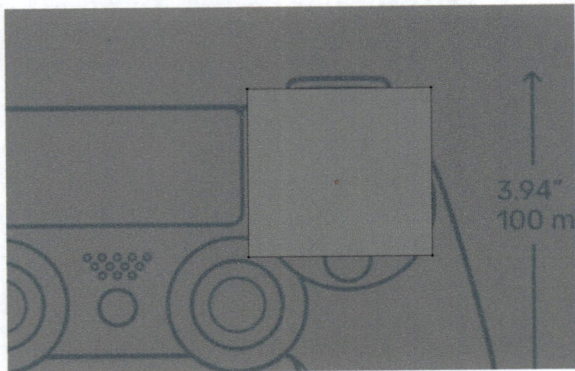

图8-3

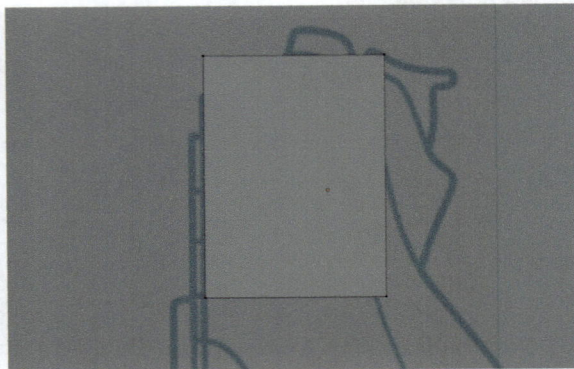

图8-4

技巧提示 如果参考图片的方向反了，就将其旋转180°。

05 按快捷键Ctrl+R在立方体的长、宽和高3个轴向上添加循环边，如图8-5所示。

06 根据正视图中的参考图片，调整立方体边缘点的位置，如图8-6所示。

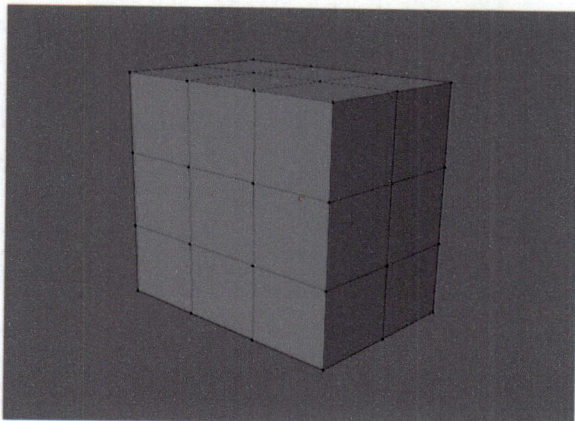

图8-5

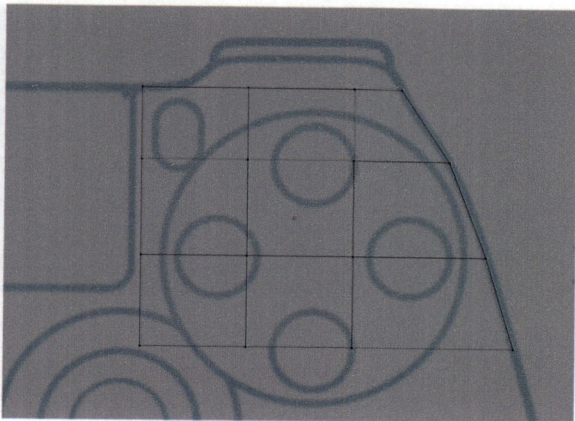

图8-6

07 选中图8-7所示的面，按E键向下挤压，并按照参考图片的样式移动挤出的面，如图8-8所示。

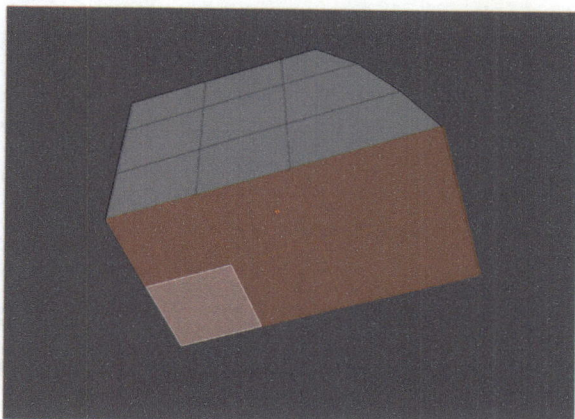

图8-7

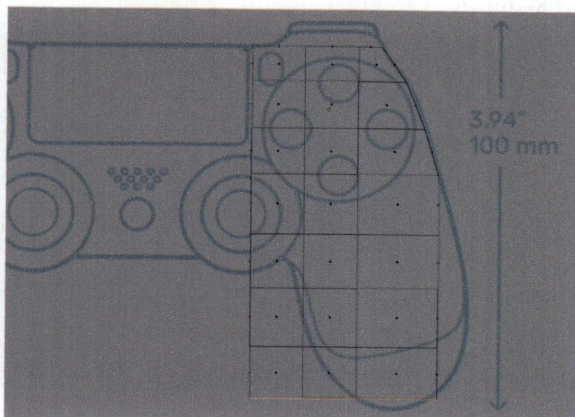

图8-8

08 调整点的位置，使模型边缘与参考图片中手柄的边缘相似，如图8-9所示。

09 手柄顶部有凸起的部分，选中图8-10所示的面，按E键向上挤出这块凸起部分，如图8-11所示。

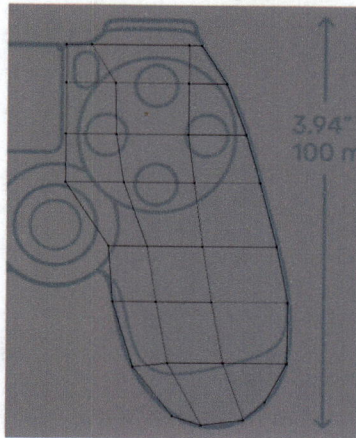

图8-9

图8-10

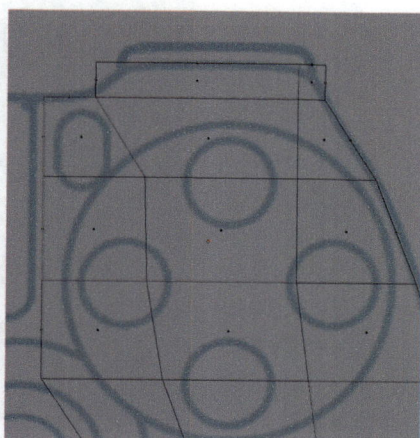

图8-11

10 调整挤出部分的点，使挤出部分与参考图片的轮廓相似，如图8-12所示。

11 选中图8-13所示的面，按E键向左挤出，得到一半手柄，如图8-14所示。

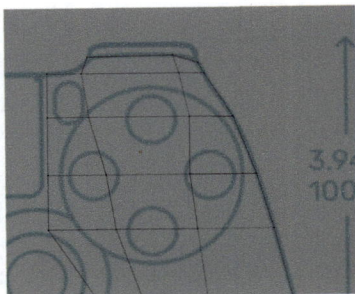

图8-12

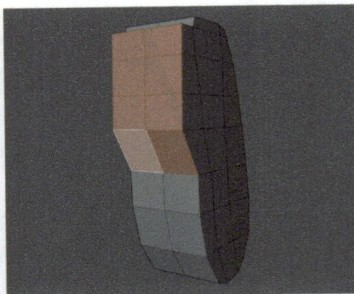

图8-13

图8-14

技巧提示 手柄的左右两侧是完全对称的，因此只需要做出一半，另外一半通过"镜像"修改器复制即可生成。

12 调整挤出后的布线位置，使挤出部分下方边缘与参考图片相似，如图8-15所示。

13 正面部分调整完成，下面来调整侧面。按3键切换到侧视图，根据参考图片旋转手柄下方的点并移动，如图8-16所示。

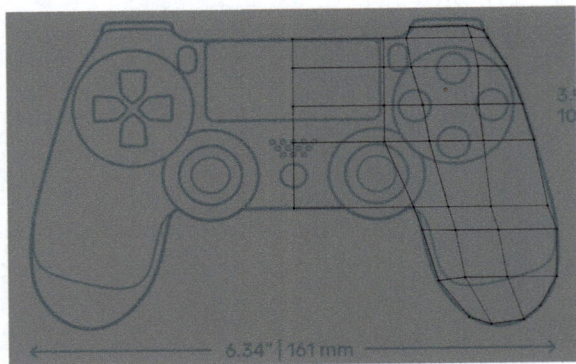

图8-15

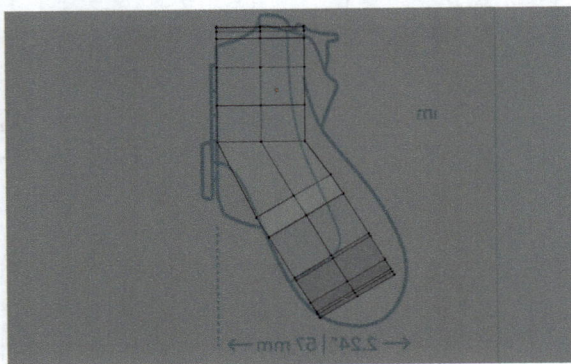

图8-16

14 根据参考图片调整点的位置，使模型边缘与参考图片类似，如图8-17所示。

15 按快捷键Ctrl+R在手柄下方添加一圈循环边，然后调整下方的布线，如图8-18所示。

技巧提示 调整布线的位置时，可以选中点后按快捷键Shift+V将点沿着边滑动。这样做不会让模型产生较大的变化，更利于调整。

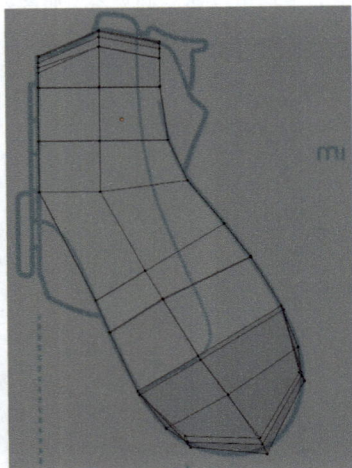

图8-17

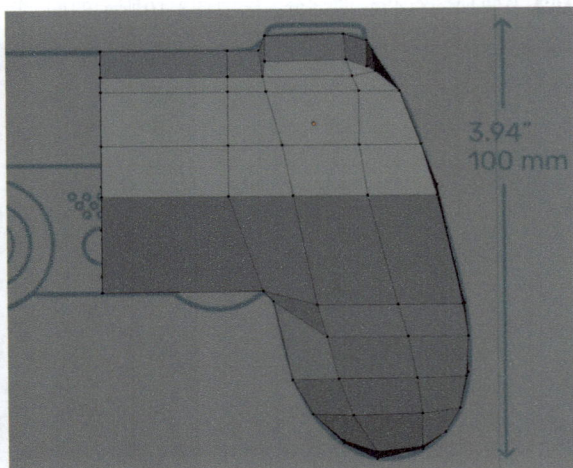

图8-18

16 在正视图中按照参考图片中线的位置调整模型点的位置，如图8-19所示。

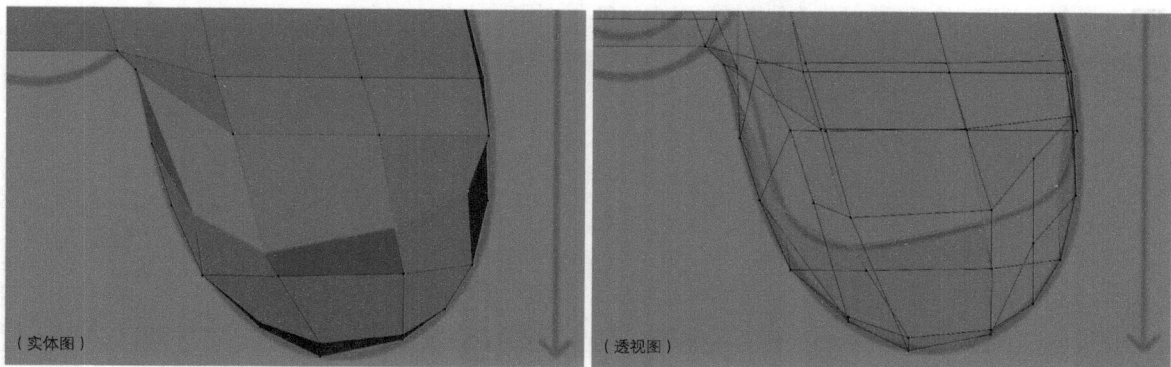

图8-19

17 切换到侧视图，根据参考图片调整点的位置，如图8-20所示。

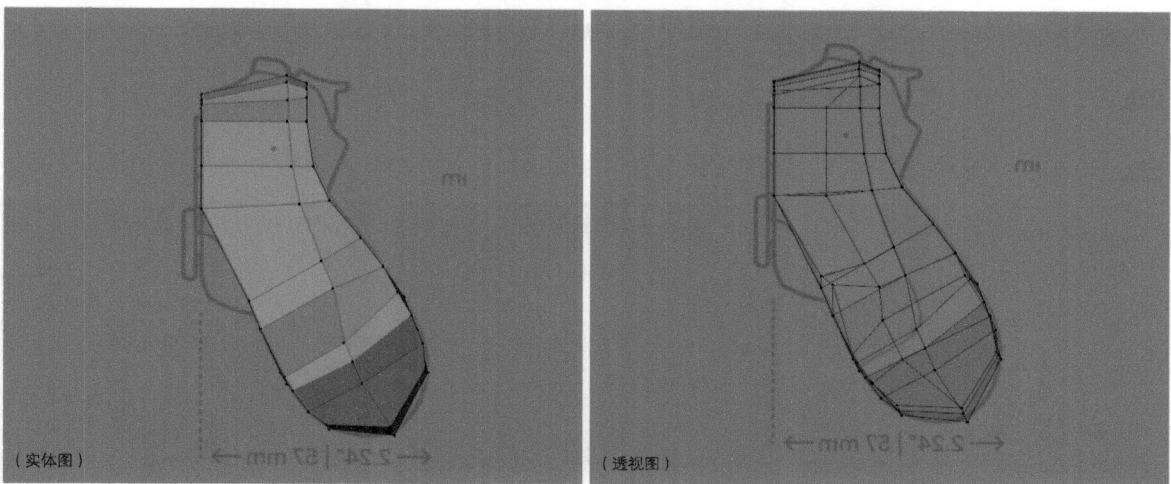

图8-20

18 选中图8-21所示的边，按快捷键Ctrl+B对其进行倒角，如图8-22所示。

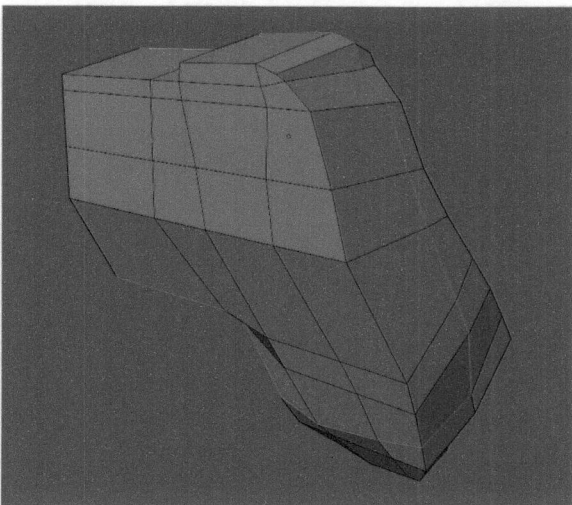

图8-21

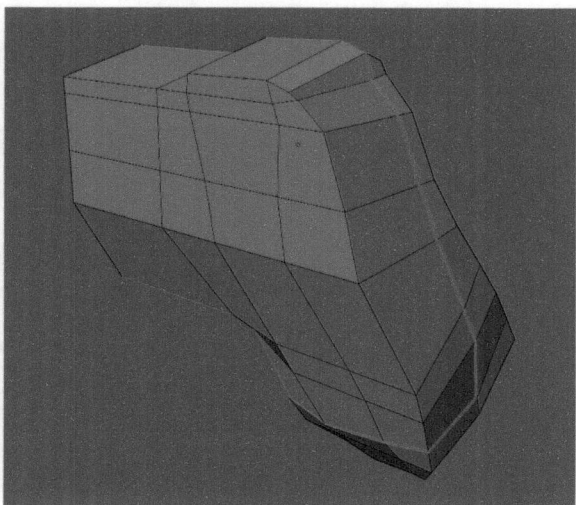

图8-22

19 选中倒角后生成的面，使用"沿法向挤出面"命令向内挤出缝隙，如图8-23所示。

20 删除侧面的面，然后添加"镜像"修改器以生成另一半模型，如图8-24和图8-25所示。

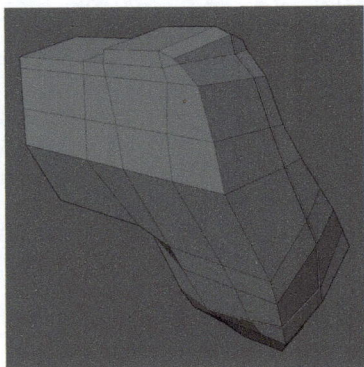
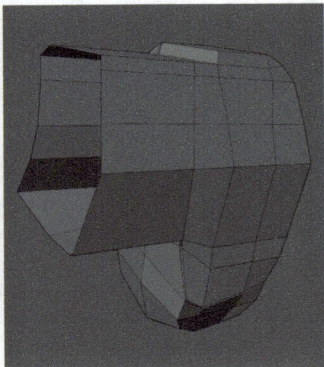
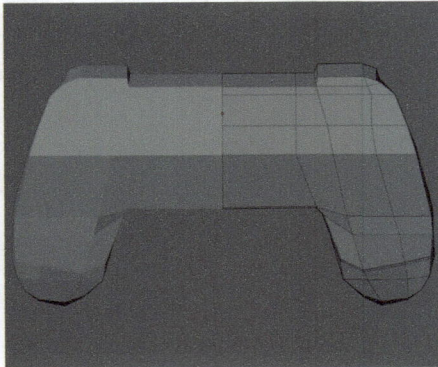

图8-23   图8-24   图8-25

技巧提示 在镜像出另一半模型之前，需要将模型的原点移动到对称边上，这样才能得到正确的对称效果。

21 手柄的上方有一块方形的区域，按快捷键Ctrl+R在模型上添加一圈循环边，然后调整点的位置，沿着方形区域的边沿移动，如图8-26所示。

22 选中图8-27所示的面，使用"沿法向挤出面"命令向外挤出厚度，并删除镜像连接处的面，如图8-28所示。

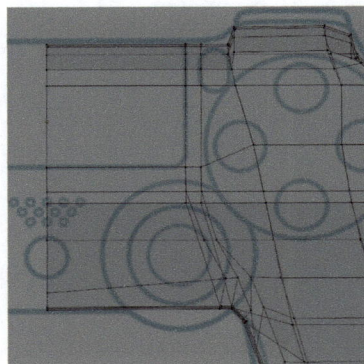
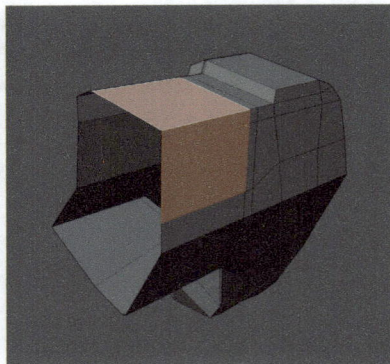
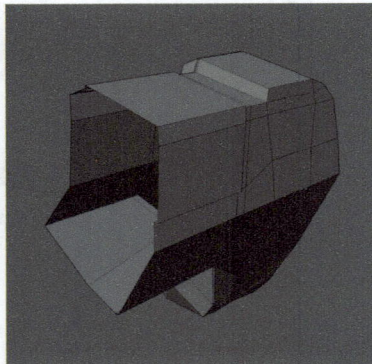

图8-26   图8-27   图8-28

23 下面制作手柄上凸起的部分。在制作之前，需要调整模型的布线，如图8-29所示。

24 选中图8-30所示的面，使用"沿法向挤出面"命令向外挤出一定的厚度，如图8-31所示。

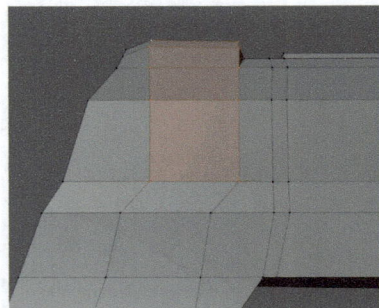
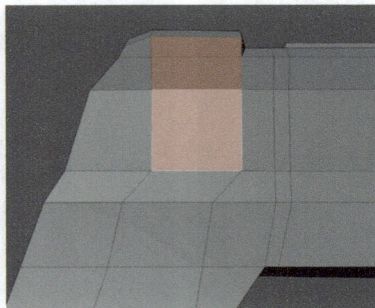
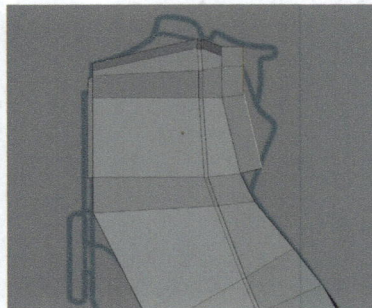

图8-29   图8-30   图8-31

技巧提示 按快捷键Shift+V可以让选中的点在边上滑动，从而在不影响模型结构的情况下移动点。

25 根据侧面的参考图片，调整挤出模型点的位置，如图8-32所示。

26 添加一圈循环边，然后调整前方边的分布，形成图8-33所示的效果。调整好的8条边用来创建手柄表面的圆盘模型。

27 选中步骤26调整好的8条边，单击鼠标右键，在弹出的快捷菜单中选择"LoopTools>圆环"命令，将边调整为圆形，如图8-34所示。

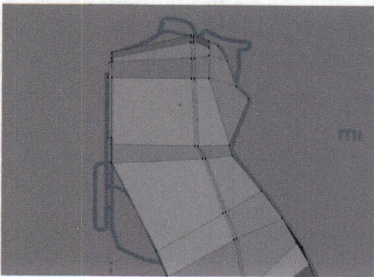
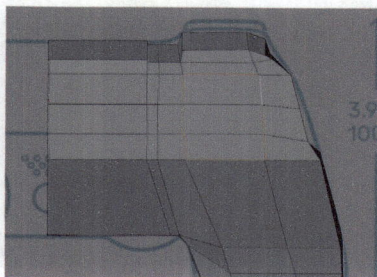
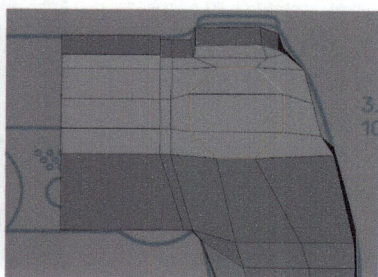

图8-32　　　　　　　　　　　图8-33　　　　　　　　　　　图8-34

技巧提示 如果读者单击鼠标右键后，在弹出的快捷菜单中没有找到LoopTools命令，则需要在"Blender偏好设置"窗口的"插件"选项卡中添加该插件。

28 将调整为圆形的边放大并旋转一定角度，使其与参考图片中的圆盘位置大致相似，如图8-35所示。

29 保持边处于选中状态，按快捷键Ctrl+B对其进行倒角，如图8-36所示。

技巧提示 倒角后确保生成的面的宽度基本相似。如果大小有明显的区别，则需要手动调整点的位置。

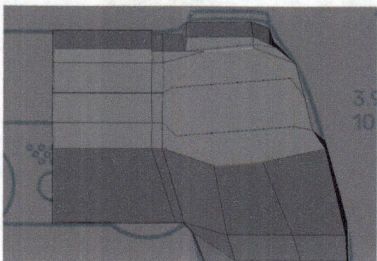
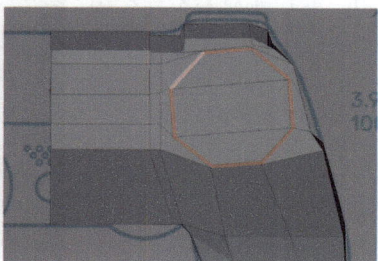

图8-35　　　　　　　　　　　图8-36

30 选中图8-37所示的面，按E键向外挤出厚度，如图8-38所示。

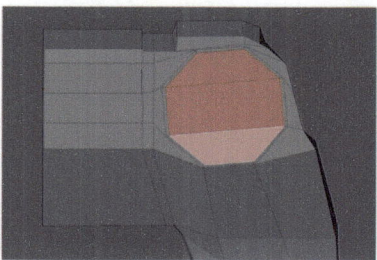

图8-37　　　　　　　　　　　图8-38

31 在模型上添加"表面细分"修改器，查看细分后的效果，如图8-39所示。根据细分后的效果再来调整模型的细节，如图8-40所示。

技巧提示 "表面细分"修改器并不一定非要在建模最后添加，也可以在中途的步骤添加。这样做能根据细分效果灵活地调整模型的细节，避免建模最后再调整时模型过于烦琐而增加操作难度。

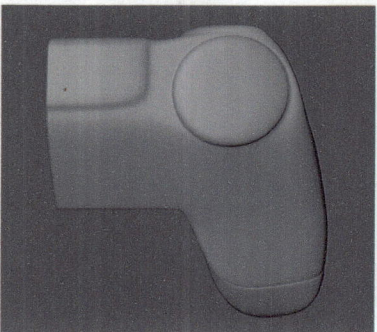
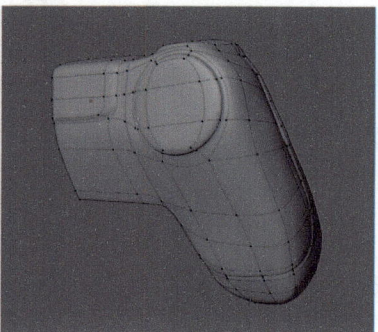

图8-39　　　　　　　　　　　图8-40

32 手柄上方方形凸起的区域不够明显。按快捷键Ctrl+R在凸起区域的周围添加循环边,增强凸起的效果,如图8-41所示。

33 手柄背后凸起的部分不适合用"环切"工具添加分段线,这里使用"切割"工具添加边以提升转角处的锐利效果,如图8-42所示。

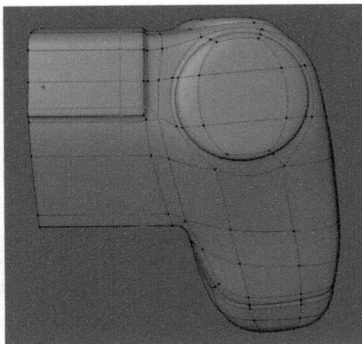

图8-41

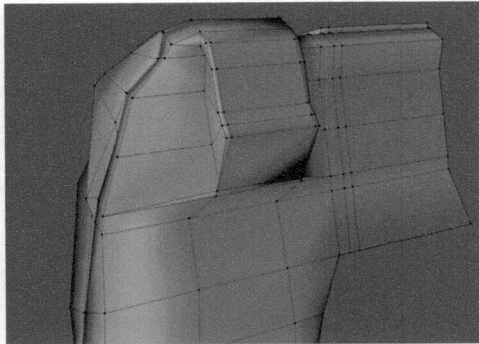

图8-42

技巧提示 这一步稍微复杂一些,建议读者对照教学视频进行制作。

34 按快捷键Ctrl+R在方形凸起的下方添加一圈循环边,然后新建一个柱体模型,将其缩小后放置在参考图片中下方摇杆的位置,如图8-43和图8-44所示。

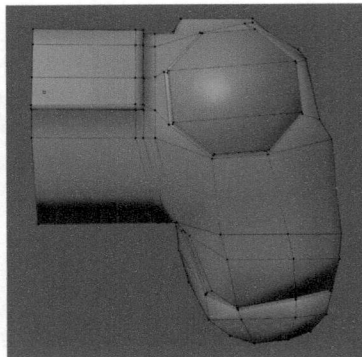

图8-43

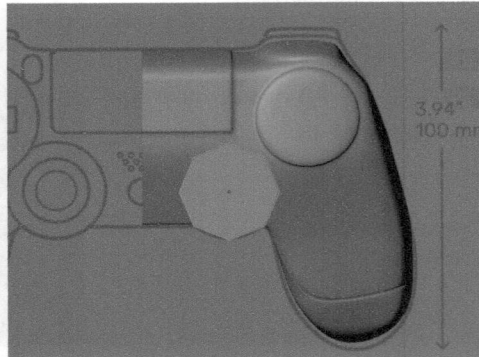

图8-44

技巧提示 在缩放柱体时要注意,柱体不要与其右上方的圆盘模型有交叉,需要留出一点儿空隙。创建柱体模型时,将"顶点"设为8,能降低制作的复杂度。

35 在手柄模型上添加"布尔"修改器,拾取柱体进行布尔运算,并隐藏柱体模型,就能形成凹陷部分,如图8-45所示。

36 布尔运算的效果令人满意后,就可以对"布尔"修改器进行应用,然后选中多余的点与其他有连接线的点进行合并,减少布尔运算后生成的多余的点,使模型看起来更加简洁,如图8-46所示。

技巧提示 这一步的操作较为烦琐,建议读者结合教学视频同步操作。

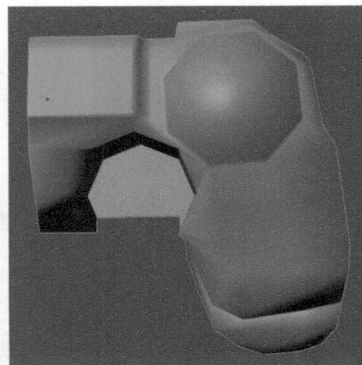

图8-45

图8-46

37 选中图8-47所示的边，按快捷键Ctrl+B进行倒角，如图8-48所示。这样做是为了保护模型的外形不被细分操作所破坏。

图8-47

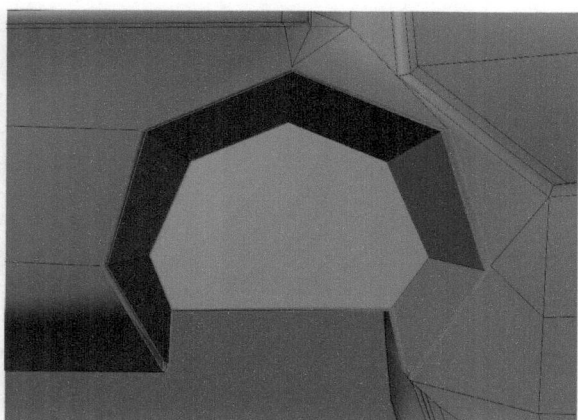

图8-48

38 打开"表面细分"修改器的显示效果，检查模型是否有问题，并添加循环边增加凹陷部分的细节，如图8-49和图8-50所示。

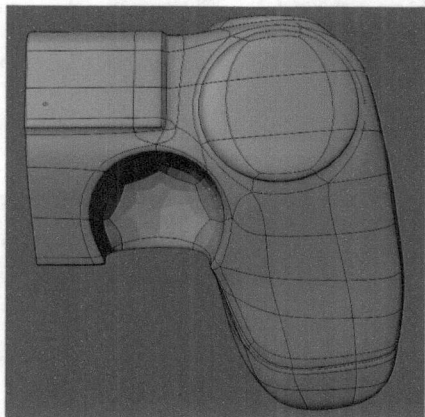

图8-49

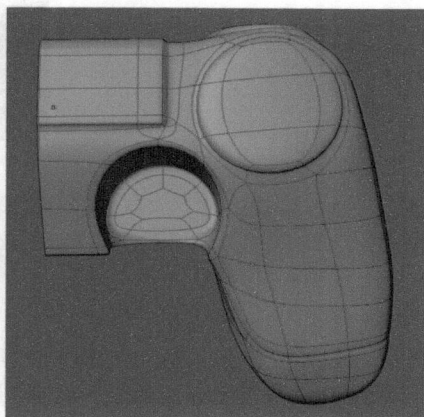

图8-50

技巧提示 读者可以根据参考图片对模型其他部位进行微调，使其与参考图片更加接近。

39 新建一个立方体模型，将其缩小后放在手柄顶部，如图8-51所示。

40 在"编辑模式"中添加循环边，并调整立方体的造型，如图8-52所示。

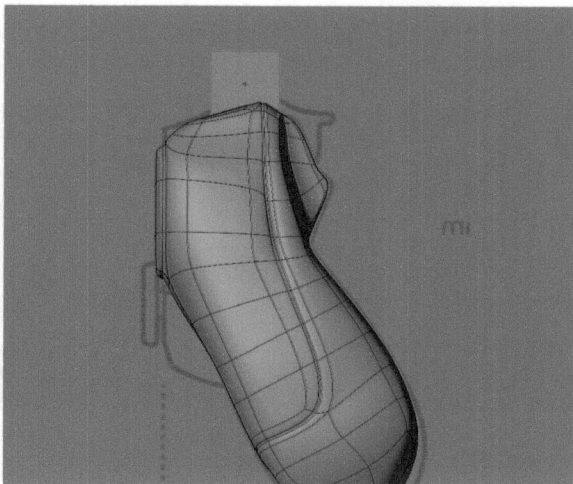

图8-51

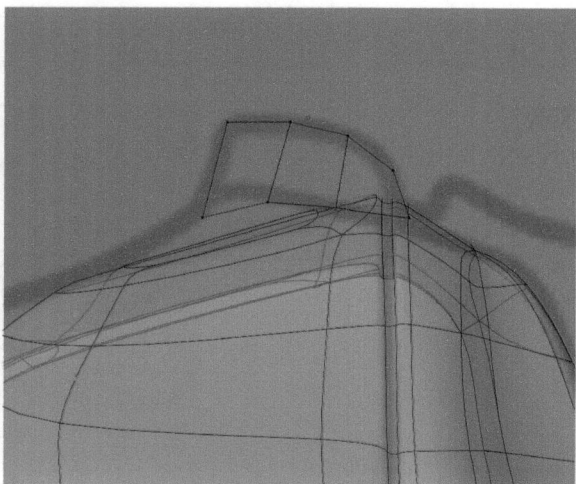

图8-52

41 选中图8-53所示的面, 按E键向右挤出4次, 如图8-54所示。

42 调整挤出模型点的位置, 使其与参考图片更加接近, 如图8-55所示。

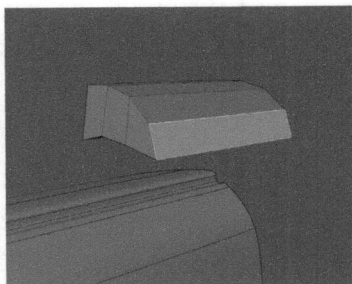
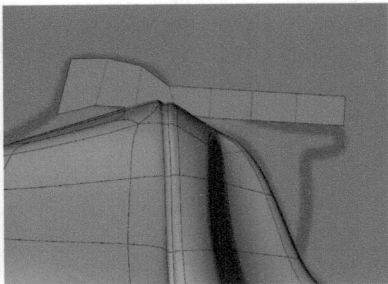

图8-53 图8-54 图8-55

43 选中图8-56所示的面, 按E键向下挤压, 并调整点的位置, 如图8-57所示。

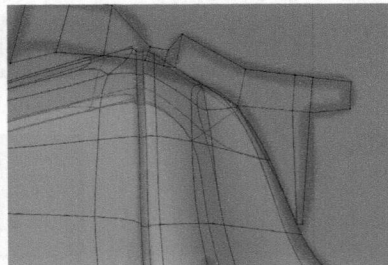

图8-56 图8-57

44 根据正视图调整立方体模型的宽度, 使其与参考图片的宽度一致, 如图8-58所示。

45 在模型上添加"表面细分"修改器, 并添加循环边以调整模型的细节, 如图8-59所示。

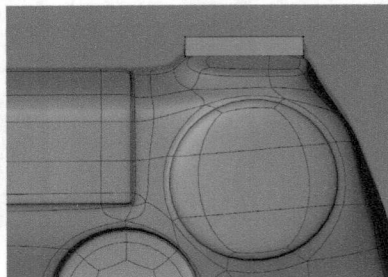
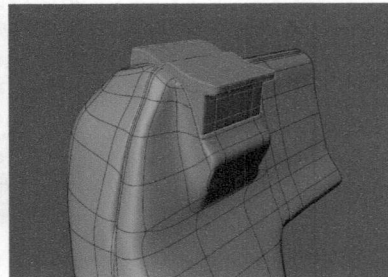

图8-58 图8-59

8.1.2 按钮和摇杆模型

01 新建一个柱体模型, 将其缩小后移动到参考图片中按键的位置, 如图8-60所示。

02 按照参考图片中按键的分布, 复制柱体模型并移动到其他位置, 如图8-61所示。

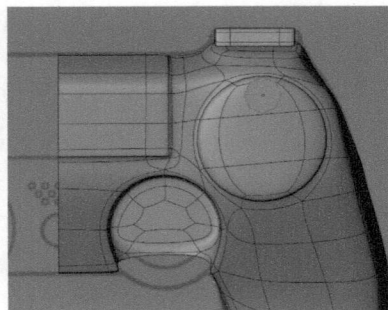
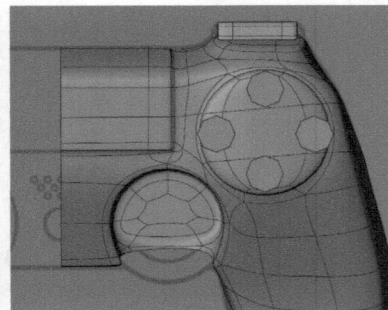

图8-60 图8-61

技巧提示 4个柱体模型不要离圆盘模型的边缘太近, 可适当朝内移动一点儿, 否则进行后面的操作可能会出问题。

03 选中4个柱体模型，按快捷键Ctrl+J将它们合并为一个整体，然后选中手柄模型上圆形的面，向内稍微插入一些，如图8-62所示。

04 选中手柄模型，添加"布尔"修改器，拾取合并后的柱体模型并隐藏，就能生成布尔运算后的凹陷效果，如图8-63所示。

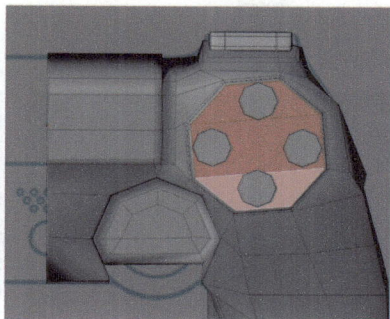 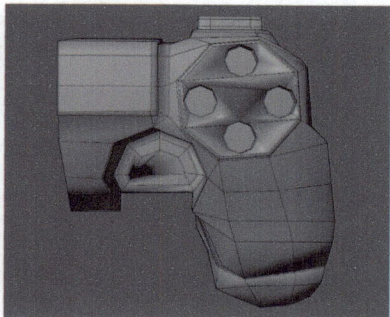

图8-62　　　　　　　　　　　图8-63

05 布尔运算后模型的布线会变得凌乱，需要对其进行整理。观察布尔运算后的孔洞，如果离边缘太近，则需要向内移动一点儿距离，调整完成后对"布尔"修改器进行应用，如图8-64所示。

06 选中孔洞的边，按快捷键Ctrl+B对其进行倒角，如图8-65所示。

 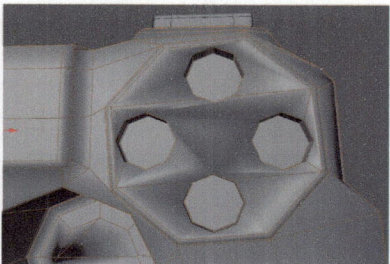 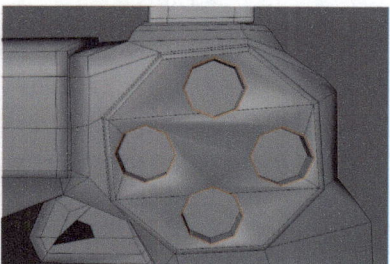

图8-64　　　　　　　　　　　图8-65

07 合并多余的点，然后使用"切割"工具在模型上加线，让模型布线更加合理，如图8-66所示。

08 打开"表面细分"修改器的显示效果，根据最终呈现的效果适当调整点的位置，如图8-67所示。

> **技巧提示** 读者在加线时，应尽量让连接生成的面为4边面或者3边面，这样才不容易出问题。这一步的制作较为烦琐，建议读者结合教学视频同步操作。

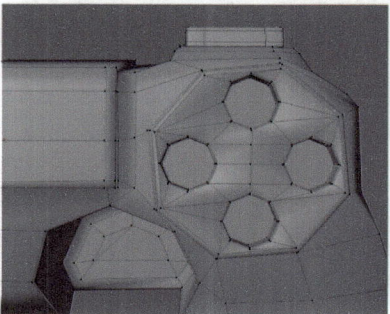 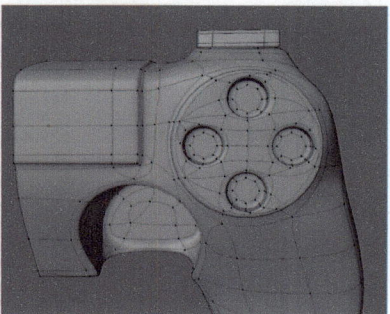

图8-66　　　　　　　　　　　图8-67

09 取消隐藏摇杆处的柱体模型，在"编辑模式"中将其向后移动一定距离，如图8-68所示。这个模型将作为摇杆的基座。

10 孤立显示柱体模型，添加两圈循环边，并选中背面的圆面，向内插入一个新的面，如图8-69所示。

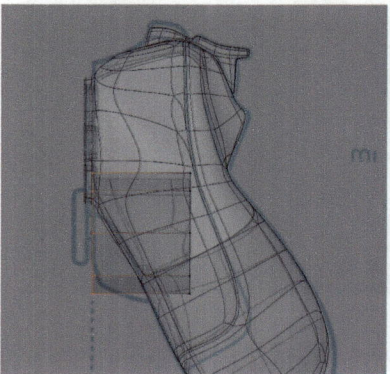 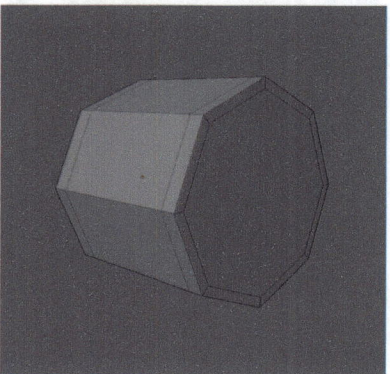

图8-68　　　　　　　　　　　图8-69

11 选中正面的圆面，按I键向内插入4次，如图8-70所示。

12 选中图8-71所示的边，向后移动形成凹槽，如图8-72所示。

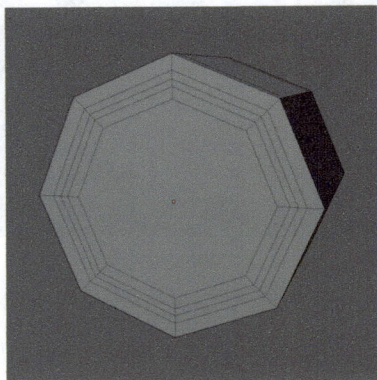
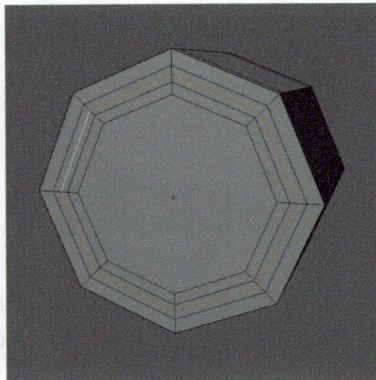
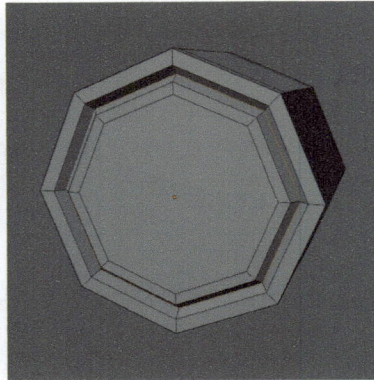

图8-70　　　　　　　图8-71　　　　　　　图8-72

13 选中中间的面，使用"沿法向挤出面"命令向内挤压，如图8-73所示。

14 添加"表面细分"修改器，并添加循环边以调整模型的细节，如图8-74所示。

15 新建一个柱体模型，将其缩小到与参考图片中摇杆的尺寸一致，如图8-75所示。

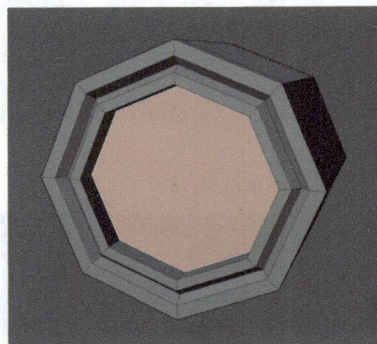
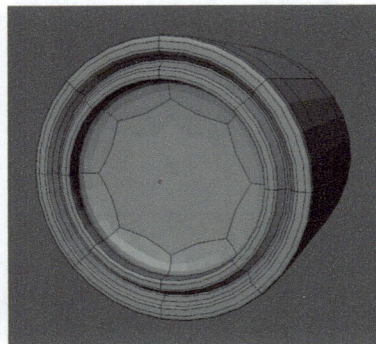
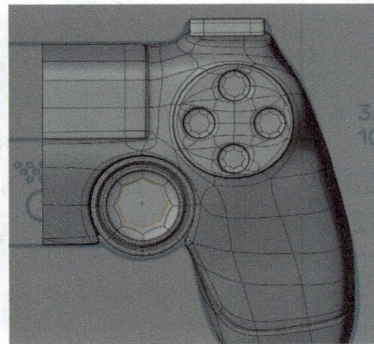

图8-73　　　　　　　图8-74　　　　　　　图8-75

16 在侧视图中根据参考图片的大小，缩短柱体，如图8-76所示。

17 孤立显示摇杆模型，选中背面的圆面，按I键向内插入，然后按E键向后挤出，如图8-77所示。

18 选中正面的圆面，按I键向内插入两次，如图8-78所示。

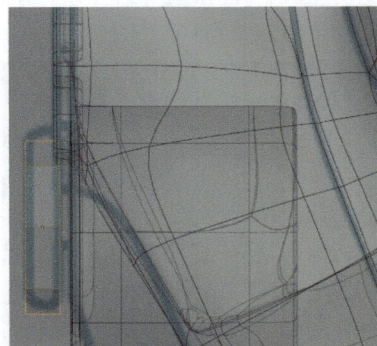
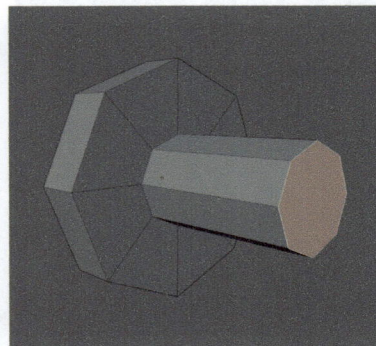
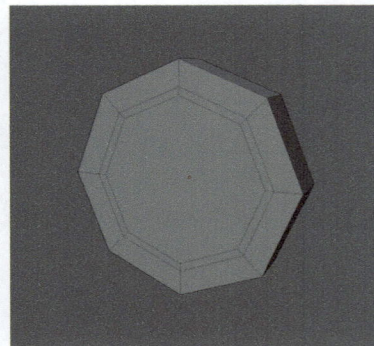

图8-76　　　　　　　图8-77　　　　　　　图8-78

19 选中图8-79所示的面，按E键向内挤压一定距离，形成凹槽，如图8-80所示。

20 在模型上添加"表面细分"修改器，并添加循环边以调整模型的细节，如图8-81所示。

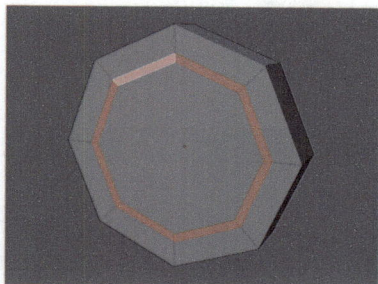
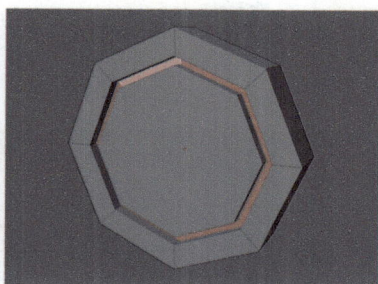
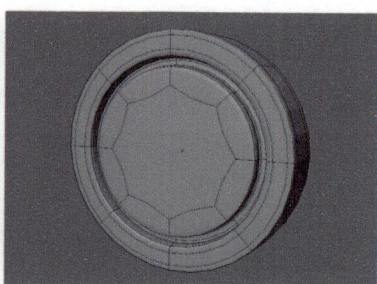

图8-79　　　　　　　　　　　　　　图8-80　　　　　　　　　　　　　　图8-81

21 在手柄模型和摇杆模型上添加"镜像"修改器，复制出另一半模型，如图8-82所示。

22 新建一个立方体，按照参考图片，将其放在圆盘的左上角，如图8-83所示。

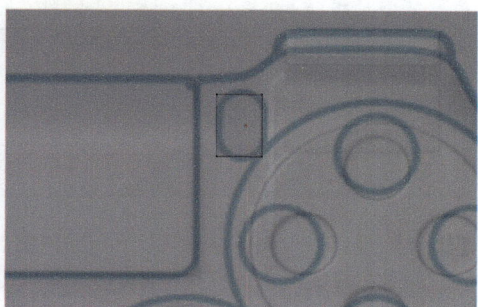

图8-82　　　　　　　　　　　　　　　　　　　　　　　　　图8-83

23 在立方体上添加循环边，然后调整外围的造型到与参考图片类似，如图8-84所示。

24 根据实际的情况，读者可以灵活地调整模型的位置，不必与参考图片的位置完全一致，如图8-85所示。

25 在手柄模型上添加"布尔"修改器，拾取步骤24创建的模型，如图8-86所示。

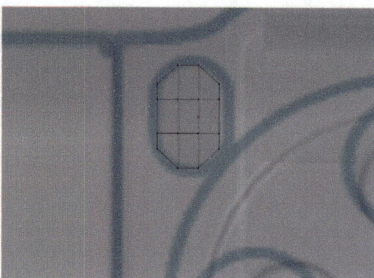

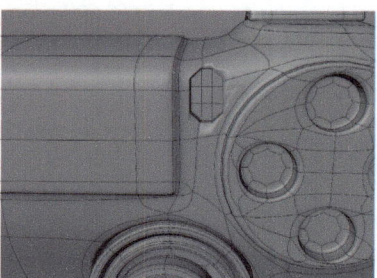

图8-84　　　　　　　　　　　　　　图8-85　　　　　　　　　　　　　　图8-86

26 观察布尔运算效果没有问题后，对"布尔"修改器进行应用，然后优化布尔运算后孔洞周边的点，如图8-87所示。

27 选中图8-88所示的边，按快捷键Ctrl+B进行倒角，这样打开"表面细分"修改器的显示效果后就不会出现问题，如图8-89所示。

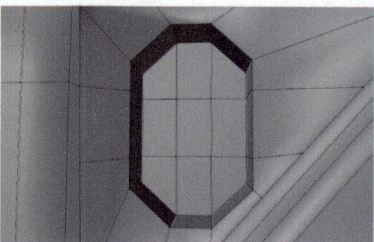

图8-87　　　　　　　　　　　　　　图8-88　　　　　　　　　　　　　　图8-89

28 显示隐藏的立方体模型，添加"表面细分"修改器，并添加循环边以调整模型的细节，如图8-90所示。这样就形成了按钮模型。

29 为按钮模型添加"镜像"修改器，复制到另一侧，如图8-91所示。

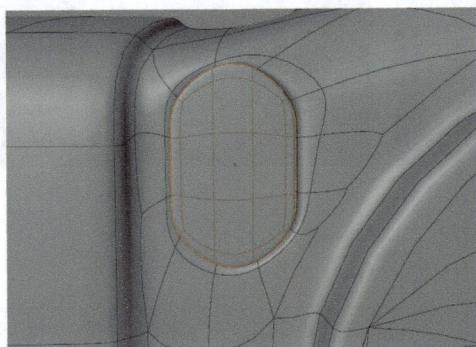

图8-90

图8-91

8.1.3 按键模型

01 仔细观察参考图片会发现，手柄左侧圆盘的按键孔洞的造型与右侧是不同的，如图8-92所示。对手柄模型的"镜像"修改器进行应用，就可以修改按键孔洞的造型了。

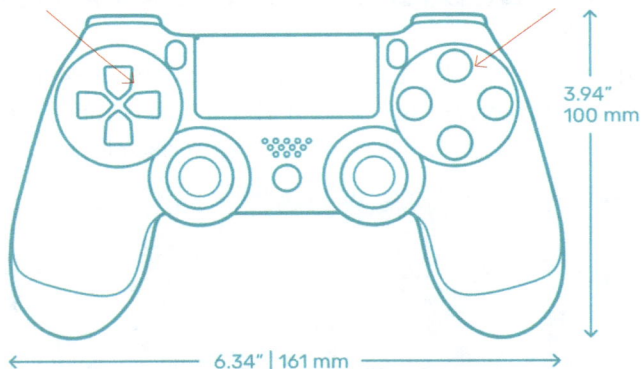

图8-92

02 在"编辑模式"中删除左侧圆盘面，然后选中边缘的边，按F键将其缝合，如图8-93和图8-94所示。

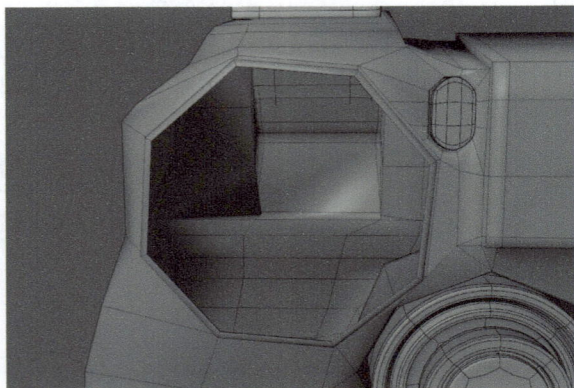

图8-93

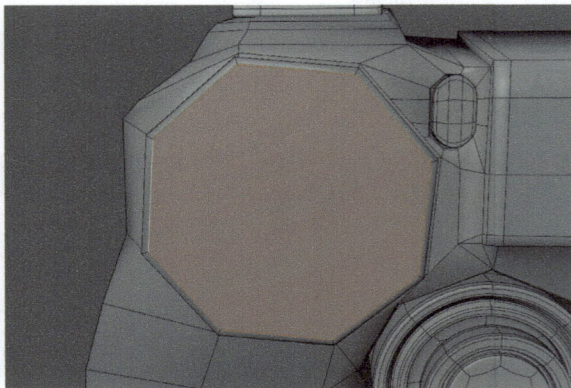

图8-94

03 新建一个立方体模型，将其调整为图8-95所示的效果。

04 按照参考图片，将步骤03创建的立方体复制3份并旋转到合适角度，然后按快捷键Ctrl+J将它们合并为一个整体，如图8-96所示。

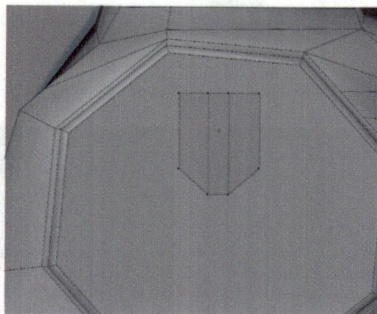

图8-95

图8-96

05 将手柄模型的圆盘面向内插入一次，然后添加"布尔"修改器并拾取立方体模型，形成镂空效果，如图8-97所示。

06 清理布尔运算后模型上多余的点，并添加边线以调整模型的布线，如图8-98所示。

图8-97

图8-98

技巧提示 调整布线的过程较为烦琐，建议读者结合教学视频同步操作。

07 选中孔洞周围的边，按快捷键Ctrl+B进行倒角，如图8-99和图8-100所示。

08 选中孔洞中的面，按I键向内插入新的面，如图8-101所示。

图8-99

图8-100

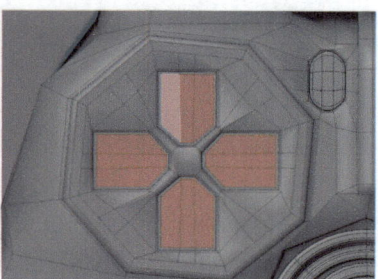

图8-101

09 按快捷键Ctrl+R在模型的孔洞上添加循环边，这样可以调整细分后孔洞的平滑角度，如图8-102所示。

10 打开"表面细分"修改器的显示效果，就可以观察到孔洞处的形态，如图8-103所示。

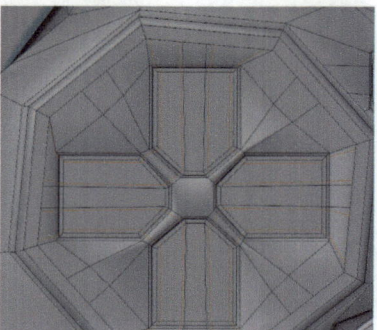

图8-102

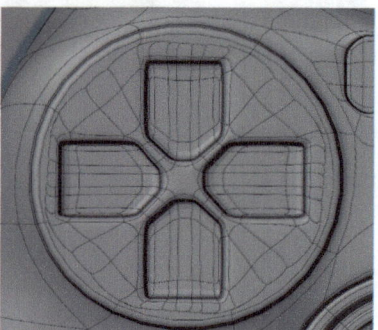

图8-103

11 取消隐藏右侧的柱体按键模型，将其孤立显示，然后选中正面中心的面，按I键向内插入两次，并调整位置，如图8-104所示。

12 在侧面添加循环边，固定柱体的形态，以免添加"表面细分"修改器后造成较大的形态变化，如图8-105所示。

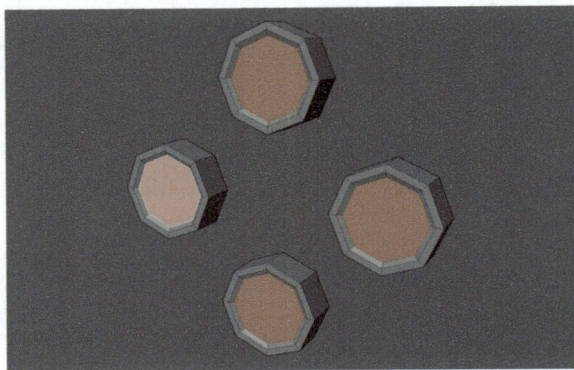

图8-104

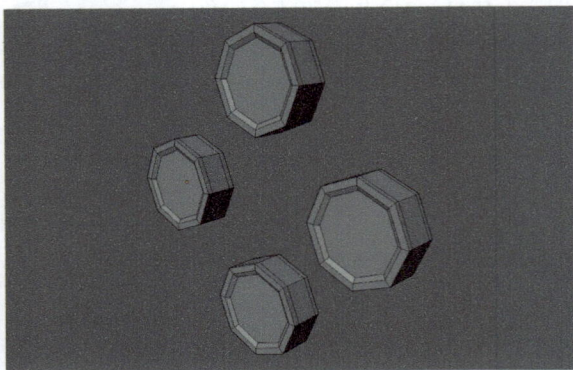

图8-105

13 添加"表面细分"修改器，就能形成平滑的模型效果，如图8-106所示。

14 取消隐藏左侧圆盘上的立方体模型，将其独立显示后仅保留一个按键模型，然后添加布线，如图8-107所示。

图8-106

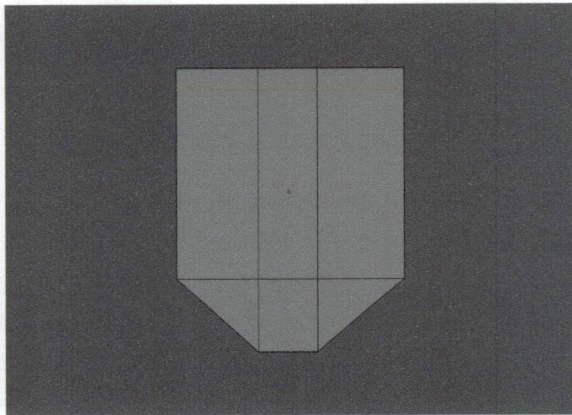

图8-107

15 选中图8-108所示的面，按E键向外挤出一定距离，如图8-109所示。

16 添加"表面细分"修改器，然后添加循环边以调整模型的细节，如图8-110所示。

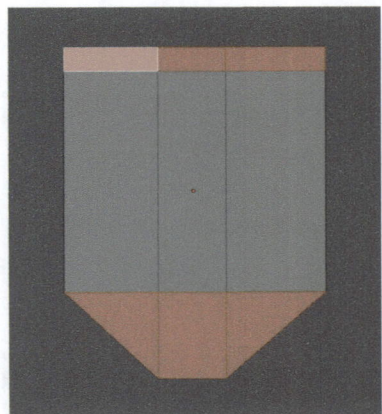

图8-108

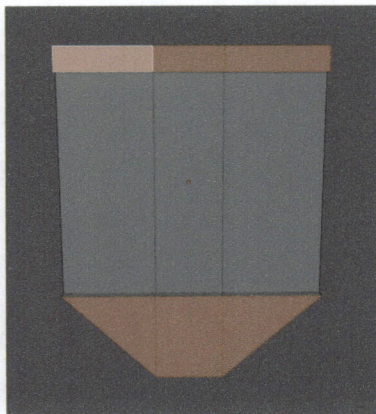

图8-109

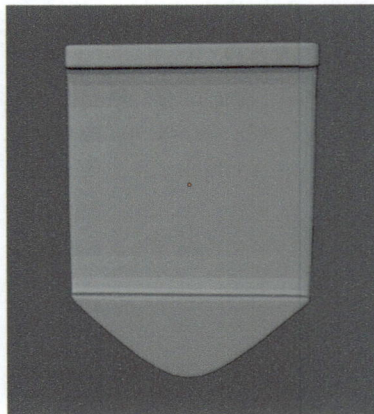

图8-110

17 将做好的按键模型复制3份，移动到其他3个孔洞模型上，如图8-111所示。

18 手柄的中间位置有圆形的按钮。使用"切割"工具在手柄模型的中间位置添加分段线，如图8-112所示。

图8-111

图8-112

19 选中中心的点，单击鼠标右键，在弹出的快捷菜单中选择"顶点倒角"命令进行倒角，生成一个与参考图片中的圆形大小相等的面，如图8-113所示。

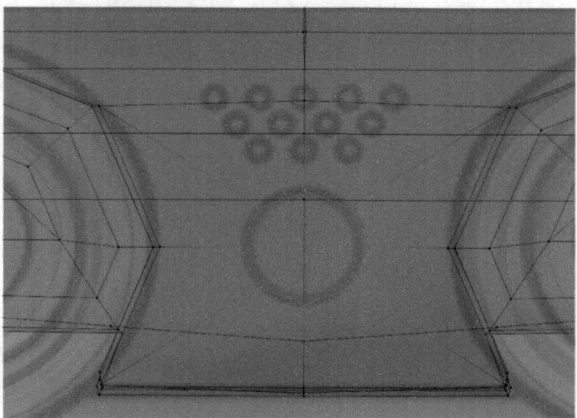

技巧提示 如果倒角后形成的面不够圆，可以单击鼠标右键，在弹出的快捷菜单中选择"LoopTools>圆形"命令以快速调整为圆形。

图8-113

20 选中步骤19生成的面的边并进行倒角，然后将内部的面向内挤压形成凹槽，如图8-114所示。

21 增加凹槽处的边线，这样打开"表面细分"修改器的显示效果后，就不会产生较大的结构变化，如图8-115所示。

22 新建一个柱体模型，将其缩小并倒角后放置在凹槽处成为按钮，如图8-116所示。

图8-114

图8-115

图8-116

8.2 场景材质添加

将制作好的手柄模型放入一个写实类场景中，添加材质、灯光和摄像机后，就能生成一幅逼真的产品展示图。本节就来制作场景中的不同材质。

8.2.1 场景构图

01 打开本书学习资源中的"游戏手柄-场景.blend"文件，这是一个简单的小场景，将制作好的手柄模型导入场景中，如图8-117所示。

02 在"属性"面板的"输出属性"选项卡中设置输出图片的像素大小，如图8-118所示。

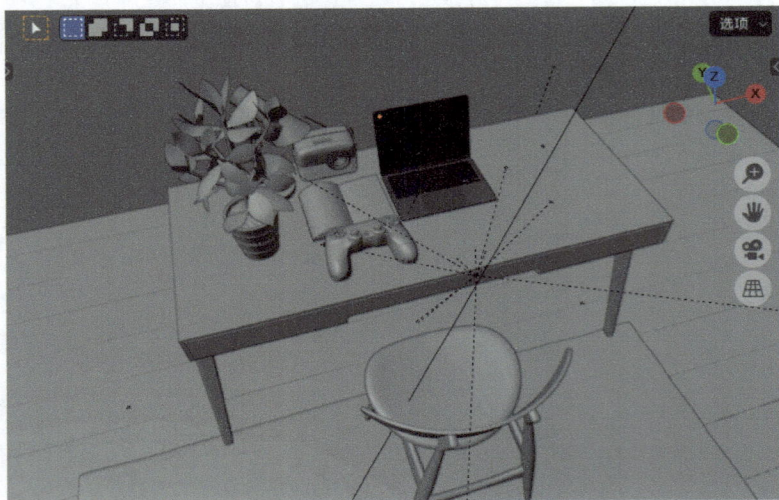

图8-117

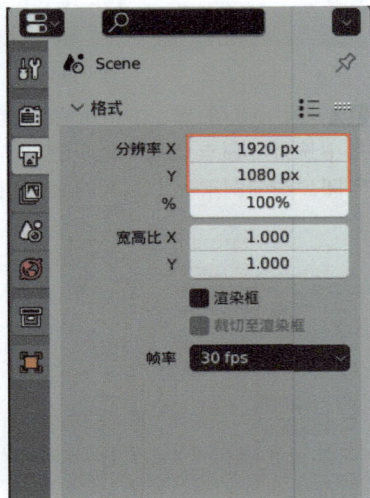

图8-118

03 在场景中创建摄像机，然后将其移动到模型上方的位置并设置摄像机的"焦距"为135mm，效果如图8-119所示。此时的摄像机视图如图8-120所示。

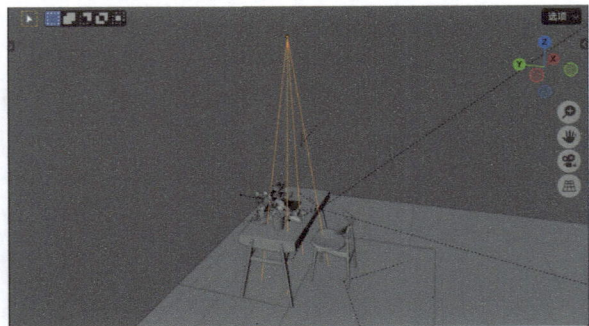

图8-119

图8-120

8.2.2 添加材质

下面为场景中的模型添加相应的材质。场景的材质较为简单，难点在于为按键和模型上部的凸起部分展UV。

1.展UV

01 手柄模型上部凸起部分如果需要添加贴图，就必须先展UV。在"编辑模式"中选中凸起部分的边，单击鼠标右键，在弹出的快捷菜单中选择"标记缝合边"命令，效果如图8-121所示。

02 选中手柄右侧的4个按键，然后为其标记缝合边，如图8-122所示。

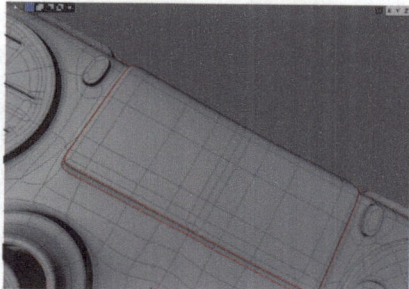

图8-121

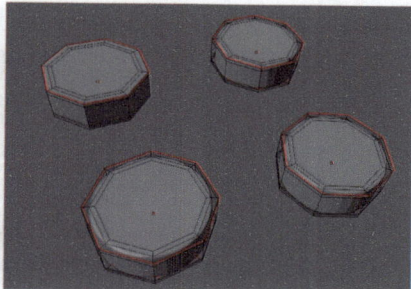

图8-122

03 手柄模型主要包括皮革和塑料两种材质，在之前的建模过程中，我们在模型上挤出了一条很细的缝，现在沿着这条缝选边并进行标记，如图8-123所示。

04 全选手柄模型的所有面，在"UV编辑器"窗口中按U键，在弹出的菜单中选择"展开"命令，如图8-124所示。

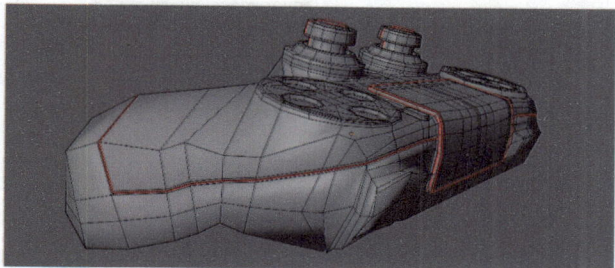

图8-123

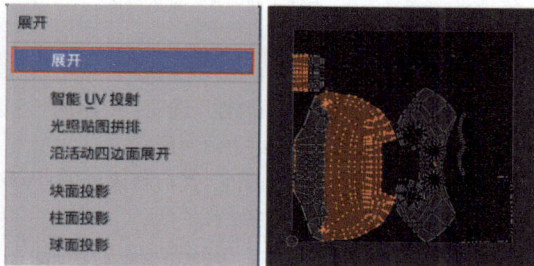

图8-124

05 选中皮革部分的面，然后在"UV编辑器"窗口中将这一部分的UV全选后单独移动到画面外，如图8-125所示。如果读者在之前标记缝合边时使用了不同的方法，分出的UV形态会有些区别，但并不影响后面添加贴图后的效果。

06 选中模型上方凸起部分的面，将其UV移动到单独的位置，如图8-126所示。

07 选中右侧按键模型，在"UV编辑器"窗口中展UV，只保留顶部面的UV即可，如图8-127所示。

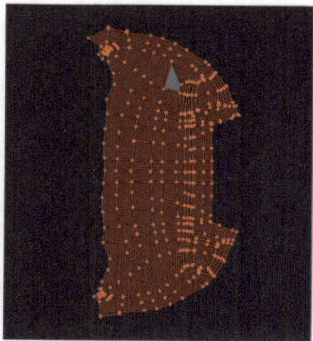

图8-125

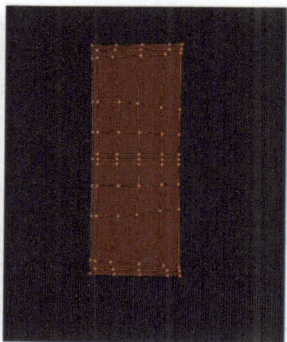

图8-126

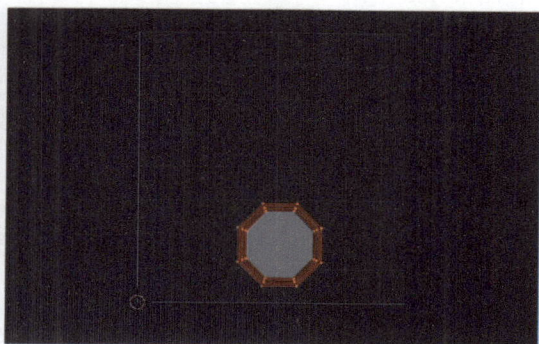

图8-127

2.手柄

01 选中手柄模型，新建一个默认材质，设置"基础色"为黑色，如图8-128所示。

02 同时选中按钮模型、按键模型、摇杆模型和手柄模型，将其材质进行关联，如图8-129所示。

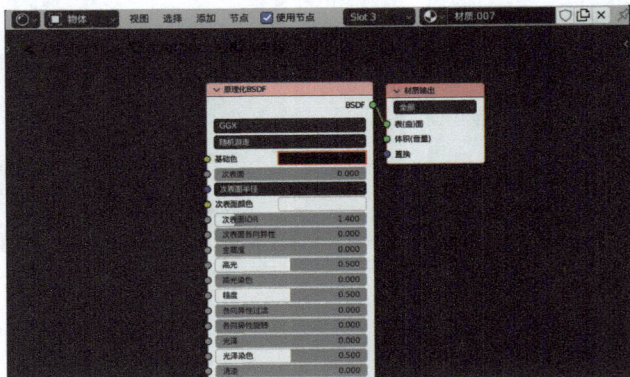

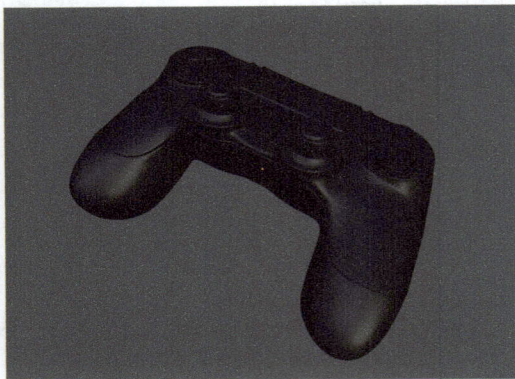

图8-128

图8-129

> **技巧提示** 关联材质后，需要在"材质编辑器"窗口中单击材质后的数字按钮，如图8-130所示，使关联的材质变成一个单独的个体，不存在关联效果，方便后面添加不同的贴图。
>
> 图8-130

03 在"属性"面板的"材质属性"选项卡中添加一个新的材质，然后导入学习资源中的"cgaxis_models_74_25_04.png"文件，节点间的连接情况如图8-131所示。

04 选中模型上皮革部分的面，然后将该处的UV移动到界面中并适当放大，将材质指定给选中的面，如图8-132所示。材质效果如图8-133所示。

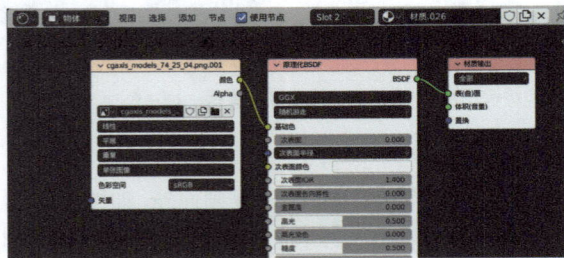

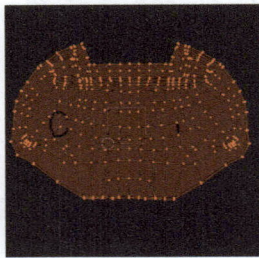

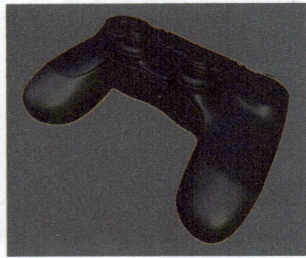

图8-131

图8-132

图8-133

05 将皮革贴图节点复制一份，然后添加"凹凸"节点，节点间的连接情况和具体参数设置如图8-134所示，效果如图8-135所示。

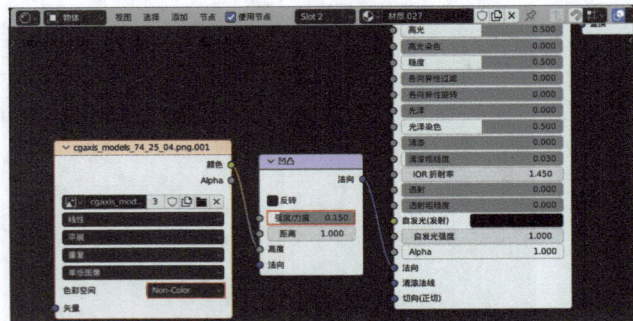

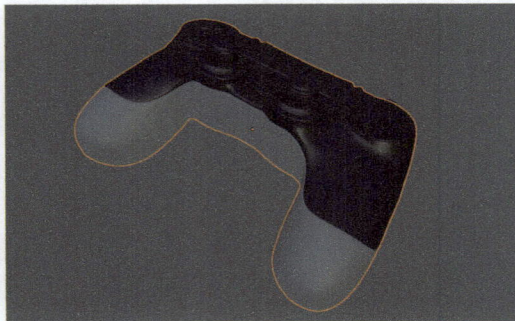

图8-134

图8-135

06 添加"凹凸"节点后，材质的颜色会偏白。在贴图节点与材质节点之间添加"RGB曲线"节点，适当压暗贴图，如图8-136所示，效果如图8-137所示。

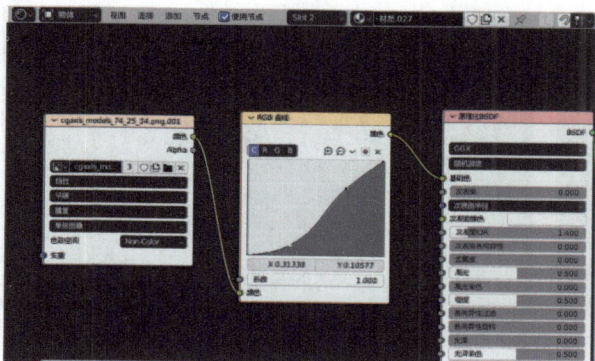
图8-136

图8-137

07 在"材质属性"选项卡中新建一个材质，然后导入学习资源中的"cgaxis_models_74_25_022.png"文件，节点间的连接情况如图8-138所示。

技巧提示 暂时将贴图节点的"颜色"连接到材质节点的"基础色"是为了方便观察贴图的位置是否合适。

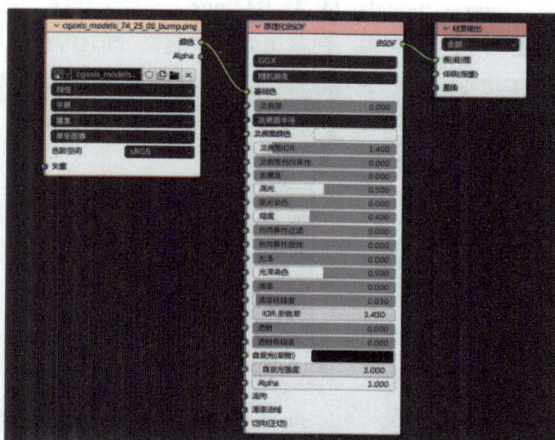
图8-138

08 选中模型上图8-139所示的面，然后在"UV编辑器"窗口中移动选中面的UV到贴图合适的位置，如图8-140所示。

图8-139

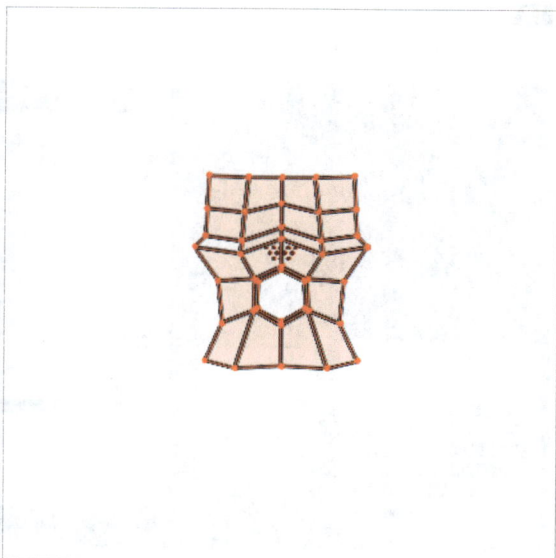
图8-140

09 将贴图节点的"颜色"与材质节点的"基础色"断开连接，添加"凹凸"节点，节点间的连接情况和相关参数设置如图8-141所示。材质效果如图8-142所示。

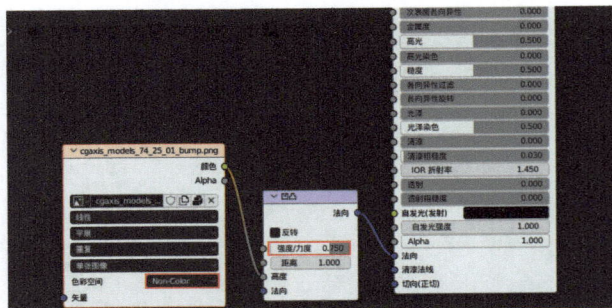

图8-141

图8-142

10 选中顶部凸起部分的面，在"材质属性"选项卡中新建一个材质并指定给选中的面，然后导入学习资源中的"cgaxis_models_74_25_022.png"文件，节点间的连接情况如图8-143所示。

11 在"UV编辑器"窗口中调整凸起部分的UV位置和大小，如图8-144所示。

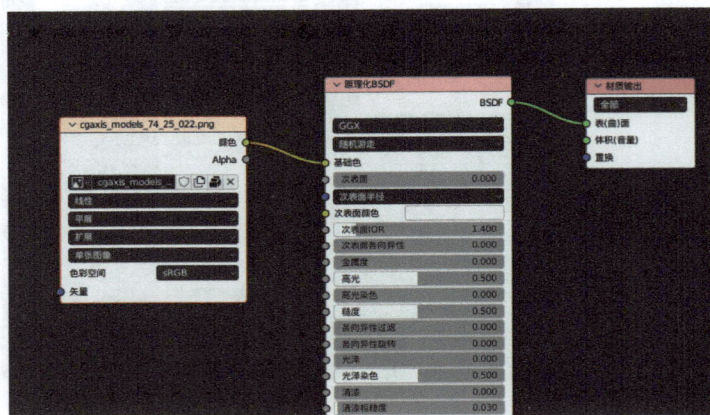

图8-143

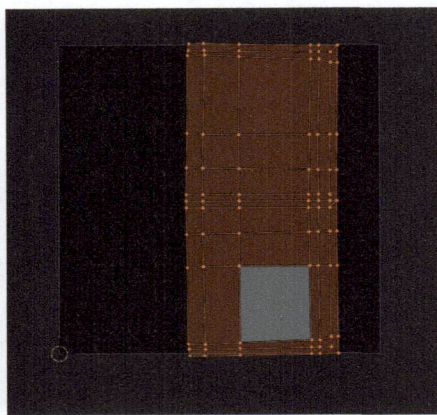

图8-144

12 将贴图节点的"颜色"与材质节点的"基础色"断开连接，添加"凹凸"节点，节点间的连接情况如图8-145所示。材质效果如图8-146所示。

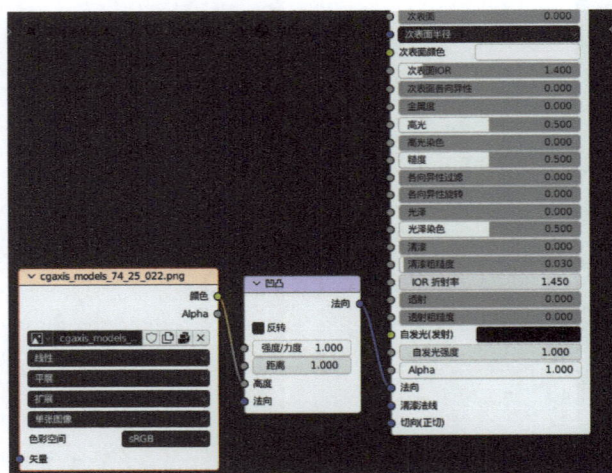

图8-145

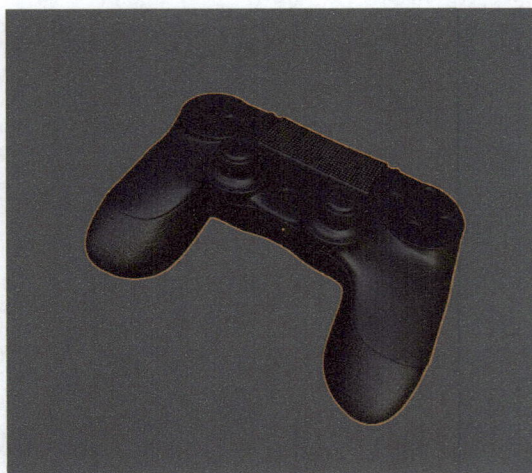

图8-146

3.按键

01 选中手柄右侧的按键模型，新建一个材质，导入学习资源中的"cgaxis_models_74_25_05.jpg"文件，并将其节点的"颜色"与"原理化BSDF"节点的"基础色"相连，如图8-147所示。

02 选中按键顶部的面，在"UV编辑器"窗口中将其移动到对应的图案上并调整大小，如图8-148所示。

03 按照上面的方法调整另外3个按键的UV位置，材质效果如图8-149所示。

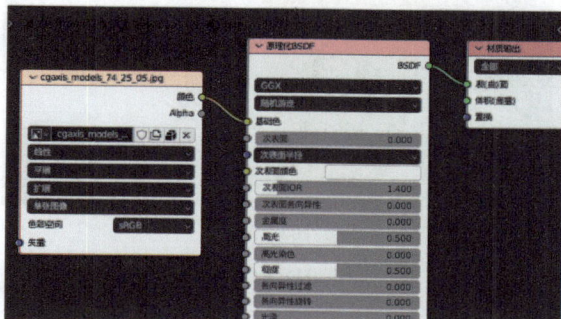

图8-147

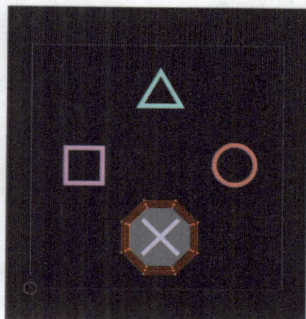

图8-148

图8-149

4.配景

01 选中图书模型并新建一个材质，导入学习资源中的"AI49_010_color.jpg"文件，然后将其节点的"颜色"连接到材质节点的"基础色"上，如图8-150所示，效果如图8-151所示。

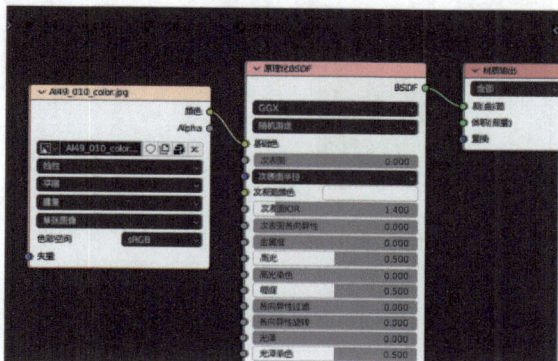

图8-150

图8-151

02 选中盆栽的花盆模型，新建一个材质，导入学习资源中的"AM141_043_pot_diffuse.jpg"文件，将其节点的"颜色"与材质节点的"基础色"连接，如图8-152所示。

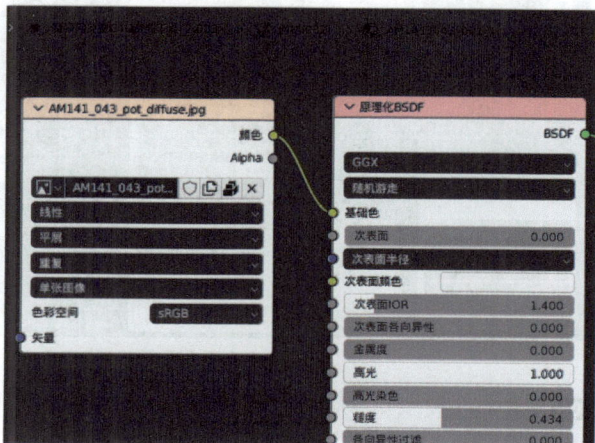

图8-152

03 继续导入学习资源中的"AM141_043_pot_reflect.jpg"文件，然后添加"凹凸"节点，节点间的连接情况和相关参数设置如图8-153所示，效果如图8-154所示。

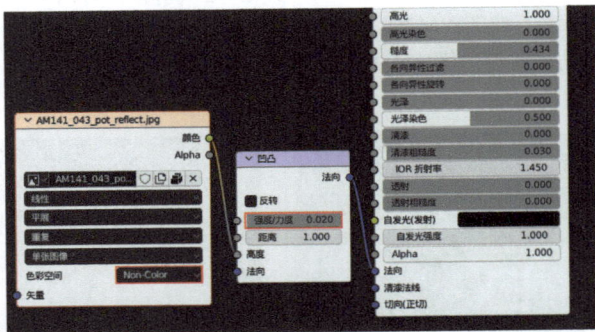

图8-153

图8-154

04 选中土壤模型，新建一个材质，然后导入学习资源中的"AM141_043_soil_01_diffuse.jpg"文件，将其节点的"颜色"连接到材质节点的"基础色"上，如图8-155所示，效果如图8-156所示。

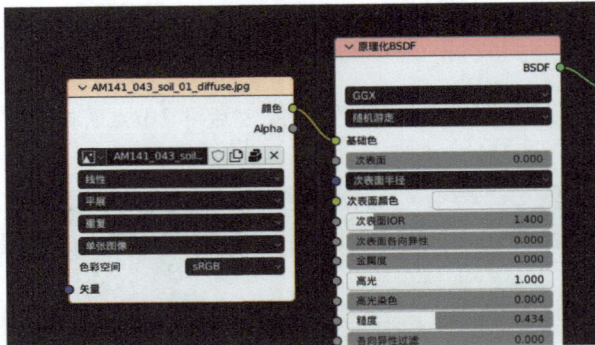

图8-155

图8-156

05 选中植物模型，新建一个材质，导入学习资源中的"AM141_043_leaf_01_diffuse.jpg"文件，添加"色相/饱和度/明度"节点，然后导入学习资源中的"AM141_043_leaf_01_bump.jpg"文件，添加"凹凸"节点，节点间的连接情况如图8-157所示，效果如图8-158所示。

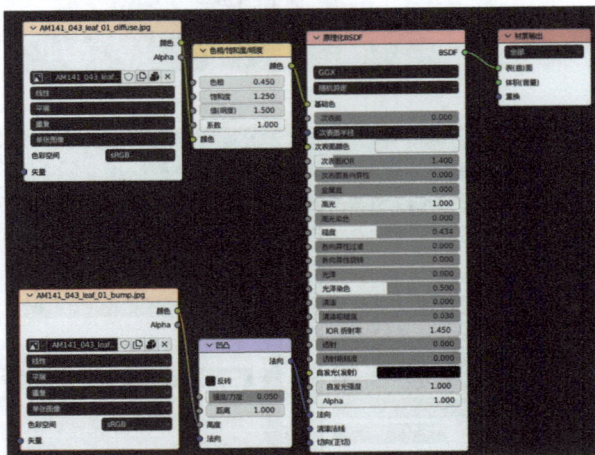

图8-157

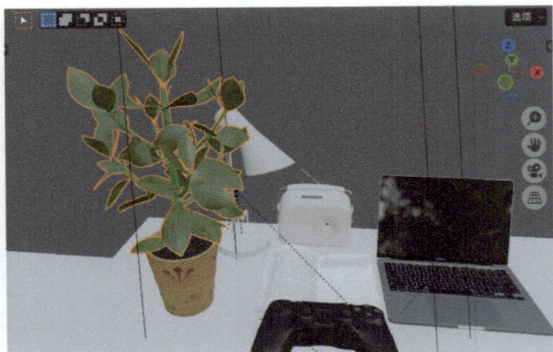

图8-158

06 选中桌子模型并添加一个默认材质，导入学习资源中的"wood (1).jpg"文件，添加"色相/饱和度/明度"节点，然后导入学习资源中的"wood (1) bump.jpg"文件，并添加"凹凸"节点，节点间的连接情况如图8-159所示，效果如图8-160所示。

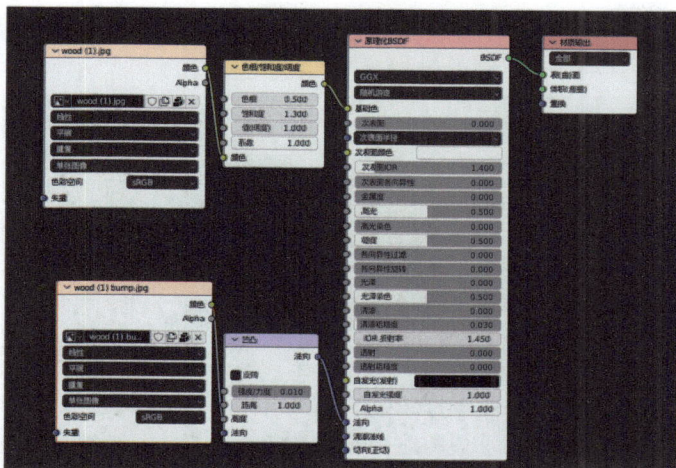

图8-159

技巧提示 笔者觉得原有的贴图颜色不是很合适，就添加了"色相/饱和度/明度"节点进行调整。读者也可以不添加该节点，使用贴图原本的颜色。

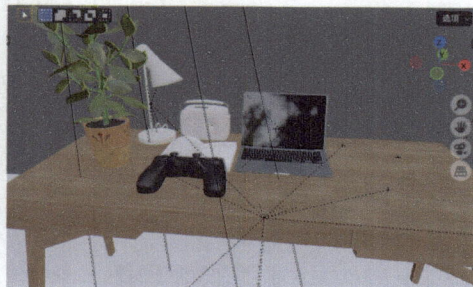

图8-160

8.3 场景渲染

在8.2节中我们设置了摄像机视图可见的材质，本节中我们需要添加灯光再渲染输出图片。

8.3.1 添加灯光

01 在"着色器编辑器"窗口中切换到"世界环境"模式，并勾选"使用节点"复选框，如图8-161所示。
02 将学习资源中的.hdr文件拖入软件，会自动生成节点，然后将.hdr文件的节点的"颜色"与"背景"节点的"颜色"连接在一起，如图8-162所示。

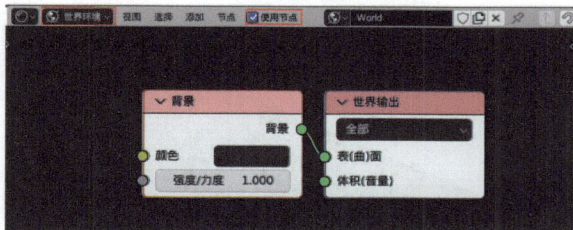

图8-161

图8-162

03 打开"属性"面板的"渲染属性"选项卡，设置"渲染引擎"为Cycles，"最大采样"为16，如图8-163所示。

图8-163

04 在"输出属性"选项卡中设置"％"为50％，如图8-164所示。这样就会尽可能快地实时渲染场景。测试渲染效果如图8-165所示。

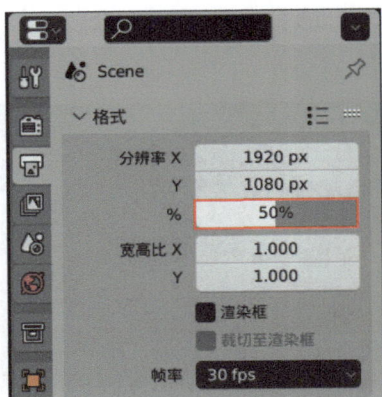

图8-164

图8-165

05 添加一盏"日光"灯光，然后调整灯光的位置和角度，使其从画面右侧向左照射，如图8-166所示。实时渲染效果如图8-167所示。

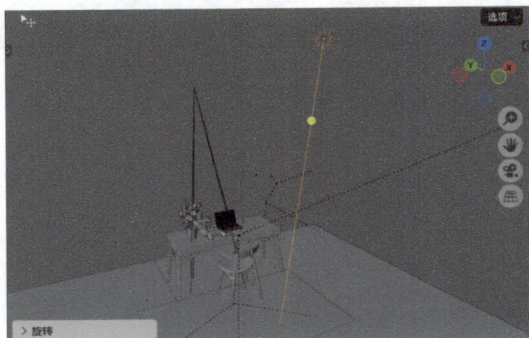

图8-166

图8-167

06 选中日光，在"属性"面板的"物体数据属性"选项卡中设置"强度/力度"为2，效果如图8-168所示。这样，画面明暗对比会更加强烈。

图8-168

07 为了增加画面的光影细节，在手柄模型的顶部创建一盏"面光"灯光，将其缩小后放置于顶部，如图8-169所示。实时渲染效果如图8-170所示。

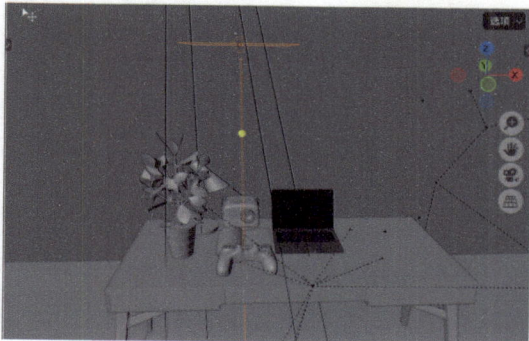

图8-169

图8-170

技巧提示 面光的强度不是固定的，笔者这里设置为6W。

08 将面光复制一份并移动到游戏手柄的左侧，让灯光照亮手柄左侧，如图8-171所示。实时渲染效果如图8-172所示。

图8-171

图8-172

09 将步骤08中放置在左侧的灯光复制一份并移动到游戏手柄模型的右侧，如图8-173所示。实时渲染效果如图8-174所示。

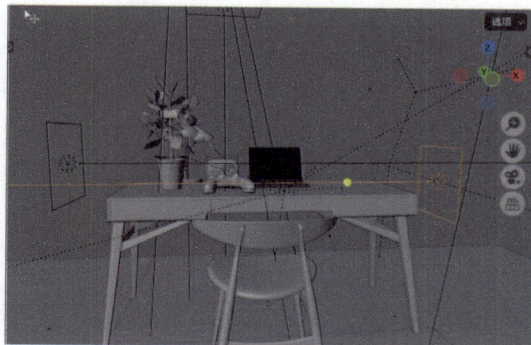

图8-173

图8-174

10 继续复制一盏面光放在游戏手柄的后方作为轮廓光，如图8-175所示。实时渲染效果如图8-176所示。

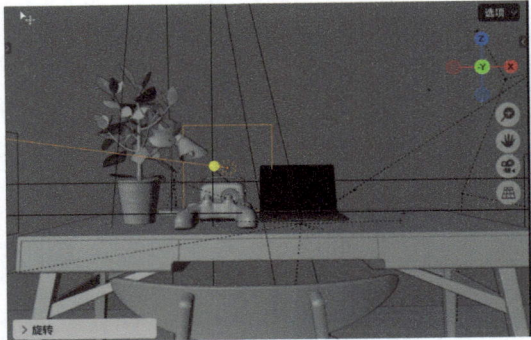
图8-175

图8-176

11 这个时候观察实时渲染效果会发现图书出现过曝的情况。选中图书材质，添加"RGB曲线"节点到贴图上，并适当压暗贴图，如图8-177所示，效果如图8-178所示。

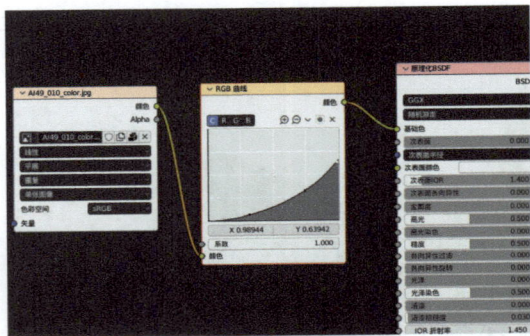
图8-177

图8-178

技巧提示 在添加灯光时，可以灵活设置灯光的强度，也可以随时调整材质的相关属性。这些参数都不是固定的，读者要根据实时渲染的效果判定是否需要调整。

12 创建一个平面模型，将其调整成窗户的形态，放在日光前方形成一定的遮挡效果，如图8-179所示。实时渲染效果如图8-180所示。

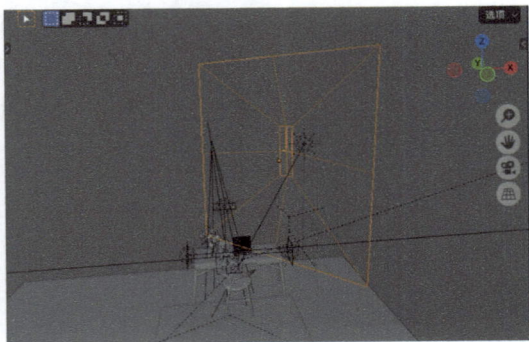
图8-179

图8-180

技巧提示 平面的编辑过程请读者观看本案例的教学视频。

8.3.2 渲染图片

01 切换到Compositing（合成）工作区，勾选"使用节点"复选框，就会出现渲染所需要的节点，如图8-181所示。

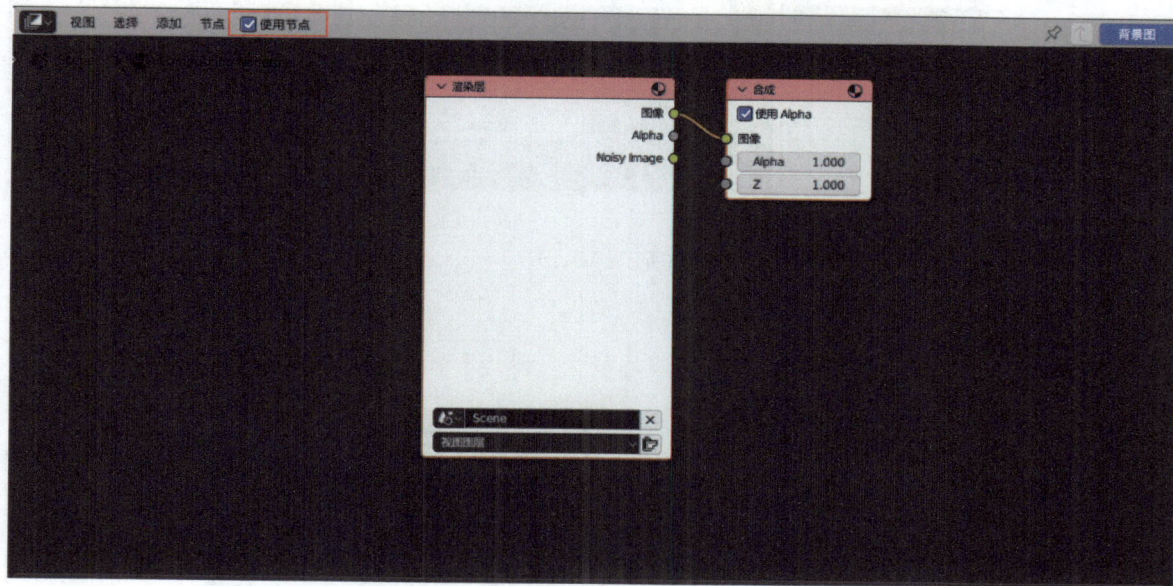

图8-181

02 添加"文件输出"节点，然后将其Image与"渲染层"节点的"图像"进行连接，如图8-182所示。

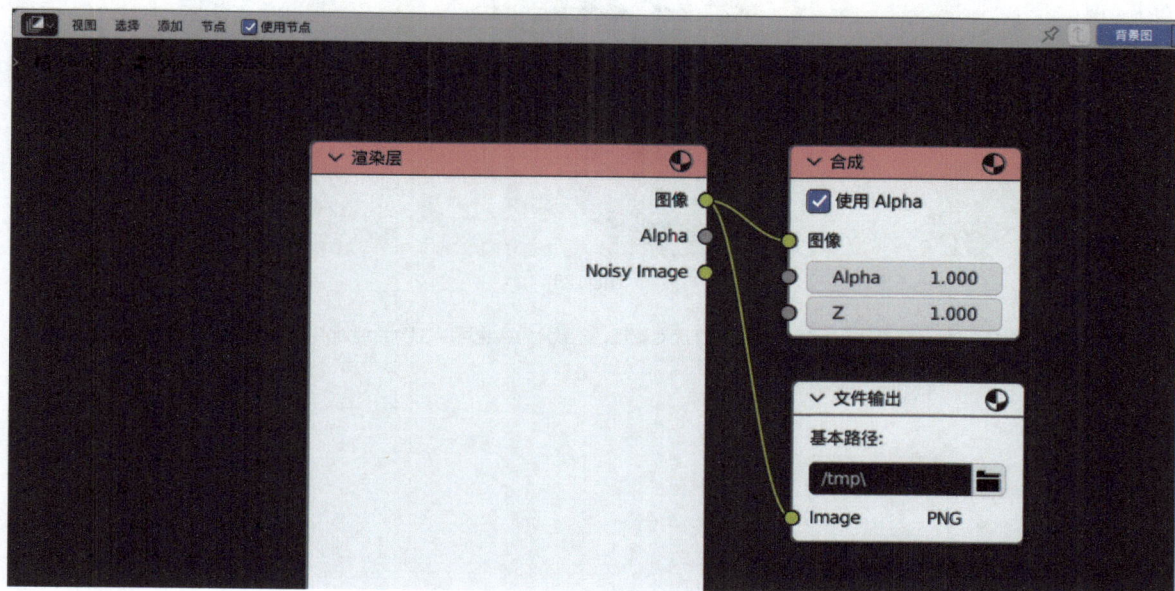

图8-182

03 在"文件输出"节点中设置渲染图片的保存路径和名称，然后在"渲染属性"选项卡中设置"渲染"下的"最大采样"为360，如图8-183所示。

04 在"输出属性"选项卡中设置"%"为100%，如图8-184所示。

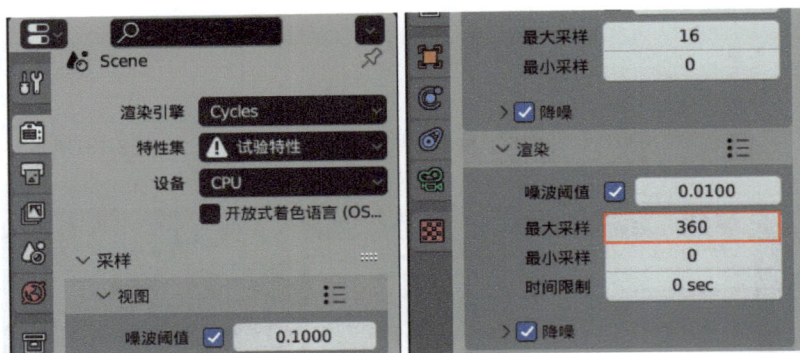 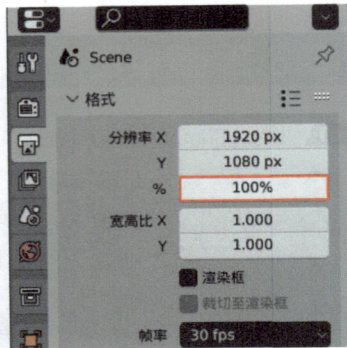

图8-183　　　　　　　　　　　　　　　　　　图8-184

05 按F12键渲染场景，案例渲染效果如图8-185所示。

图8-185

> **技巧提示** 后期处理部分是在After Effects中添加Looks滤镜，这部分内容也可以在Photoshop中完成。具体操作过程请读者观看本案例的教学视频。

第 9 章　产品设计：化妆品

案例文件	案例文件>CH09>产品设计：化妆品
视频名称	产品设计：化妆品.mp4
学习目标	掌握产品展示图的制作思路

　　本章我们继续学习制作产品展示图的思路和方法。本章的案例是制作化妆品展示场景，需要创建化妆品瓶子模型，借助参考图片就可以实现产品建模。

9.1 瓶子建模

瓶子模型大致可以分为瓶身和瓶盖两部分，下面我们分别进行建模。

9.1.1 瓶身模型

在建模之前，需要导入瓶子的正面参考图片以帮助我们进行建模。

01 按1键切换到正视图，执行"添加>图像>参考"命令，在打开的窗口中选择学习资源中的"瓶子正视图.png"图片文件，如图9-1所示。

02 为了方便后续建模，在"属性"面板的"物体数据属性"选项卡中减小图片的"不透明度"的数值，视图中的参考图片就会呈现半透明的状态，如图9-2所示。

图9-1

图9-2

03 新建一个柱体，设置"边数"为8，将其缩小到与参考图片上的瓶身宽度相同，如图9-3所示。

04 在"编辑模式"中调整柱体的长度，使其与参考图片上的瓶身长度相同，如图9-4所示。

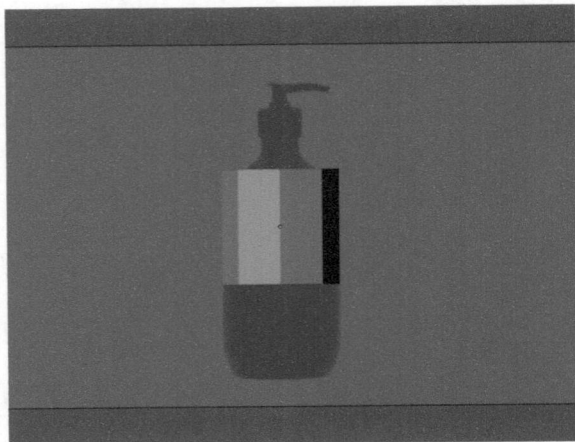

图9-3

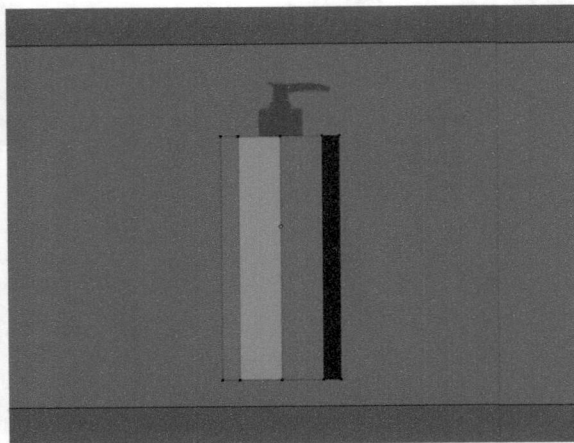

图9-4

05 按快捷键Ctrl+R在模型上添加循环边，方便后续对瓶身进行调整，如图9-5所示。

06 根据参考图片调整点的位置，在调整的同时可灵活地添加循环边，如图9-6所示。

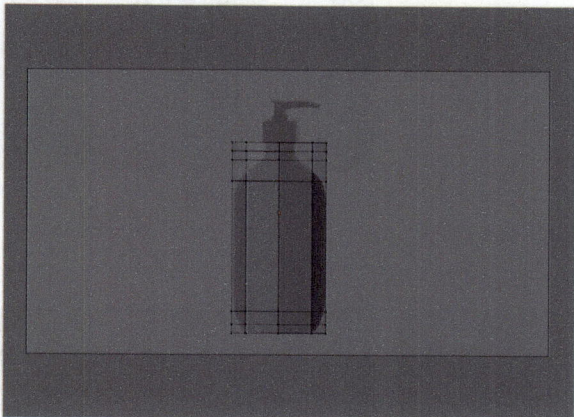

图9-5

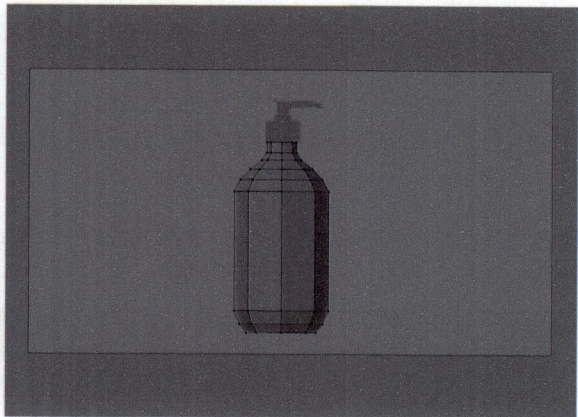

图9-6

07 为模型添加"表面细分"修改器，并开启"平滑着色"效果，如图9-7所示。

08 进行细分后，瓶子有一些转角的位置被过度平滑，需要添加循环边进行调整，如图9-8所示。

09 选中顶部和底部的圆面，按I键稍微向内插入一个面，如图9-9所示。

图9-7

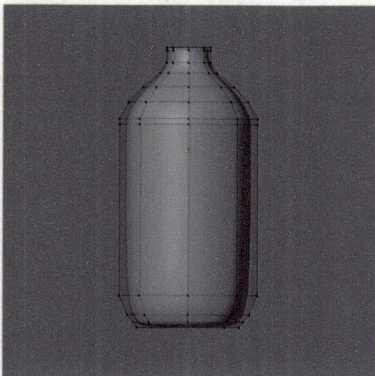

图9-8

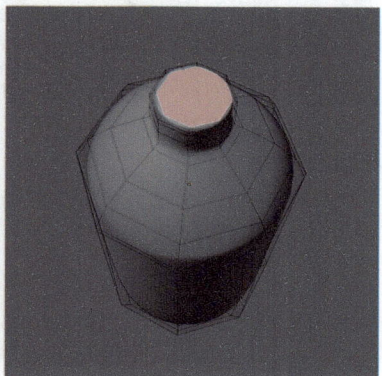

图9-9

10 观察细分后的瓶身模型，发现它比参考图片要小一些，再次移动点的位置，使瓶身大小与参考图片大小相似，如图9-10所示。

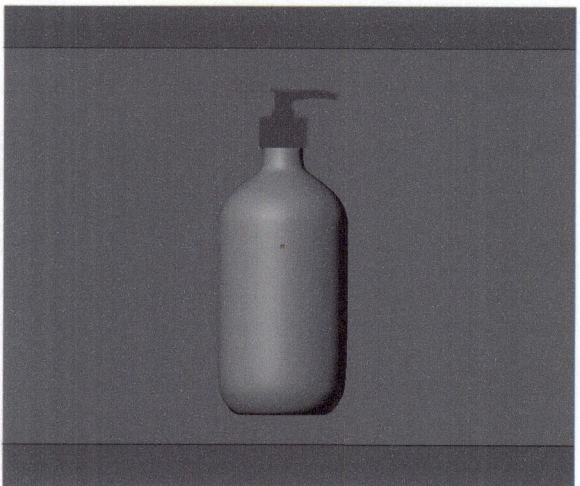

图9-10

技巧提示 读者在调整瓶身大小时，一定要先将瓶身模型调整为透视模式，否则模型会出现问题。

11 瓶身模型的内部会有液体模型。选中瓶身模型，按快捷键Shift+D复制一份放在旁边，然后删除上面的一小部分模型，如图9-11所示。

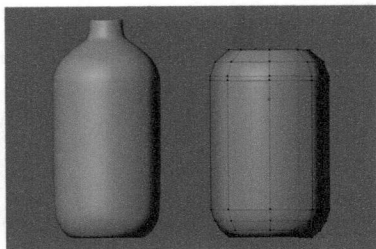

技巧提示 在编辑液体模型时，需要先关闭"表面细分"修改器。

图9-11

12 选中图9-12所示的边，然后按F键将其缝合，效果如图9-13所示。

13 选中缝合的面，按E键向上稍微挤出一点儿并将其缩小，如图9-14所示。

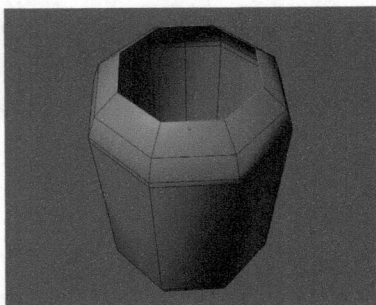

图9-12

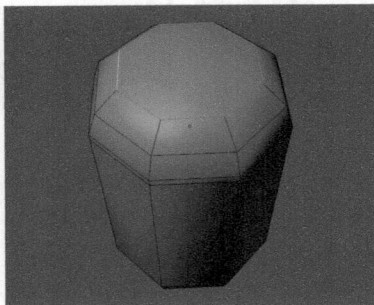

图9-13

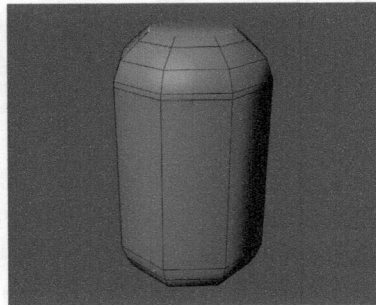

图9-14

14 保持选中的面不变，按I键向内插入一个面，如图9-15所示。

15 将制作好的液体模型移动到瓶身模型内，适当缩小并调整，效果如图9-16所示。

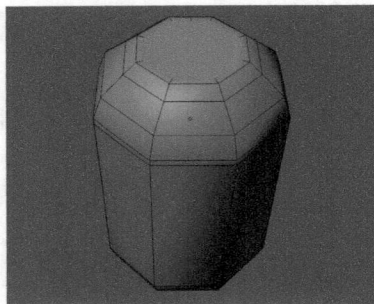

图9-15

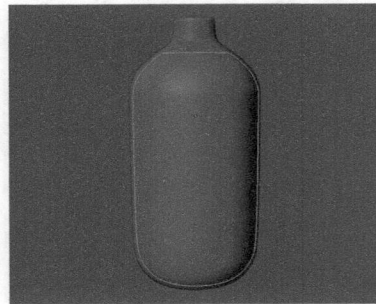

图9-16

9.1.2 瓶盖模型

01 新建一个柱体并将其缩小，在"编辑模式"中调整柱体的高度，如图9-17所示。

02 添加"表面细分"修改器，按快捷键Ctrl+R添加循环边，让转角处变得更加平滑，如图9-18所示。

技巧提示 将制作瓶盖所用的柱体模型的顶点设置为8即可，过多的顶点会增大建模的复杂程度。

图9-17

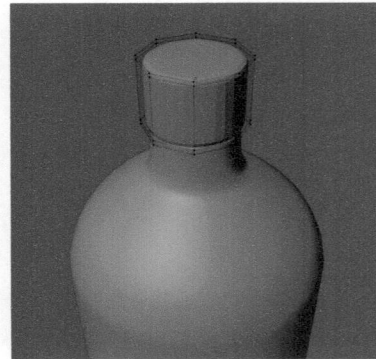

图9-18

03 选中上下两个圆面，按I键向内插入一个新的面，加强柱体的效果，如图9-19所示。

04 选中顶部的圆面，按I键继续向内插入一个面，然后按E键向上挤出，如图9-20所示。

> **技巧提示** 向上挤出的高度根据参考图片进行确定。

图9-19

图9-20

05 由于添加了"表面细分"修改器，挤出的模型部分会产生形变。按快捷键Ctrl+R添加循环边以调整模型的形状，如图9-21所示。

06 根据参考图片调整模型的细节，效果如图9-22所示。

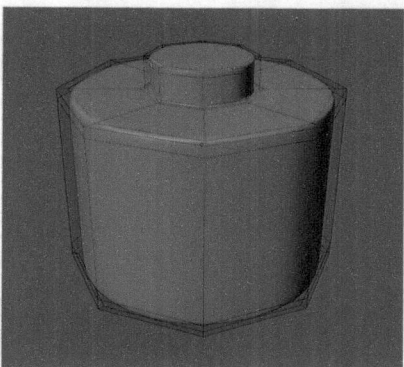

图9-21

图9-22

07 按压头部分可以用柱体进行建模。创建一个八边形的柱体模型，将其缩小，在"编辑模式"中调整其高度，如图9-23所示。

08 按快捷键Ctrl+R在柱体模型上添加一圈循环边，如图9-24所示。

图9-23

图9-24

09 选中图9-25所示的面，按E键向右挤出，如图9-26所示。

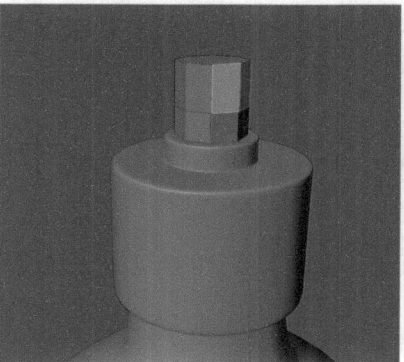

图9-25

图9-26

10 通过缩放工具将挤出的面压缩为一个平面，如图9-27所示。

11 按快捷键Ctrl+R在挤出的模型部分添加3圈循环边，如图9-28所示。

12 调整模型中点的位置，使其贴合参考图片的形状，如图9-29所示。

图9-27

图9-28

图9-29

技巧提示 添加的循环边的点不是整齐的，需要手动将其对齐。对齐后会方便后面调整模型。

13 按快捷键Ctrl+R横向添加一圈循环边，如图9-30所示。

14 选中图9-31所示的面，使用"沿法向挤出面"命令向外挤出一点儿，如图9-32所示。

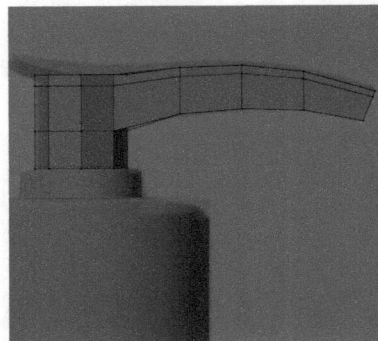
图9-30

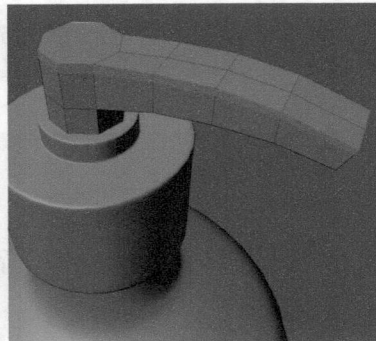
图9-31

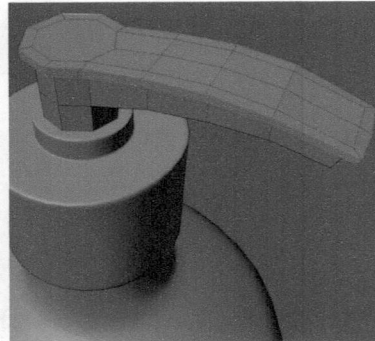
图9-32

15 在正视图中根据参考图片调整点的位置，如图9-33所示。

16 选中图9-34所示的点，然后将其齐平并旋转角度，如图9-35所示。

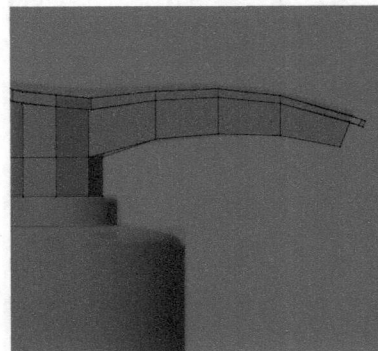
图9-33

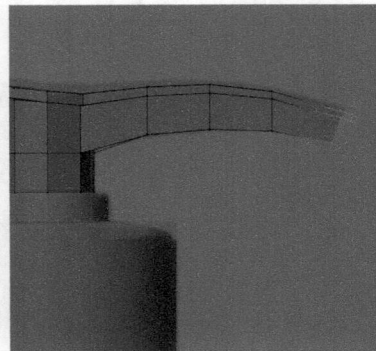
图9-34

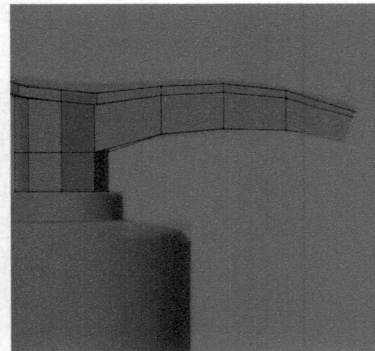
图9-35

17 选中图9-36所示的面，将其删除，如图9-37所示。

18 调整出口处的点的位置，使模型变得平整，如图9-38所示。

图9-36

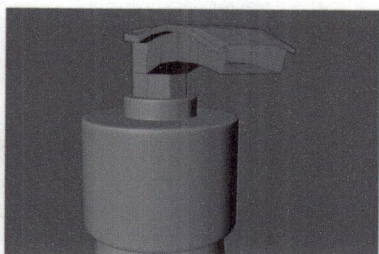
图9-37

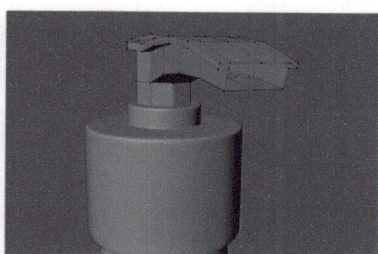
图9-38

19 将出口处的上部区域封闭，然后使用"切割"工具增加布线，如图9-39所示。

20 给模型添加"表面细分"修改器，然后添加循环边以调整模型的形态，如图9-40所示。模型最终效果如图9-41所示。

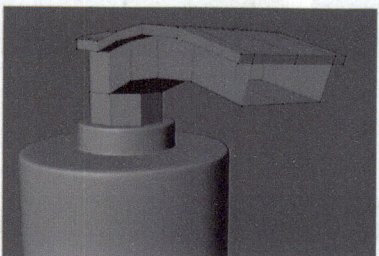
图9-39

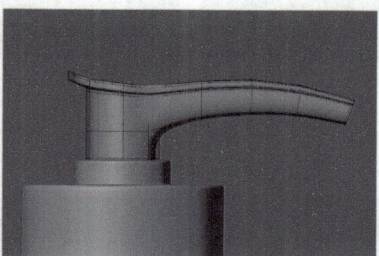
图9-40

图9-41

> **技巧提示** 在缝合出口处的上部区域时，一定要先选中上部所有的边，再按F键进行缝合。如果只选中左右两条边就缝合，缝合的面不会与顶部的面形成一个整体，就无法用"切割"工具添加分段线。没有生成一个面也没有关系，按照教学视频中的方法也可以进行处理。

9.2 场景渲染

将制作好的瓶子模型导入一个添加了材质的场景中。我们需要在这个场景中添加瓶子的各种材质，添加场景的摄像机和灯光，以便渲染出图。

9.2.1 瓶子材质

01 打开本书学习资源中的"化妆品00_001.blend"文件，场景中的植物和水已经创建了材质，如图9-42所示。

图9-42

02 将制作好的瓶子模型导入场景，放在场景中心的石头上，如图9-43所示。

03 选中瓶身模型，在"编辑模式"中关闭"表面细分"修改器，然后选中图9-44所示的边，单击鼠标右键，在弹出的快捷菜单中选择"标记缝合边"命令以进行标记，如图9-45所示。

图9-43

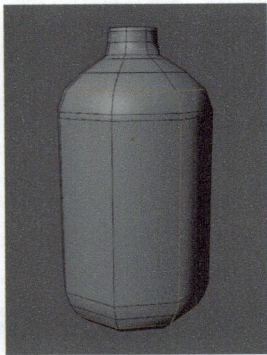

图9-44

图9-45

04 全选所有的面，在"UV编辑器"窗口中按U键，在弹出的菜单中选择"展开"命令，效果如图9-46所示。

05 在UV界面中保留曲面部分的UV，并将其调规整，如图9-47所示。

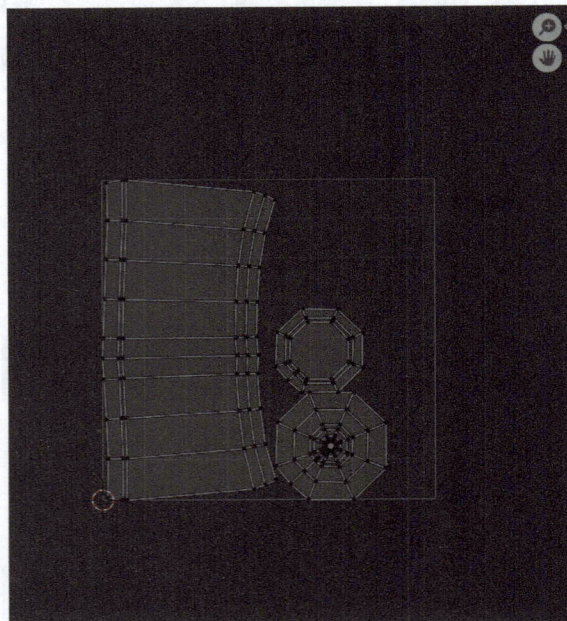

图9-46

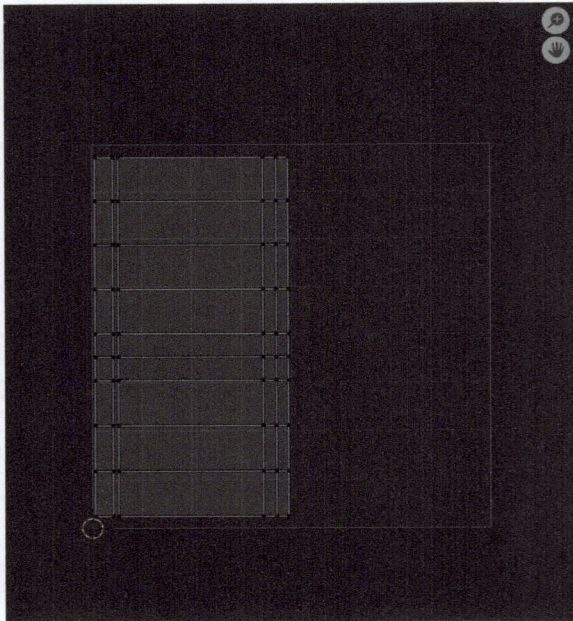

图9-47

06 选中瓶身模型，添加一个默认材质，并导入学习资源中的"label.jpg"文件，然后将"label.jpg"节点的"颜色"与"原理化BSDF"节点的"基础色"相连，如图9-48所示。

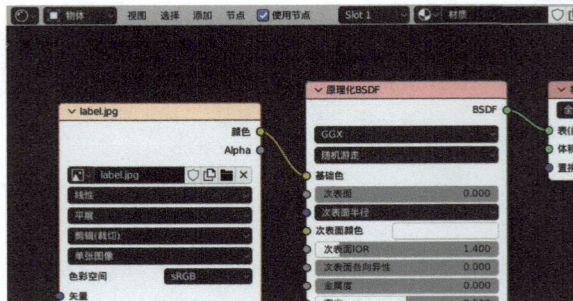

图9-48

07 在"UV编辑器"窗口中调整UV的位置，同时观察模型，使文字显示在瓶身正面，如图9-49和图9-50所示。

> **技巧提示** 如果展UV的位置不合适，导致文字不能显示在正前方，就旋转瓶身模型。

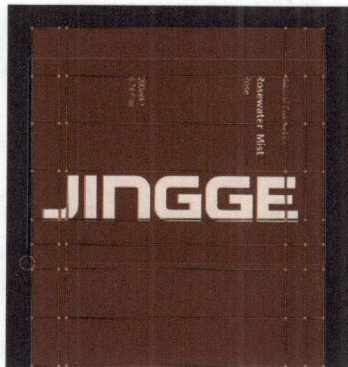

图9-49

图9-50

08 瓶身材质由玻璃和普通反射两种材质构成。断开贴图节点的连接状态，将原有的材质节点复制一份，设置复制得到的材质节点的"糙度"为0，"透射"为1，如图9-51所示。

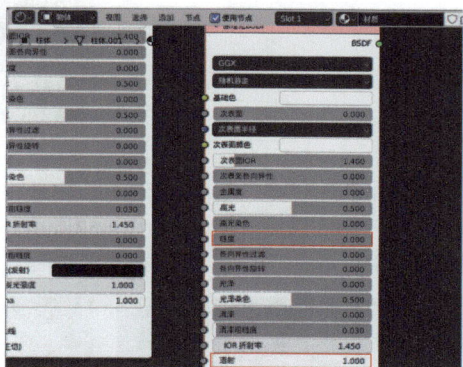

图9-51

09 添加"混合着色器"节点，将两个材质节点的BSDF与"混合着色器"节点上对应的"着色器"相连接，然后将贴图节点的"颜色"作为材质混合的方式连接到"混合着色器"节点的"系数"上，如图9-52所示。材质效果如图9-53所示。

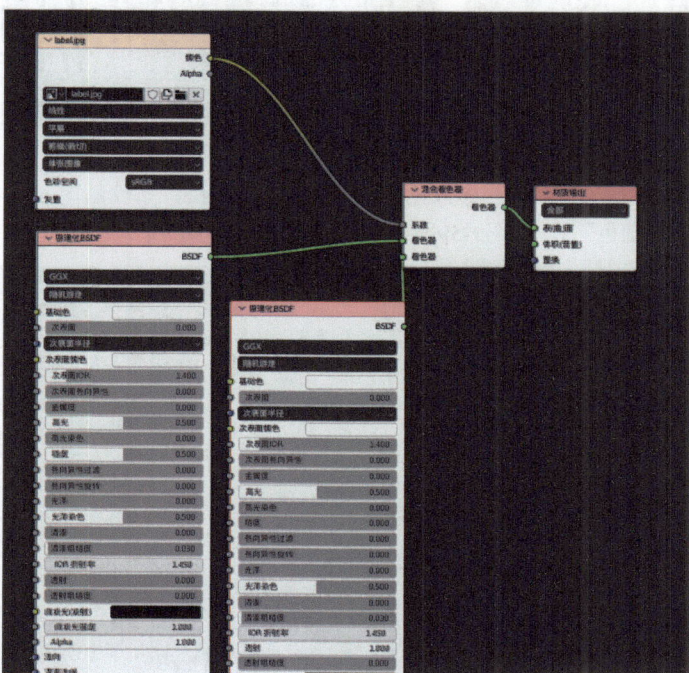

图9-52

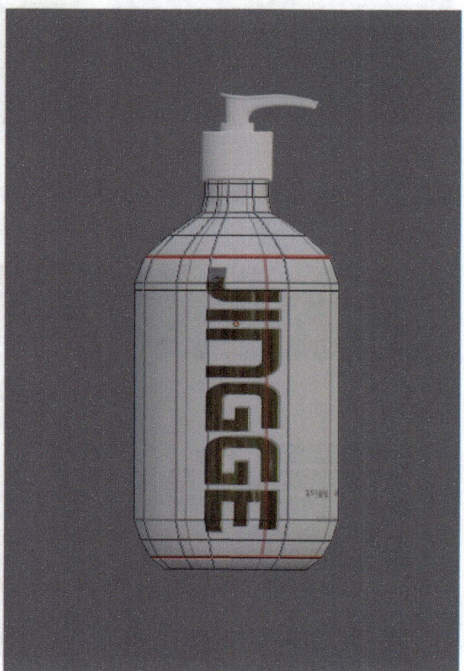

图9-53

10 现有的材质效果与我们想要的材质效果完全相反，调换两个材质节点的BSDF在"混合着色器"节点上的连接位置，效果如图9-54所示。

11 瓶身的材质制作完成后，在模型上添加"实体化"修改器，如图9-55所示，这样可以增加瓶身模型的厚度，在后期渲染时，会让瓶身与液体之间存在一定的空隙。

图9-54

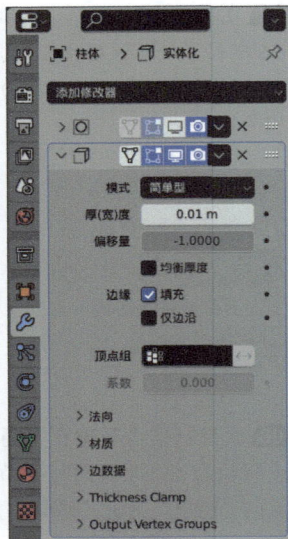

图9-55

12 选中瓶盖模型，在"编辑模式"中选中图9-56所示的边，单击鼠标右键，在弹出的快捷菜单中选择"标记缝合边"命令以进行标记，如图9-57所示。

13 选中瓶盖的所有边，然后在"UV编辑器"窗口中按U键，在弹出的菜单中选择"展开"命令，效果如图9-58所示。

图9-56

图9-57

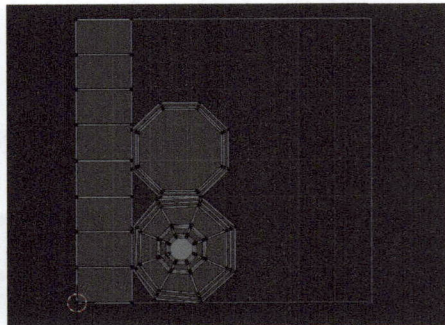

图9-58

14 选中瓶盖模型，添加一个默认材质，然后导入学习资源中的"条纹贴图.png"文件，暂时将"条纹贴图.png"节点的"颜色"连接到"原理化BSDF"节点的"基础色"上，如图9-59所示。材质效果如图9-60所示。

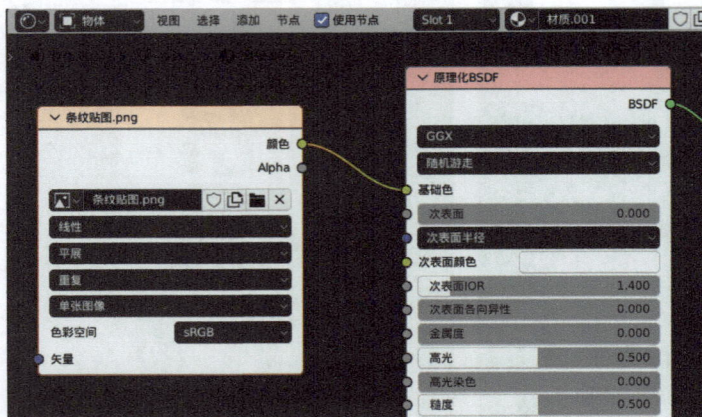

图9-59

图9-60

15 观察模型的材质会发现贴图需要旋转90°。在"UV编辑器"窗口中移走上下两个圆面的UV，将剩下的UV旋转90°，如图9-61所示。材质效果如图9-62所示。

图9-61

图9-62

16 瓶盖上只需要保留竖向的条纹，其余部分不需要条纹。在贴图节点上设置贴图模式为"剪辑（裁切）"，如图9-63所示，效果如图9-64所示。

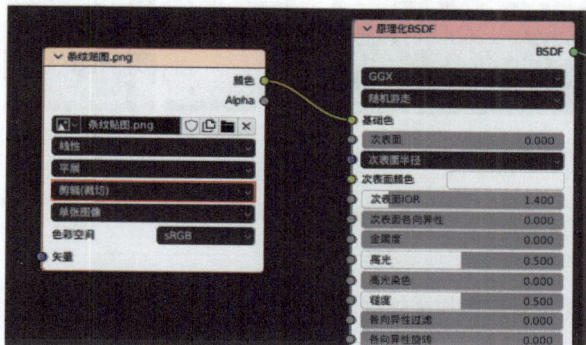

图9-63

图9-64

17 观察贴图纹理正确后，断开"条纹贴图.png"节点的"颜色"与"原理化BSDF"节点的"基础色"的连接，添加"凹凸"节点，节点间的连接情况和具体参数设置如图9-65所示，效果如图9-66所示。

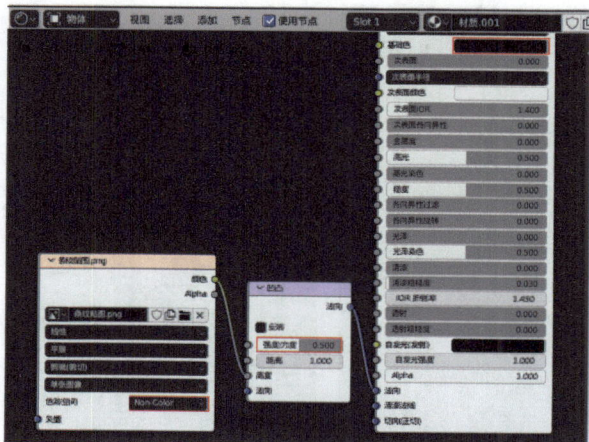

图9-65

图9-66

18 选中按压头模型，添加一个默认材质，设置"基础色"为瓶盖的颜色，效果如图9-67所示。

技巧提示 将瓶盖材质的"基础色"的色号复制后，粘贴到按压头材质的"基础色"中，两者颜色便可相同。

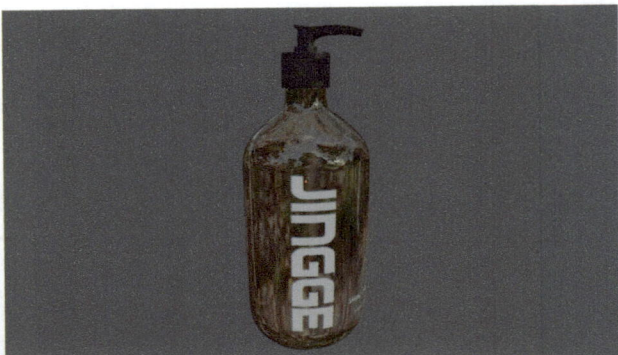

图9-67

19 选中瓶子中的液体模型，新建一个默认材质，设置"基础色"为橙色，"糙度"为0，"透射"为1，如图9-68所示。

技巧提示 为了更好地表现液体材质，还可以添加"透明BSDF""混合着色器""光程""运算"这些节点来控制液体反射和折射的效果。这个制作步骤相对复杂，请读者观看教学视频。

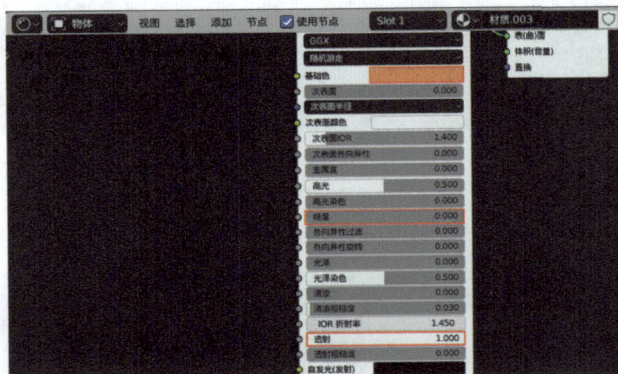

图9-68

9.2.2 构图和灯光

瓶子的材质制作完成后，就需要在场景中添加摄像机进行构图和添加灯光。

1.构图

01 在场景中新建一台摄像机，正对瓶子模型，然后设置摄像机的"焦距"为135mm，如图9-69所示。

02 在摄像机视图中调整画面位置，使瓶子处于画面的中心，如图9-70所示。

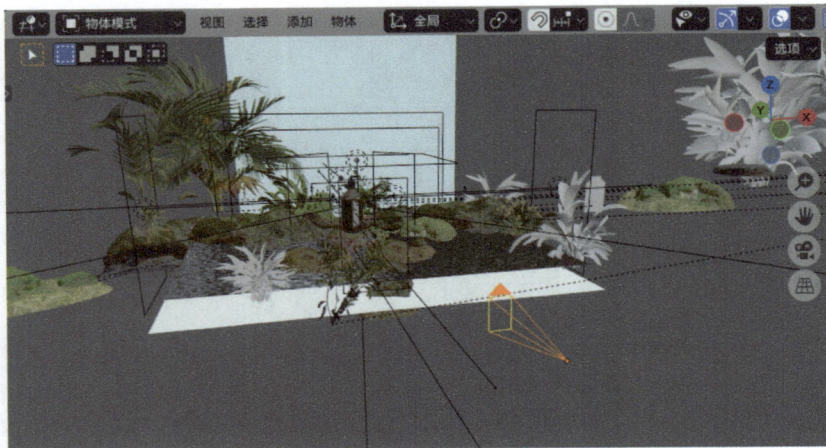

图9-69

图9-70

03 将摄像机视图切换到"渲染"模式，然后设置"渲染引擎"为Cycles，"最大采样"为16，如图9-71和图9-72所示。

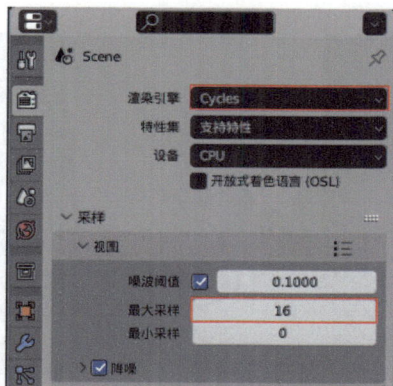

图9-71

图9-72

2.灯光

01 在瓶子模型的背后创建一盏"面光"灯光，如图9-73所示，使其从后向前照射，并设置"能量（乘方）"为100W，效果如图9-74所示。

图9-73

图9-74

02 将步骤01创建的灯光复制两盏，并分别移动到瓶子的左右两侧，丰富光照效果，如图9-75所示，效果如图9-76所示。

图9-75

图9-76

03 在瓶子的左后方和右后方继续复制出两盏灯光，提高光照的丰富程度，如图9-77所示，效果如图9-78所示。

图9-77

图9-78

04 在瓶子的顶部创建一盏"面光"灯光，从上到下照射瓶子，如图9-79所示，效果如图9-80所示。

图9-79

图9-80

05 复制一盏灯光，将其旋转后向背景部分照射，如图9-81所示，效果如图9-82所示。至此，灯光部分全部添加完成。

技巧提示 灯光的强度请读者根据实际情况设置。

图9-81

图9-82

3.景深

01 画面左侧有一些植物遮挡了镜头，这部分我们可以通过添加景深将其模糊，从而让瓶子成为画面的中心。选中摄像机，在"属性"面板的"物体数据属性"选项卡中勾选"景深"复选框，并吸取瓶身模型作为画面的焦点，如图9-83所示，效果如图9-84所示。

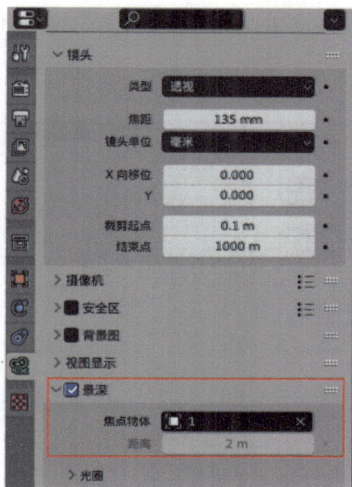

图9-83

图9-84

02 如果读者觉得景深的效果不够明显，可以减少"光圈级数"的数值，以增加前端植物的模糊程度，如图9-85所示，效果如图9-86所示。

技巧提示 "光圈级数"的数值越小，景深的模糊程度越大。

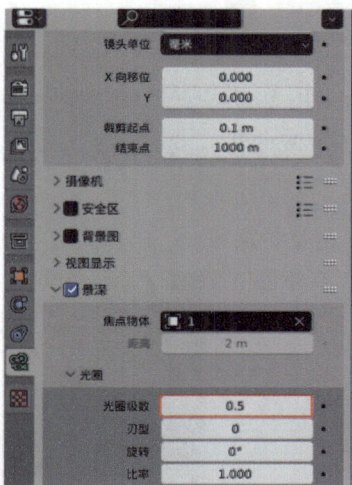

图9-85

图9-86

9.2.3 渲染图片和后期处理

01 切换到Compositing（合成）工作区，勾选"使用节点"复选框，就会出现渲染所需要的节点，如图9-87所示。

02 添加"文件输出"节点，然后将其Image与"渲染层"节点的"图像"进行连接，如图9-88所示。

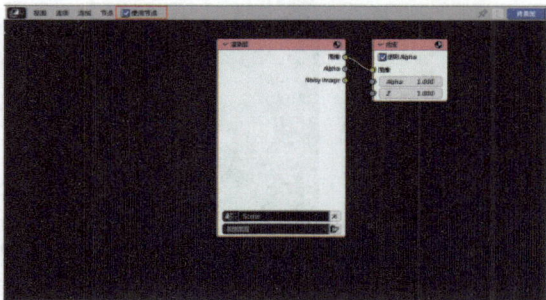

图9-87

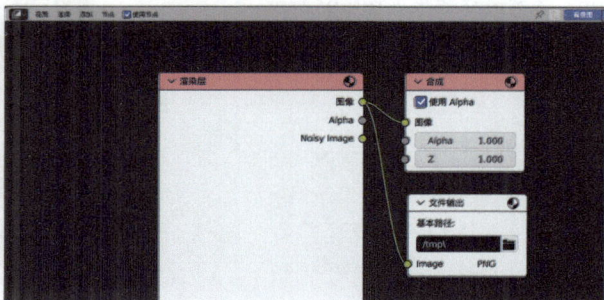

图9-88

03 在"文件输出"节点中设置渲染图片的保存路径和名称，然后在"渲染属性"选项卡中设置"渲染"下的"最大采样"为360，如图9-89所示。

04 在"输出属性"选项卡中设置"%"为100%，如图9-90所示。

05 按F12键渲染场景，案例渲染效果如图9-91所示。

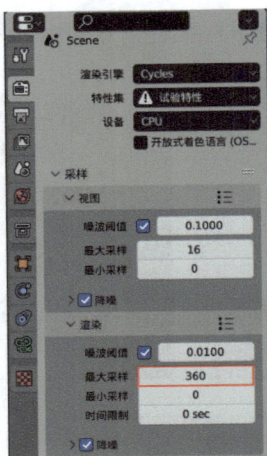

图9-89

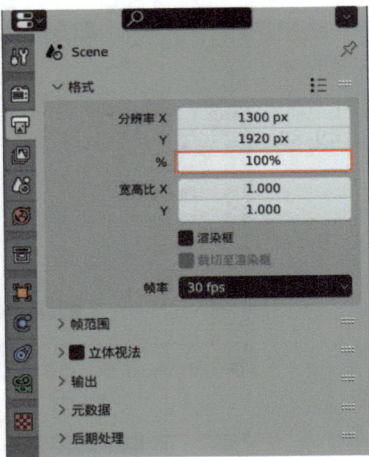

图9-90

图9-91

06 将渲染完成的图片导入Photoshop中，然后将天空素材"IMG_5009.jpg"也导入Photoshop中，如图9-92所示。

07 按快捷键Ctrl+U打开"色相/饱和度"对话框，调整天空素材的"色相""饱和度""明度"的参数，使其与渲染图片的天空颜色相近，如图9-93所示。

图9-92

图9-93

08 添加图层蒙版并进行涂抹，使天空素材与背景相融合，如图9-94所示。

09 将合成完的图片导入After Effects中，添加Looks滤镜，并选择一个喜欢的滤镜进行调色，案例最终效果如图9-95所示。

图9-94

图9-95

第 **10** 章 角色设计：小女孩

案例文件	案例文件>CH10>角色设计：小女孩
视频名称	角色设计：小女孩.mp4
学习目标	掌握角色的建模方法和材质的制作方法

　　角色设计相对产品设计来说是比较复杂的，需要运用之前学习的知识进行建模和渲染，除此以外，还需要对角色进行骨骼创建和绑定，这样才可以为建好的角色模型创造出丰富的动作。

10.1 角色建模

角色模型大致可以分为头部、帽子和身体3个部分。根据素材文件中提供的参考图片，我们就能方便地进行建模，如图10-1所示。

图10-1

10.1.1 头部模型

在建模之前，需要导入角色的参考图片以帮助我们进行建模。

1.头部

`01` 按1键切换到正视图，执行"添加>图像>参考"命令，在打开的窗口中选择学习资源中的"三视图.png"图片文件，如图10-2所示。

图10-2

02 将导入的参考图片复制一份，然后旋转90°，放在侧面，如图10-3所示。

03 角色的头部可以通过一个立方体进行创建。创建立方体模型，将其缩小到与参考图片中的头部大小一致，如图10-4所示。

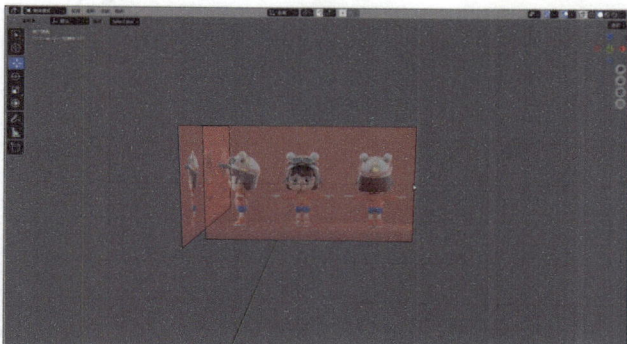 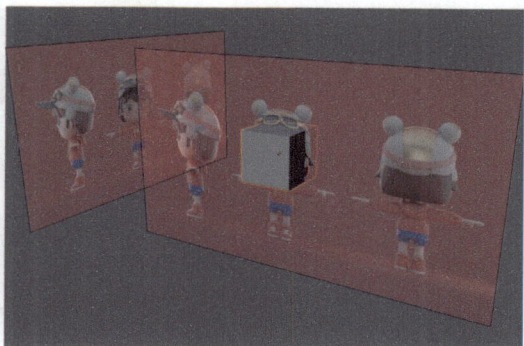

图10-3　　　　　　　　　　　　　　　　　　　　图10-4

04 为立方体模型添加"表面细分"修改器，并增大"视图层级"和"渲染"的数值，如图10-5所示。

05 调整完成后，单击 按钮，展开下拉菜单，选择"应用"命令，将添加修改器的模型塌陷为可编辑对象，如图10-6和图10-7所示。

 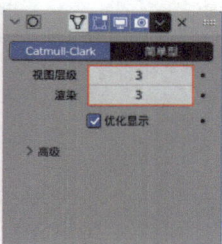  

图10-5　　　　　　　　　　　　图10-6　　　　　　　　　　　　图10-7

06 按3键切换到侧视图，然后按住Ctrl+Tab键选择"雕刻模式"，如图10-8所示。

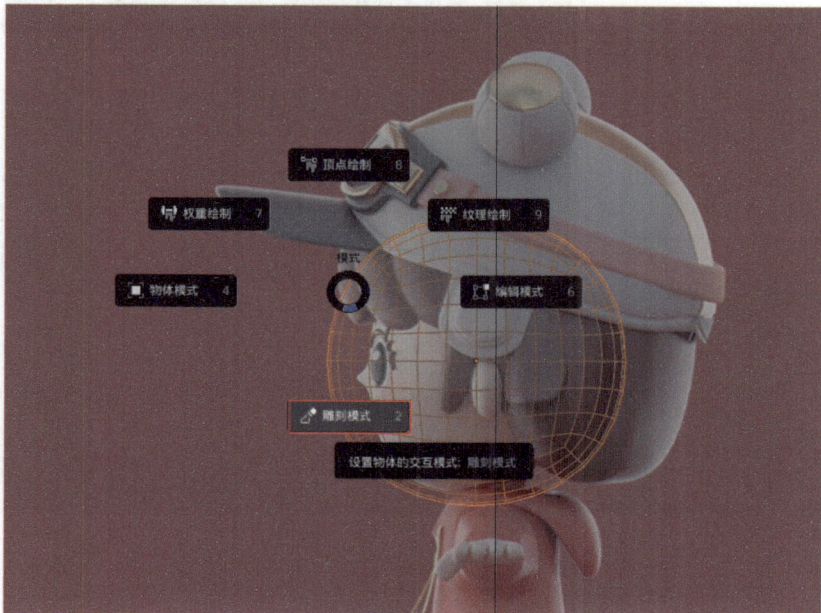

图10-8

技巧提示 读者也可以在视图窗口左上角的"物体模式"下拉菜单中选择"雕刻模式"命令，如图10-9所示。

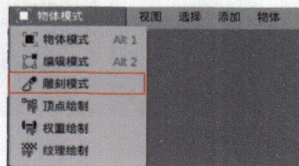

图10-9

07 在"雕刻模式"中选中左侧工具栏中的"弹性变形"工具，然后按照参考图片调整头部侧面的形状，如图10-10所示。

08 返回正视图，切换到"编辑模式"，然后选中左半边的模型并将其删除，如图10-11所示。

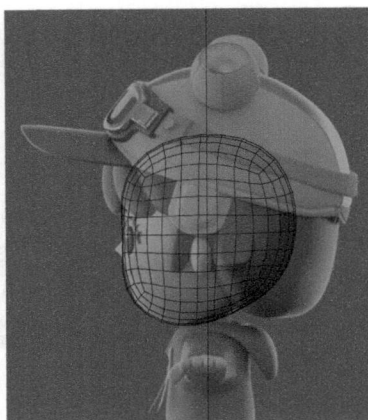

技巧提示 按F键可以调整笔刷的大小。

图10-10

图10-11

09 为剩下的半个头部模型添加"镜像"修改器，就可以生成左半边的头部模型，如图10-12所示。

技巧提示 就此读者可能会感到疑惑："为什么要删除左半边的头部模型后再镜像一个？"头部模型是左右对称的，如果不用"镜像"修改器，单独调整左半边或右半边的模型会出现左右不一致的问题。利用"镜像"修改器只需要调整一边的模型，另一边会自动生成。这样不仅减少了工作量，还可以让左右两边的模型完全一致。

图10-12

10 观察正视图，发现头部模型上的线条有很多，会影响我们观察。按7键切换到顶视图，选中后脑勺部分的模型，按H键将其隐藏，只留下面部的模型，如图10-13所示。按1键切换到正视图，可以看到模型的布线很简洁，不会影响观察，如图10-14所示。

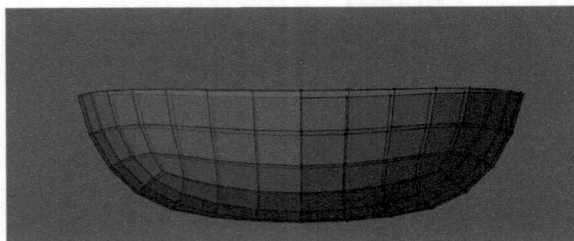

图10-13

图10-14

2.眼眶

01 在正视图中按照眼眶的轮廓调整周围点的位置，如图10-15所示。

02 选中眼眶周围的边，按快捷键Ctrl+B进行倒角，如图10-16和图10-17所示。

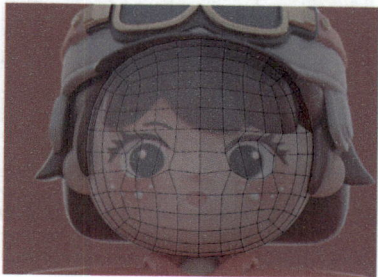
图10-15

图10-16

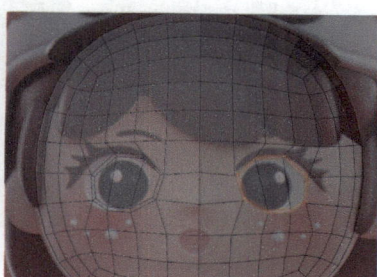
图10-17

03 倒角完成后，回到"点"模式中并细调点的位置，使其与眼眶更加贴合，如图10-18所示。

04 在"面"模式中选中图10-19所示的面，使用"沿法向挤出面"命令向内挤压一定的距离，如图10-20所示。

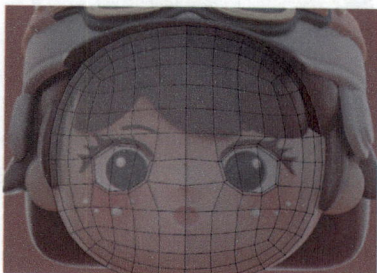
图10-18

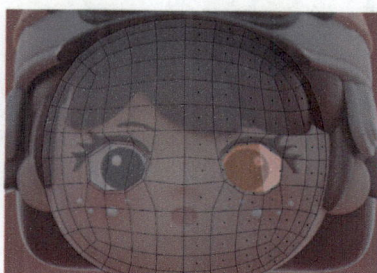
图10-19

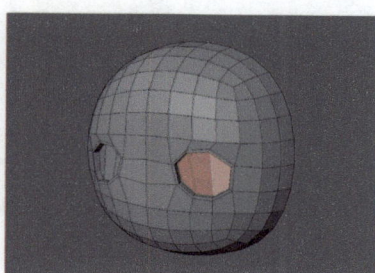
图10-20

> **技巧提示** 这个案例是制作一个卡通风格的小女孩模型，因此不需要向内挤得太多。

3.鼻子和嘴巴

01 下面制作鼻子部分。在正视图中使用"切割"工具在鼻子周围的面上添加分割线，如图10-21所示。

02 选中图10-22所示的点，然后按快捷键Shift+Ctrl+B进行顶点倒角，效果如图10-23所示。

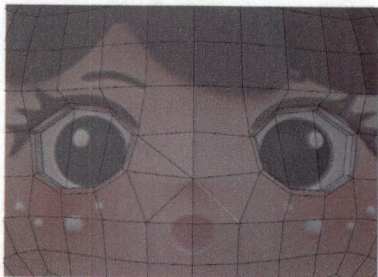
图10-21

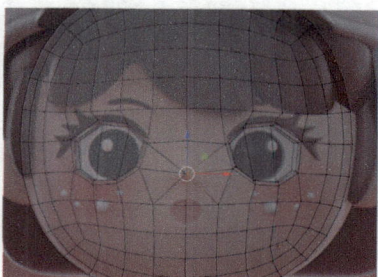
图10-22

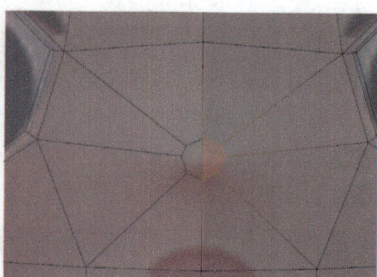
图10-23

03 选中"镜像"修改器，单击■按钮，在弹出的下拉菜单中选择"应用"命令，如图10-24所示。

04 选中图10-25所示的面，使用"沿法向挤出面"命令向外挤出一定的距离，如图10-26所示。

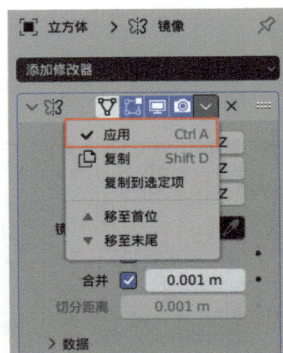

图10-24

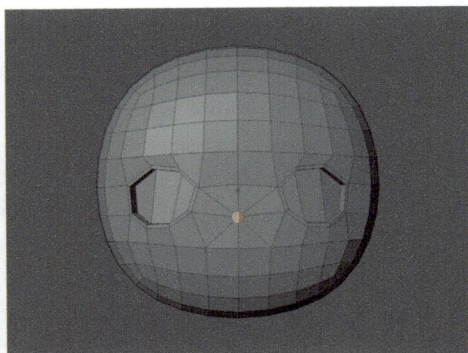

图10-25

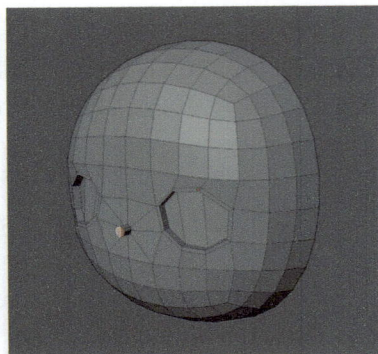

图10-26

05 将挤出的面稍微缩小一些，使模型呈圆台状，如图10-27所示。

06 选中图10-28所示的边，然后向前移动一定的距离，使鼻子下方的部分凸出来一些，如图10-29所示。

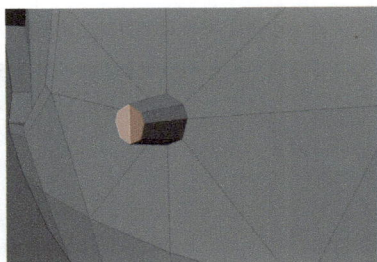

图10-27

图10-28

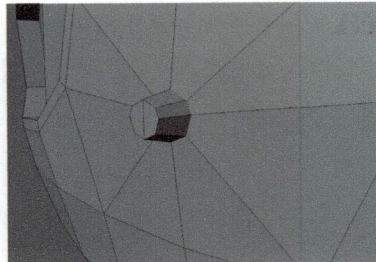

图10-29

07 下面制作嘴巴部分。在正视图中按照参考图片中嘴巴的位置移动周围的点，如图10-30所示。

08 在"边"模式中选中图10-31所示的边，然后按快捷键Ctrl+B进行倒角，如图10-32所示。这一步与制作眼眶的思路相同，通过进行倒角，让嘴部的面在后面挤出时不会导致模型变形。

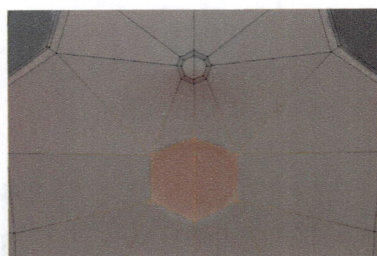

图10-30

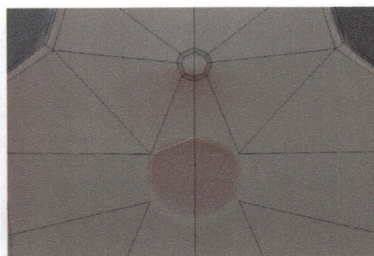

图10-31

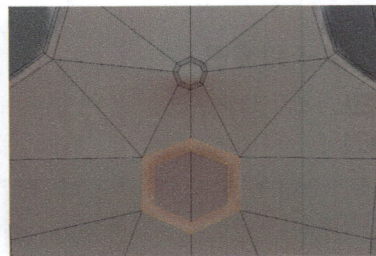

图10-32

09 选中图10-33所示的面，使用"沿法向挤出面"命令向内挤压一定距离，形成口腔，如图10-34所示。

10 切换到"雕刻模式"并按3键切换到侧视图，根据侧视图中的参考图片，微调鼻子的位置，如图10-35所示。

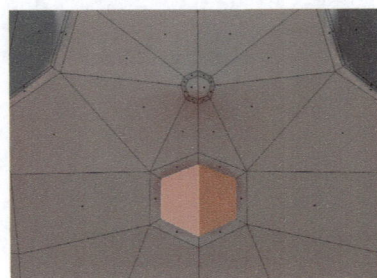

图10-33

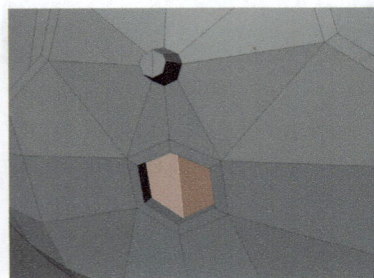

图10-34

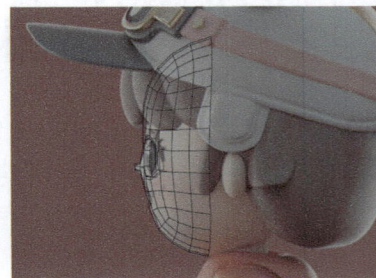

图10-35

11 在头部模型上添加"表面细分"修改器，这样模型表面就会变得更加平滑，如图10-36所示。

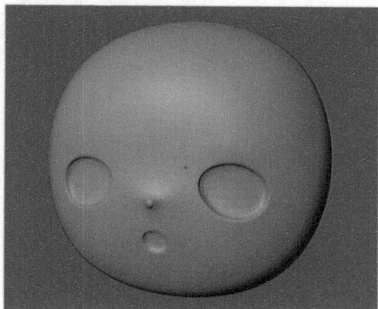

图10-36

添加"表面细分"修改器后，会看到模型上还有棱角。单击鼠标右键，在弹出的快捷菜单中选择"平滑着色"命令，就能消除这些棱角，效果如图10-37所示。

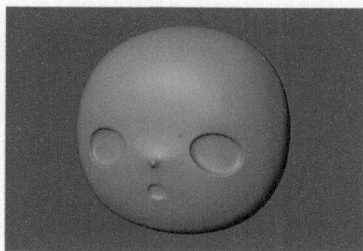

图10-37

4.睫毛

01 下面制作睫毛模型。新建一个立方体，将其缩小后放置于睫毛的位置，如图10-38所示。

02 在"编辑模式"中调整立方体的点的位置，使模型与睫毛的走向大致相同，如图10-39所示。

03 选中图10-40所示的面，然后按E键沿着睫毛的走向挤出面，在挤出的同时调整面的角度，如图10-41所示。

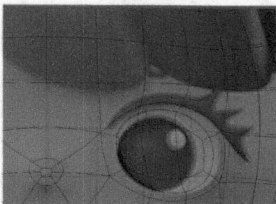
图10-38

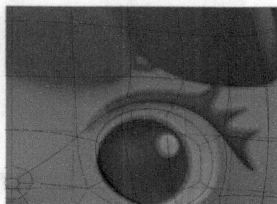
图10-39

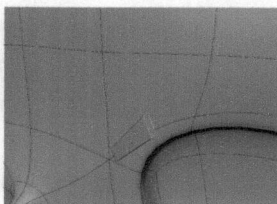
图10-40

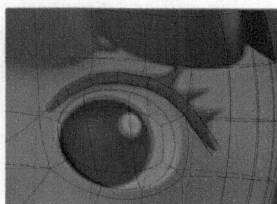
图10-41

04 切换到"点"模式，调整睫毛模型的点，使其与参考图片更加贴合，如图10-42所示。

05 选中睫毛上方的面，按E键向上挤出，形成睫毛的细节部分并调整细节，如图10-43所示。

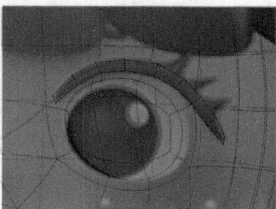
图10-42

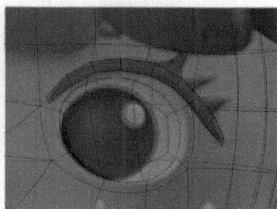
图10-43

技巧提示 读者在做这一步时，可按两次E键分别向上挤出面，然后调整细节。还有一种方法是按一次E键挤出面，然后按快捷键Ctrl+R添加一圈循环边，再调整细节。

06 按照步骤05的方法制作其他两处睫毛的细节部分，如图10-44所示。

07 调整睫毛的角度，使其更贴合眼眶部分，然后添加"表面细分"修改器，将其变得平滑一些，如图10-45所示。

08 给细分后的睫毛模型添加"镜像"修改器，生成另一侧的睫毛模型，如图10-46所示。

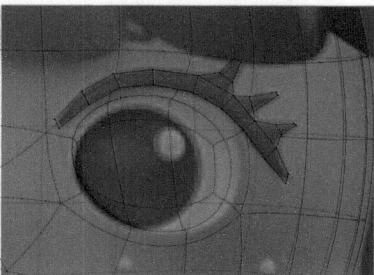
图10-44

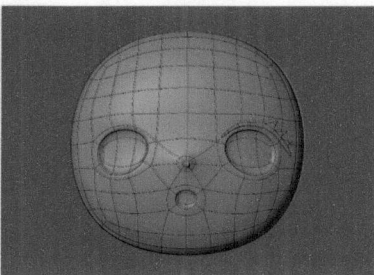
图10-45

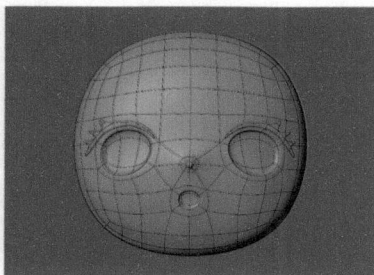
图10-46

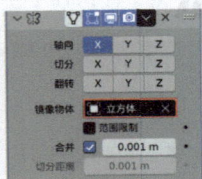

图10-47

5.眉毛

01 眉毛的制作思路与睫毛相似。新建一个立方体,将其缩小后放置于参考图片中眉毛的位置,如图10-48所示。

02 在"编辑模式"中调整点的位置,使其与眉毛的边缘贴合,如图10-49所示。

03 按照睫毛的制作思路,将调整后的模型多次挤出,并调整位置和角度,使其与眉毛走向一致,如图10-50所示。

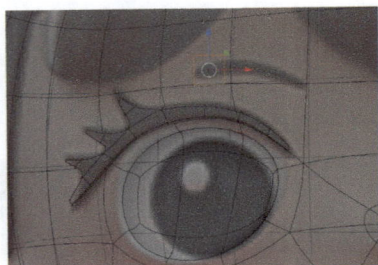

图10-48

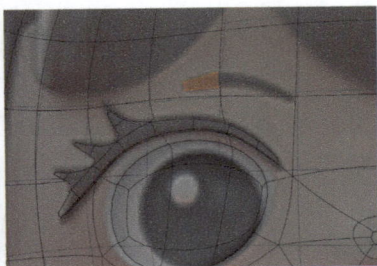

图10-49

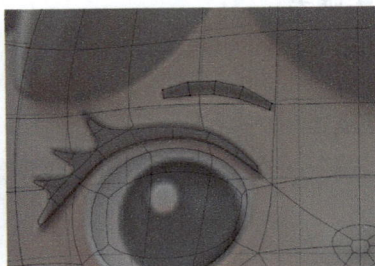

图10-50

04 添加"表面细分"修改器,将眉毛模型变平滑,如图10-51所示。

05 在眉毛模型上添加"镜像"修改器,生成右侧的眉毛模型,如图10-52所示。

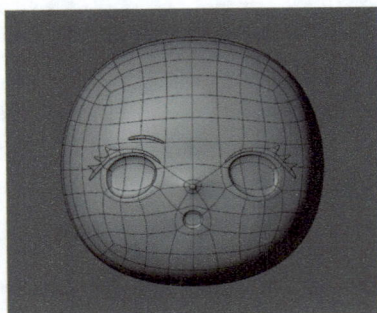

图10-51

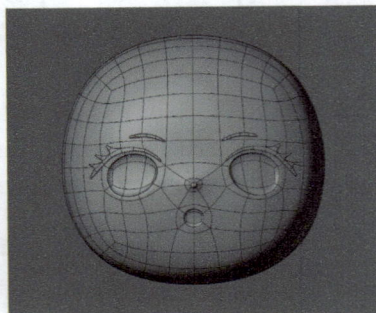

图10-52

6.眼球和脸部装饰

01 眼球部分通过球体就能创建。新建一个球体模型,将其缩小到与黑色眼珠的大小一致,如图10-53所示。

02 将球体模型压扁后移动到眼眶附近,如图10-54所示。

03 在眼球模型上添加"镜像"修改器,将制作好的模型镜像到另一侧的眼眶中,如图10-55所示。

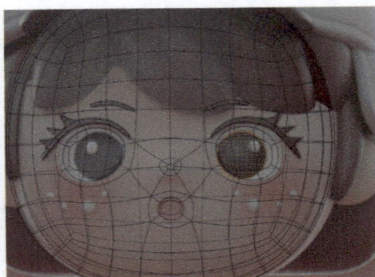

图10-53

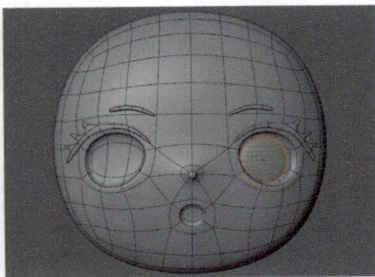

图10-54

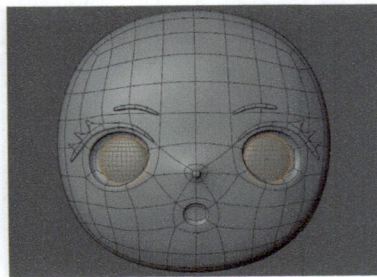

图10-55

04 黑色眼珠上有白色的高光点，这部分也可以用球体代替。新建一个球体，将其缩小后移动到白色高光点的位置，如图10-56所示。

05 在步骤04中创建的球体上添加"镜像"修改器，将其镜像到另一侧的眼球模型上，如图10-57所示。

06 眼睛下方的脸部有白色的装饰，这部分可以通过球体生成。创建球体模型，将其缩小后移动到参考图片上脸部装饰的位置，如图10-58所示。

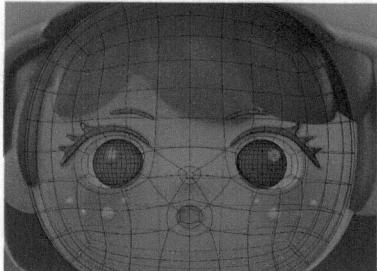

图10-56

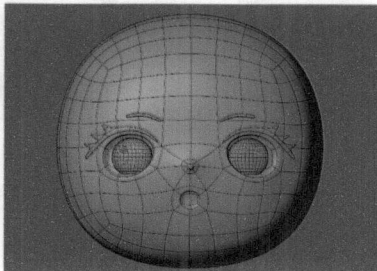

图10-57

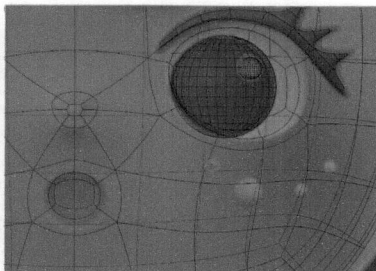

图10-58

07 将步骤06创建的球体复制3个并分别调整其大小后，摆放到参考图片中脸部装饰的位置，如图10-59所示。

08 选中4个装饰球体，按快捷键Ctrl+J将其合并为一个整体，然后添加"镜像"修改器生成左边脸部的装饰模型，如图10-60所示。

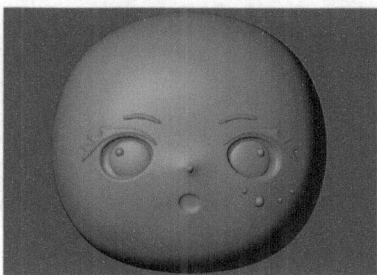

图10-59

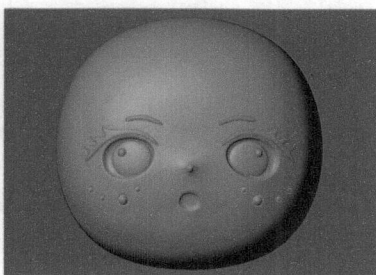

图10-60

7.头发和耳朵

01 头发由两部分组成，一部分是前额的刘海儿，另一部分是后脑勺的头发。我们先来制作后脑勺的头发。新建一个球体，切换到"雕刻模式"，然后按快捷键Shift+R调整网格的大小，如图10-61所示。

02 调整完网格的大小后，按快捷键Ctrl+R将网格应用到球体上，如图10-62所示。

> **技巧提示** 网格大小不是绝对的，建议读者将其调整到与图10-61中网格的大小相同。

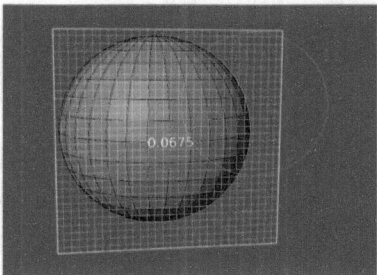

图10-61

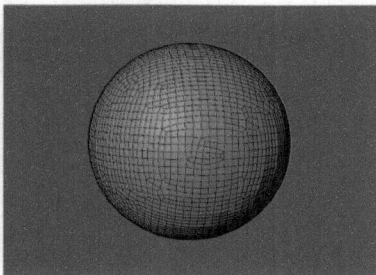

图10-62

03 使用"弹性变形"工具并打开x轴的对称按钮，根据参考图片调整头发的外形，如图10-63所示。

04 在侧视图中，根据参考图片调整侧面头发的外形，如图10-64所示。后脑勺的头发就制作完成了。

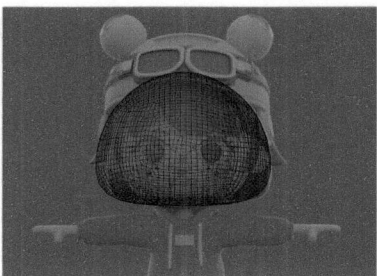

图10-63

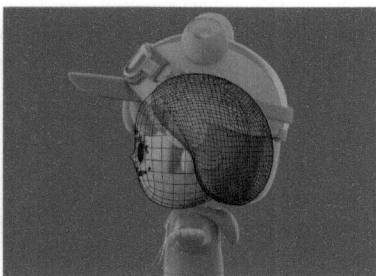

图10-64

05 刘海儿部分也是通过球体进行制作的。新建一个球体模型，将其缩小，在"雕刻模式"中增加网格，并调整造型，如图10-65所示。

06 在侧视图中按照参考图片的样式，调整刘海儿的造型，如图10-66所示。

> **技巧提示** 具体的调整过程请读者观看配套的教学视频，里面的操作和注意事项讲解得更为详细。

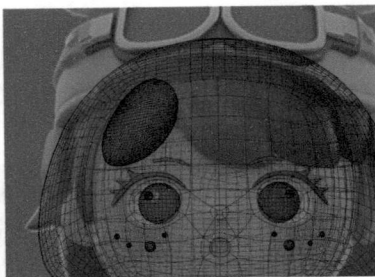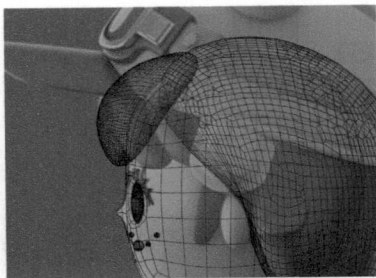

图10-65　　　　　　　　　　　　　图10-66

07 在"物体模式"中将制作好的刘海儿模型复制一份，再次切换到"雕刻模式"，按照参考图片的样式调整刘海儿的造型，如图10-67所示。

08 按照步骤07的方法，继续制作右侧的刘海儿，如图10-68和图10-69所示。

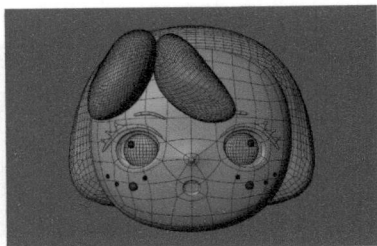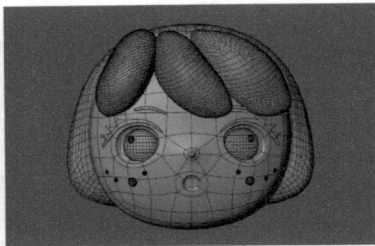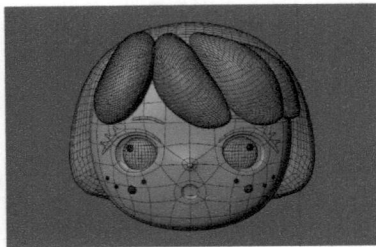

图10-67　　　　　　　　　　图10-68　　　　　　　　　　图10-69

09 刘海儿和后脑勺头发之间还有鬓角头发。新建一个球体模型，将其缩小并切换到"雕刻模式"，然后增加网格，按照参考图片进行雕刻，如图10-70所示。

10 将步骤09雕刻好的鬓角头发复制一份，移动到右侧鬓角的位置并旋转180°，然后在"雕刻模式"中调整细节，如图10-71所示。

11 观察参考图片，发现后脑勺的头发位置上还有翘起的头发。新建一个球体，将其缩小后移动到参考图片的相应位置，然后在"雕刻模式"中调整造型，如图10-72所示。

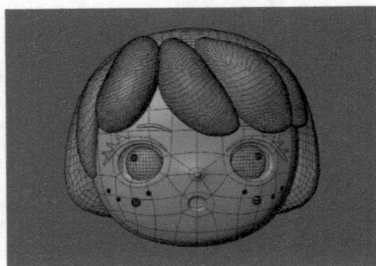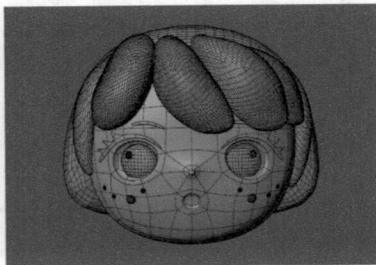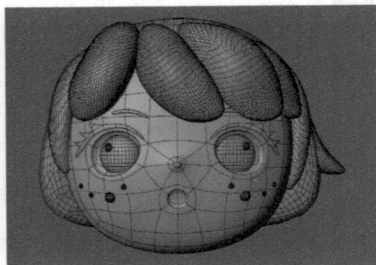

图10-70　　　　　　　　　　图10-71　　　　　　　　　　图10-72

12 在步骤11雕刻好的头发模型上添加"镜像"修改器，镜像头发模型到左侧，如图10-73所示。

> **技巧提示** 读者也可以将制作好的头发模型复制一份，移动到左侧的相应位置并切换到"雕刻模式"，调整细节。

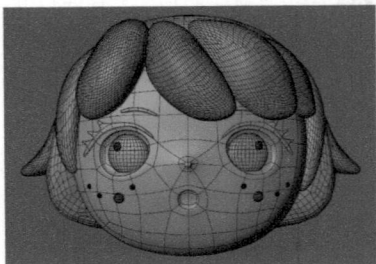

图10-73

13 耳朵在鬓角头发和后脑勺头发之间。新建一个立方体，然后将其缩小并放在参考图片中耳朵的位置，如图10-74所示。

14 在"编辑模式"中使用"环切"工具在立方体上添加循环边，然后按照耳朵的轮廓调整点的位置，如图10-75所示。

15 在侧视图中调整耳朵的厚度，效果如图10-76所示。

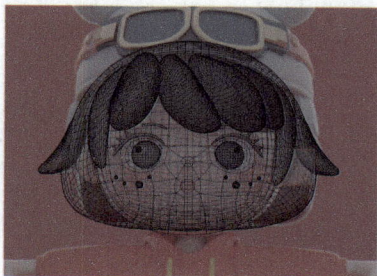

图10-74

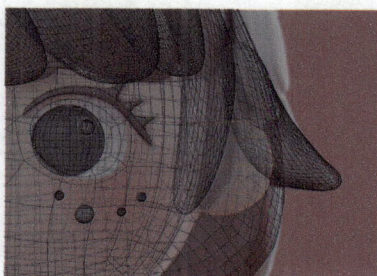

图10-75

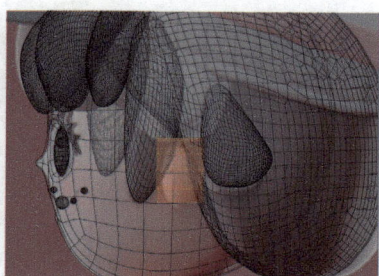

图10-76

16 在耳朵模型上添加"表面细分"修改器，并按快捷键Ctrl+R添加循环边，耳朵模型的效果如图10-77所示。

17 在耳朵模型上添加"镜像"修改器，镜像出另一侧的耳朵模型，如图10-78所示。

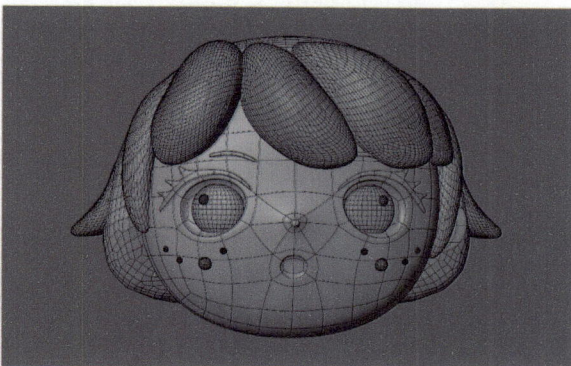

图10-77

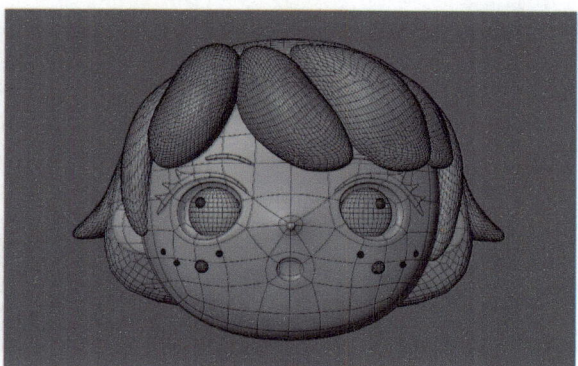

图10-78

10.1.2 帽子模型

帽子模型由帽子本身、风镜和帽檐3个部分组成。

1.帽子

01 帽子大致是半球形。新建一个球体，将"段数"设置为28，并缩放为合适的大小，如图10-79所示。

02 在"编辑模式"中将球体的下半部分删除，然后按照参考图中帽子的位置、大小和角度来调整半球体，如图10-80所示。

> **技巧提示** 半球体与头发之间还存在一些缝隙，在后续的制作中会进一步处理这些细节问题。这一步只需要按照参考图片调整半球体的大小、位置和角度。

图10-79

图10-80

03 选中图10-81所示的面,然后使用"沿法向挤出面"命令向外挤出一定的距离,如图10-82所示。

04 按照步骤03的方法,制作其他部分的挤出效果,如图10-83所示。

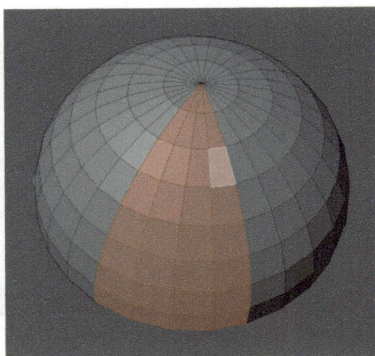

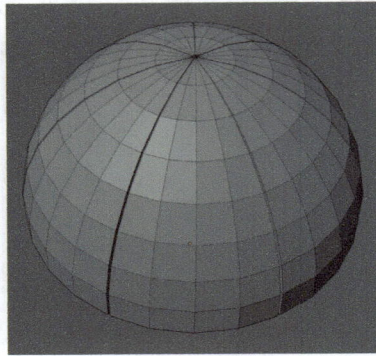

<table>
<tr><td>图10-81</td><td>图10-82</td><td>图10-83</td></tr>
</table>

技巧提示 在视图窗口左侧的工具栏中选择"刷选"工具,使用该工具能快速选中所需要的面。挤出面的距离需要记录,方便在后续步骤中挤出相同的距离。

05 观察参考图片中的帽子,发现底部边缘有一条向内凹陷的缝隙,如图10-84所示。使用"环切"工具在帽子下方添加两条循环边,然后使用"沿法向挤出面"命令向内挤压一定距离,形成凹陷,如图10-85所示。

06 帽子上有两个球形的小耳朵。新建一个球体模型,将其缩放到参考图片中的大小并旋转一定角度,如图10-86所示。

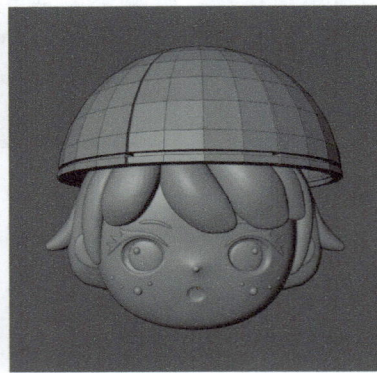

<table>
<tr><td>图10-84</td><td>图10-85</td><td>图10-86</td></tr>
</table>

07 在"编辑模式"中选中图10-87所示的边,然后按快捷键Ctrl+B进行倒角,如图10-88所示。

08 切换到"面"模式,使用"沿法向挤出面"命令向内挤压一定的距离,形成缝隙,如图10-89所示。

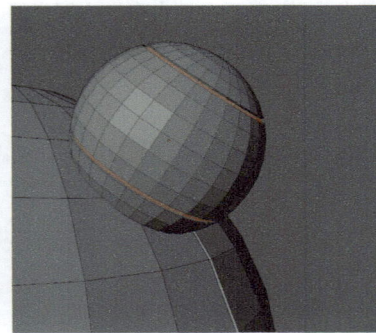

<table>
<tr><td>图10-87</td><td>图10-88</td><td>图10-89</td></tr>
</table>

09 选中图10-90所示的边，按快捷键Ctrl+B进行倒角，如图10-91所示。

10 切换到"面"模式，将倒角后形成的面用"沿法向挤出面"命令向内挤压一定的距离，如图10-92所示。

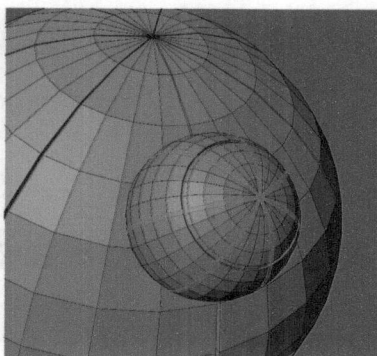

图10-90　　　　　　　　　　图10-91　　　　　　　　　　图10-92

11 在球体模型上添加"表面细分"修改器，模型就会变得光滑，如图10-93所示。

12 在球体模型上添加"镜像"修改器，生成另一边的球体模型，如图10-94所示。

13 选中帽子模型，并添加"表面细分"修改器，让帽子也变得光滑，如图10-95所示。

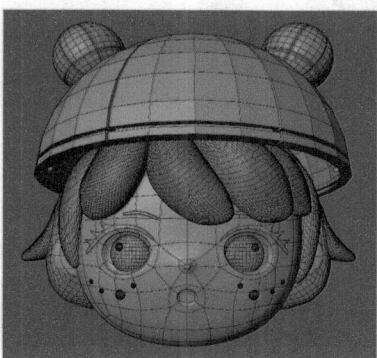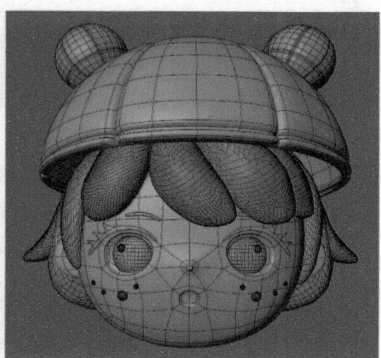

图10-93　　　　　　　　　　图10-94　　　　　　　　　　图10-95

2.风镜

01 风镜大致可以视为一个长方体。新建长方体模型，按照参考图片将其缩小并摆放在帽子前方，如图10-96所示。

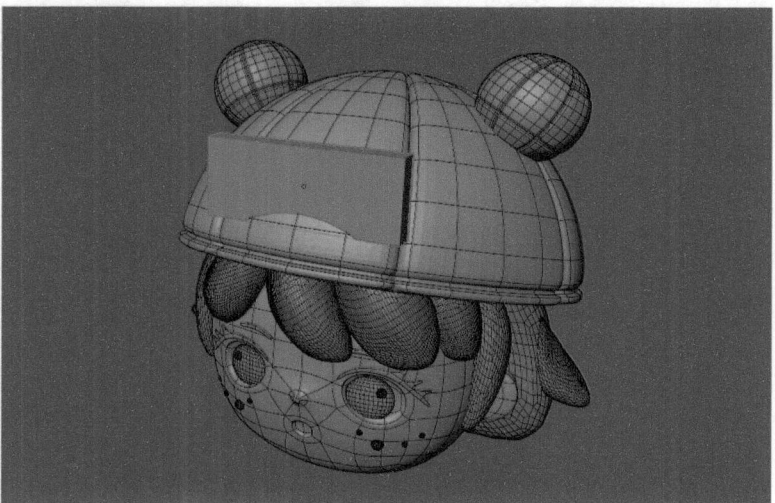

技巧提示 参考图片中的风镜模型是带有透视和变形效果的，因此我们可以将长方体模型放在一旁进行制作，等制作完成之后再添加修改器进行变形并与帽子组合。

图10-96

02 在"编辑模式"中按快捷键Ctrl+R添加两圈循环边，如图10-97所示。风镜两边是对称的，因此先删除左半部分，如图10-98所示。

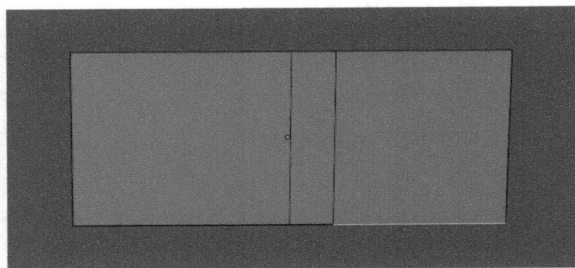

图10-97

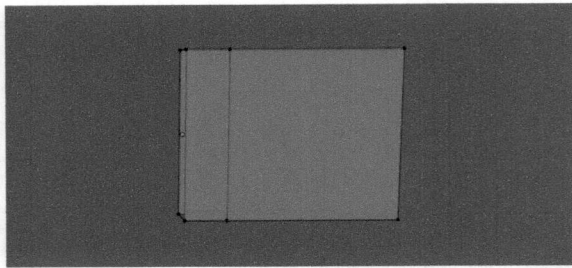

图10-98

03 选中左下方的点并适当向上移动，然后添加"镜像"修改器以生成左半部分的模型，如图10-99和图10-100所示。

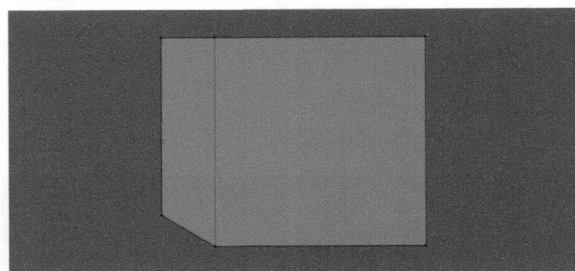

图10-99

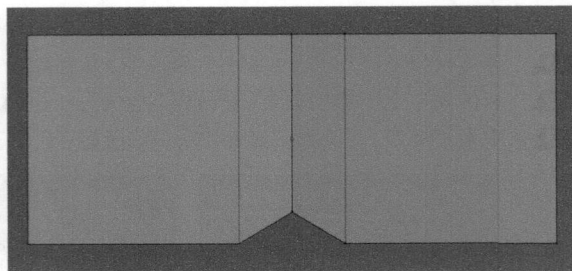

图10-100

04 在模型上添加多圈循环边，为模型增加布线，如图10-101所示。

05 将模型复制一份，向外移动并暂时关闭"镜像"修改器，如图10-102所示。

06 为了方便制作，按/键将复制得到的模型孤立显示，然后在其左侧添加一圈循环边，如图10-103所示。

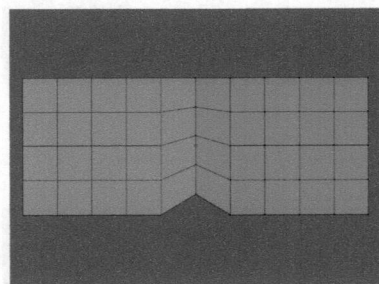

图10-101

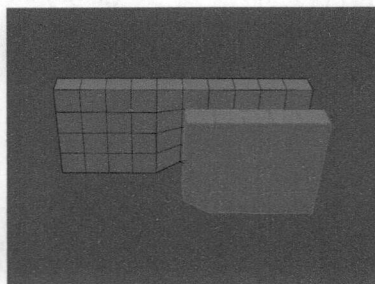

图10-102

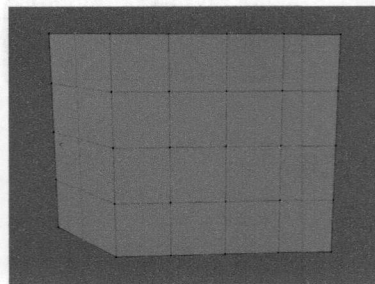

图10-103

07 删除中间的面，形成镜框，然后按F键将中间的空隙缝合，如图10-104和图10-105所示。

08 调整镜框模型的布线，并将模型压扁一些，如图10-106所示。

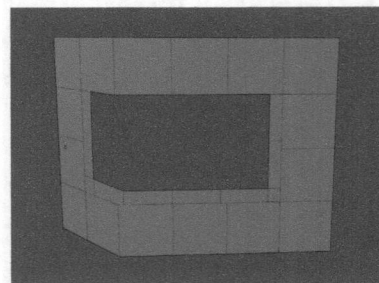

图10-104

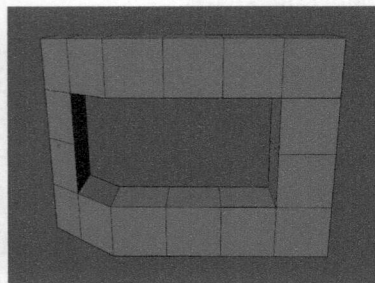

图10-105

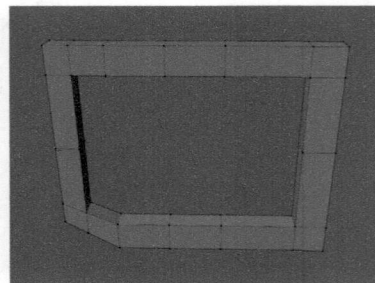

图10-106

09 选中图10-107所示的面，按E键向外挤出一定的距离，形成镜框外凸起的部分，如图10-108所示。

10 打开"镜像"修改器，并取消孤立显示，将镜框模型与镜片模型拼在一起，如图10-109所示。镜片模型也适当减小厚度。

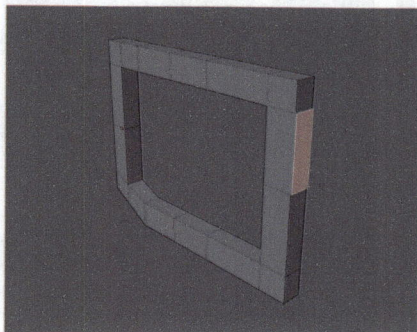

图10-107

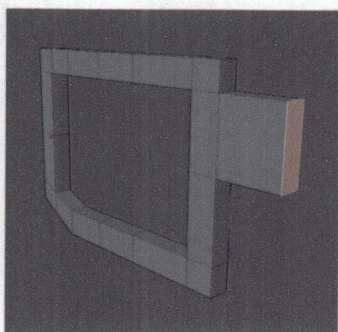

图10-108

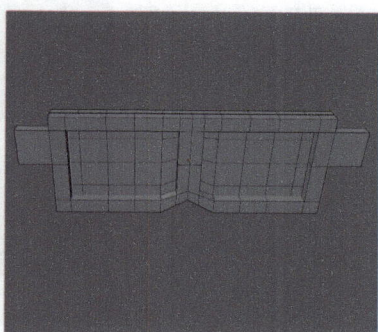

图10-109

11 选中镜片模型侧面的面，然后向外挤出一定距离，如图10-110所示。

12 在挤出的模型上添加一圈循环边，并调整造型，如图10-111所示。

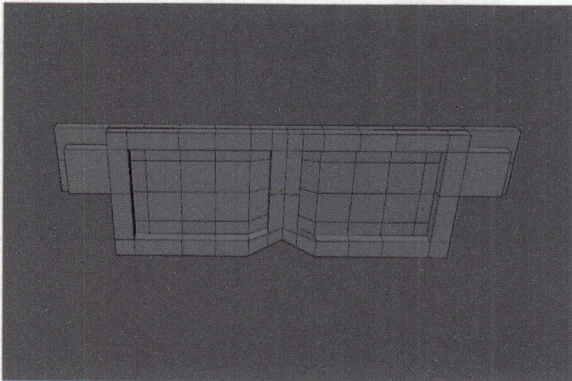

图10-110

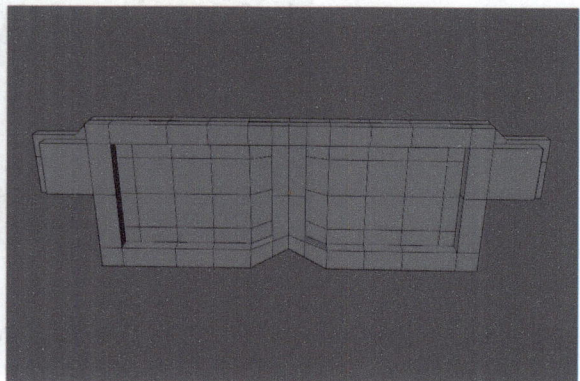

图10-111

13 分别给镜框模型和镜片模型添加"表面细分"修改器，然后按快捷键Ctrl+R添加循环边以调整细分后的造型，如图10-112所示。

14 观察参考图片会发现，镜框部分是分离的，如图10-113所示，而现有的模型则连在一起。选中镜框模型，关闭"镜像"和"表面细分"两个修改器，将中间的面进行缝合，效果如图10-114所示。

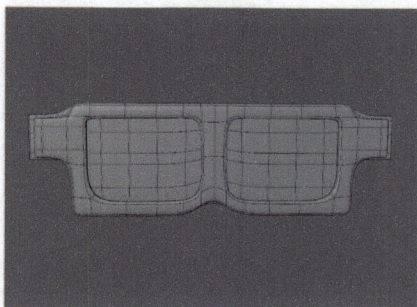

图10-112

图10-113

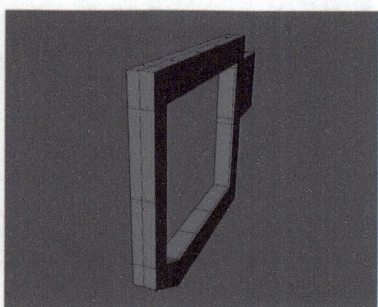

图10-114

技巧提示 在缝合缺口处的面时要注意前面的步骤中添加了一圈循环边，缝合后也需要在缝合的面上添加一条边与之前的循环边相连。具体过程请读者观看教学视频。

15 重新打开"镜像"和"表面细分"两个修改器，就可以呈现分离的镜框效果了，如图10-115所示。

16 将制作好的风镜模型整体移动到帽子前方，调整其大小、位置和角度，效果如图10-116所示。

> **技巧提示** 如果读者打开两个修改器后发现镜框中间有缝隙，那么可以调整缝隙边缘点的位置。

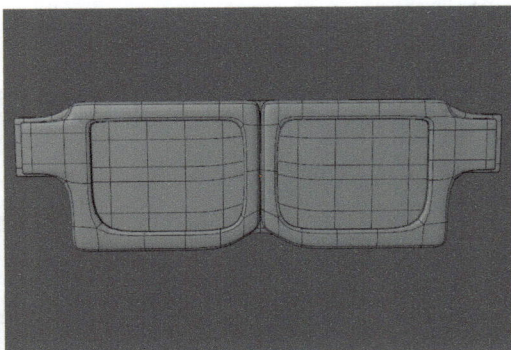

图10-115

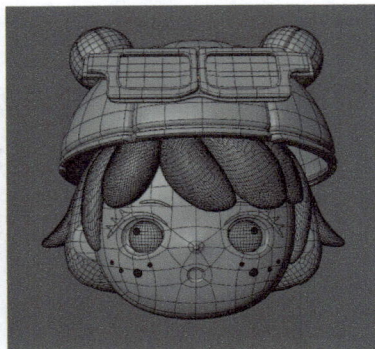

图10-116

17 选中镜片模型和帽子模型，调整点的位置和角度可使镜片模型贴合帽子的表面，如图10-117所示。

18 按照调整镜片模型的方法调整镜框模型的位置和角度，这里只需要调整一半，另一半可通过"镜像"修改器实现，如图10-118所示。

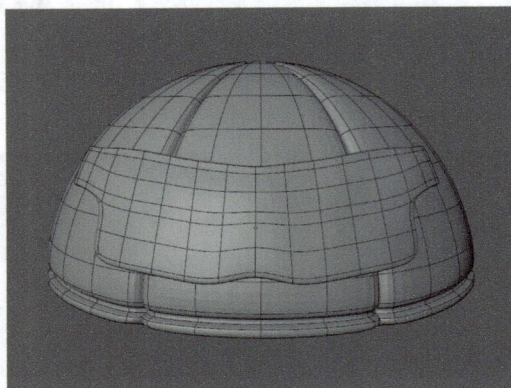

图10-117

图10-118

19 风镜上的绑带是贴在帽子的表面上的，我们可以利用帽子模型来制作绑带。将帽子模型复制一份，然后选中图10-119所示的一圈面，单击鼠标右键，在弹出的快捷菜单中选择"分离>选中项"命令，如图10-120所示，将选中的一圈面单独分离出来。

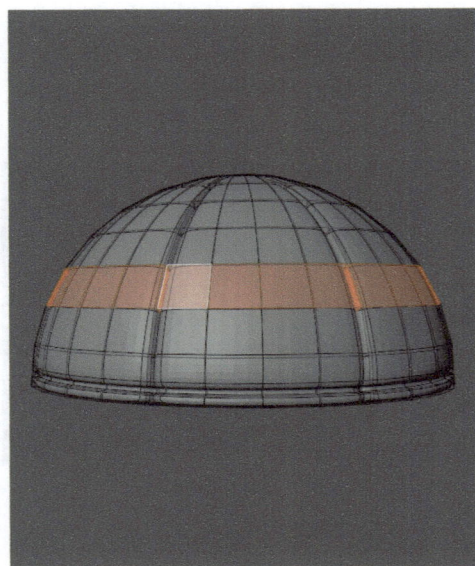

图10-119

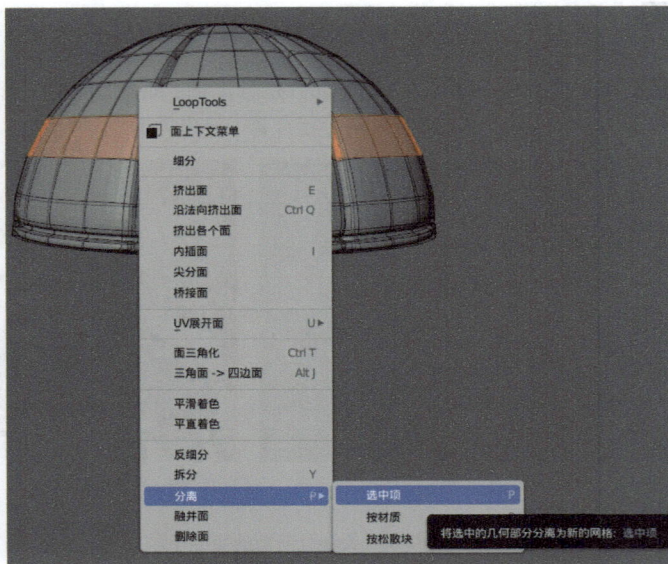

图10-120

20 删除多余的帽子部分，只留下分离的部分，然后删除缝隙中多余的面，并将断开的地方合并，如图10-121所示。

21 选中绑带模型所有的面，使用"沿法向挤出面"命令向外挤出绑带的厚度，并将绑带移动到帽子模型上，如图10-122所示。

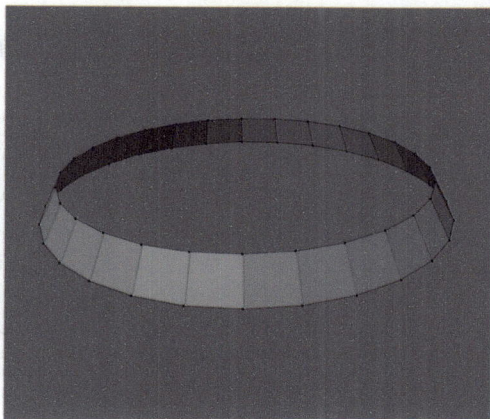

> **技巧提示** 在调整模型时，可暂时关闭"表面细分"修改器。

图10-121

图10-122

22 在绑带模型与风镜相交的位置添加分段线，然后删除与风镜重合的部分，如图10-123所示。

23 打开绑带模型的"表面细分"修改器，并添加循环边以调整模型的细节，与风镜模型拼合后的效果如图10-124所示。

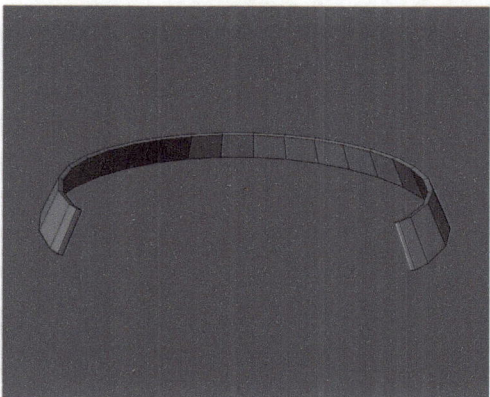

> **技巧提示** 删除完多余的面后，需要对连接处的两个空缺部分进行缝合。

图10-123

图10-124

24 观察参考图片会发现，在绑带与风镜模型相连接的位置绑带模型增厚，如图10-125所示。按快捷键Ctrl+R在绑带模型上添加两圈循环边，确定增厚位置的区域，如图10-126所示。

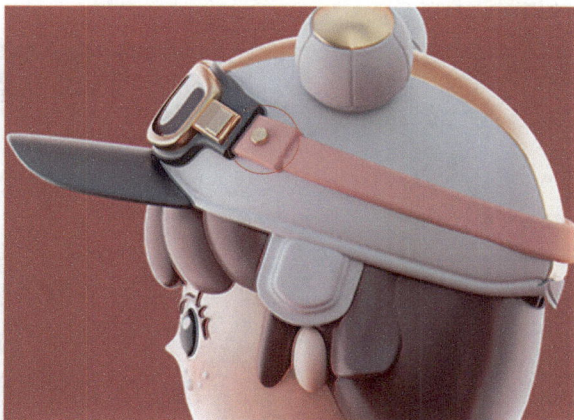

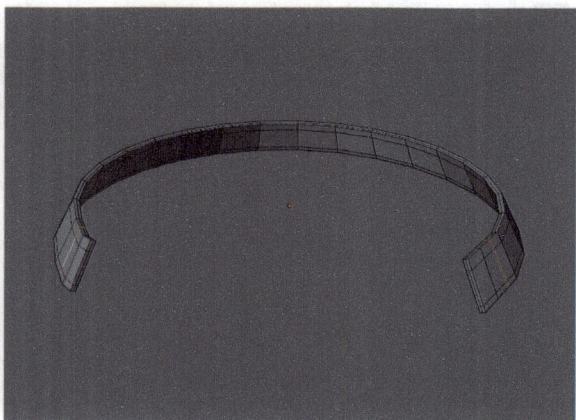

图10-125

图10-126

25 选中需要增厚的面,使用"沿法向挤出面"命令向外挤出增加的厚度,如图10-127所示。

26 增加厚度后,观察到因为细分导致增厚区域的转角不够明显。在转角位置和绑带位置添加两圈循环边,增强模型的立体感,如图10-128所示。

27 绑带上的铆钉装饰用柱体即可模拟。新建一个柱体模型,将其缩小后移动到绑带模型上,如图10-129所示。

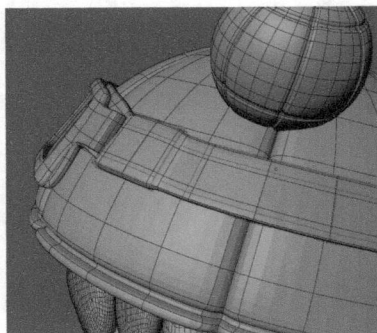 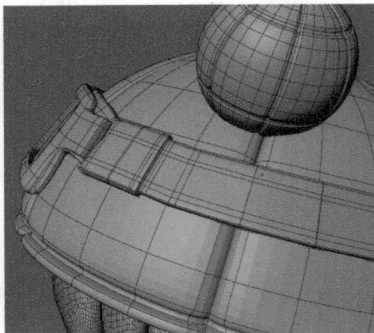 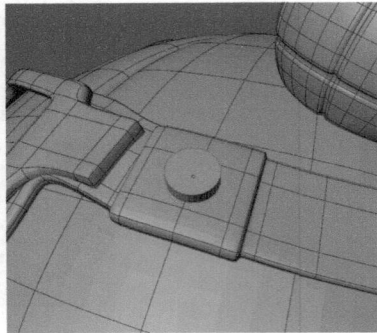

图10-127   图10-128   图10-129

技巧提示 另一侧的绑带也需要添加同样的循环边,以增强模型的立体感。

28 选中柱体模型并切换到"编辑模式",选中顶部所有的面,按快捷键 Ctrl+B 进行倒角,效果如图10-130所示。

29 在倒角后的柱体模型上添加"镜像"修改器,将其镜像到另一侧的绑带上,如图10-131所示。

技巧提示 如果读者在制作完帽子后发现与头发之间有很大的空隙,可以将帽子整体缩小或将头发整体放大。

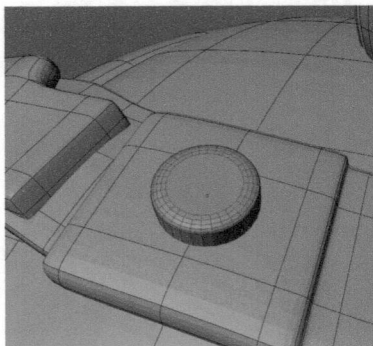 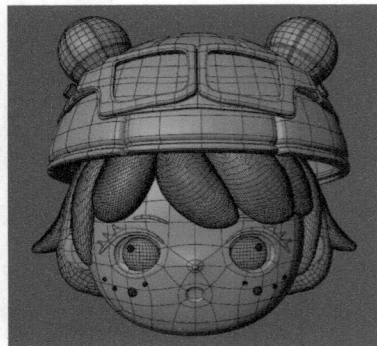

图10-130   图10-131

3.帽檐

01 帽檐部分通过一个平面即可制作。新建平面模型,将其缩小后移动到参考图片中帽檐的位置,如图10-132所示。

02 在"编辑模式"中使用"环切"工具添加3条循环边,如图10-133所示。

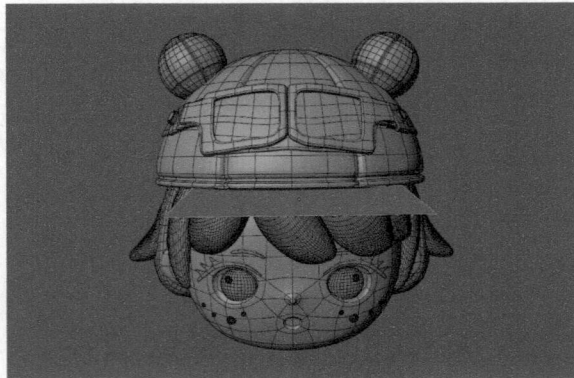 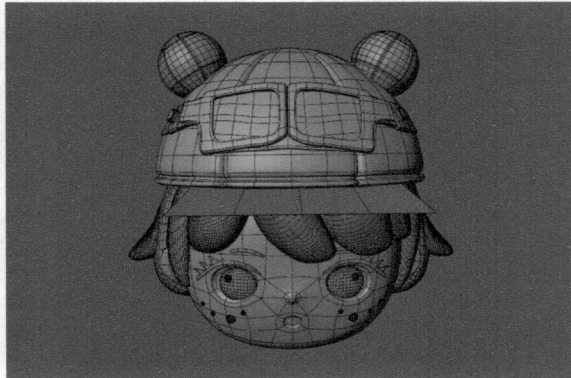

图10-132   图10-133

03 调整帽檐的弧度，形成稍微弯曲的效果，如图10-134所示。

04 侧面的帽檐也需要调整为弯曲的效果，如图10-135所示。

图10-134

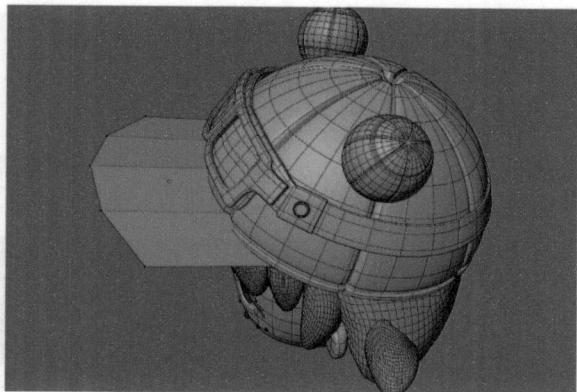

图10-135

05 选中帽檐模型的所有面，使用"沿法向挤出面"命令挤出帽檐的厚度，如图10-136所示。

06 在帽檐模型上添加"表面细分"修改器，使模型变得平滑，如图10-137所示。

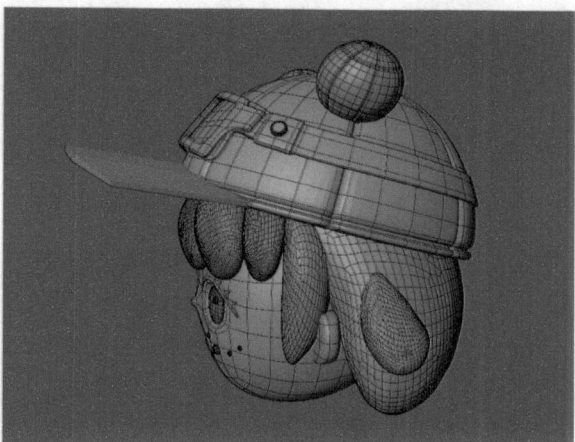

图10-136

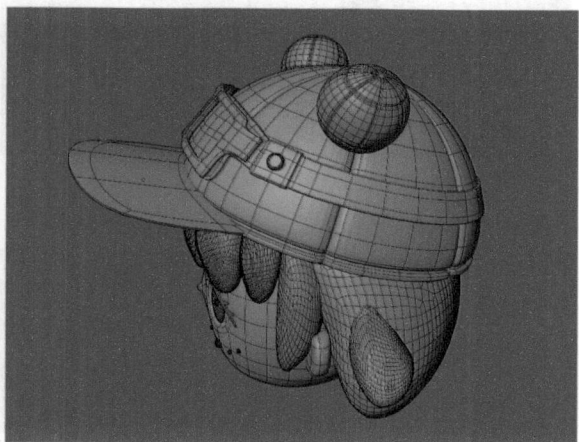

图10-137

07 观察模型会发现，帽檐和帽子之间有些部位的连接不是很正确。在"雕刻模式"中调整帽子的位置，使其与帽檐的连接更加贴合，如图10-138和图10-139所示。

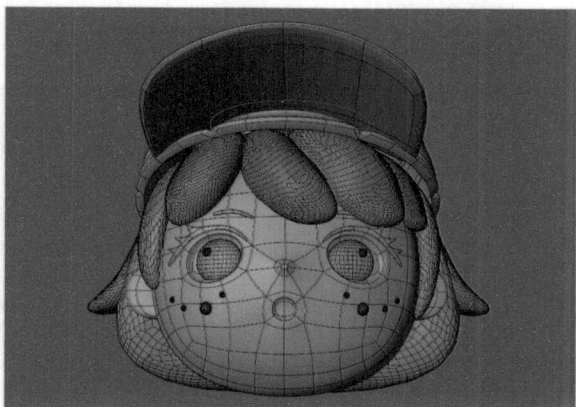

图10-138

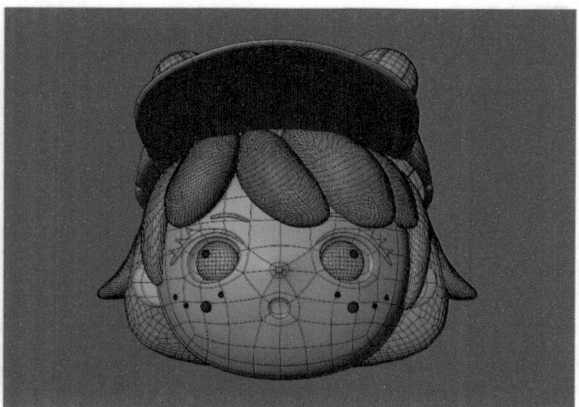

图10-139

10.1.3 身体模型

身体部分的模型大致可以分为躯干、四肢和衣服等部分。由于身体部分是对称的,可以只制作一半,另一半通过镜像得到。

1.躯干和衣服

01 躯干部位大体呈现长方体形态。新建一个立方体模型,按照参考图片将其缩放到合适的大小,如图10-140所示。

02 躯干部位是左右对称的,在模型中间添加一圈循环边,然后删除左半部分,只留下右半部分,如图10-141所示。

图10-140

图10-141

03 根据衣服的造型,在右半部分添加横向的循环边,然后调整外形到与衣服相似,如图10-142所示。

04 按3键切换到侧视图,根据参考图片调整衣服的厚度和造型,如图10-143所示。

> **技巧提示** 在调整衣服的造型时,可以灵活增加循环边,从而使衣服的造型更符合参考图片的轮廓。

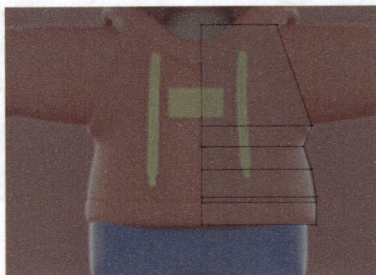

图10-142

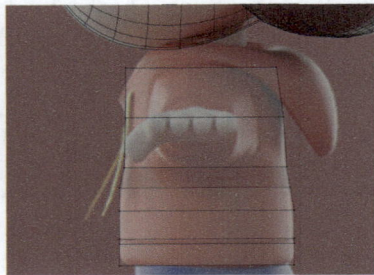

图10-143

05 在侧面添加一圈循环边,然后将前后两端边缘的点向中间移动,让身体的外形呈现圆润的感觉,如图10-144所示。

06 调整袖口周围点的位置,然后选中袖口的面,按I键向内插入一个面,如图10-145和图10-146所示。

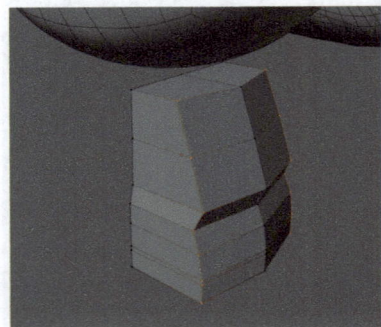

图10-144

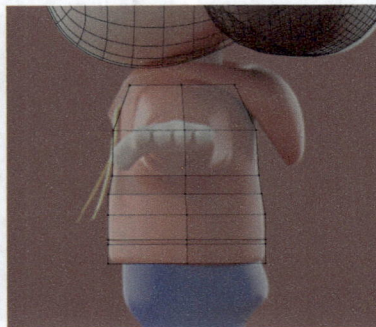

图10-145

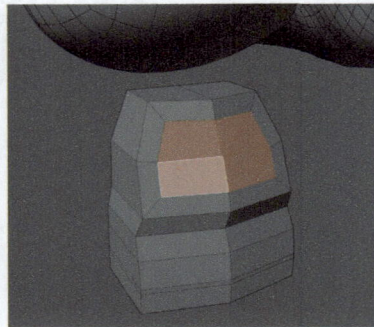

图10-146

07 袖口周围是偏方形的样式，不符合参考图片中的圆形效果。选中图10-147所示的点，单击鼠标右键，在弹出的快捷菜单中选择"LoopTools>圆环"命令，将这些点围成圆形，如图10-148所示。

08 根据参考图片调整点的位置和角度，使其与袖口更加吻合，如图10-149所示。

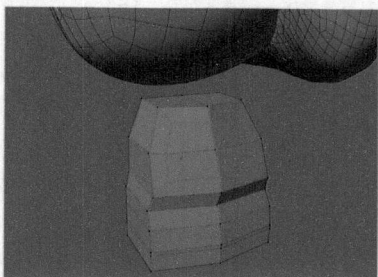
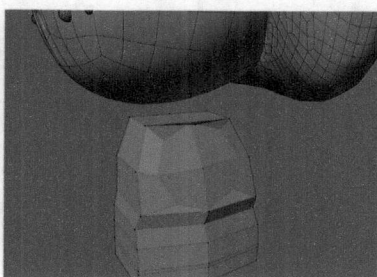
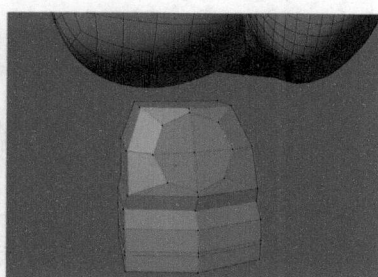

图10-147　　　　　　　　　　图10-148　　　　　　　　　　图10-149

09 选中袖口的4个面，使用"沿法向挤出面"命令向外挤出袖子，并调整位置和角度，如图10-150所示。挤出袖子后，一定要将袖口处的面缩放成一个平面。

10 根据参考图片，在手肘位置添加一圈循环边，这个循环边会比袖口粗，所以需要缩放到与袖口差不多大，如图10-151所示。

11 选中袖口处的面，按I键向内嵌入并向外挤出，形成袖口与手腕连接处的部分，如图10-152所示。

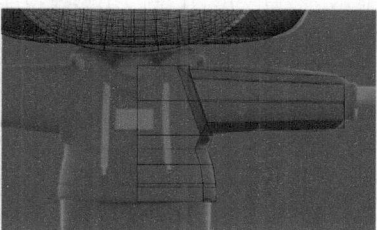
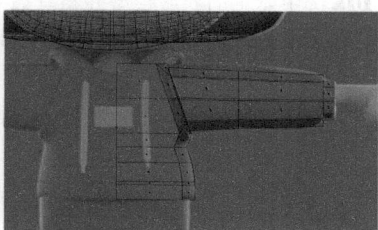

图10-150　　　　　　　　　　图10-151　　　　　　　　　　图10-152

12 调整袖口的细节后，给模型添加"镜像"修改器，镜像出左半部分模型，如图10-153所示。

13 选中图10-154所示的面，使用"沿法向挤出面"命令向内挤入一定的距离，形成凹槽，如图10-155所示。

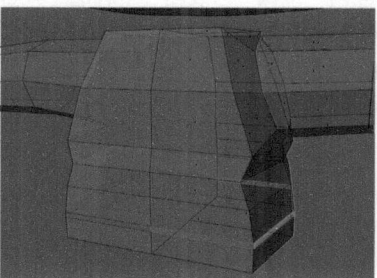
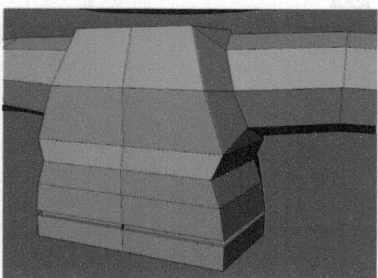

图10-153　　　　　　　　　　图10-154　　　　　　　　　　图10-155

14 形成凹槽后会发现左右两个镜像模型的交接位置出现了一个多余的面，如图10-156所示。将这个面删掉就能形成连通的凹槽，如图10-157所示。

> **技巧提示** 衣服背后同样存在一个多余的面，也需要删除。

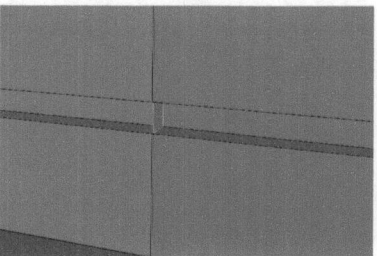
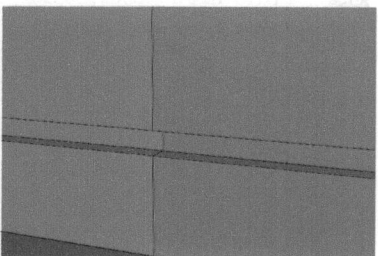

图10-156　　　　　　　　　　图10-157

15 添加"表面细分"修改器，让衣服变得平滑，但肩部和袖子处丢失了很多细节，还需要添加循环边进行调整，如图10-158和图10-159所示。

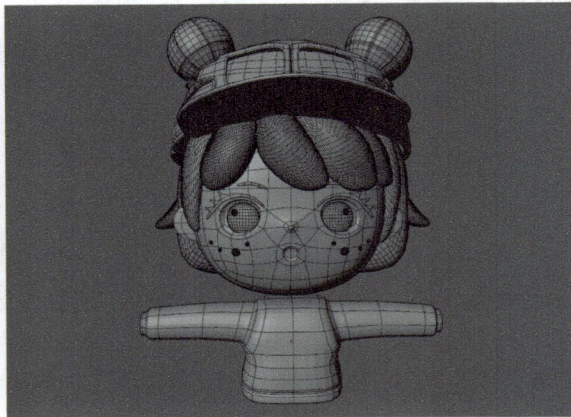

图10-158   图10-159

2.衣领和帽子

01 选中躯干的衣服模型并将其孤立显示，然后使用"切割"工具在顶部位置添加边，如图10-160所示。

02 选中中间的点，按快捷键Ctrl+B
对其进行倒角，如图10-161所示。

> **技巧提示** 添加边的时候，需要关闭
> "表面细分"修改器的显示效果。

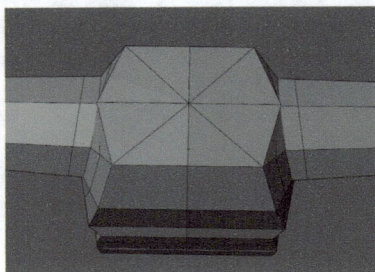
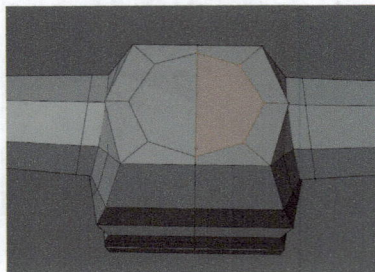

图10-160   图10-161

03 顶部周围的点也需要围成圆形。应用"镜像"修改器，然后选中顶部
周围的点，单击鼠标右键，在弹出的快捷菜单中选择"LoopTools>圆环"
命令，将这些点围成近似圆形，如图10-162所示。

> **技巧提示** 应用"镜像"修改器时，一定要切换到"物体模式"，在"编辑模式"
> 中不能实现镜像。

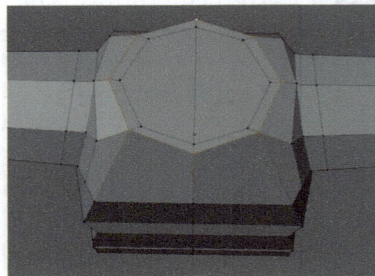

图10-162

04 选中图10-163所示的面，按E键向
上挤出衣领部分，如图10-164所示。

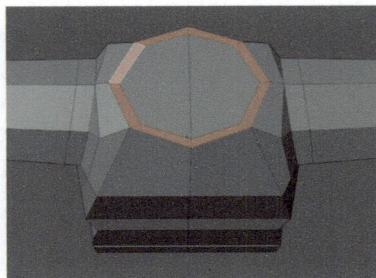
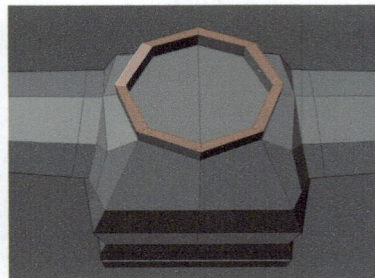

图10-163   图10-164

05 选中图10-165所示的衣领后方的面，按E键向外挤出帽子部分，如图10-166所示。

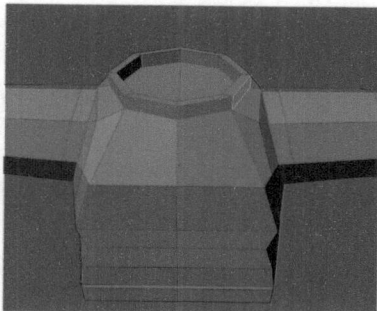

图10-165

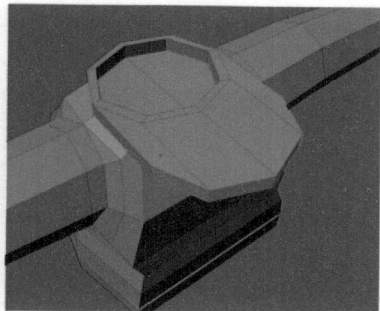

图10-166

06 在侧视图中调整挤出面的位置和角度，然后调整局部的造型，使其更加接近帽子的形状，如图10-167和图10-168所示。

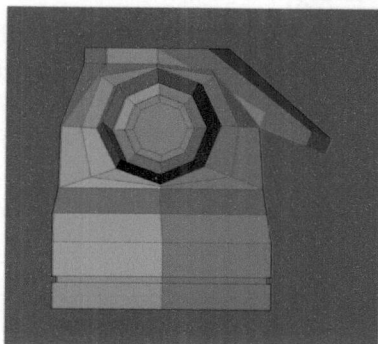

图10-167

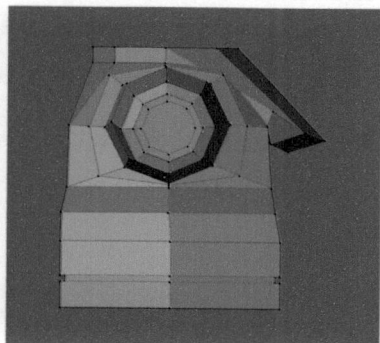

图10-168

07 在帽子表面添加一圈循环边，然后根据参考图片调整帽子的大致形状，如图10-169和图10-170所示。

技巧提示 打开模型的"表面细分"修改器就可以验证帽子模型细化后是否符合参考图片的样式，如果有不同还可以继续调整。

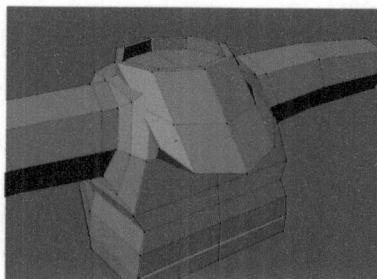

图10-169

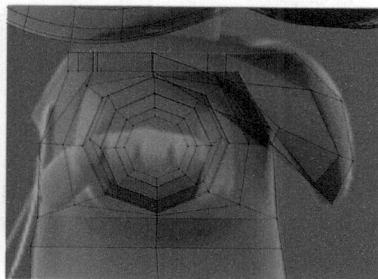

图10-170

08 观察参考图片可以看到，衣服前方的领口呈现V字形。选中图10-171所示的点，然后向下移动，就能形成所需要的V字形领口，如图10-172所示。

09 将两旁的点也选中并向下移动一段距离，如图10-173所示。

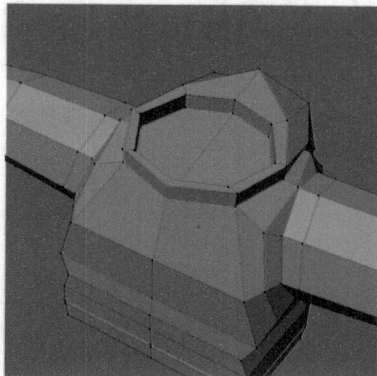

图10-171

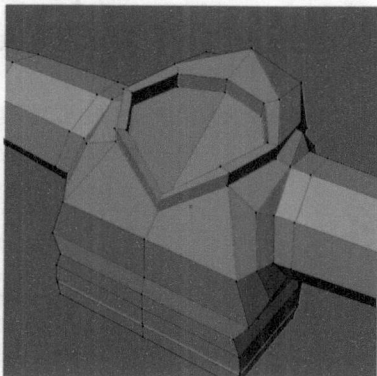

图10-172

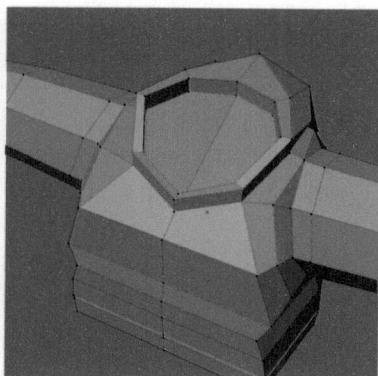

图10-173

10 选中图10-174所示的一圈面，使用"沿法向挤出面"命令向外挤出一点儿距离，如图10-175所示。

11 调整后方帽子的部分点的位置，打开"表面细分"修改器就能观察到衣领的最终效果，如图10-176所示。

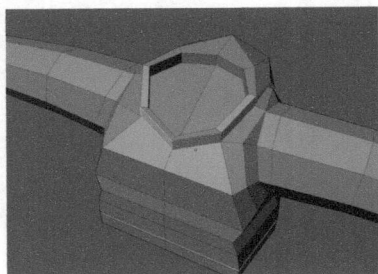

图10-174

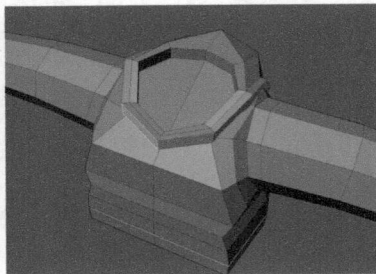

图10-175

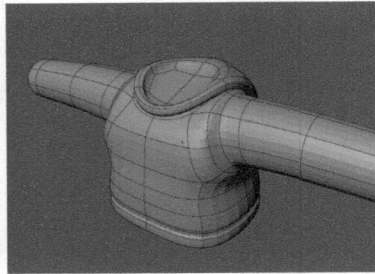

图10-176

技巧提示 选中点后按快捷键Shift+V，就能使选中的点在其所在边上快速滑动，降低调整的难度。

12 切换到正视图，根据参考图片调整衣服的细节，使其与参考图片更加接近，如图10-177所示。

技巧提示 读者可以将衣服删除一半，调整后再添加"镜像"修改器，帽子部分可以使用"雕刻模式"进行调整。具体过程请观看教学视频。

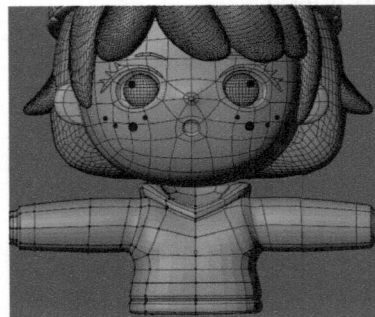

图10-177

3.脖子

01 新建一个立方体，将其缩放到与参考图片中的脖子大小一致，如图10-178所示。

02 将衣服和脖子模型孤立显示，然后在脖子模型上添加循环边，如图10-179所示。

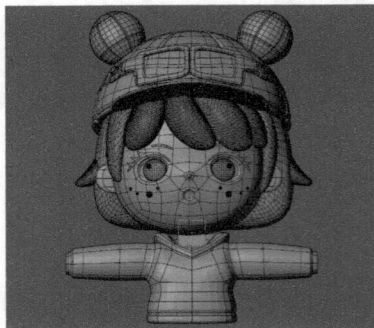

图10-178

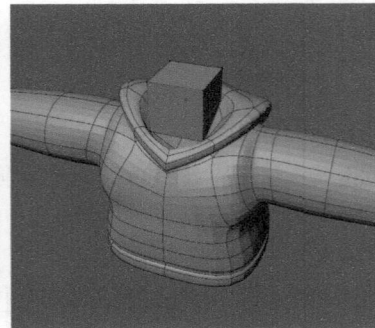

图10-179

03 选中图10-180所示的面，使用"沿法向挤出面"命令向外挤出一定的距离，如图10-181所示。

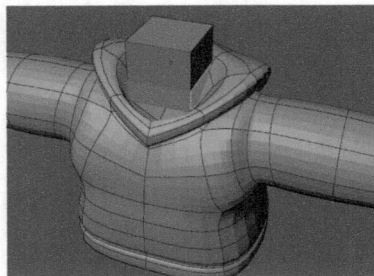

图10-180

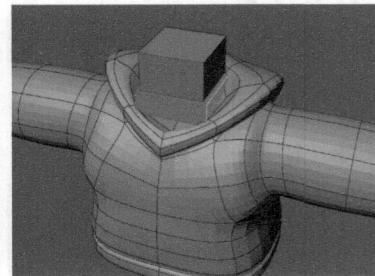

图10-181

04 调整模型的造型，使其与肩颈的样式类似，如图10-182所示。

05 添加"表面细分"修改器，并添加循环边，将模型进行细分且保留细节，如图10-183所示。

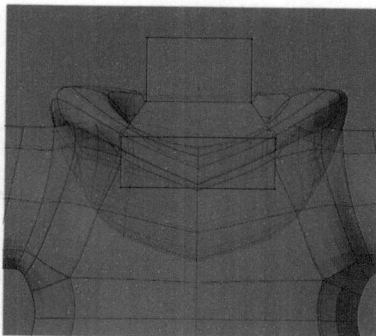
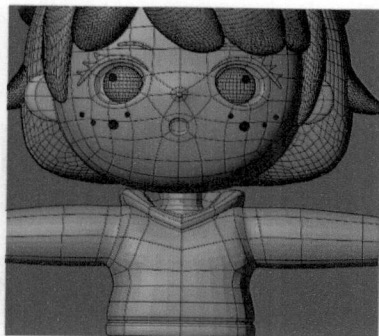

图10-182   图10-183

4.裤子

01 裤子以立方体为基础进行制作。新建一个立方体，将其缩小后大致调整为裤子的形状，如图10-184所示。

02 按快捷键Ctrl+R在立方体中间添加一圈循环边，然后按快捷键Ctrl+B进行倒角，生成两条边，如图10-185和图10-186所示。

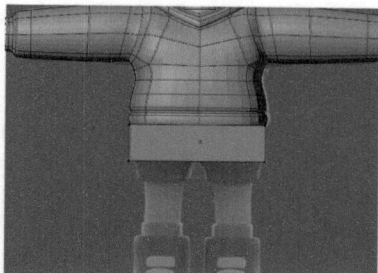

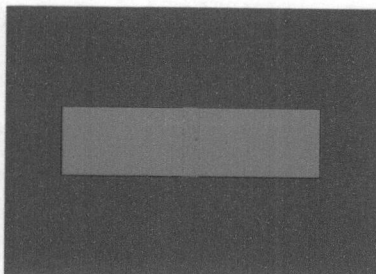

图10-184   图10-185   图10-186

> **技巧提示** 生成两条边是为了方便在后面挤出裤腿时，两个模型之间有一定的距离。

03 选中图10-187所示的面，使用"沿法向挤出面"命令向下挤出裤腿，如图10-188所示。

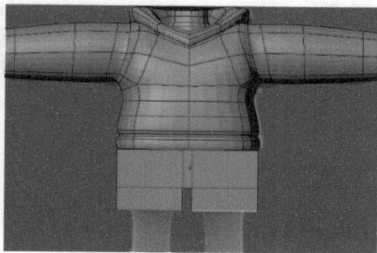

图10-187   图10-188

04 裤子也是左右对称的模型，因此在裤子中间位置添加一圈循环边，然后删除一侧的模型，如图10-189和图10-190所示。

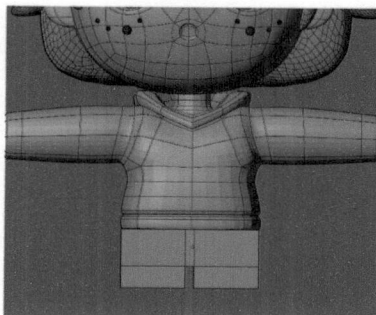
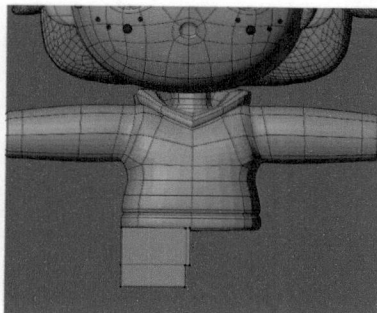

图10-189   图10-190

05 在裤子模型上添加"镜像"修改器，复制出另外一半的模型，然后在侧视图中调整裤子的宽度，必要时可以添加一些循环边，如图10-191和图10-192所示。

06 切换到正视图，根据参考图片调整裤子的细节，如图10-193所示。

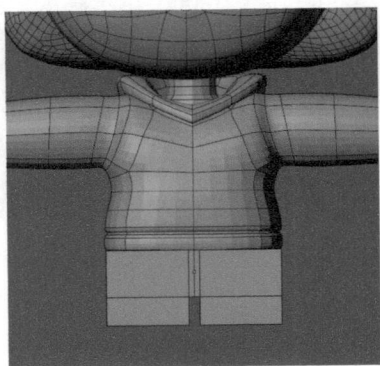
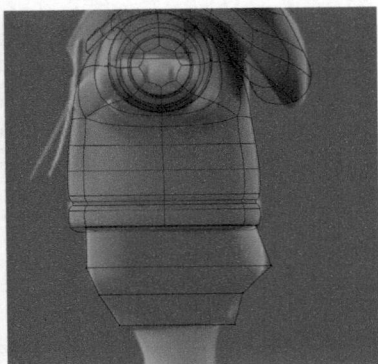
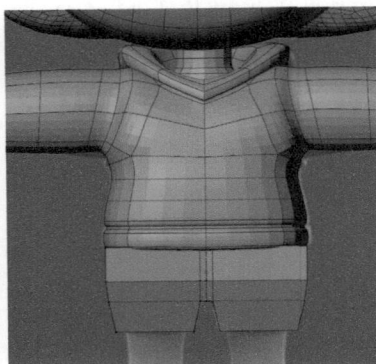

图10-191 图10-192 图10-193

07 继续在裤子模型上添加循环边，然后调整边缘点的位置，使模型看起来更加圆润，如图10-194所示。

08 选中裤腿下方的点，单击鼠标右键，在弹出的快捷菜单中选择"LoopTools>圆环"命令，将裤腿下方调整为近似圆形，如图10-195所示。

09 在裤子模型上添加"表面细分"修改器，然后增加循环边以调整细分后的裤子模型，如图10-196所示。

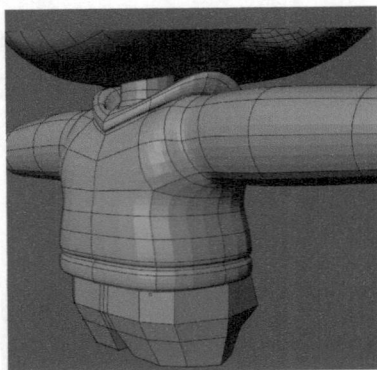
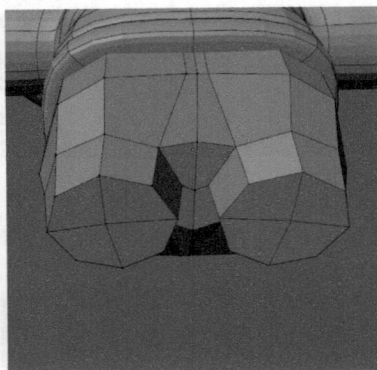
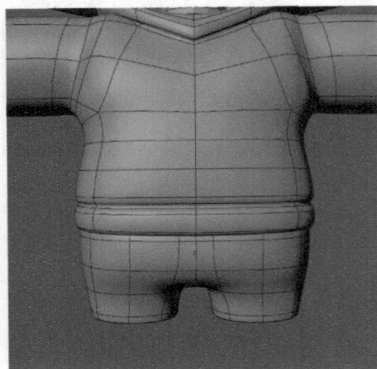

图10-194 图10-195 图10-196

5.腿和鞋

01 腿部可以通过柱体变形得到。新建一个柱体模型，将其缩小后放在参考图片腿部的位置，如图10-197所示。

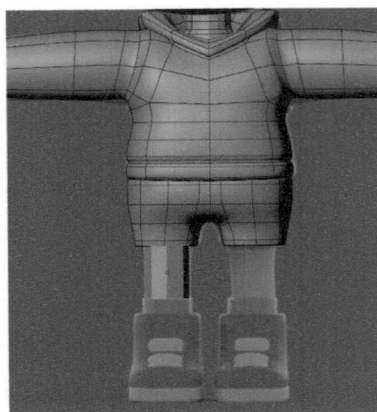

图10-197

技巧提示 在创建柱体模型时，设置"顶点"为8。减少模型的面数能方便进行后续调整。

02 切换到侧视图，根据参考图片调整腿部模型的形状，如图10-198所示。

技巧提示 经过细分后裤子样式会有些改变，读者在制作过程中如果发现之前的模型有不合适的地方可以随时进行调整。

03 增加腿部模型的循环边，然后根据参考图片进行适当的放大，形成腿部模型的形状，如图10-199所示。

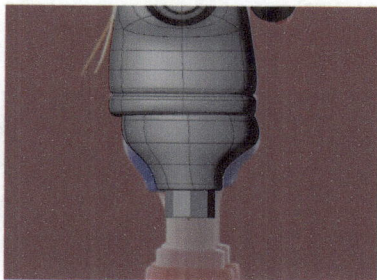 

图10-198　　　　　　　　　　图10-199

04 将腿部模型拉长，然后添加循环边到袜子开口的位置，如图10-200所示。

05 选中袜子部分的面，使用"沿法向挤出面"命令向外挤出袜子的厚度，如图10-201所示。

06 添加"表面细分"修改器，并添加循环边以调整细分后的模型，如图10-202所示。

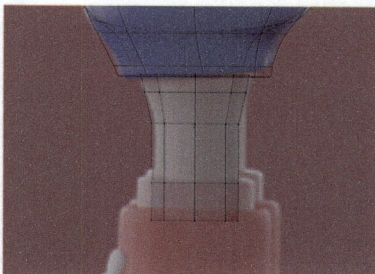  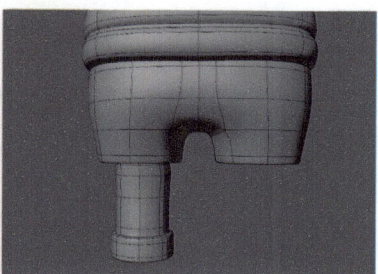

图10-200　　　　　　　　图10-201　　　　　　　　图10-202

07 鞋子部分可通过立方体变形得到。新建一个立方体模型，将其缩小到与鞋子大小一致，如图10-203所示。

08 在"编辑模式"中调整立方体的大小，使其与参考图片中的鞋子部分大小相似，如图10-204所示。

09 切换到侧视图，根据参考图片中鞋面的位置添加一圈循环边，如图10-205所示。

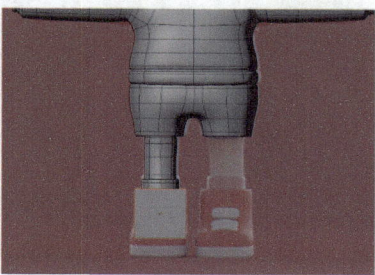 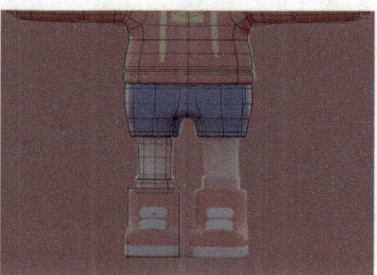 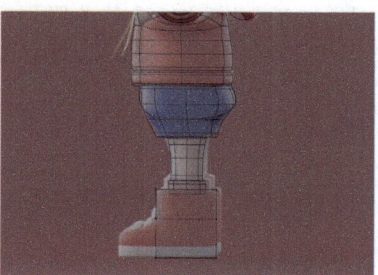

图10-203　　　　　　　　图10-204　　　　　　　　图10-205

10 选中图10-206所示的面并向前挤出，按照参考图片调整鞋子的大致形状，如图10-207所示。

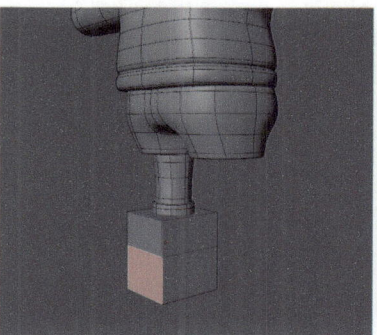 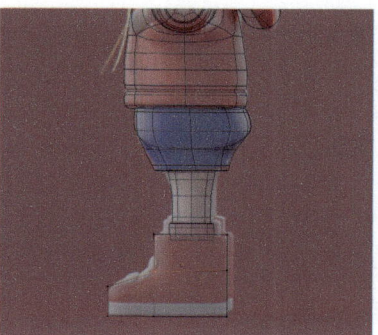

图10-206　　　　　　　　　　图10-207

11 在鞋子中间添加一圈循环边，然后调整出鞋头的圆弧效果，如图10-208所示。

12 在鞋子的侧面添加一圈循环边，用以区分鞋面和鞋底，如图10-209所示。

13 选中鞋子后方的点，将后方调整为带有弧度的效果，如图10-210所示。

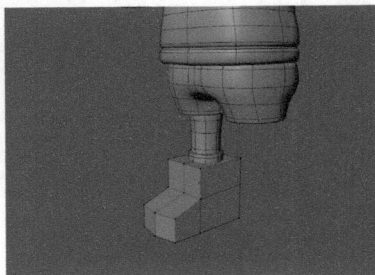

图10-208

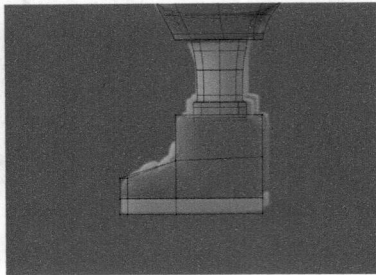

图10-209

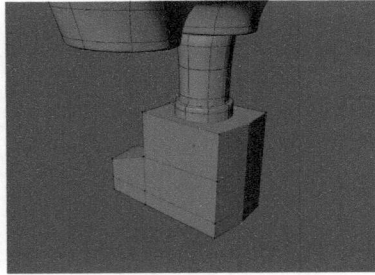

图10-210

14 在鞋子模型上添加"表面细分"修改器，然后添加循环边以调整细分后的鞋子模型，如图10-211所示。

15 暂时关闭"表面细分"修改器的显示效果，选中图10-212所示的面，使用"沿法向挤出面"命令向内挤出缝隙，如图10-213所示。

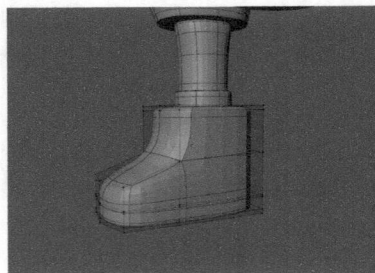

图10-211

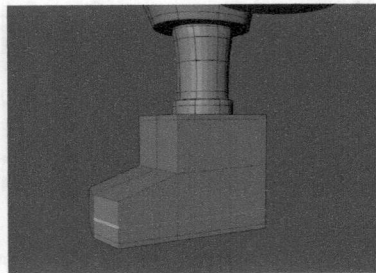

图10-212

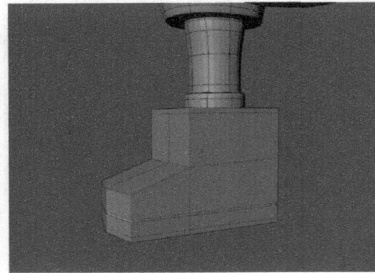

图10-213

16 在缝隙的边缘添加一些循环边，打开"表面细分"修改器的显示效果时就不会出现明显的变形，如图10-214所示。

17 鞋面上的鞋带可通过立方体变形得到。新建一个立方体模型，将其缩小后调整为鞋带大小的长方体，如图10-215所示。

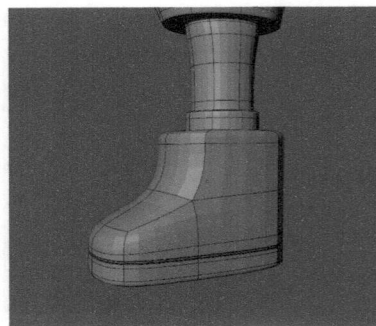

图10-214

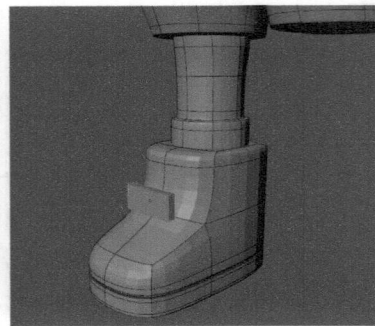

图10-215

18 在长方体上添加3圈循环边，然后将其调整到贴近鞋面，如图10-216所示。

19 添加"表面细分"修改器，然后将鞋带旋转到合适的角度，使其更加贴近鞋面，如图10-217所示。

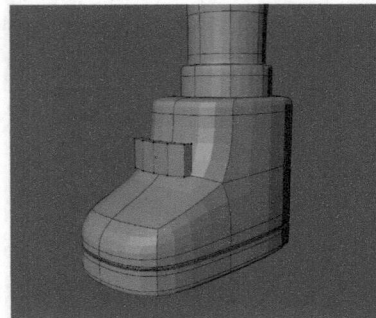

图10-216

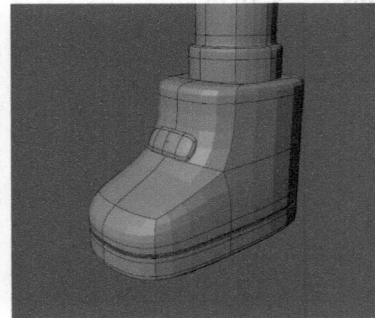

图10-217

20 复制两个鞋带模型，然后移动到鞋面上合适的位置，如图10-218所示。

21 以裤子为基准，为腿部、鞋子和鞋带的模型添加"镜像"修改器，生成另一边的模型，如图10-219所示。

> **技巧提示** 在镜像鞋带模型之前，选中3个鞋带模型，按快捷键Ctrl+J将其合并为一个模型，这样会方便进行镜像操作。

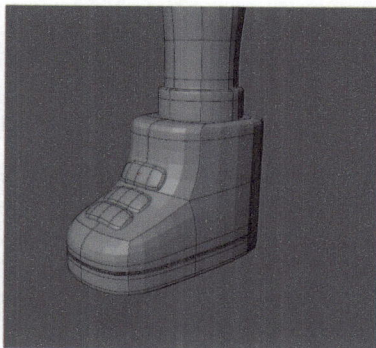

图10-218

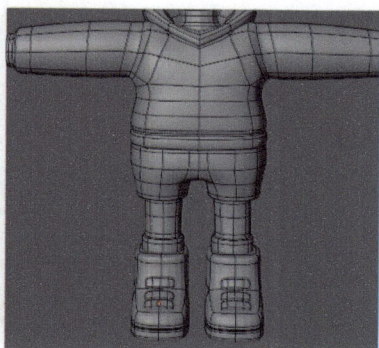

图10-219

6.手

01 手部模型依靠立方体模型即可得到。新建一个立方体模型，将其缩小为手掌的长方体形态，如图10-220所示。

02 按快捷键Ctrl+R在长方体上增加循环边，为手指的建模提供足够的边线，如图10-221所示。

03 根据参考图片调整大拇指处的布线位置，必要时还可以再增加循环边，如图10-222所示。

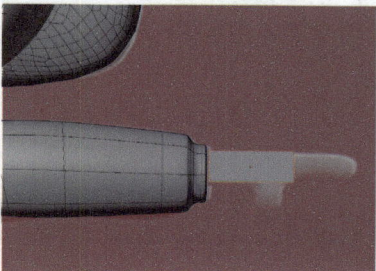

图10-220

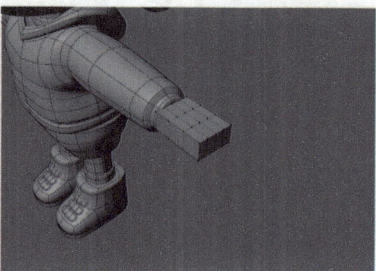

图10-221

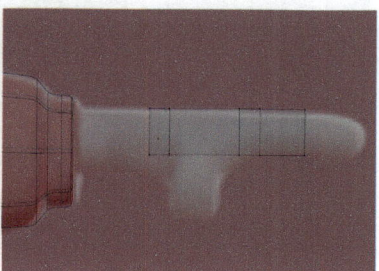

图10-222

04 选中手指的面，使用"沿法向挤出面"命令向外挤出手指，如图10-223所示。

05 按照步骤04的方法，挤出其他3个手指模型，如图10-224所示。

06 在每个手指模型上添加两圈循环边，模拟手指关节，如图10-225所示。

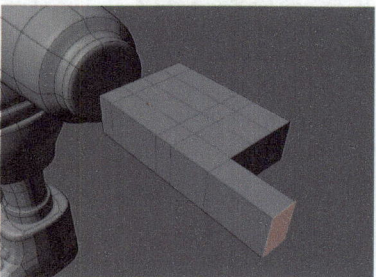

图10-223

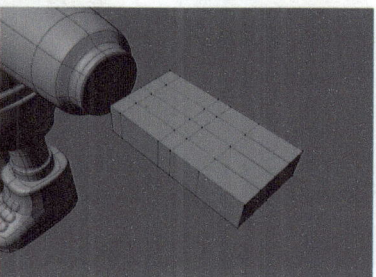

图10-224

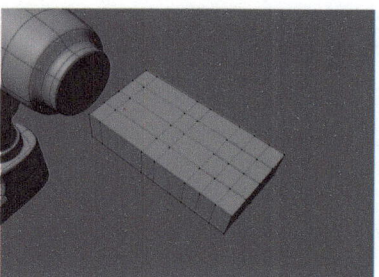

图10-225

07 选中图10-226所示的两个面，然后使用"沿法向挤出面"命令向外挤出大拇指，如图10-227所示。

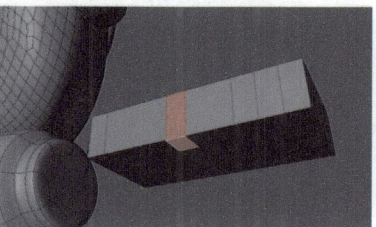

图10-226

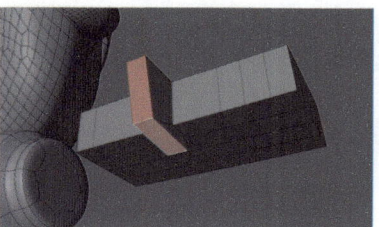

图10-227

08 调整挤出的大拇指模型的点的位置，效果如图10-228所示。

09 按快捷键Ctrl+R在大拇指模型上添加一圈循环边，模拟关节，然后给手部模型添加"表面细分"修改器，进一步细化手部模型，如图10-229所示。

10 在正视图中根据参考图片调整手指部分的细节，使其更加自然，如图10-230所示。

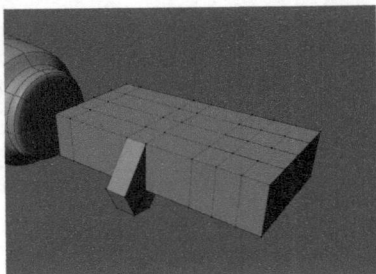

图10-228

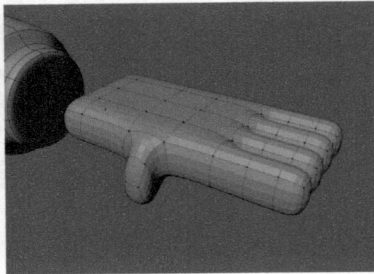

图10-229

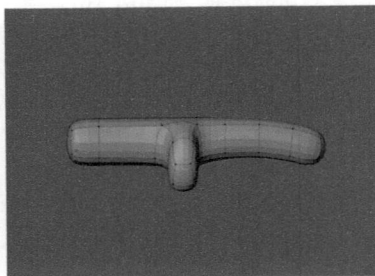

图10-230

11 关闭"表面细分"修改器的显示效果，删除手部模型背后的面，然后将开口处的点围成近似圆形，如图10-231和图10-232所示。

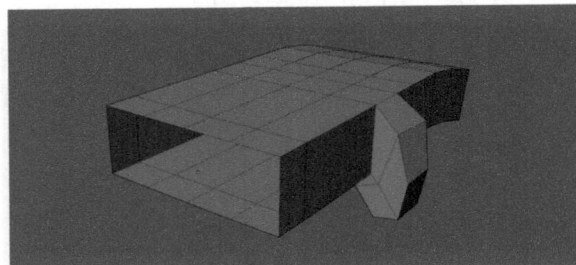

图10-231

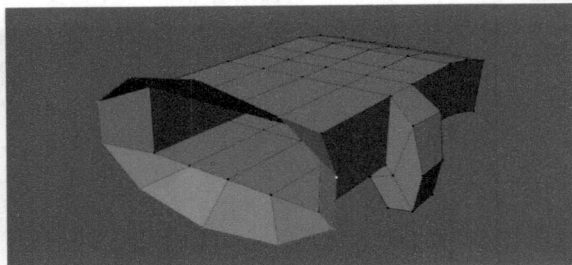

图10-232

> **技巧提示** 使用右键快捷菜单中的"LoopTools>圆环"命令即可将矩形分布的点排列为圆形。

12 继续调整前一排的点，使其围成圆形，并适当缩小以形成手腕效果，如图10-233所示。

13 选中开口处的一圈边，然后单击鼠标右键，在弹出的快捷菜单中选择"挤出边线"命令，挤出手臂部分的模型，如图10-234所示。

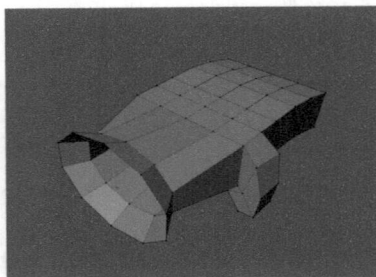

图10-233

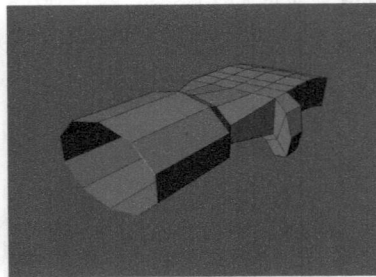

图10-234

14 打开"表面细分"修改器的显示效果，并调整手部的细节，使其与参考图片更加一致，如图10-235所示。

15 在手部模型上添加"镜像"修改器，镜像出另一边的手部模型，如图10-236所示。

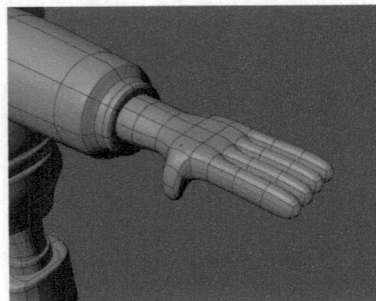

图10-235

图10-236

7.衣服装饰

01 新建一个立方体模型，将其缩小为长方体形态，并调整角度后放在衣领下方，如图10-237所示。

02 添加"表面细分"修改器，并添加循环边以细化长方体的形态，如图10-238所示。

03 帽子前的绳子可以用立方体变形得到。新建一个立方体模型，将其缩小后按照绳子的样式进行编辑，如图10-239所示。

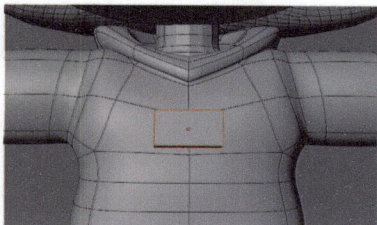

图10-237

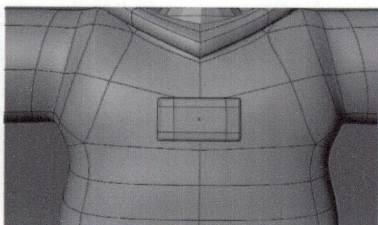

图10-238

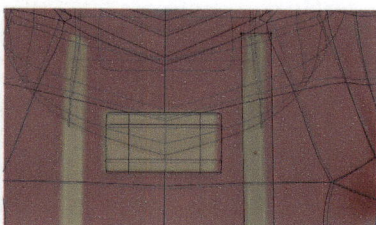

图10-239

04 在模型上添加循环边，然后根据绳子的走势调整其位置，如图10-240所示。

05 切换到侧视图，将绳子模型与衣服模型进行拼合，如图10-241所示。

> **技巧提示** 根据侧面参考图片可以看出绳子下端并不是完全贴合在衣服上的。

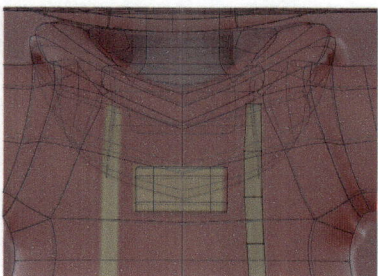

图10-240

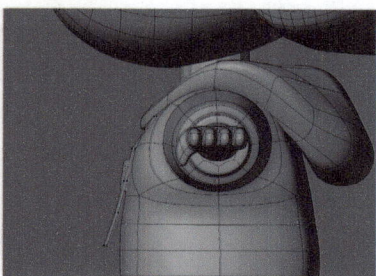

图10-241

06 选中绳子模型底部的面，按I键向内插入一个面，然后按E键向下挤出，如图10-242和图10-243所示。

07 添加"表面细分"修改器，将绳子模型变得平滑，同时添加循环边以增加模型的细节，如图10-244所示。

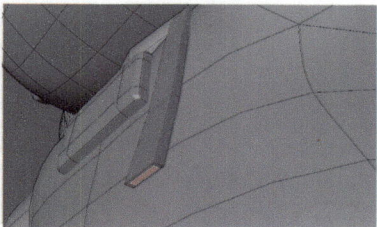

图10-242

图10-243

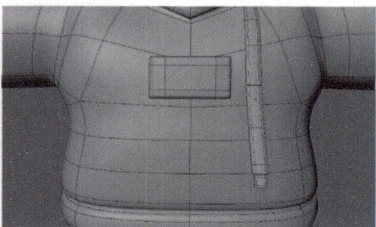

图10-244

08 在绳子模型上添加"镜像"修改器，镜像出另一边的绳子模型，如图10-245所示。

09 小女孩的模型已经全部制作完成，选中所有模型，按M键，在弹出的菜单中选择"New Collection"（新建合集）命令，在弹出的对话框中设置合集的名称为"角色"，就可以将小女孩的模型放入"角色"合集中，如图10-246和图10-247所示。这样做可以方便后续进行摩托建模和小女孩模型绑定时选择、管理模型。

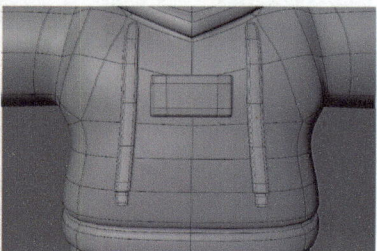

图10-245

图10-246

图10-247

10.2 摩托建模

摩托的建模相对小女孩来说要简单很多，下面通过观察效果图进行相应的建模。

10.2.1 车头模型

车头部分由头灯、把手和后视镜组成。

1.头灯

01 新建一个立方体模型，将其缩小并压扁一些，如图10-248所示。

02 在"编辑模式"中添加横向和纵向的循环边，然后将模型边缘调整为接近圆形，如图10-249和图10-250所示。

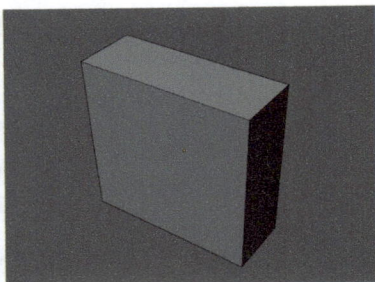

图10-248

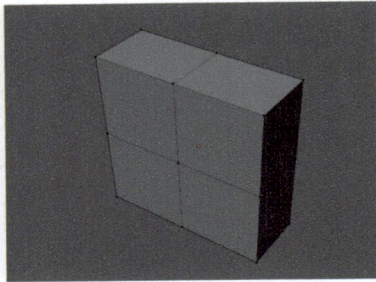

图10-249

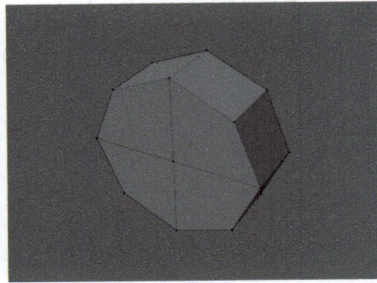

图10-250

03 在模型的侧面添加一圈循环边，如图10-251所示。

04 选中图10-252所示的面，使用"沿法向挤出面"命令向下挤出一定的距离，如图10-253所示。

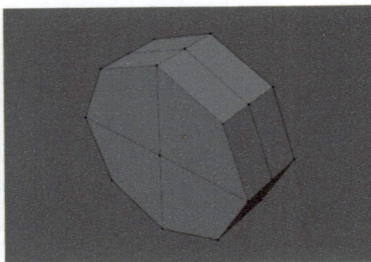

图10-251

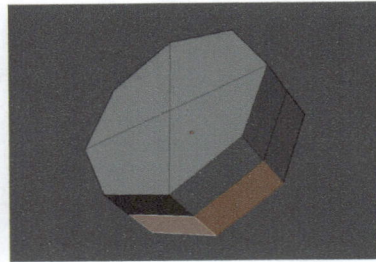

图10-252

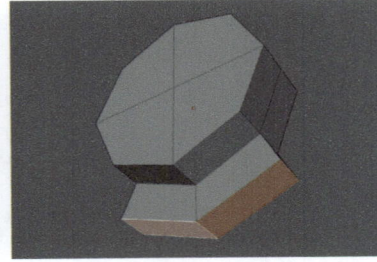

图10-253

05 调整底部挤出面，使其平整向内收，如图10-254所示。

06 选中图10-255所示的面，按I键向内插入一个面，然后按E键向外挤出一小段距离，如图10-256所示。

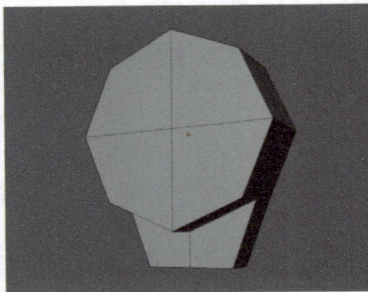

图10-254

图10-255

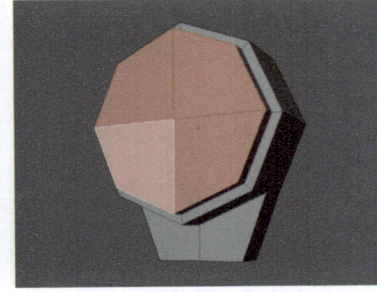

图10-256

07 沿着x轴将模型整体向外放大一些，使得模型近似椭圆形，如图10-257所示。这样车头的头灯部分就制作完成了。

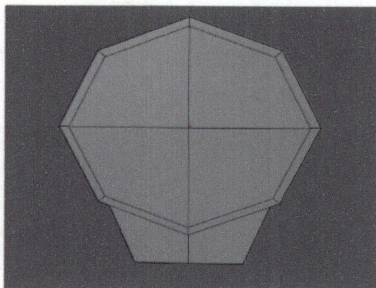

图10-257

2.把手

01 新建一个柱体模型，将其旋转90°并缩小，放在头灯的侧边，如图10-258所示。

02 在"编辑模式"中调整把手的造型，如图10-259所示。

> **技巧提示** 创建的柱体的顶点数量最好为8或者10，过多的顶点不利于后续的制作。

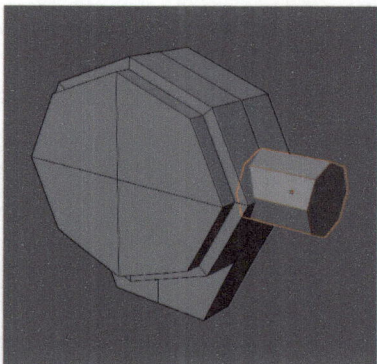

图10-258

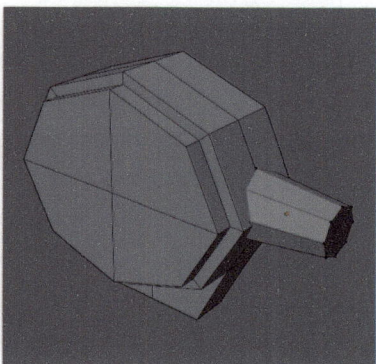

图10-259

03 在把手的远端添加一圈循环边，然后选中图10-260所示的面，使用"沿法向挤出面"命令向外挤出一点儿距离，如图10-261所示。

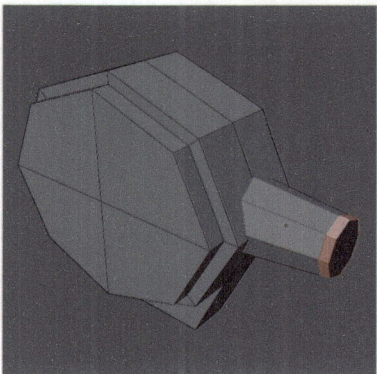

图10-260

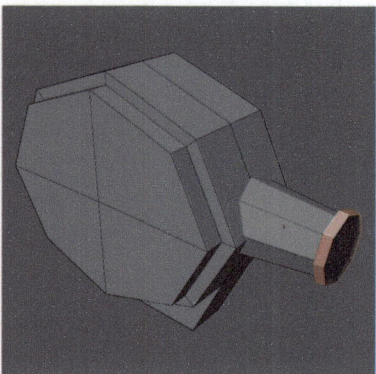

图10-261

04 选中图10-262所示的面，然后按E键向外挤出一段距离，如图10-263所示。

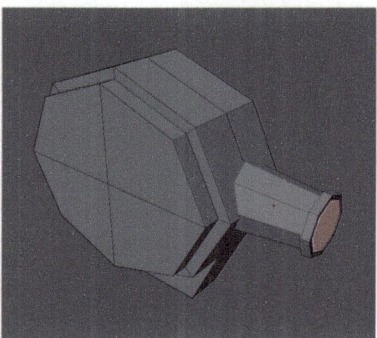

图10-262

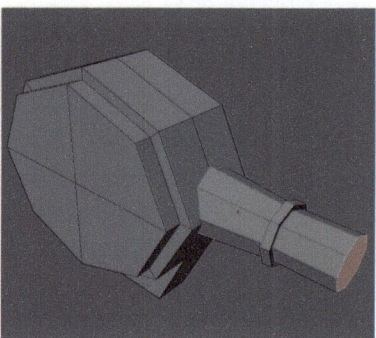

图10-263

05 将挤出的部分缩小并调整其长度，如图10-264所示。

06 在把手远端添加一圈循环边，然后选中图10-265所示的面，使用"沿法向挤出面"命令向外挤出一定的距离，如图10-266所示。

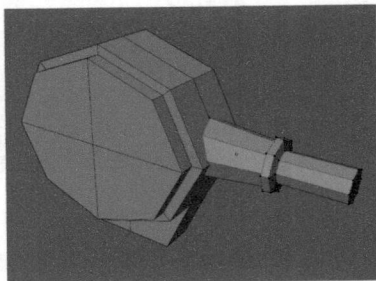
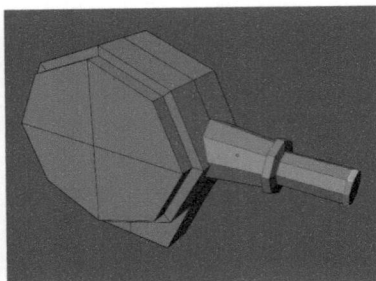
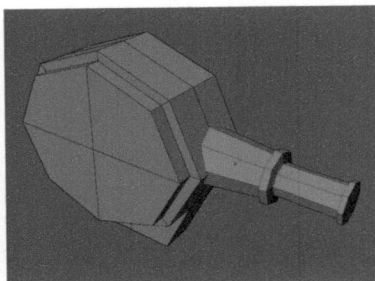

| 图10-264 | 图10-265 | 图10-266 |

07 车闸部分可以通过立方体变形实现。新建一个立方体模型，将其缩小后放在把手模型前方，如图10-267所示。

08 在立方体上添加一圈循环边，然后选中图10-268所示的面，按E键向外挤出车闸，如图10-269所示。

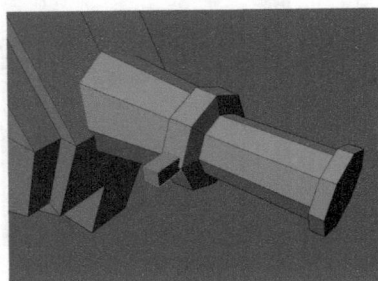
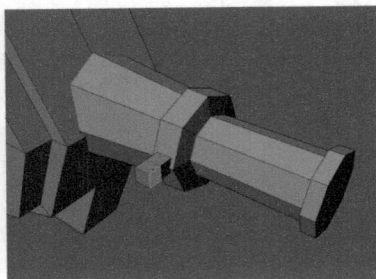
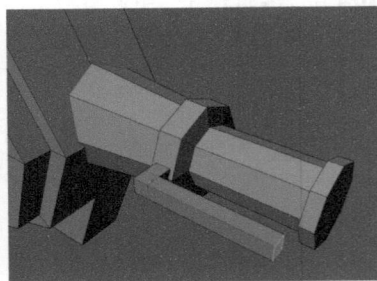

| 图10-267 | 图10-268 | 图10-269 |

09 在挤出的车闸模型上添加循环边，然后选中图10-270所示的面，按E键向外挤出一小段距离，如图10-271所示。

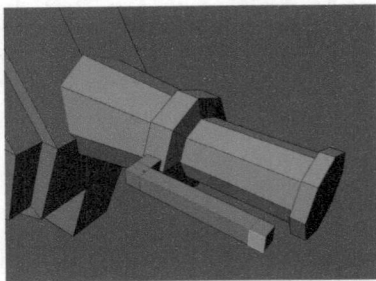
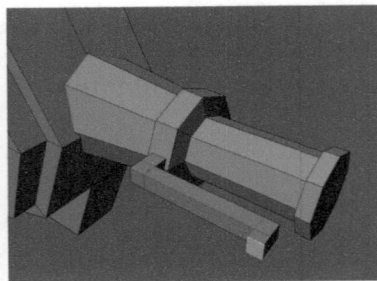

| 图10-270 | 图10-271 |

3.后视镜

01 新建一个柱体模型，将其缩小后移动到把手模型上，作为后视镜的底座，如图10-272所示。

02 新建一个NURBS曲线，将其缩小并旋转一定角度，移动到步骤01创建的柱体模型上，如图10-273所示。

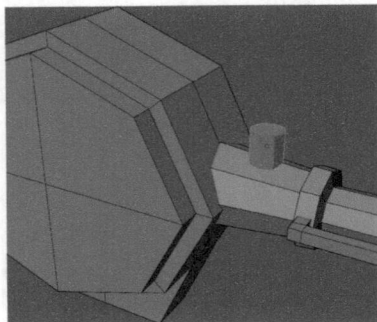
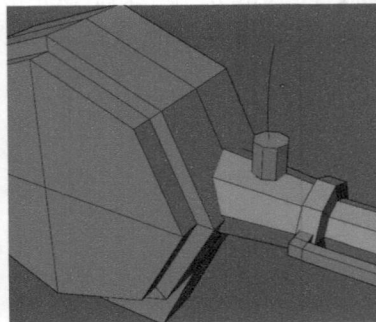

| 图10-272 | 图10-273 |

03 选中创建的曲线，切换到"编辑模式"，单击鼠标右键，在弹出的快捷菜单中选择"设置样条类型>多段线"命令，方便后续调整样条线造型，如图10-274所示。

04 删除下方的点，使样条线保持图10-275所示的效果。

05 将拐角处的点的类型设置为"贝塞尔"，然后调整拐角处的弯曲效果，如图10-276所示。

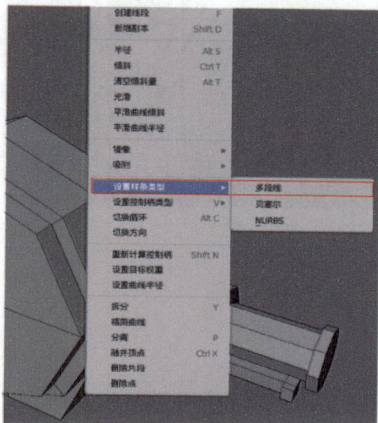

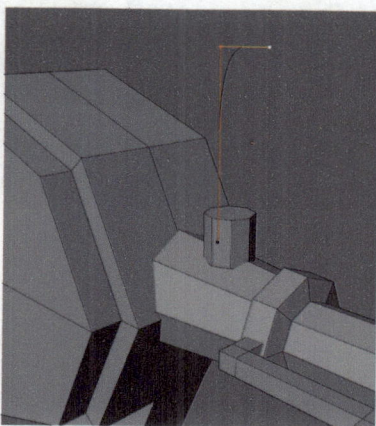

图10-274　　　　　　　　　　图10-275　　　　　　　　　　图10-276

06 此时的样条线是没有厚度的线条。在"属性"面板中设置"深度"为0.09m，就能让样条线变成有厚度的圆柱体，如图10-277所示。

技巧提示 "深度"参数仅供参考，读者需根据实际制作的模型的大小确定该数值。

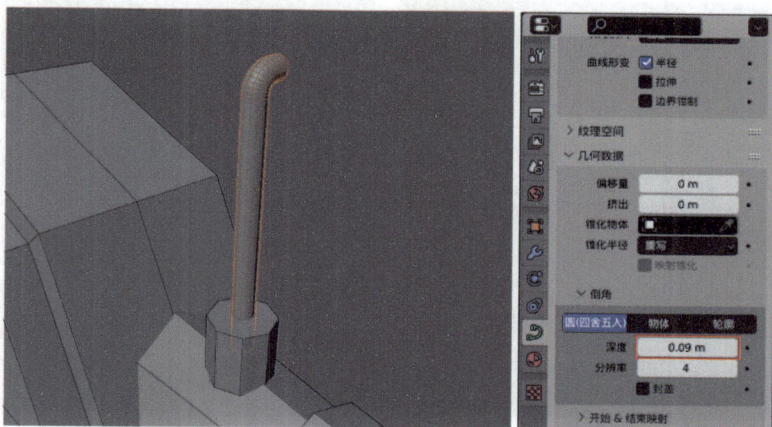

图10-277

07 新建一个柱体模型，将其缩小并旋转后放在图10-278所示的位置。

08 新建一个立方体模型，将其缩小后放在图10-279所示的位置，然后复制一份并旋转一定角度，如图10-280所示。

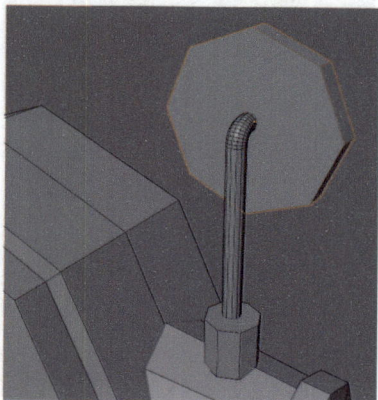

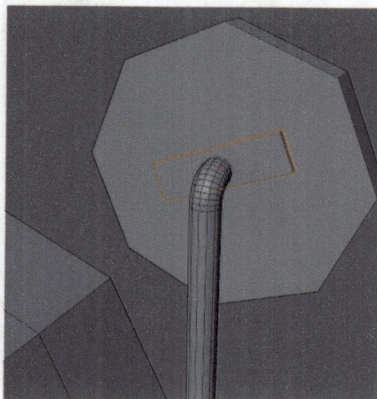

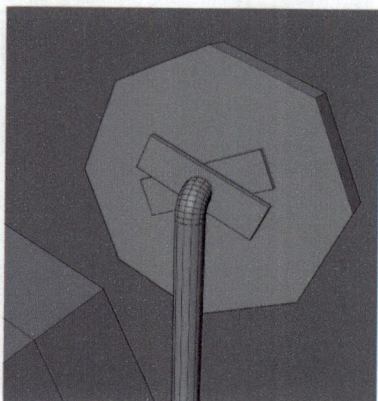

图10-278　　　　　　　　　　图10-279　　　　　　　　　　图10-280

09 为后视镜模型的各个部件添加"表面细分"修改器，必要时增加循环边以调整模型细节，效果如图10-281所示。

10 给车把手和后视镜添加"镜像"修改器，复制到车灯的另一侧，如图10-282所示。

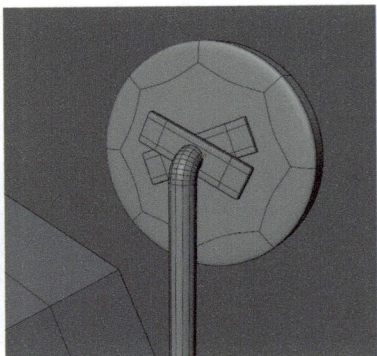

图10-281

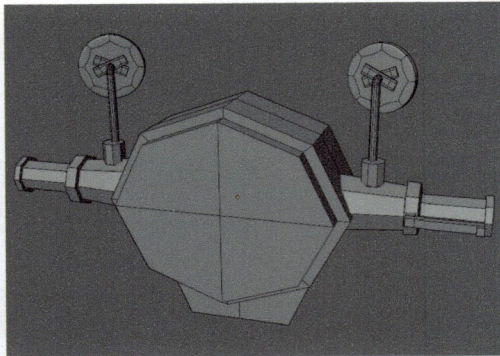

图10-282

10.2.2 车身模型

01 车身模型依靠立方体模型变形即可得到。新建一个立方体模型，将其缩小并压扁后调整为图10-283所示的效果。

02 在"编辑模式"中添加循环边，增加模型的分段数，然后调整下方点的位置，如图10-284和图10-285所示。

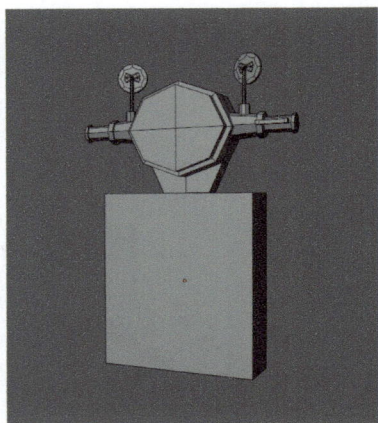

图10-283

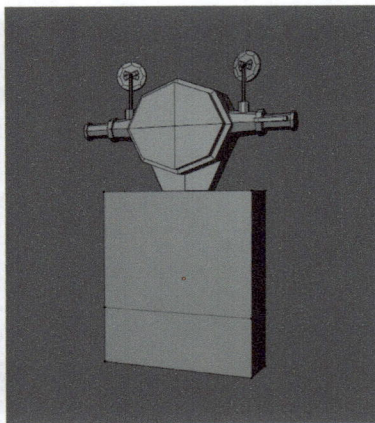

图10-284

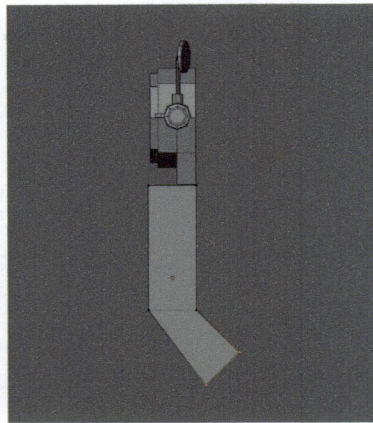

图10-285

03 选中底部的面，使用"沿法向挤出面"命令向外挤出一定的距离，然后调整点的位置，形成图10-286所示的效果。

04 按快捷键Ctrl+R添加一圈循环边，然后选中图10-287所示的面，按E键向上挤出一定的距离，如图10-288所示。

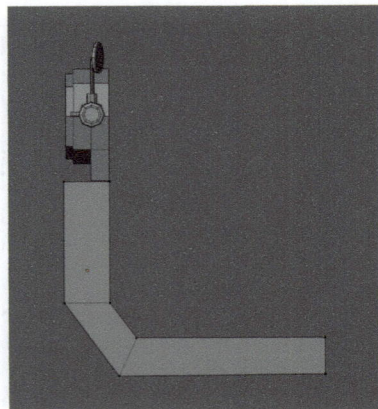

图10-286

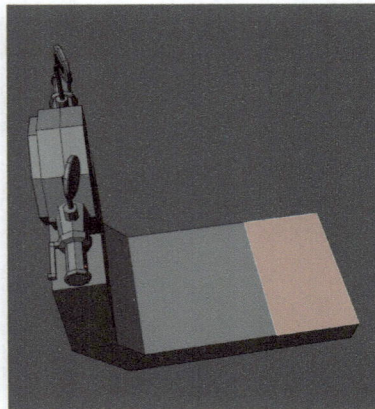

图10-287

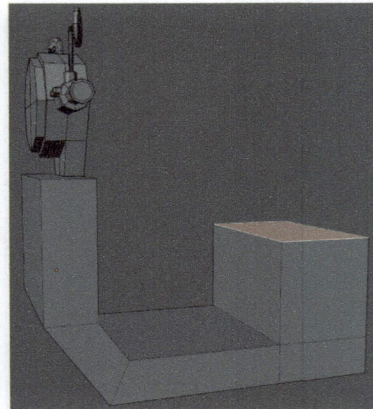

图10-288

05 按快捷键Ctrl+R添加一圈循环边，然后选中图10-289所示的面，按E键向前挤出一定的距离，如图10-290所示。

06 按快捷键Ctrl+R添加一圈循环边，将车尾的部分调整为带有弧度的效果，如图10-291所示。

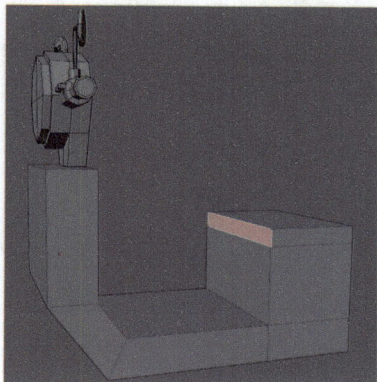

图10-289

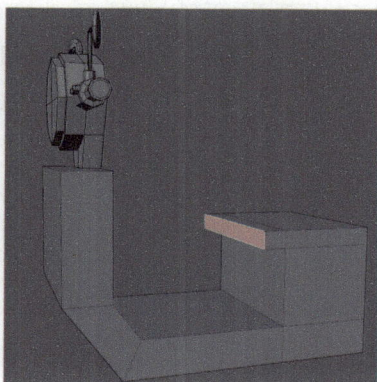

图10-290

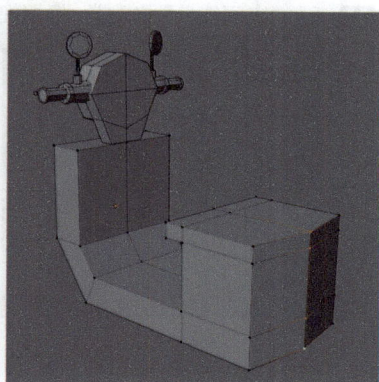

图10-291

07 选中步骤06添加的循环边，按快捷键Ctrl+B进行倒角，生成两条边，如图10-292所示。

08 按快捷键Ctrl+B在下方添加一圈循环边，如图10-293所示。

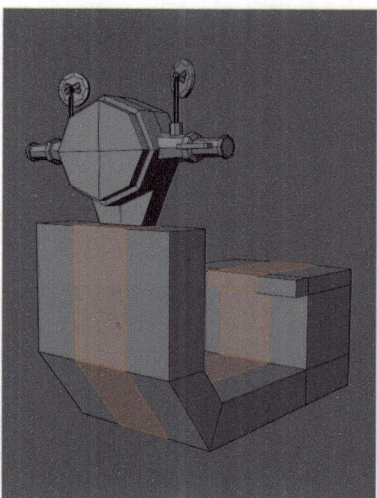

图10-292

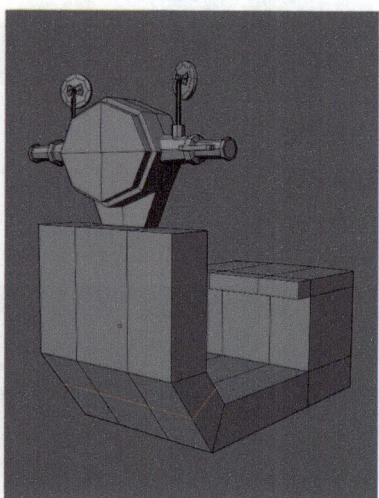

图10-293

09 选中图10-294所示的两个面，使用"沿法向挤出面"命令向外挤出一定的距离，如图10-295所示。

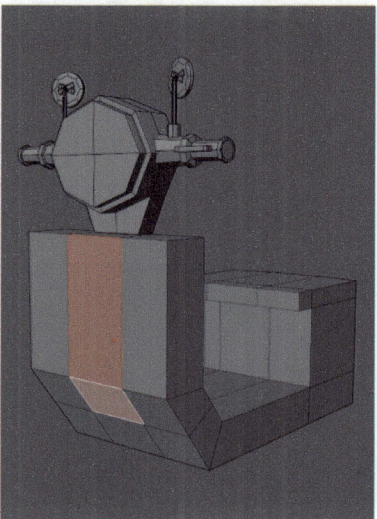

图10-294

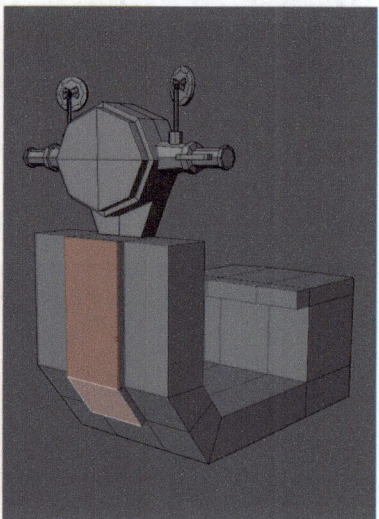

图10-295

10 在下方添加一圈循环边，然后选中图10-296所示的两个面，使用"沿法向挤出面"命令向内挤出一个凹槽，如图10-297所示。

11 添加"表面细分"修改器，根据细分后的模型添加循环边以调整一些转角处的弧度，车身效果如图10-298所示。

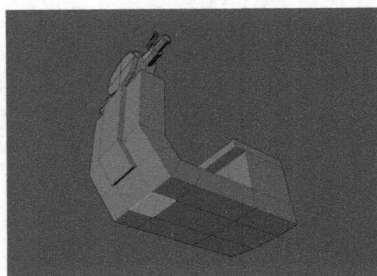 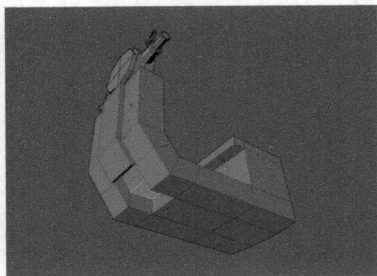 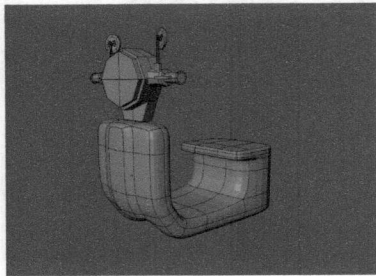

图10-296   图10-297   图10-298

10.2.3 车轮模型

车轮模型由护板和轮胎两部分组成，下面分别进行制作。

1.护板

01 新建一个立方体模型，将其缩小后放置于车身的凹陷处，如图10-299所示。

02 在"编辑模式"中为立方体添加两条循环边，然后将其调整为图10-300所示的效果。

03 继续在模型上添加循环边，并调整模型的形态，如图10-301所示。

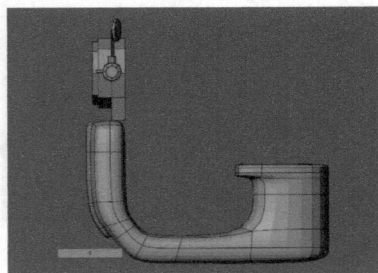 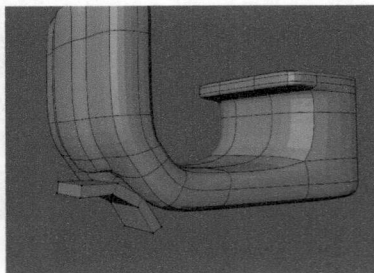 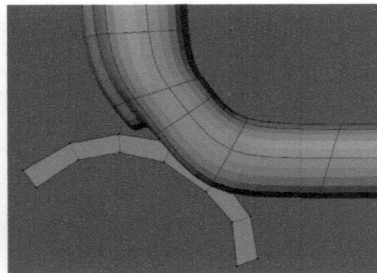

图10-299   图10-300   图10-301

技巧提示 读者也可以选中两端的面向外挤出，然后调整位置与角度。

04 按快捷键Ctrl+R在模型表面添加两条循环边，使用"沿法向挤出面"命令将中间的面向外挤出，如图10-302和图10-303所示。

05 为护板模型添加"表面细分"修改器，并添加循环边以调整模型细节，如图10-304所示。

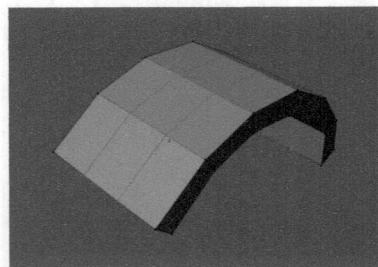 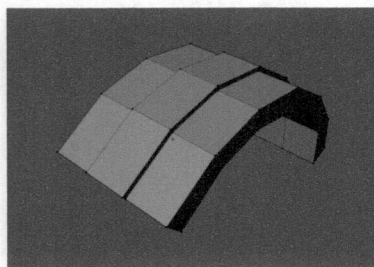 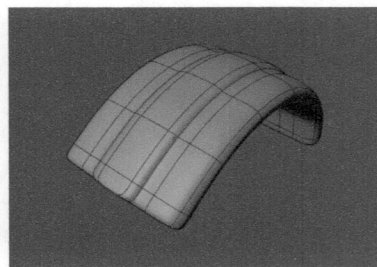

图10-302   图10-303   图10-304

2.轮胎

01 新建一个柱体模型，将其缩小并旋转一定角度后放在护板模型下方，如图10-305所示。

02 选中柱体的两个圆面，按I键向内插入6次，如图10-306所示。

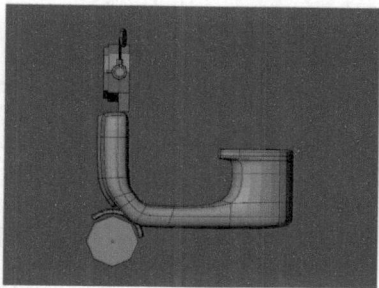

图10-305

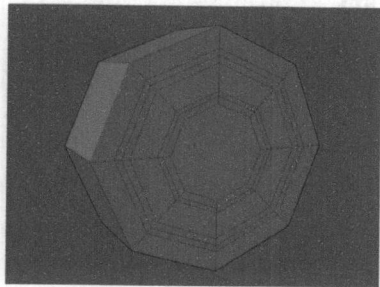

图10-306

03 选中图10-307所示的两个面，使用"沿法向挤出面"命令向内挤出凹槽，如图10-308所示。

技巧提示 读者在选择面时，一定要同时选中车轮两侧相对应的两个面。

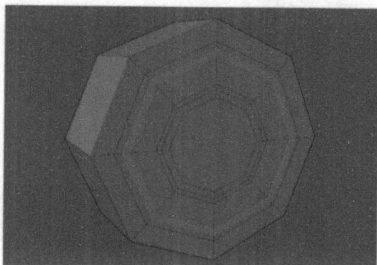

图10-307

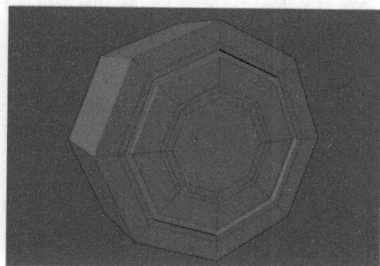

图10-308

04 选中图10-309所示的对应的两个循环面，然后使用"沿法向挤出面"命令向外挤出一点儿距离，如图10-310所示。

05 添加"表面细分"修改器，让轮胎变得平滑，如图10-311所示。

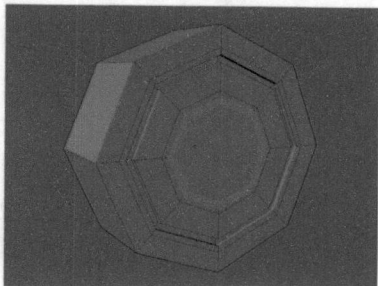

图10-309

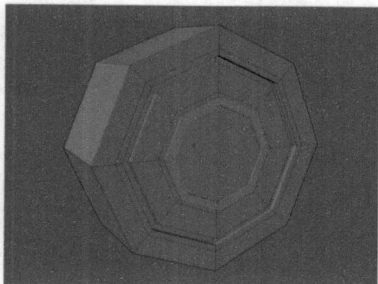

图10-310

图10-311

06 轮胎表面有一些凹凸的纹路。新建一个立方体模型，将其缩小后放置于轮胎表面，然后进行多次复制和旋转，形成图10-312所示的效果。

07 将小立方体模型合并为一个整体，然后再次复制并旋转一定角度，形成错位效果，如图10-313所示。

08 将两组小立方体移动到图10-314所示的位置。

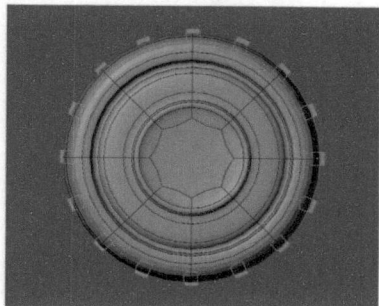

图10-312

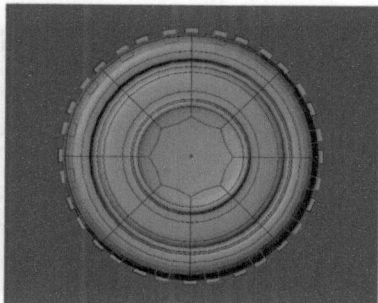

图10-313

图10-314

09 选中车身模型，在后方添加一圈循环边，然后选中图10-315所示的面，向内挤出凹槽，如图10-316所示。

10 将护板和轮胎模型复制一份，并移动到后方，如图10-317所示。

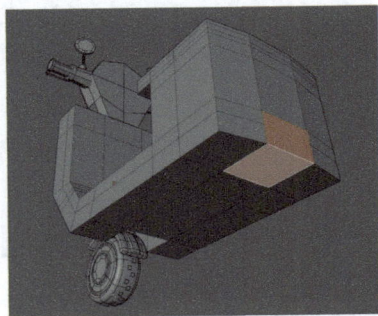

图10-315

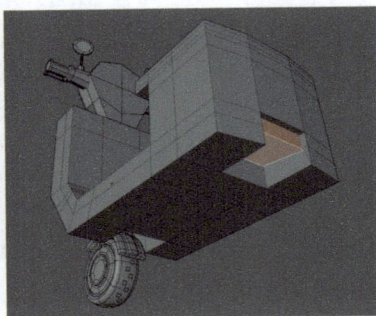

图10-316

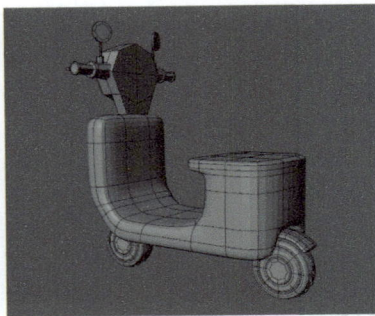

图10-317

10.2.4 细节调整

01 摩托模型大致制作完成，下面需要对一些细节进行调整。选中车身模型，将与车头连接的位置稍微调整为带有一些弧度，如图10-318所示。

02 车身的前方也存在灯。新建一个柱体模型，将其缩小并旋转后放在车身前方，如图10-319所示。

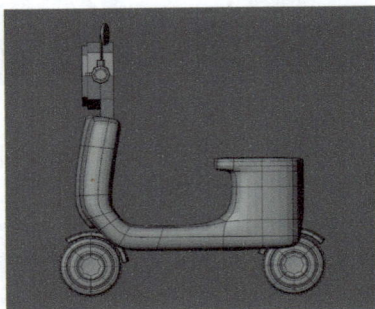

图10-318

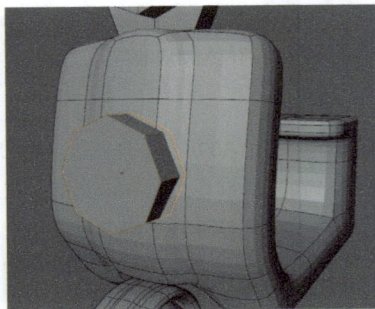

图10-319

03 在"编辑模式"中选中图10-320所示的面，按I键向内插入，并按E键向外挤出，如图10-321所示。

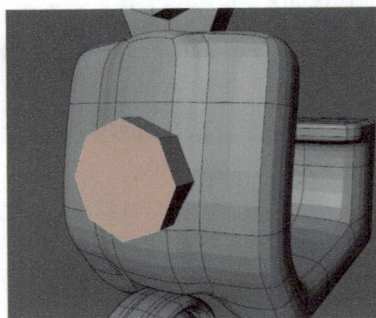

图10-320

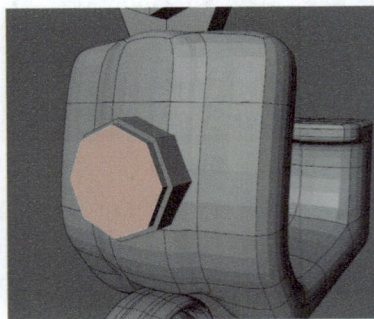

图10-321

04 添加"表面细分"修改器，并添加循环边以调整模型细节，如图10-322所示。

05 大灯的两侧还有小的转向灯。新建一个立方体模型，将其缩小后添加循环边，并调整成图10-323所示的样式。

图10-322

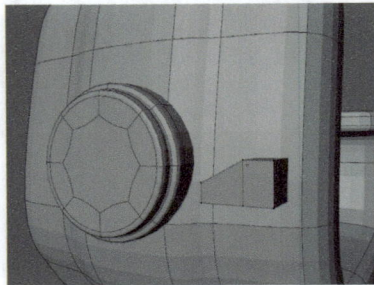

图10-323

06 选中图10-324所示的面，按I键向内插入，并按E键向外挤出，如图10-325所示。

07 在模型上添加"表面细分"修改器，并调整细节，如图10-326所示。

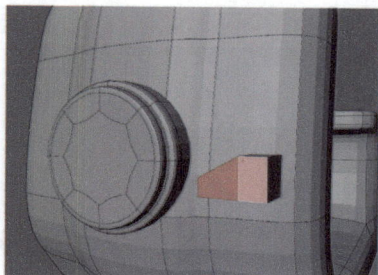
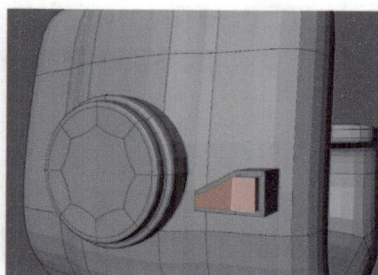
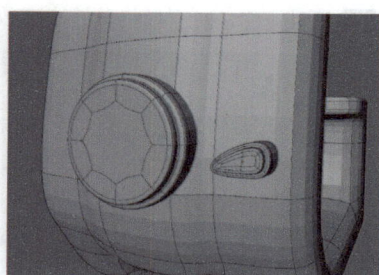

图10-324　　　　　　　　　　　图10-325　　　　　　　　　　　图10-326

08 在模型上添加"镜像"修改器，复制出另一边的转向灯模型，如图10-327所示。

09 新建一个立方体模型，将其缩小后移动到车座的侧面，如图10-328所示。

10 为立方体添加"表面细分"修改器，然后添加两条循环边，如图10-329所示。

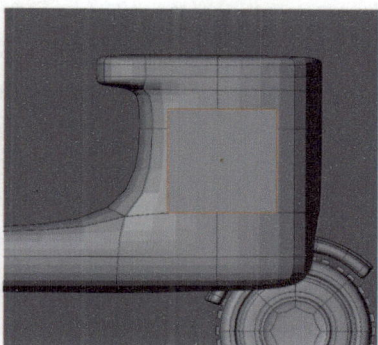
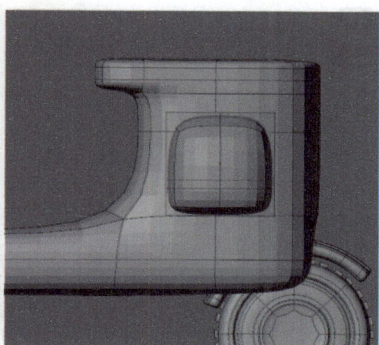

图10-327　　　　　　　　　　　图10-328　　　　　　　　　　　图10-329

11 调整点的位置，使模型上部呈现圆弧效果，如图10-330所示。

12 调整立方体的细节，然后添加"镜像"修改器，复制一份到车身的另一侧，如图10-331所示。

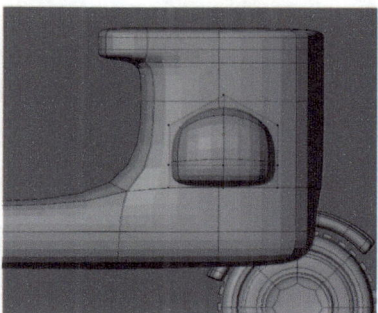
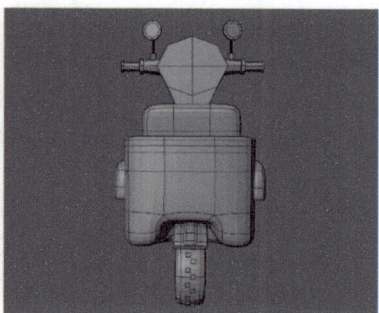

图10-330　　　　　　　　　　　图10-331

13 调整车座细节，使其边缘呈圆弧状，如图10-332所示。

14 新建一个立方体模型，将其缩小后放在车座上方用作坐垫，如图10-333所示。

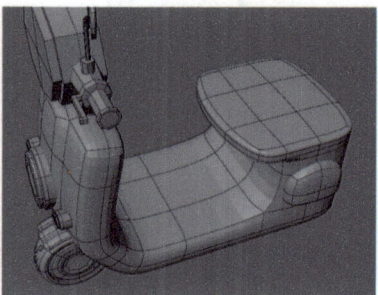
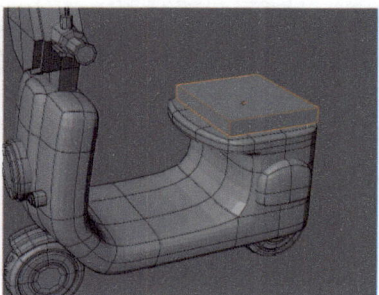

图10-332　　　　　　　　　　　图10-333

15 为立方体模型添加"表面细分"修改器，然后增加循环边并调整造型，如图10-334所示。

16 根据坐垫的样式，再略微调整车座的边缘大小，如图10-335所示。

17 新建一个立方体，将其缩小后放在车身的后方，如图10-336所示。

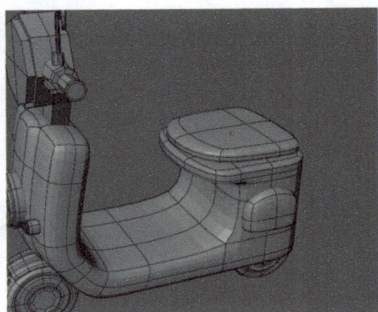 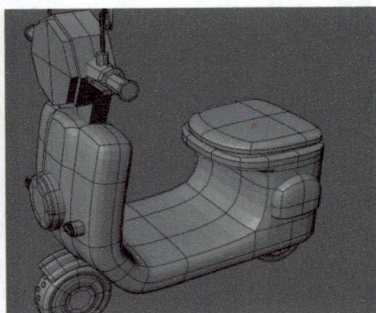 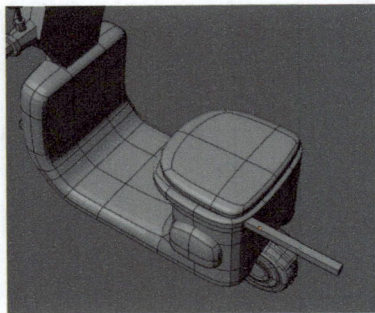

图10-334 图10-335 图10-336

18 将制作好的立方体复制3份，并拼合为架子，如图10-337所示。

19 新建一个立方体，将其缩小后放在架子上作为保温箱，如图10-338所示。

20 在保温箱模型上添加两条循环边，然后选中中间的面向内挤压以形成缝隙，如图10-339所示。

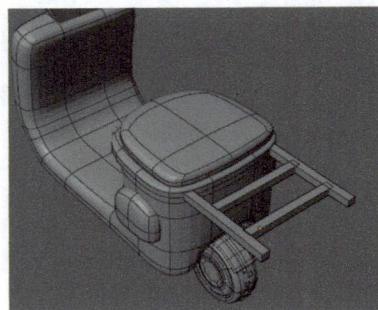 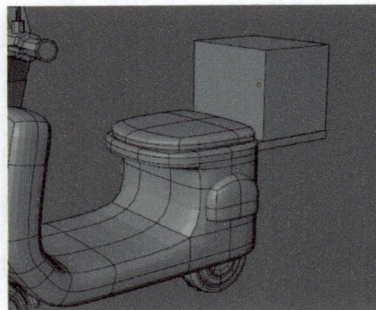 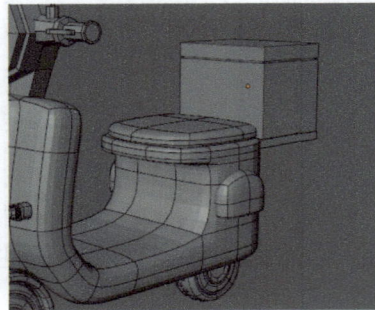

图10-337 图10-338 图10-339

21 给车头模型添加"表面细分"修改器，使其变得圆润，必要时可以添加循环边以调整细节，如图10-340所示。

22 车身两侧和架子下方存在细的线条，通过NURBS曲线就可以实现，如图10-341所示。

 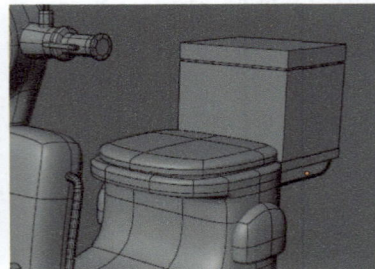

图10-340 图10-341

23 车身的下方还有踏板模型，通过立方体变形和"表面细分"修改器即可得到，如图10-342所示。

24 摩托建模已全部完成，全选所有的摩托模型，按M键新建一个合集，命名为"摩托车"，如图10-343所示。

技巧提示 制作完一侧的踏板后，需要添加"镜像"修改器将其复制到另一侧。

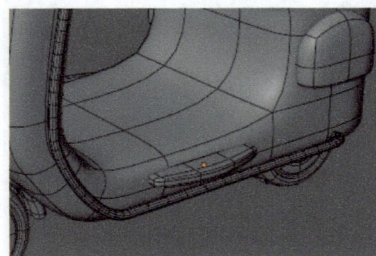 

图10-342 图10-343

10.3 角色绑定与权重调整

要将制作好的小女孩模型放置到摩托模型上，就需要先对小女孩模型添加骨骼并进行绑定，然后调整蒙皮的权重控制骨骼与模型的对应关系。这样做就能通过骨骼调整带动模型生成自然的动作，从而更好地与摩托模型进行组合。

10.3.1 角色骨骼创建

01 将小女孩模型移动到原点位置，然后对"镜像"修改器进行应用，将"表面细分"修改器的"视图层级"数值调到最小后再进行应用，如图10-344所示。

技巧提示 应用"镜像"修改器是为了方便进行绑定操作。减小"细分曲面"修改器的数值后再应用是为了减少模型的面数，方便调整蒙皮权重。

图10-344

02 执行"添加>骨架>Human（Meta-Rig）"命令，就可以创建一个人体骨架模型，如图10-345和图10-346所示。

图10-345

图10-346

技巧提示 如果读者在"骨架"子菜单中没有找到Human（Meta-Rig）命令，则需要在"Blender偏好设置"窗口中搜索rig，然后勾选出现的Rigging: Rigify复选框，如图10-347所示。

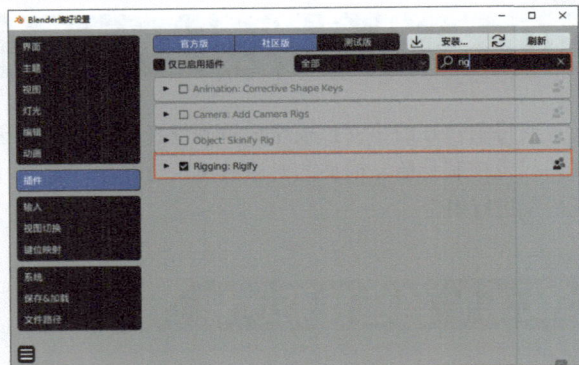

图10-347

03 选中骨架模型，在"编辑模式"中删除面部的骨骼，如图10-348所示。本案例中不需要对小女孩的面部表情做调整，因此不需要这些骨骼模型。

04 根据角色模型的结构，调整骨骼模型的位置，使其与角色模型对应上，如图10-349和图10-350所示。

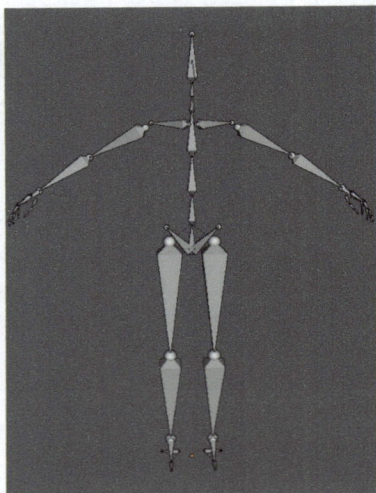

图10-348

图10-349

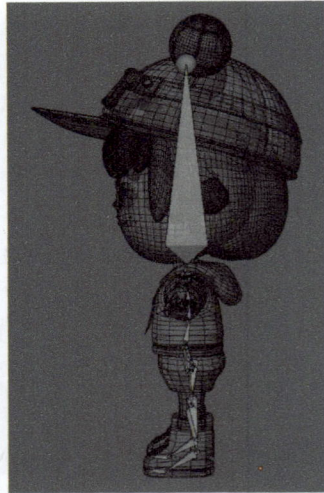

图10-350

技巧提示 调整骨骼位置的过程较为烦琐，建议读者配合教学视频同步操作。

05 在"物体模式"中选中骨架模型，然后在"属性"面板的"物体数据属性"选项卡中单击Generate Rig按钮，就会在模型的周围生成控制器，如图10-351和图10-352所示。

技巧提示 如果在生成控制器时出现了报错信息，则需要根据报错信息检查骨骼模型的问题。有可能是有多余没删完的骨骼，也可能是骨骼连接处有空隙需要用"捕捉"工具捕捉连接。

图10-351

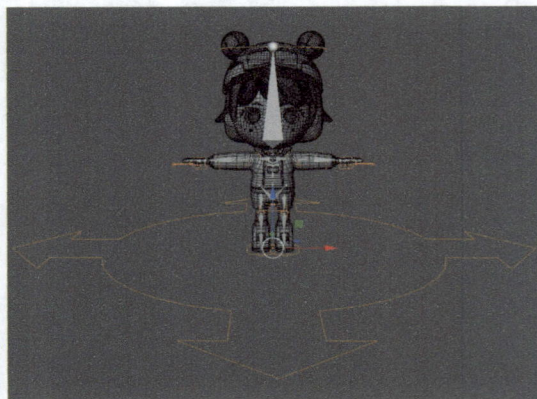

图10-352

06 按N键打开"条目"侧边栏，取消FK控制器的显示，如图10-353所示。这样做可以减少画面中控制器的数量，方便我们快速选中需要的控制器。

07 选中角色模型的合集，然后加选控制器，按快捷键Ctrl+P，在弹出的菜单中选择"附带自动权重"命令，就可以将骨骼与模型进行绑定，如图10-354和图10-355所示。

图10-353

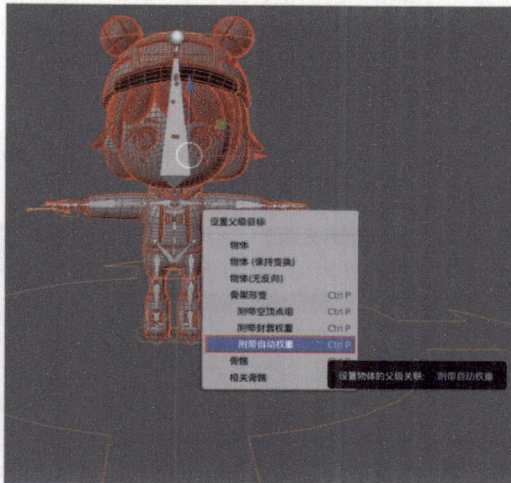

图10-354

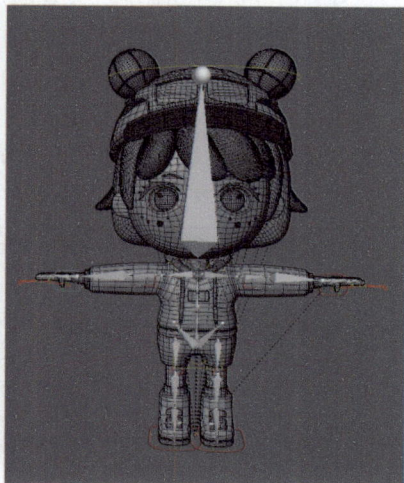

图10-355

> **技巧提示** 绑定完成后，读者可以选择控制器适当地进行移动或旋转，观察模型是否随之变化。如果跟着一起变化，代表绑定成功。

08 选择控制器，将模型整体移动到摩托模型上，如图10-356所示。骨架模型会遗留在原位，不需要处理。

09 按照效果图的样式，按Tab键选择"姿态模式"以调整控制器的位置，将角色模型调整为手扶车把，坐在车座上，如图10-357所示。

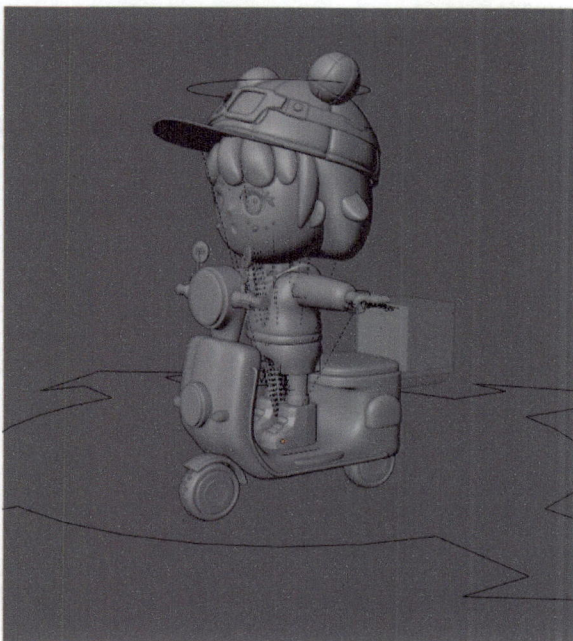

图10-356

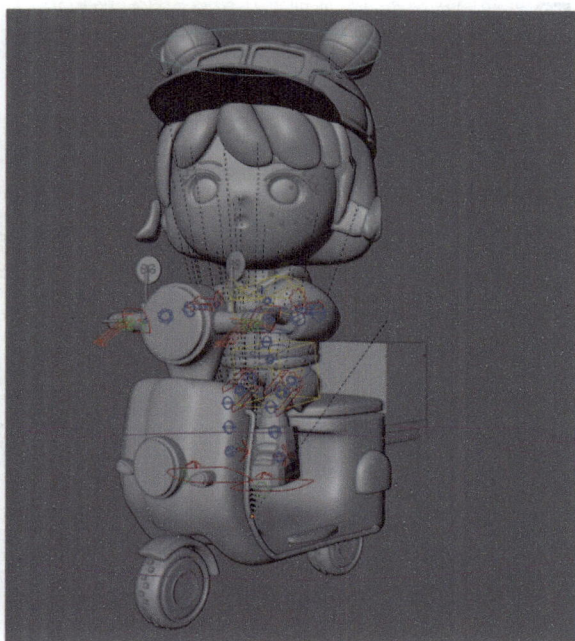

图10-357

> **技巧提示** 调整控制器的位置的过程较为烦琐，建议读者跟着教学视频操作。

10.3.2 权重调整

观察调整完姿态的模型，发现部分头发还有耳朵模型的位置改变了，这就是权重错误造成的，需要对权重进行调整，还原最初的建模效果。

01 头发和耳朵模型的位置应该由控制头部的骨骼完全控制。选中头部的骨骼，可以在"属性"面板中看到其名称为spine.006，如图10-358所示。

02 选中产生位移的头发模型，在"属性"面板中设置"顶点组"中只有DEF-spine.006选项，其余的全部删除，如图10-359所示。删除后的效果如图10-360所示。

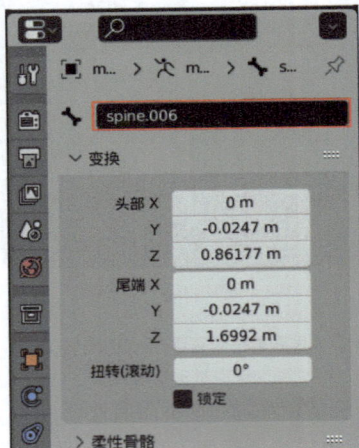

图10-358

图10-359

图10-360

03 按照同样的方法，处理耳朵和脸部装饰的权重，如图10-361所示。

04 臀部会产生严重的形变。将臀部模型孤立显示，然后切换到"权重绘制"模式，根据附近的骨骼增加或减少相应的权重，如图10-362所示。

图10-361

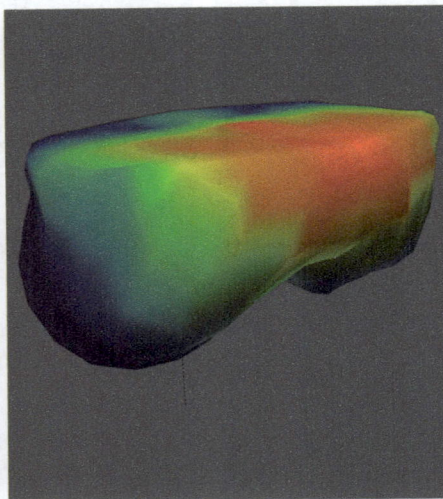

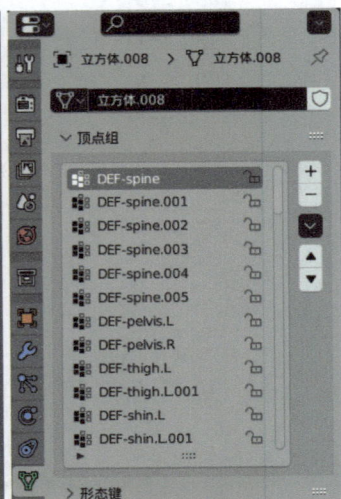

图10-362

技巧提示 臀部模型除了与图10-362所示的骨骼有关外，还与大腿处的关节有关，需要调整这两处的权重，找到一个合适的比例，才能让臀部模型显得较为正常。图10-362中红色的部分权重最高，骨骼影响模型的比例也最多；而蓝色部分权重最低，骨骼影响模型的比例也最少。

10.4 场景渲染

模型制作完成后，我们可以为场景添加背景、摄像机、材质和灯光等一系列元素，并将其渲染为效果图。

01 新建一个立方体，删除多余的面，只保留两个面，如图10-363所示。

02 根据场景中的模型大小增大背景板，然后对转角进行倒角，形成圆角效果，如图10-364所示。

图10-363

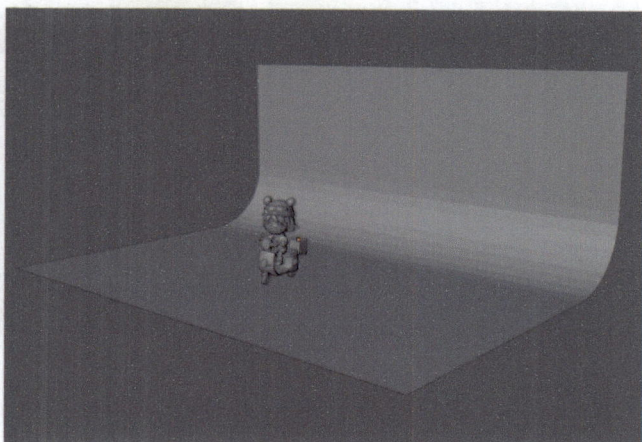

图10-364

03 将界面切换为操作视图、渲染视图和着色器视图3个区域，然后创建一台摄像机进行构图，如图10-365所示。

04 效果图中的构图是竖构图，在"属性"面板的"输出属性"选项卡中设置"分辨率X"为1400px，Y为1920px，"%"暂时设置为50%，调整后的摄像机视图效果如图10-366所示。

图10-365

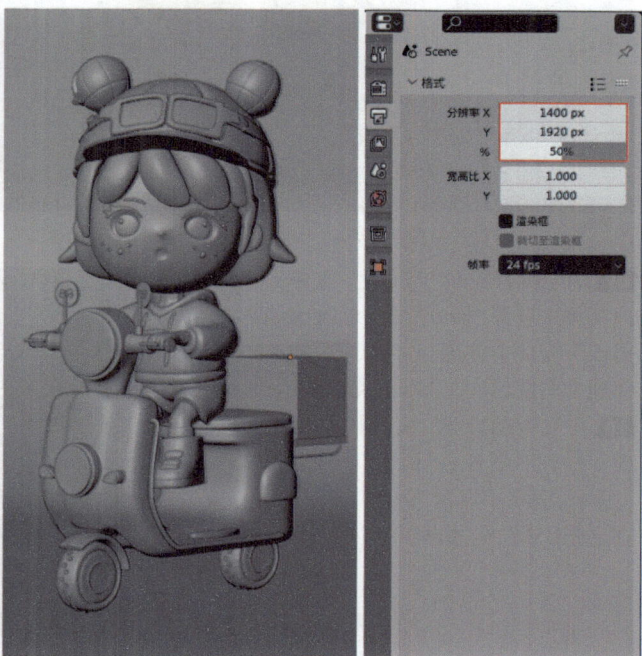

图10-366

技巧提示 在调整摄像机时，还需要将摄像机的"焦距"设置为135mm。

05 按照之前案例中讲解的方法，添加背景贴图，用Cycles渲染器测试预览的效果如图10-367所示。

06 场景中的材质都为简单的纯色材质，制作方法与之前案例中基本相同，效果如图10-368所示。

图10-367

图10-368

技巧提示 如果读者觉得用渲染器实时渲染会很卡，可以切换到"材质预览"模式以快速查看材质的颜色，如图10-369所示。如果读者对某些模型的材质不是很清楚，可以观看教学视频。

图10-369

07 脸部腮红的制作方法稍微复杂一些，这里详细讲解。孤立显示头部模型，并取消隐藏头部的后半部分，选中图10-370所示的边，单击鼠标右键，在弹出的快捷菜单中选择"标记缝合边"命令进行标记，如图10-371所示。

08 选中眼眶和嘴周围的边，也对其进行标记，如图10-372所示。

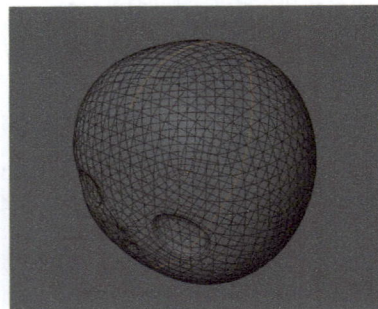

图10-370

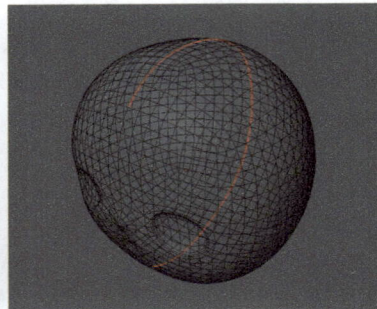

图10-371

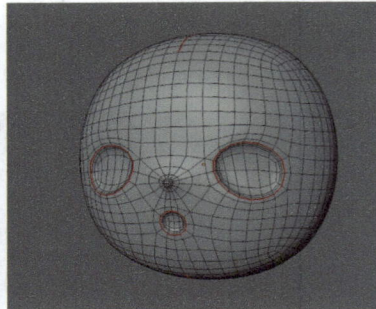

图10-372

09 选中所有的面，按U键，在弹出的菜单中选择"展开"命令，"UV编辑器"窗口中就能显示展开后的头部模型的整体UV，如图10-373所示。

10 在"UV编辑器"窗口中单击"新建"按钮，命名为"面部"，然后在"图像"菜单中选择"保存"命令，保存这张UV贴图，如图10-374所示。

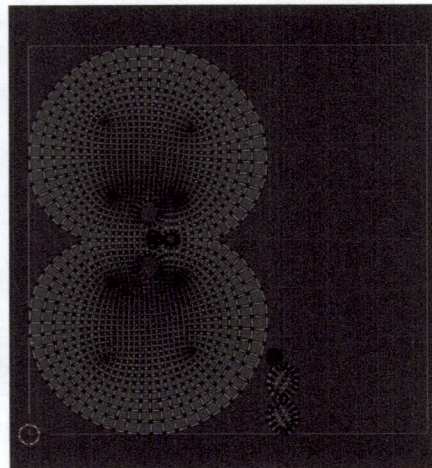

图10-373

图10-374

11 选中面部黄色的材质，然后将导入的贴图的节点的"颜色"与材质节点的"基础色"进行连接，模型此时会变成黑底效果，如图10-375和图10-376所示。

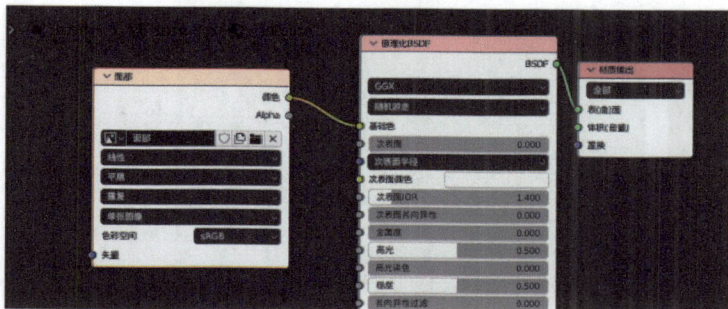

图10-375

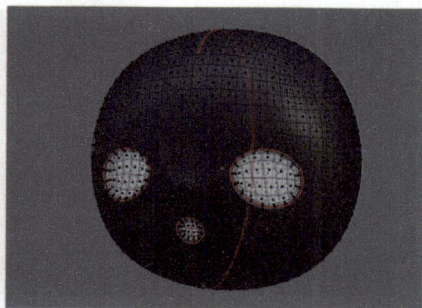

图10-376

技巧提示 在连接贴图之前，最好复制"基础色"的色值，方便后面步骤的制作。

12 在"编辑模式"中选中模型所有的面，然后切换到"纹理绘制"模式，使用"填充"工具将面部的黄色填充到模型上，如图10-377所示。

技巧提示 如果读者没有复制原有面部肤色的色值，单击色块重新设置相似的即可。

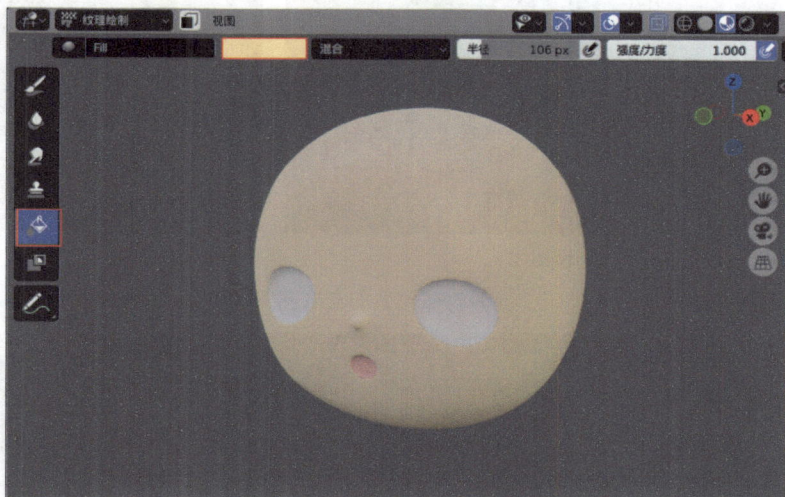

图10-377

13 调整色块为腮红的粉红色，使用"自由线"工具在脸颊的位置绘制，形成腮红效果，如图10-378所示。绘制时，千万不要开启对称功能，否则会出现问题。

技巧提示 绘制完成后确认没有问题，在"UV编辑器"窗口中选择"图像"菜单中的"保存"命令，将贴图进行保存，这样才能记录腮红的效果。

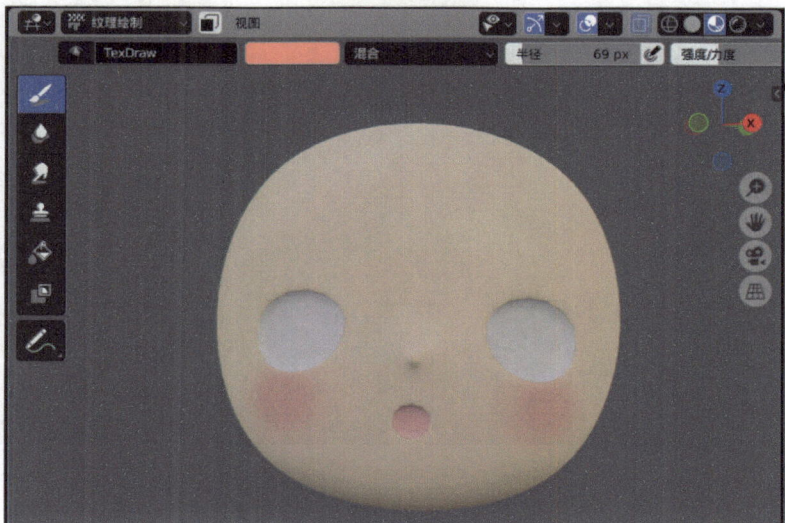

图10-378

14 退出孤立显示模式，就能看到面部的腮红效果，如图10-379所示。

15 在模型的顶部创建一盏"面光"灯光，使其覆盖整个模型，如图10-380所示。

图10-379

图10-380

16 将这盏灯光复制3份，分别放在模型的左右两侧和背后，如图10-381所示。预览的灯光效果如图10-382所示。

图10-381

图10-382

17 虽然加了灯光，但画面还是不够亮。设置灯光的"能量（乘方）"为200W～300W，然后调整灯光的高度和角度，使其对地面的照射不是很强烈，如图10-383所示，效果如图10-384所示。

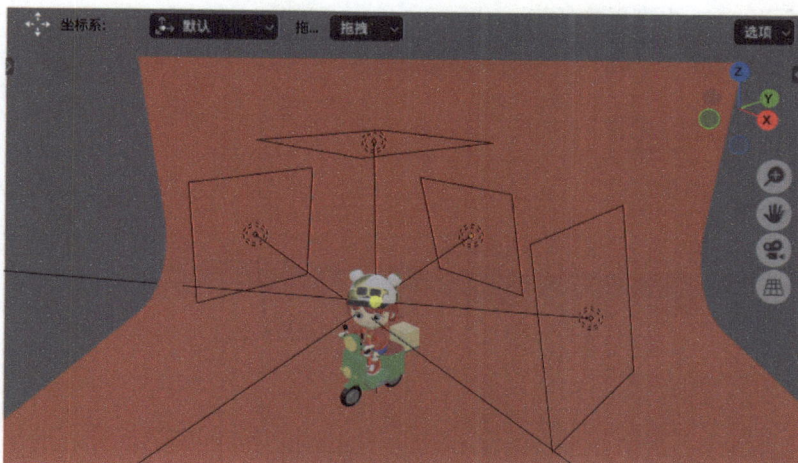

图10-383

图10-384

18 切换到Compositing（合成）工作区，勾选"使用节点"复选框，就会出现渲染所需要的节点，如图10-385所示。

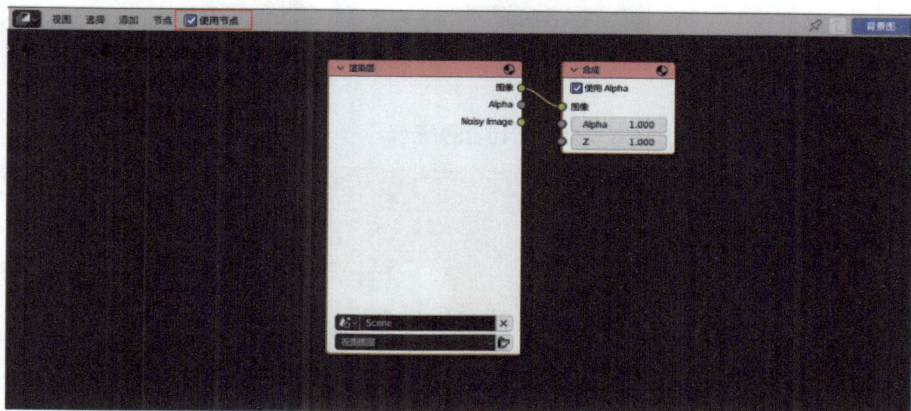

图10-385

19 添加"文件输出"节点，然后将其Image与"渲染层"节点的"图像"进行连接，如图10-386所示。

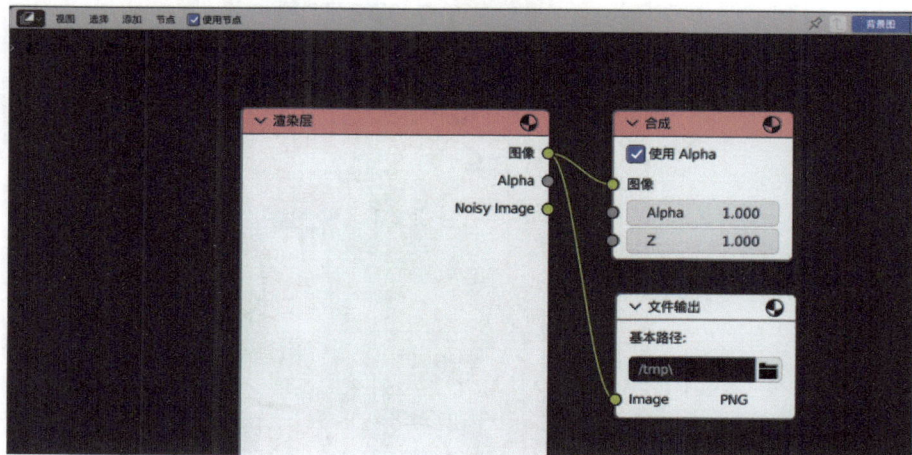

图10-386

20 在"文件输出"节点中设置渲染图片的保存路径和名称，然后在"渲染属性"选项卡中设置"渲染"下的"最大采样"为360，如图10-387所示。

21 在"输出属性"选项卡中设置"%"为100%，如图10-388所示。

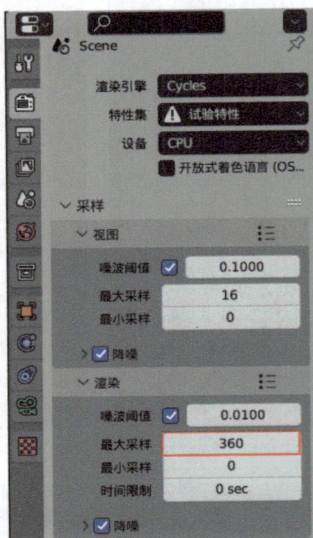 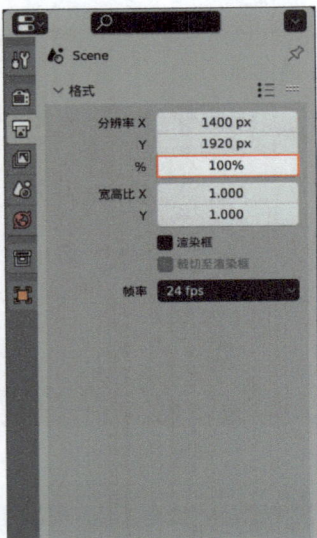

图10-387   图10-388

22 按F12键渲染场景，渲染效果如图10-389所示。

图10-389